Diskrete Mathematik erleben

Stephan Hußmann · Brigitte Lutz-Westphal
Herausgeber

Diskrete Mathematik erleben

Anwendungsbasierte und verstehensorientierte Zugänge

2., erweiterte Auflage

Herausgeber

Prof. Dr. Stephan Hußmann
Fakultät für Mathematik, Institut für
Entwicklung und Erforschung des
Mathematikunterrichts
Technische Universität Dortmund
Dortmund, Deutschland

Brigitte Lutz-Westphal
Institut für Mathematik
Freie Universität Berlin
Berlin, Deutschland

ISBN 978-3-658-06992-6 ISBN 978-3-658-06993-3 (eBook)
DOI 10.1007/978-3-658-06993-3

Die Deutsche Nationalbibliothek verzeichnet diese Publikation in der Deutschen Nationalbibliografie;
detaillierte bibliografische Daten sind im Internet über http://dnb.d-nb.de abrufbar.

Springer Spektrum
Die erste Auflage erschien unter dem Titel „Kombinatorische Optimierung erleben".
© Springer Fachmedien Wiesbaden 2007, 2015

Gestaltung und Satz: Christoph Eyrich, Berlin

Gedruckt auf säurefreiem und chlorfrei gebleichtem Papier.

Springer Fachmedien Wiesbaden GmbH ist Teil der Fachverlagsgruppe Springer Science+Business Media
(www.springer.com)

Inhalt

1

Brigitte Lutz-Westphal

4

Martin Grötschel

5

Timo Leuders

6

Stephan Hußmann

42

Zweiundvierzig? Die Antwort auf das Leben, das Universum und alles: Eine Zahl? So sieht es jedenfalls Douglas Adams in seiner mehr als vollständigen fünfteiligen Trilogie »per Anhalter durch die Galaxis«. Soweit würden nicht einmal die Mathematiker gehen. Aber tatsächlich hat Mathematik – von vielen unbemerkt – mittlerweile fast alle Bereiche unseres Lebens durchdrungen. »Mathematik schult das logische Denkvermögen« heißt es. Das stimmt, aber Mathematik ist noch viel mehr. Mathematik ist ästhetisch, nützlich, und ein wichtiges Instrument der Aufklärung. Wer einmal Wahlverfahren analysiert hat, der weiß, wie er Aussagen über den Wählerwillen einzuschätzen hat. Wer medizinisch-statistische Erfolgsmeldungen richtig zu deuten vermag, kann Leben retten. Doch Mathematik polarisiert. Viele lieben sie. Und viele halten das Fach für weltfremd, erfunden weniger als ein Mittel zur Bewältigung unserer immer komplexer werdenden Welt, sondern eher als Folterwerkzeug (»wichtig für das logische Denken!«) für Generationen von Schülerinnen und Schülern. Das Vorurteil ist natürlich völlig falsch, hält sich jedoch hartnäckig! Aber schon Einstein hat sich ja darüber beklagt, dass es leichter sei, ein Atom zu zertrümmern, als Vorurteile auszuräumen.

Dieses Arbeitsbuch macht den Versuch, die Bedeutung eines vergleichsweise jungen Teils der Mathematik für unsere Gesellschaft zu zeigen: der diskreten Mathematik. Getreu einem anderen Motto Einsteins »Everything should be made as simple as possible but not simpler«, wird explorativ versucht aufzuzeigen, welche Mathematik hinter so praktischen Fragen steht, wie man kürzeste Wege finden kann, um schnell an's Ziel zu gelangen, welche Routen die Müllabfuhr wählt, um die Müllgebühren niedrig zu halten, oder wie zusammenfindet, was zusammengehört. Das sind natürlich nur Beispiele; sie zeigen aber den Ansatz des Buches. Von praktischen Problemen ausgehend, wird ausführlich die mathematische Modellierung dargestellt, die tatsächlich ein wesentlicher Teil der »Kunst« der mathematischen Bewältigung von Alltagsproblemen ist. Dann wird auf die zu Grunde liegenden mathematischen Konzepte eingegangen, als Basis für ganz praktische Algorithmen. Und so manche Fragen bleiben ungelöst, denn Mathematik ist keineswegs fertig – ein anderes populäres Vorurteil. Mathematik wird gebraucht – und zwar neue, spannende Mathematik, Mathematik die durch konkrete Fragen motiviert ist, die sich entwickelt – um Probleme zu lösen.

Dieses Buch versucht also nicht weniger, als Sie mit auf den Weg zu nehmen, das gängige Bild der Mathematik zu korrigieren: Mathematik ist interessant, Mathematik ist wichtig für unsere Gesellschaft und Mathematik ist quicklebendig. Also, Ärmel hochkrempeln und rein ins Vergnügen!

Peter Gritzmann

Vorwort

Liebe Leserin, lieber Leser!

Mathematik ist faszinierend! Und: Mathematik ist beinahe überall! Wir möchten Ihnen ein noch junges Gebiet der Mathematik zugänglich machen, dessen Resultate und Methoden in der aktuellen Forschung und vielen Anwendungen eine immer größere Rolle spielen. Die diskrete Mathematik, zu der die kombinatorische Optimierung gehört, arbeitet teilweise mit ganz anderen Methoden als denen, die man üblicherweise aus dem Schulunterricht kennt. Darin liegt ein großer Reiz für Lehrende und Lernende. Die Verknüpfung mit Anwendungen aus dem Alltag hilft, das Bewusstsein und das Verständnis für die Bedeutung von Mathematik im täglichen Leben zu vergrößern. Überraschend und wichtig für ein realistisches Bild von Mathematik sind die dabei an vielen Stellen auftauchenden offenen Probleme, die tatsächlich bis heute ungelöst sind. Mathematik zeigt sich in den Themen dieses Buches besonders anschaulich als ein interessantes, dynamisches, modernes und nützliches Wissensgebiet.

Außerdem wollen wir zeigen, dass „Mathe" Spaß macht! Ähnlich wie im Sport, der kontinuierliches Training und Anstrengungsbereitschaft verlangt, aber auch durch Glücksmomente und Erfolgserlebnisse belohnt, ist es für die, die das „Erlebnis Mathematik" suchen, notwendig, sich intensiv in die Materie einzuarbeiten und keine Anstrengung zu scheuen. Daher ist dieses Buch ein Lehr-, Lern- und vor allem ein Arbeitsbuch. Die Belohnung für Ihren Einsatz ist Ihnen garantiert! Lassen Sie sich darauf ein und genießen Sie das „Erlebnis Mathematik"!

Wie arbeitet man mit diesem Buch?

Mit diesem Buch wollen wir Ihnen einen problemorientierten Zugang zur kombinatorischen Optimierung ermöglichen, durch den Sie die grundlegenden mathematischen Ideen dieses Gebietes selbstständig und selbsttätig entwickeln können. Dieser Zugang, der selbstständiges Lernen und authentische Probleme in den Mittelpunkt stellt, soll Ihnen gleichzeitig eine Vorstellung davon geben, wie diese Themen im Unterricht behandelt werden können.

Zu Beginn der Kapitel finden Sie Problemstellungen, mit denen sich die zentralen Fragen, Theorien und Begriffe des jeweiligen Themengebietes erarbeiten lassen. Nehmen Sie sich ausreichend Zeit für die Bearbeitung der Einstiegsprobleme. Sie werden staunen, wie viele Fragen Ihnen einfallen werden und wie weit Sie sich selbstständig in die Thematik einarbeiten können. Im Verlauf der Kapitel gibt es zahlreiche weitere Fragestellungen, die das Potential der Aufgaben verdeutlichen und Ihnen zusätzliche Möglichkeiten zur aktiven Erarbeitung der jeweiligen Theorie bereitstellen. Ferner dienen diese Aufgaben als Anhaltspunkte und Beispiele für die Gestaltung von Arbeitsaufträgen im Unterricht.

Wir möchten Sie ermutigen, eigene Wege zu verfolgen, auch wenn im Buch manchmal andere Wege eingeschlagen werden. Auf der Grundlage Ihrer eigenen Ergebnisse lässt sich der anschließende Text in den einzelnen Kapiteln in der Regel verständiger lesen. Am Ende werden dann viele Erarbeitungswege wieder zusammenlaufen. Sie sollten - ebenso wie später Ihre Schülerinnen und Schüler - den Prozess Ihrer eigenen Erarbeitung dokumentieren und reflektieren.

Ein geeignetes Instrument dazu sind so genannte Forschungshefte oder Lerntagebücher, in denen Lösungen, Lösungsideen, typische Beispiele, sinnvolle Strategien, Wissenslücken, Aha-Erlebnisse, offene Fragen und vieles mehr gesammelt werden können. Alle wichtigen Aspekte rund um die eigene mathematische Forschung lassen sich auf diese Weise in individueller Form dokumentieren. (Vgl. dazu auch: Peter Gallin und Urs Ruf (1998): Sprache und Mathematik in der Schule. Seelze: Kallmeyer; Stephan Hußmann (2003): Mathematik entdecken und erforschen. Theorie und Praxis des Selbstlernens in der Sekundarstufe II. Berlin: Cornelsen.) Das hat auch den besonderen Reiz, dass nicht die vorgefertigte Mathematik gelernt wird, sondern Mathematik im Prozess entsteht und dieser Prozess mit der eigenen Sprache formuliert wird. Erst am Ende stehen die fertigen Begriffe und Verfahren, die dann weiter präzisiert werden können. Viele Textabschnitte in den einzelnen Kapiteln versuchen, diesen Erarbeitungsprozess exemplarisch darzustellen.

Anmerkungen zur konkreten Umsetzung der Themen im Unterricht haben wir integrativ aber dezent in die Texte eingebunden, so dass Sie zur jeder Zeit selbst lernen und zugleich ihr zukünftiges Lehren reflektieren können. Die Leserin oder der Leser, die oder der das Buch nicht mit dem Ziel liest, Unterricht daraus zu entwickeln, kann diese Stellen als Anregung für die eigene Arbeit verstehen oder auch einfach überblättern. Grundsätzliches zu der von uns favorisierten Unterrichtsmethodik wird hier im Vorwort ausgeführt.

Kombinatorische Optimierung unterrichten

Viele Probleme der kombinatorischen Optimierung lassen sich kurz und prägnant anhand von Beispielen aus dem täglichen Leben formulieren. Dies ermöglicht einen schnellen Zugang und das Anknüpfen an Erfahrungen und Vorstellungen aus dem Alltag. So kann jedes Problem im ersten Zugriff ohne spezielles mathematisches Vorwissen bearbeitet werden. Die Lernenden werden dabei aus der Fragestellung heraus zu typisch mathematischen Tätigkeiten angeregt: Problemlösen, Modellieren, Argumentieren und Begriffsbilden. Es müssen u. a. Vermutungen geäußert, Beispiele und Spezialfälle untersucht, Modelle gebildet, interpretiert und modifiziert, Argumente gefunden und Widersprüche aufgedeckt werden.

Mathematik zu entdecken und zu erforschen, bedarf eines aktiven Forscherdranges. Dieser kann sich aber nur in einer Atmosphäre entfalten, in der die individuelle Gestaltungsfreiheit möglichst wenig Grenzen erfährt. Gerade in der ersten Phase, in der das Problem verstanden werden muss, erste Hypothesen und Lösungsansätze entwickelt werden, sollten die Lernenden nicht gedrängt werden, sondern mit viel Muße einzeln oder in kleinen Gruppen forschen dürfen. Jedes Forschen setzt zudem bei den eigenen Erfahrungen und Vorstellungen an. Diese werden durch die Art der Aufgaben angesprochen, sie sollten aber auch durch die Lehrperson weiter gefördert werden. Das gelingt am besten im Zusammenspiel von Offenheit für individuelle Lernwege und orientierender Begleitung mit klaren Zielvorgaben. Umgesetzt werden kann dies mit Methoden des dialogischen Lernens(vgl. Gallin und Ruf 1998), zu denen auch die Lerntagebücher zählen.

Für die Unterrichtsgestaltung bedeutet das im Einzelnen, dass Sie Ihren Schülerinnen und Schülern viel Freiheit in der Gestaltung ihres eigenen Lernprozesses und somit auch zur intensiven Beschäftigung mit den Inhalten geben sollten. Je nach Zusammensetzung der Lerngruppe können sich solche Phasen über Teile von Unterrichtsstunden bis hin zu mehreren Stunden erstrecken. Dabei ist es wichtig, neben der freien Arbeit auch immer wieder Phasen des Gedankenaustausches zwischen den einzelnen Arbeitsgruppen zu ermöglichen und die entwickelten Ideen auch gelegentlich im gemeinsamen Unterrichtsgespräch zusammenzuführen.

Sind Ihre Schülerinnen und Schüler es noch nicht gewohnt, ihren Lernprozess über längere Zeiträume hinweg selbst zu organisieren, kann die Auseinandersetzung mit dem Thema auch in kleinere Schritte gegliedert werden. Mit Hilfe von überschaubaren Arbeitsaufträgen, wie sie sich durch das ganze Buch hindurch finden, können im Kleinen Freiräume geschaffen werden, ohne dass die Beteiligten Sorge haben müssen, sich in langen Phasen eigenverantwortlicher Arbeit zu verlieren. Schaffen Sie mit der Zeit immer mehr solcher Freiräume und beobachten Sie, wie sich Lerngruppen allmählich öffnen und Freude an dieser Arbeitsweise gewinnen! Die Themen dieses Buches tragen eine Methodik, die auf aktiver Mitarbeit basiert, schon in sich.

Links, Fehler und Bildrechte

Wir haben in diesem Buch einige Links angegeben. Für den Inhalt dieser Seiten übernehmen wir keine Verantwortung. Sollten Sie bemerken, dass sich Links geändert haben oder hilfreiche neue entdeckt haben, so teilen Sie uns dies mit! Natürlich auch, wenn Sie Fehler in unserem Buch gefunden haben (einige schöne Tippfehler wie die Längenverhältnixe und den Mobilfink haben wir bereits selbst entdeckt, aber es gibt sicher noch weitere). Soweit die Urheber zu ermitteln waren, haben wir die Abdruckrechte für die Abbildungen eingeholt. Sollte es dennoch weitere Inhaber von Bildrechten geben, die wir nicht ausfindig machen konnten, so werden wir dies in der nächsten Auflage berücksichtigen.

Danke!

Unser Dank gilt vielen Menschen, die das Buchprojekt unterstützt und begleitet haben, von denen wir hier einige erwähnen wollen.

Herzlichen Dank der Volkswagenstiftung für die Finanzierung des Projektes „Diskrete Mathematik für die Schule" (Zuse-Institut Berlin, Prof. Dr. Martin Grötschel). Besonderer Dank gilt Martin Grötschel für seine Vision, kombinatorische Optimierung in die Schule zu bringen und für sein Vorbild, Visionen in die Tat umzusetzen.

Einen ebenso herzlichen Dank an Texas Instruments für die finanzielle Unterstützung, ohne die der farbliche Glanz dieses Buches blasser ausgefallen wäre.

Wir danken unseren Familien, denen wir eine Menge Geduld abverlangt haben, für ihre Unterstützung bei der Entstehung dieses Buches. Frank Lutz sei besonders gedankt für eine Fülle von Anregungen, Kritik und Hilfen und für ungezählte Fachgespräche. Sebastian Lutz gab die Anregung für die Titelgrafik. Herzlichen Dank an Rita Altenhoven für ihre schönen Problemstellungen, die die Grundlage für das Kapitel Netzwerke und Flüsse bilden. Unser Dank gilt auch Marc Pfetsch, sowie vielen anderen für ihre hilfreiche Kritik und sorgfältige Korrekturen. Auch den Schülerinnen und Schülern, Lehrerinnen und Lehrern und Studierenden sei herzlich gedankt, die mit uns in vielen Unterrichtsversuchen die Tragfähigkeit unserer Ideen getestet und durch eigene Ideen bereichert haben (Herder-Oberschule Berlin, Romain-Rolland-Gymnasium Berlin, Wieland-Herzfelde-Oberschule Berlin, Sommerschule Blossin 2004, Universität Duisburg, Pädagogische Hochschule Karlsruhe, Universität Dortmund, Geschwister-Scholl-Schule Tübingen, Wildermuth-Gymnasium Tübingen).

Christoph Eyrich danken wir für den kompetenten Buchsatz und das extra für dieses Buch entwickelte Layout. Und schließlich möchten wir uns bei Frau Schmickler-Hirzebruch vom Vieweg Verlag und ihren Mitarbeitern für die gute Zusammenarbeit bedanken.

Bochum und Berlin, im Januar 2007
Stephan Hußmann und Brigitte Lutz-Westphal

Vorwort zur ergänzten Neuauflage

Liebe Leserin, lieber Leser!

wir freuen uns, Ihnen die zweite Auflage unseres Buches zur kombinatorischen Optimierung vorlegen zu können. Die große Nachfrage nach dem Buch ermöglichte die mit einigen Korrekturen versehene und mit einem Aufgabenteil ergänzte Neuauflage. Mit diesem Aufgabenteil kommen wir dem vielfachen Wunsch unserer Leserschaft nach, zusätzlich zu dem verständnisorientierten Zugang, den wir in den Kapiteln gewählt haben, noch Übungsmaterialien zur Verfügung zu stellen. Gerade weil dieses Buch gerne in Lehrveranstaltungen eingesetzt wird, hoffen wir, dass der Aufgabenteil ausreichend Anregung für die Gestaltung von Übungen gibt. Aber auch für das Selbststudium helfen die Aufgaben, die Themen auf vielfältige Weise durchzuarbeiten.

Die zweite Auflage trägt einen neuen Buchtitel, der unseren didaktischen Ansatz deutlicher hervorhebt. Die selbsttätige Herangehensweise zu einem in den Schulen bislang vernachlässigten, aber nicht zuletzt aufgrund seiner alltagsnahen Anwendungen attraktiven Gebiet der Mathematik sollte insbesondere noch mehr Studierende und Lehrerinnen und Lehrer anregen, neue Wege zu gehen.

Wir wünschen Ihnen eine gewinnbringende Lektüre!

Dortmund und Berlin, im Oktober 2014
Stephan Hußmann und Brigitte Lutz-Westphal

1
Optimal zum Ziel: Das Kürzeste-Wege-Problem

Brigitte Lutz-Westphal

1 U-Bahn-Fahrten, Schulwege und die Reise von Datenpaketen

Wie komme ich am schnellsten zum Ziel? Welches ist der kürzeste Weg? Diese Fragen gehören zu den ältesten und bekanntesten Optimierungsfragen. Sie spielen in allen Bereichen des Lebens eine Rolle und gute Lösungen wirken sich meist spürbar aus. Begeben Sie sich in diesem Kapitel auf die Suche nach dem kürzesten Weg und erleben Sie, wie beim Nachdenken über solche einfachen, manchmal sogar banal erscheinenden Alltagsfragen mathematische Theorie entsteht.

Vertiefen Sie sich in die folgenden drei Problemsituationen. Jede hat ihre Eigenheiten und alle drei haben viel miteinander gemeinsam. Versuchen Sie, ihre Überlegungen so weit wie möglich voranzutreiben und auszuarbeiten, und lesen Sie erst dann weiter. Jede einzelne der Problemsituationen kann die Basis für eine ganze Unterrichtsreihe sein.

Problem 1 – U-Bahn fahren

Nehmen Sie einen Verkehrslinienplan zu Hand und wählen Sie zwei Stationen aus. Stellen Sie sich vor, Sie stünden auf dem Bahnsteig und müssten vor Ort anhand des Liniennetzplanes (z. B. Abbildung 1) entscheiden, welche Route Sie wählen.

- Suchen Sie den kürzesten Weg zwischen zwei U-Bahnhöfen, beispielsweise zwischen Richard-Wagner-Platz und Stadtmitte im Berliner Liniennetzplan (Abbildung 1).
- Wie gehen Sie dabei vor?

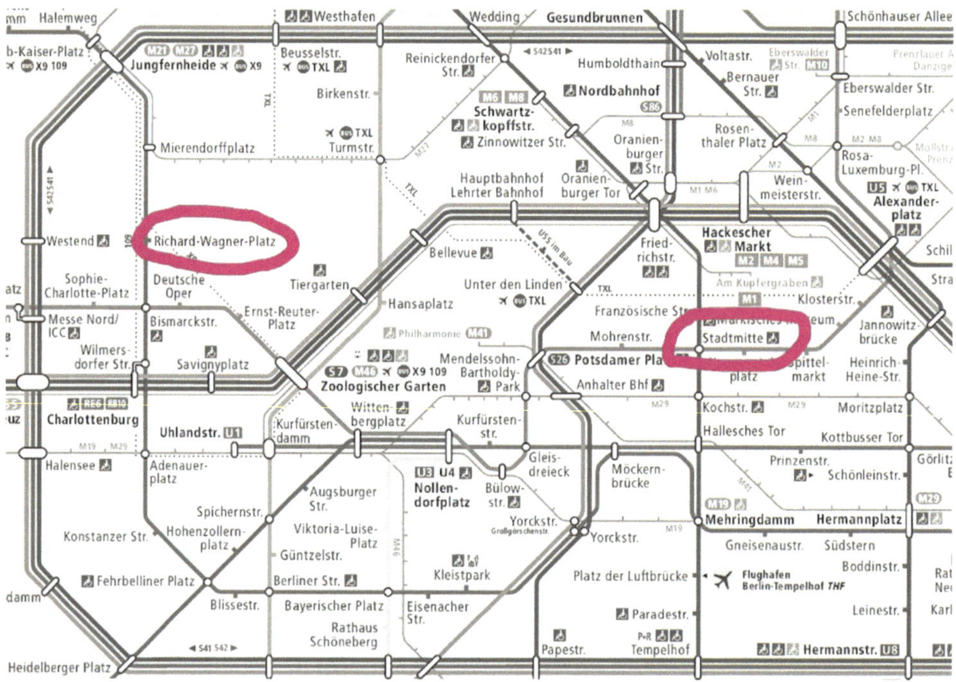

Abbildung 1. Ein Ausschnitt aus dem Berliner S- und U-Bahnnetz (Quelle: `www.bvg.de`). Suchen Sie einen schnellsten Weg von »Richard-Wagner-Platz« nach »Stadtmitte«.

- Welche Kriterien sind Ihnen bei der Wahl der Fahrtroute besonders wichtig? Welche anderen Kriterien fallen Ihnen noch ein?
- Probieren Sie aus, ob Ihre Strategie auch in ganz »verrückten« Beispielen von U-Bahnnetzen richtig arbeitet.

Problem 2 – Den Schulweg oder den Weg zur Arbeit optimieren

Morgens möchte man keine Zeit auf dem Weg zur Schule oder zum Arbeitsplatz verschwenden. Jede Minute Schlaf zählt! Sind Sie sicher, den optimalen Weg zu kennen?

Sie ziehen in eine andere Stadt um. Stellen Sie sich vor, Sie wollten einem kleinen Roboter beibringen, für Sie den kürzesten Weg herauszufinden. Überprüfen Sie Ihre Anweisungen an den unterschiedlichsten Beispielen, um Fehler auszuschließen.

- Was müssen Sie bei der Suche nach einem optimalen Weg zur Arbeit alles berücksichtigen?
- Wie finden Sie im Alltag den besten Weg? Beschreiben Sie Ihre Strategien.

- Wie kann man einen optimalen Weg am Schreibtisch planen, ohne alle Wegmöglichkeiten tatsächlich abzulaufen oder abzufahren?

Problem 3 – Datenpakete verschicken

Daten, die durch das Internet wandern, sollten möglichst rasch den Empfänger erreichen. Der Weg dieser Datenpakete wird jedes Mal neu, abhängig von den (immer wieder aktualisierten) Informationen über die Auslastung der einzelnen Abschnitte des Netzes, möglichst günstig berechnet.

- Entwickeln Sie ein Verfahren, um kürzeste Wege zu berechnen. Dieses Verfahren sollte jeder Mensch ohne Vorkenntnisse anwenden können. Oder anders gefragt: Welche Anweisungen braucht ein Computer, um kürzeste Wege zu berechnen?

2 Die Qual der Wahl: Was soll optimiert werden?

Ein kürzester Weg ist gesucht? Na, dann ist doch alles klar! Oder? Wie ist es Ihnen beim Nachdenken über die eingangs formulierten Probleme gegangen? Vermutlich haben Sie zunächst versucht, die Problemstellung präziser zu fassen: Was genau soll eigentlich optimiert werden? Fahrzeit oder Streckenlänge? Spielen die Fahrtkosten eine Rolle? Auf welche Informationen kann ich zurückgreifen?

Sie haben sicher noch weiter nachgedacht: Welche Verkehrsmittel stehen zur Verfügung? Ist es vielleicht insgesamt kürzer, einen längeren Fußweg einzuplanen, um dafür dann ein schnelleres Verkehrsmittel nutzen zu können? Oder ist Ihnen Bequemlichkeit wichtiger, so dass Sie lieber länger unterwegs sind, aber dafür nicht so oft umsteigen müssen? Welche Rolle spielt die Schönheit des Weges? Sparen Sie die morgendliche Kaffeepause ein, indem Sie den längeren Fußweg durch den Wald wählen? Je länger Sie nachdenken, umso mehr so genannte »Nebenbedingungen« tauchen auf. Das ist typisch für Optimierungsprobleme. Eine Überraschung ist, dass Sie einige Entscheidungen zu treffen haben, die zum Teil nicht objektiven Kriterien folgen, sondern persönlichen Präferenzen. Fragen über Fragen stellen sich, so dass wir erst einmal sortieren müssen.

Wir greifen zunächst eine Variante des Kürzeste-Wege-Problems heraus. Wie sind Sie vorgegangen, um eine gute U-Bahn-Verbindung zwischen den U-Bahnhöfen Richard-Wagner-Platz und Stadtmitte zu finden? Zunächst haben Sie sicherlich geschaut, ob es eine Verbindung entlang der Luftlinie zwischen beiden Stationen gibt. Zusätzlich haben Sie sich wahrscheinlich gefragt, welche Linien zur U-Bahn gehören und welche zur S-Bahn und welches Verkehrsmittel schneller fährt. Auch hier muss eine Entscheidung getroffen werden: Fahrzeiten betrachten

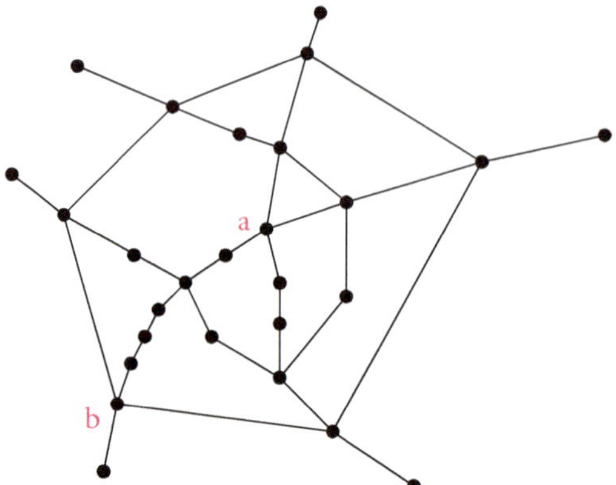

Abbildung 2. Ein Liniennetzplan, bei dem der Weg mit den wenigsten Streckenabschnitten zwischen *a* und *b* nicht der Luftlinie folgt.

wir zunächst nicht. Der Grund ist, dass Sie im U-Bahnhof, wenn Sie vor dem Plan stehen und direkt vor Ort ihre Route planen müssen, keinerlei Zusatzinformation an der Hand haben. Was tun Sie dann? Vermutlich würden Sie anfangen, entlang der Luftlinie Streckenabschnitte zwischen den Stationen zu zählen und sich dann mit einer Verbindung, die Ihnen recht kurz (»kurz« im Sinne von »kleine Anzahl der Streckenabschnitte«) erscheint, zufrieden geben. Im Innenstadtbereich ist das durchaus realistisch.

Allerdings gibt solch ein Liniennetzplan selten die geographischen Gegebenheiten exakt wieder. Im Gegenteil, die Verzerrung ist oft ganz erheblich. Daher kann die Luftlinie nur ein ganz grober Anhaltspunkt sein. Kann man sich also sicher sein, dass es nicht eine noch kürzere Verbindung gibt, als die eben ermittelte, z. B. wenn man erst einmal in die entgegengesetzte Richtung fährt? In dem Linienplan aus Abbildung 2 findet man den Weg mit den wenigsten durchfahrenen Streckenabschnitten zwischen *a* und *b* nicht, wenn man sich an der Luftlinie orientiert. Der in unserem Sinne optimale Weg führt über den Außenring und damit zunächst in die »falsche« Richtung. Haben Sie bei der Suche nach einer guten Verbindung zwischen Richard-Wagner-Platz und Stadtmitte auch solche (Um-)Wege in Betracht gezogen?

3   Alle Möglichkeiten probieren: Enumeration

Um wirklich sicherzugehen, dass Sie keine besonders kurze Verbindung übersehen, müssten Sie also alle möglichen Wege zwischen Start und Ziel anschauen. Dann können Sie den kürzesten, oder falls es mehrere gleich kurze gibt, einen kürzesten auswählen. Diese Vorgehensweise, unser erster Kürzeste-Wege-Algorithmus wird *Enumeration* genannt, und an ihrer Wirksamkeit und Korrektheit bestehen natürlich keinerlei Zweifel.

■■ *Das Verfahren der Enumeration* ■■
1. Bestimme sämtliche Möglichkeiten.
2. Wähle eine optimale Lösung.

Leider gibt es doch einen Haken an der Sache, sonst wären wir an dieser Stelle fertig und es bräuchte dieses Kapitel nicht zu geben.

- Wie viele verschiedene Wege zwischen Start und Ziel gibt es? Zeichnen Sie unterschiedliche Beispiele von Liniennetzplänen und zählen Sie die Wegmöglichkeiten.
- Welche Beispiele eignen sich zum Zählen besonders gut?

Die Gesamtzahl der Wege zwischen Start und Ziel lässt sich nicht immer einfach bestimmen. In unserem Beispiel mit dem U- und S-Bahn-Plan wäre selbst eine Abschätzung sehr kompliziert. Damit Sie eine Ahnung davon bekommen, um welche Größenordnungen es sich bei der Gesamtzahl aller Wege zwischen zwei Stationen handelt, schauen Sie sich das einem Linienplan nicht gerade ähnlich sehende Wegenetz (aus [10]) in Abbildung 3 an.

An diesem Beispiel kann man sehen, dass schon bei wenigen Stationen eine gigantisch große Anzahl von Wegen zwischen a und b entstehen kann: Von a aus kann man zwischen zwei Möglichkeiten wählen. Von beiden Stationen der zweiten Schicht aus sind es wieder jeweils zwei, also erhält man insgesamt 4 verschiedene Wege. Mit jeder weiteren Schicht verdoppelt sich die Anzahl der Wege. Bei 10 Schichten, also 22 Stationen, hat man $2^{10} = 1024$ Wege, bei 20 Schichten sind es 42 Stationen, aber bereits mehr als 1 Million a-b-Wege! Die Anzahl der Wege explodiert förmlich, es passiert die so genannte kombinatorische Explosion.

■■ *Definition*
Das Phänomen der ins Unermessliche wachsenden Kombinationen bei recht kleinen Grundmengen nennt man *kombinatorische Explosion*.

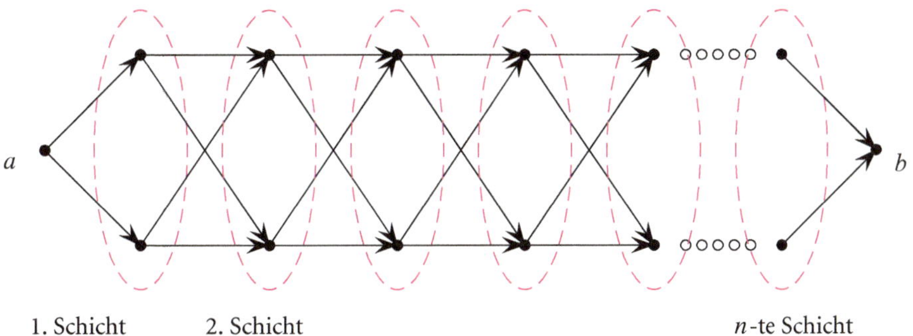

Abbildung 3. Wie viele verschiedene Wege von a nach b gibt es?

Rechnen Sie aus, wie lange ein Computer, der 1 000 000 solcher Wege in einer Sekunde berechnen kann, braucht, um in Beispielen mit unterschiedlich vielen Schichten alle Wege von a nach b zu berechnen. Bei 25 Schichten braucht er etwa eine halbe Minute, bei 30 Schichten knappe 18 Minuten, bei 40 Schichten fast 13 Tage und bei 50 Schichten bereits mehr als 35 Jahre!

Zur besseren Übersicht sehen Sie diese Zahlen nochmals in einer Tabelle:

Anzahl Schichten	Anzahl Stationen	Anzahl a-b-Wege	Rechenzeit
10	22	1024	unter 1 Sekunde
20	42	ca. 1 Million	ca. 1 Sekunde
25	52	ca. 34 Millionen	ca. 34 Sek.
30	62	ca. 1 Milliarde	ca. 18 Min.
40	82	ca. 1 Billion	ca. 13 Tage
50	102	ca. 1 Billiarde	ca. 36 Jahre

Auch wenn sich die Rechnerleistung im Laufe der Jahre vervielfacht, so wird man trotzdem bei nur geringfügig größeren Beispielen auch dann noch an die Grenzen der Berechenbarkeit stoßen. Wir haben es hier mit einem prinzipiellen Problem zu tun.

Lassen Sie ihre Schülerinnen und Schüler selbst eine solche Tabelle aufstellen. Dabei wird die kombinatorische Explosion direkt erfahrbar. Insbesondere die absurd erscheinenden langen Rechenzeiten kann man erst glauben, wenn man sie einmal selbst bestimmt hat.

Die Enumeration ist demnach ein Verfahren, das nur für kleine Beispiele praktikabel ist. Überlegen Sie, wie kürzeste Wege auf andere Art und Weise bestimmt werden können! In Abschnitt 4 geht es damit weiter. Zunächst folgt jedoch ein Ausflug in die Graphentheorie.

4   Graphen und Graphenisomorphie

Graphen und Wege

In Abbildung 4 sehen Sie einen weiteren Linienplan. Auch dieser Linienplan ist wie die beiden Pläne in den Abbildungen 2 und 3 auf das Wesentliche reduziert worden.

- Was könnte die Grafik in Abbildung 4 darstellen? Suchen Sie nach möglichst vielen Interpretationen!
- Für welche Sachverhalte eignet sich eine solche Art der Darstellung besonders gut?

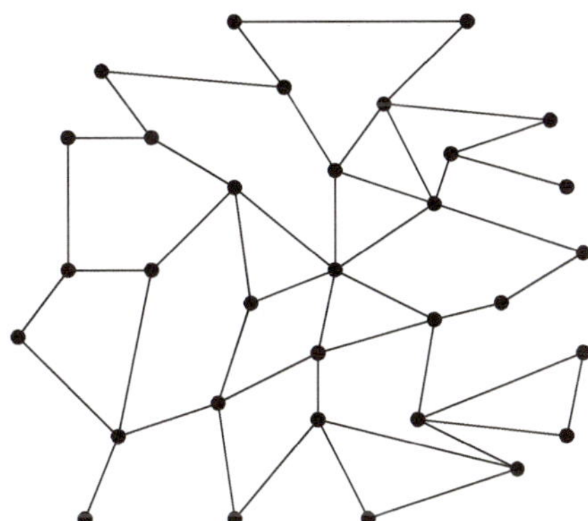

Abbildung 4. Ein Linienplan kann als Graph interpretiert werden.

Hätte man nicht dazugesagt, dass diese Bilder Nahverkehrsnetze darstellen sollen, so könnte man sich auch andere Realsituationen für diese Modelle vorstellen,
etwa die Freundschaftsbeziehungen innerhalb einer Gruppe oder Kommunikati-
onsnetze, um nur zwei Beispiele zu geben. Beinahe unmerklich haben wir es mit
einem mathematischen Objekt zu tun bekommen, das äußerst vielseitig einsetzbar ist und viele interessante Eigenschaften hat, wie Sie in diesem Buch erfahren
können.

▌▌ *Definitionen*
Ein *Graph* ist ein Gebilde aus *Knoten* und *Kanten.* Kanten verbinden stets zwei
Knoten (die nicht unbedingt verschieden sein müssen).
Zwei Knoten, die durch eine Kante verbunden sind, heißen *Nachbarn* oder
benachbart.

Bitte beachten Sie, dass diese Graphendefinition auch unzusammenhängende, also
aus mehreren nicht verbundenen Teilen bestehende Graphen einschließt. Ebenso
sind Graphen mit Doppelkanten und Schlingen, die auch *Multigraphen* genannt
werden, in der Definition enthalten. Wenn es also um Graphen geht, die zusammenhängend sind (siehe dazu Kapitel 2), so wird das extra erwähnt. Ist von Graphen die Rede, die keine Doppelkanten und Schlingen haben, so werden diese als
einfache Graphen bezeichnet. Will man hervorheben, welche Knoten und welche
Kanten den Graphen G bilden, so schreibt man $G(V, E)$. Dabei bezeichnet V die
Menge der Knoten (von engl. *vertices*) und E bezeichnet die Menge der Kanten
(von engl. *edges*). Eine Abbildung, die jede Kante auf ein Paar von Knoten ab-
bildet, gewährleistet, dass die Kanten auch tatsächlich in Knoten beginnen und
enden. So werden Graphen in vielen Lehrbüchern definiert.

Wir könnten nun weiterhin von Stationen und Streckenabschnitten sprechen. Das ist auch das, was man im Unterricht tun sollte, bis sich den Schülerinnen und Schülern die Notwendigkeit von (für alle verbindlichen) Fachbegriffen zeigt. Zu früh eingeführte Fachbegriffe können die Kreativität der Lerngruppe erheblich einschränken. Sind aber die Grundideen zum Thema bereits entwickelt worden, so kann man sich für die weitere Entdeckungs- und Forschungsarbeit auf den Gebrauch von Fachbegriffen verständigen, um sich in der Gruppe unmissverständlich austauschen zu können.

In diesem Kapitel verwenden wir ab jetzt die Fachterminologie. Mit Hilfe dieser Vokabeln ist es nun auch an der Zeit, über eine sehr wichtige Definition nachzudenken.

■ Was ist eigentlich ein *Weg*?

Bauen Sie sich Beispiele von »verrückten« »Nicht-Wegen«, um sich darüber klar zu werden, was genau Sie unter einem »Weg« verstehen und was nicht. An diesen Beispielen kann man gut sehen, wie wichtig präzise Definitionen sind, und versteht vielleicht besser, woher manche allzu kompliziert wirkenden Formulierungen in der Fachliteratur stammen.

Es gibt viele Möglichkeiten, Wege zu definieren. Mit Hilfe des Begriffs *Kantenzug*, der der intuitiven Vorstellung von einer in einem Zug angemalten Kantenfolge entspricht, können Sie kurz und knapp formulieren, etwa so:

❚❚ *Definitionen*
Ein *Kantenzug* ist eine Folge von aneinander stoßenden Kanten (die nicht unbedingt alle verschieden sein müssen), die ohne abzusetzen gezeichnet werden kann.

Ein *Weg* ist ein Kantenzug ohne Knotenwiederholungen.

Damit ist ein Weg überkreuzungsfrei. Ein Kantenzug dagegen kann sich selbst überkreuzen und sogar Kanten mehrfach verwenden.

Das Graphenlabor

Man kann Kürzeste-Wege-Algorithmen im Unterricht behandeln, ohne sich näher mit Graphen zu beschäftigen. Sie sollten die Chance aber nach Möglichkeit nutzen! Die Arbeit mit Graphen eröffnet nämlich eine einzigartige »Spielwiese« zum Experimentieren. Man kann sie sich als ein »Graphenlabor« vorstellen, in dem – wie in einer Alchemistenküche – die verschiedensten Graphen kreiert werden. Dass mit dem Begriff *Graph* in der Schule häufig Funktionsgraphen gemeint sind, sollte kein Hindernis sein. Aus dem Kontext heraus sieht man stets, welche Art von Graph jeweils gemeint ist.

Möchten Sie etwas tiefer in die Graphentheorie eindringen, so gibt es dafür vielfältige Möglichkeiten (vgl. z. B. [16]). Ein Weg ist die Suche nach besonders geeigneten Beispielgraphen für bestimmte Fragestellungen. Häufig helfen so genannte »Worst Case«-Beispiele, den gerade betrachteten Sachverhalt besser zu verstehen. »Worst Case« bedeutet, dass man versucht, sich den schlechtesten oder ungünstigsten Fall vorzustellen, wie in Abbildung 2, wo der optimale Weg in die »falsche« Richtung startet. Meist benötigt man ein ordentliches Stück Arbeit, um gute »Worst Case«-Beispiele zu finden. Es ist nicht immer so einfach, wie man denkt!

- Bauen Sie Graphen, in denen die Luftlinienverbindung zwischen zwei Knoten die schlechteste ist.

Eine weitere Zielrichtung der Arbeit mit Graphen kann die Suche nach generellen Eigenschaften von Graphen sein. Mehr Beispiele für diese Arbeit im Graphenlabor finden Sie auch in den anderen Kapiteln dieses Buches. Besonders schön kann es sein, Graphen mit bestimmten Eigenschaften zu bauen und sich somit ganz in das Labor der Graphenkonstrukteure zu begeben. Eine sehr fruchtbare Experimentieraufgabe im Zusammenhang mit kürzesten Wegen ist die Konstruktion von U-Bahnnetzen (Graphen) mit ganz bestimmten Eigenschaften.

- Wie sehen (U-Bahn-)Graphen aus, die folgende Anforderungen erfüllen? Kann man allgemeingültige Aussagen dazu machen?
    a. Jede Station ist von jeder anderen aus direkt erreichbar.
    b. Die Wege zwischen je zwei Stationen sind höchstens zwei Kanten lang.
    c. Die Wege zwischen je zwei Stationen sind höchstens n Kanten lang.
    d. Die Länge eines kürzesten Weges zwischen je zwei Stationen ist direkt ablesbar.

Diese Überlegungen führen auf (a) vollständige Graphen (bei denen jeder Knoten direkt mit jedem anderen verbunden ist), (b) Graphen mit *Durchmesser* 2 (der Durchmesser eines Graphen ist die Länge des längsten aller kürzesten Wegen zwischen je zwei Knoten), z. B. Sterngraphen, aber auch viele andere, siehe dazu Abbildung 5, (c) Graphen mit Durchmesser n (Durchmesser zu bestimmen gehört zu den schwierigen Problemen der Graphentheorie!) und (d) Bäume (siehe Kapitel 2).

Erfinden Sie selbst solche Aufgabenstellungen und lassen Sie Ihre Schülerinnen und Schüler kreativ werden! Auf diese Weise werden generelle Grapheneigenschaften entdeckt und es entsteht schnell eine Vertrautheit im Umgang mit der neuen mathematischen Objektklasse. Man kann mehrere Schulstunden mit solcher selbstständiger graphentheoretischer Forschung verbringen, wenn der Zeitplan es zulässt. Mit zu dieser Arbeit im Graphenlabor gehört auch der Versuch, die gewonnenen Resultate zu begründen und angemessen schriftlich zu fixieren,

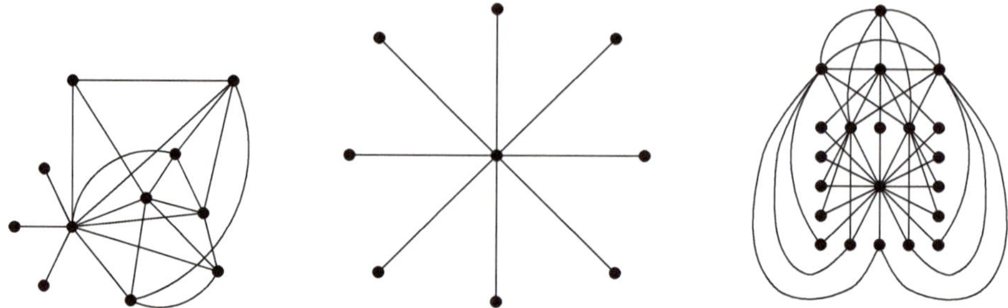

Abbildung 5. Graphen mit dem Durchmesser 2: Die Wege zwischen je zwei Knoten sind höchstens zwei Kanten lang.

etwa in einem Lerntagebuch. Sie werden überrascht sein, welche Breite von Ideen dabei entsteht.

Graphenisomorphie

Dieses Buch beschäftigt sich an verschiedenen Stellen mit Algorithmen, die auf Graphen arbeiten. Diese Algorithmen werden normalerweise von Computern durchgeführt. Daher sollten man sich Gedanken machen, wie Graphen computertauglich dargestellt werden können.

■   Suchen Sie nach Möglichkeiten, Graphen anders als zeichnerisch darzustellen.

Als erstes haben Sie sicherlich den Knoten Namen gegeben. Haben Sie dann Koordinatenlisten aufgestellt? Oder aufgeschrieben, welcher Knoten mit welchem benachbart ist? Es gibt mehrere in der Praxis verwendete Datenstrukturen. Beispielsweise werden häufig Nachbarschaftslisten verwendet, die für jeden Knoten dessen Nachbarn auflisten. Eine andere Darstellungsform ist die Adjazenzmatrix (Abbildung 6). Die Einträge zeigen die Existenz (»1«) oder Nichtexistenz (»0«) einer Kante zwischen zwei Knoten an. Gibt es Mehrfachkanten, so werden diese durch natürliche Zahlen angegeben. Um Verwechslungen mit gewichteten Graphen (siehe Abschnitt 6.1) zu vermeiden, kann man sich im Unterricht zunächst auf einfache Graphen (Graphen ohne Mehrfachkanten und Schlingen) beschränken.

■   Erstellen Sie selbst eine Matrix, die einen Graphen repräsentiert.
■   Welche Eigenschaften hat diese Matrix?
■   Zeichnen Sie den zur Matrix gehörenden Graphen. Bitten Sie eine andere Person, das gleiche zu tun. Was stellen Sie fest?

Beim Versuch, eine gegebene Matrix in eine Zeichnung umzusetzen, wird deutlich, dass die Lage der Knoten, die Form und Länge der Kanten nicht durch die in

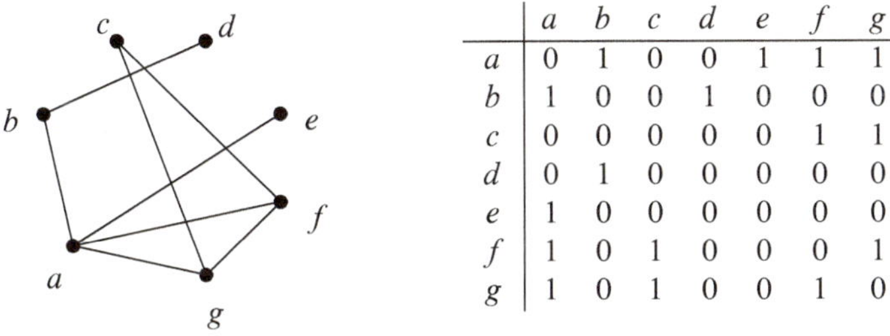

	a	b	c	d	e	f	g
a	0	1	0	0	1	1	1
b	1	0	0	1	0	0	0
c	0	0	0	0	0	1	1
d	0	1	0	0	0	0	0
e	1	0	0	0	0	0	0
f	1	0	1	0	0	0	1
g	1	0	1	0	0	1	0

Abbildung 6. Ein Graph und seine Adjazenzmatrix

der Matrix enthaltenen Informationen festgelegt sind. Was passiert also, wenn verschiedene Personen den gleichen Graphen zeichnen? Es werden lauter verschieden aussehende Graphen dabei herauskommen. In Abbildung 7 sehen Sie drei weitere Zeichnungen des Graphen zu der Matrix aus Abbildung 6. Darf das denn sein?

Ja, Sie haben damit eine zentrale Eigenschaft von Graphen entdeckt: Ein Graph stellt zunächst einmal nichts weiter dar, als Nachbarschaften von Knoten. Eine geometrische Information ist in Graphen nicht enthalten. Schon beim U-Bahnnetz hatten wir festgestellt, dass die Lage der Knoten und die Länge der Kanten nicht unbedingt den geographischen Gegebenheiten entsprechen muss. Mit welcher Bedeutung die Knoten belegt werden, und was die Relation »ist benachbart mit« darstellen soll, kommt auf den jeweiligen Kontext an. Dies macht Graphen zu einem vielseitig einsetzbaren Modellierungsmittel.

Die verschiedenen Zeichnungen desselben Graphen führen uns zu einem weiteren graphentheoretischen Begriff.

❚❚ *Definition*

Zwei Graphen heißen *isomorph*, wenn man die Knoten beider Graphen so (um)benennen kann, dass die Adjazenzmatrizen beider Graphen gleich sind.

Das Phänomen der Graphenisomorphie ist ein sehr lohnendes Thema für den Unterricht. Es werden neben dem Modellieren und Mathematisieren weitere Dimensionen des Denkens angesprochen wie z. B. das räumliche Vorstellungsvermögen

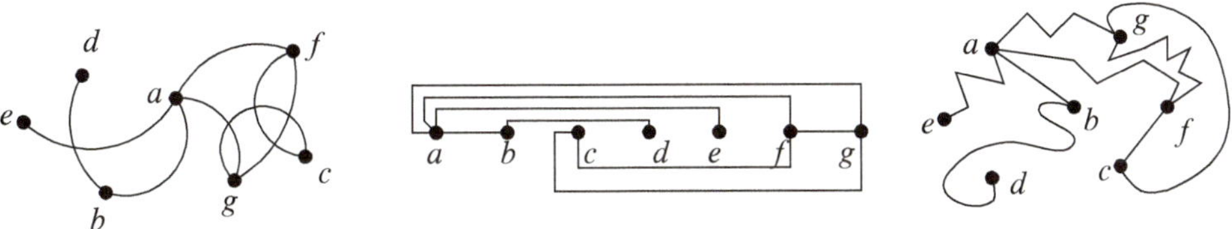

Abbildung 7. Verschiedene Darstellungen des Graphen aus Abbildung 6

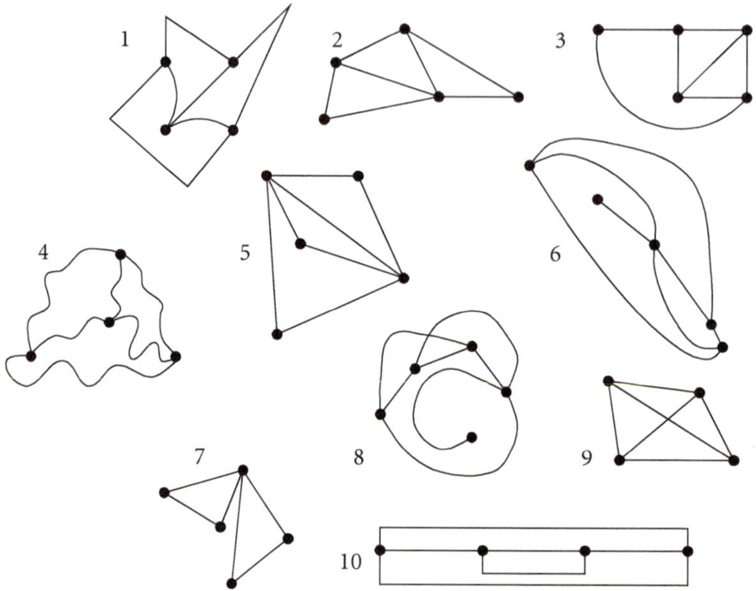

Abbildung 8. Welche dieser Graphen sind isomorph? Worauf muss man achten?

und das Kategorisieren. Eine spielerische Gestaltung des Unterrichts durch kreatives Ausprobieren und das Finden von eigenen Graphen mit interessanten unterschiedlichen Zeichnungen spricht insbesondere auch jüngere Altersstufen an. Der Übergang zur Mathematisierung geschieht ganz natürlich, wenn man sich auf die Suche nach Kriterien zur Überprüfung der Isomorphie begibt.

- Welche der Graphen aus Abbildung 8 sind isomorph?
- Welche Eigenschaften müssen überprüft werden, um herauszufinden, ob zwei Graphen isomorph sind? Beobachten Sie sich, wie Sie vorgehen und stellen Sie eine Liste auf.

Sie können z. B. folgende Kriterien überprüfen:

- gleiche Anzahl Knoten,
- gleiche Anzahl Kanten,
- gleiche Knotengrade (die Anzahl der Kantenenden in einem Knoten),
- Nachbarschaft von Knoten entsprechender Grade, also gleiche Gradfolgen,
- Existenz von Mehrfachkanten zwischen entsprechenden Knoten (Abbildung 9).

Es ist bis jetzt nicht bekannt, ob man einen Algorithmus finden kann, der in angemessener Zeit die Isomorphie von beliebigen Graphen überprüfen kann. Alle Möglichkeiten von Knotenbenennungen durchzutesten und dann die Matrizen zu vergleichen, bringt einen natürlich zum Ziel, dauert aber im Allgemeinen viel zu

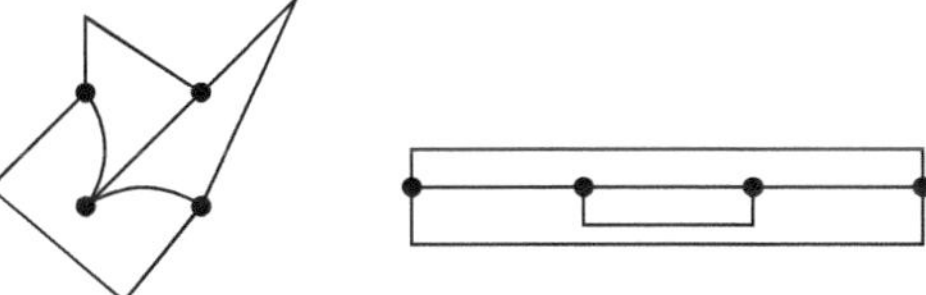

Abbildung 9. Vorsicht! Gleiche Anzahl Knoten, Kanten, gleiche Gradfolge, aber dennoch verschiedene Graphen.

lange (auch hier bekommt man es wieder mit der kombinatorischen Explosion und entsprechend langen Rechenzeiten zu tun). Ausgehend von einer recht unspektakulären Beobachtung über Graphen sind wir auf ein offenes Problem gestoßen. Es ist eines von vielen Beispielen, die zeigen, wie falsch die landläufige Meinung von der bereits komplett erforschten Mathematik ist.

Stellt man solche Kriterienkataloge wie den oben abgedruckten auf, so wird man damit nicht alle Fälle abdecken können. Sehen Sie sich die Graphen aus Abbildung 10 genau an. Sind alle vier Graphen isomorph? Zusätzlich zu den oben aufgelisteten Kriterien muss man hier die *Taillenweite* (die Länge eines kleinsten Kreises) berücksichtigen. Versuchen Sie auch hier wieder, eigene Beispiele zu finden.

Durch die Beschäftigung mit isomorphen Graphen bekommen die Schülerinnen und Schüler ein Gefühl für das »Wesen« von Graphen. Graphen sind keine starren geometrischen Gebilde, sondern eine Repräsentationsform für Konfigurationen von Beziehungen im weitesten Sinne. Das Objekt Graph kann beliebig verformt werden, ohne dass sich der Aussagegehalt ändert. Diese Tatsache kann besonders gut durch ein Knopf-Faden-Modell (siehe Abbildung 11) veranschaulicht werden, das man auf den Folienprojektor legen kann, in die Hosentasche stecken oder an den Kleiderhaken hängen oder was auch immer. Die Nachbarschaftsbeziehungen der Knöpfe (repräsentiert durch die Fadenverbindungen), also die in dem Graphen beinhalteten Informationen, ändern sich dadurch nicht.

Arbeitet man mit Fadenmodellen von Graphen, so gibt es eine sehr einfache Methode zum Auffinden kürzester Wege. Man knüpft den gegebenen Graphen so zusammen, dass die Fadenlänge zwischen je zwei Knoten (die man in diesem Fall am besten tatsächlich als Knoten realisiert) proportional zur jeweiligen Streckenlänge oder Fahrzeit ist. Dann nimmt man den Anfangsknoten mit den Fingern

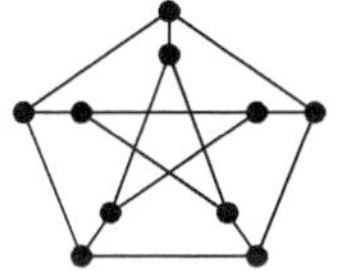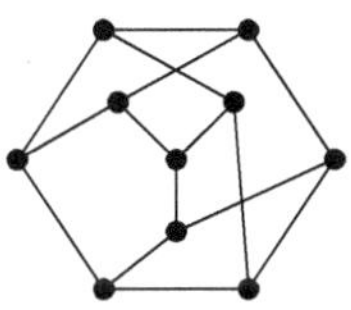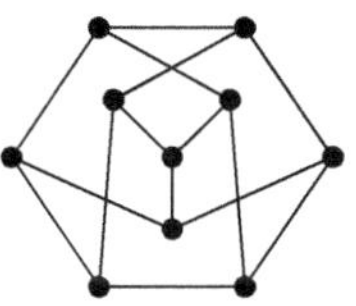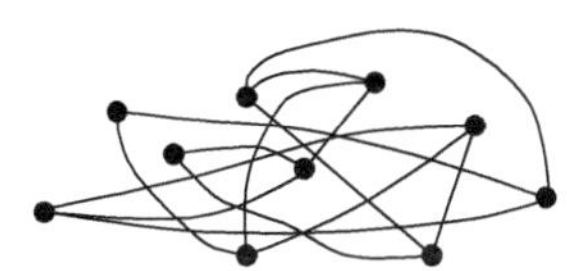

Abbildung 10. Ganz links der so genannte »Petersen-Graph«, rechts daneben ein Graph, der in allen im Text genannten Kriterien mit dem Petersen-Graph übereinstimmt, aber dennoch nicht zu ihm isomorph ist. Daneben noch zwei weitere Zeichnungen des Petersen-Graphen.

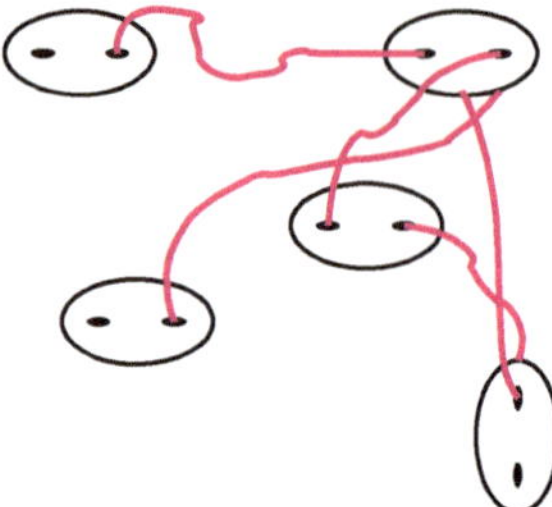

Abbildung 11. Der »Knopfgraph«: ein Knopf-Faden-Modell

der einen Hand und den Endknoten mit der anderen Hand und zieht das Modell straff. Der straff gespannte Weg zwischen den beiden Knoten ist der kürzeste!

Der Nachteil dieser Methode ist, dass das Basteln des Fadenmodells sehr zeitaufwändig ist. Hat man aber Zeit, z. B. im Rahmen von Projekttagen, so kann dieses Experiment sich lohnen, weil es deutlich macht, dass die Problematik an sich nicht schwierig ist. Die Schwierigkeit liegt darin, das Vorgehen sinnvoll zu automatisieren und zu abstrahieren. Damit werden wir uns in den Abschnitten 5 und 6 beschäftigen.

Matrizen

Die Überlegungen zu geeigneten Datenstrukturen für Graphen führen auf Matrizen, die in der Schule üblicherweise im Zusammenhang mit linearen Abbildungen und linearen Gleichungssystemen vorkommen. Hier ergibt sich ein Anknüpfungspunkt zur klassischen Schulmathematik.

Neben der quadratischen symmetrischen Adjazenzmatrix, die für jeden Knoten je eine Zeile und eine Spalte besitzt, gibt es die (meist nicht-quadratische) Darstellungsform der Inzidenzmatrix (Abbildung 12). Was bedeuten hier die Zeilen und die Spalten? Fällt Ihnen eine Regelmäßigkeit auf? Dann liegt die Antwort

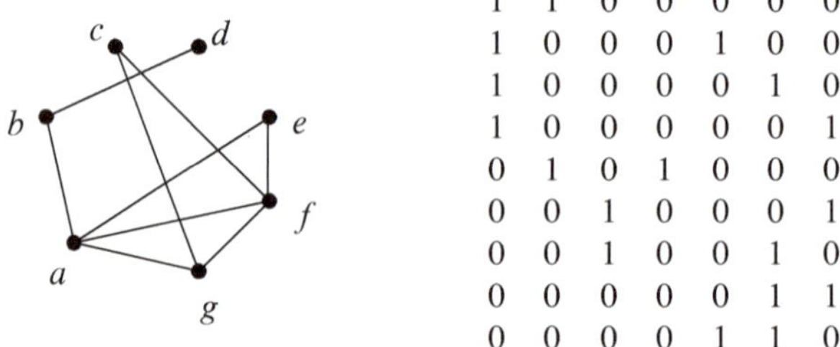

1	1	0	0	0	0	0
1	0	0	0	1	0	0
1	0	0	0	0	1	0
1	0	0	0	0	0	1
0	1	0	1	0	0	0
0	0	1	0	0	0	1
0	0	1	0	0	1	0
0	0	0	0	0	1	1
0	0	0	0	1	1	0

Abbildung 12. Ein Graph und seine Inzidenzmatrix

0	1	0	0	1
1	0	1	1	0
0	1	0	0	0
0	1	0	0	0
1	0	0	0	0

0	0	0	0	1
0	0	0	1	0
0	0	1	0	0
0	1	0	0	0
1	0	0	0	0

0	1	1	1	0
1	0	1	0	0
1	0	0	1	0
1	0	1	0	0
0	0	0	0	0

0	1	1	1	1
1	0	1	1	1
1	1	0	1	1
1	1	1	0	1
1	1	1	1	0

0	0	0	3	0
0	2	1	0	0
0	1	0	1	1
3	0	1	0	0
0	0	1	0	0

0	1	1	0	0
−1	0	−1	0	1
−1	1	0	0	−1
0	0	0	0	−1
0	−1	1	1	0

0	2	1	0	1
2	0	1, 3	4	2
1	1, 3	2, 5	0	34
0	4	0	0	6, 7
1	2	34	6, 7	0

0	0	0	0	0
0	0	0	0	0
0	0	0	0	0
0	0	0	0	0
0	0	0	0	0

1	0	0	1	0
0	1	1	0	0
1	1	0	0	0
0	0	0	1	1
0	1	0	0	1
1	0	0	1	0
0	0	1	1	0

Abbildung 13. Was sagen diese Matrizen über die zugehörigen Graphen aus?

schon auf der Hand. Die in der Abbildung abgedruckte Zeichnung des Graphen verrät eigentlich schon mehr als nötig. Geben Sie ihren Schülerinnen und Schülern zunächst nur die Matrix und lassen Sie sie rätseln.

- Sehen Sie sich die Matrizen aus Abbildung 13 genau an. Interpretieren Sie diese Matrizen! Welche Informationen bekommt man über die zugehörigen Graphen?

Diese Aufgabe (die auf einer Idee von StDir. Arne Madincea, Berlin, basiert) ist eine wunderbare Übung zur Datenanalyse. Dabei entstehen Fragestellungen wie: Welche Rolle spielen Einträge auf der Diagonalen? Wie wirken sich verschiedene symmetrische oder asymmetrische Anordnungen der Einträge aus? Was lässt sich über die Summe der Einträge der Inzidenzmatrix eines ungewichteten Graphen aussagen? Was bedeuten Einträge, die nicht 0 oder 1 sind? Lassen Sie Ihren Ideen oder denen der Schülerinnen und Schüler freien Lauf! Sie werden überrascht sein, wie viel Kreativität diese Aufgabe freisetzt. Mit Hilfe solcher Aufgabenstellungen können Sie den in der Schule sonst eher kalkülorientierten Umgang mit Matrizen motivierend bereichern.

5 Die Breitensuche

Erste Ideen für einen »Weg-mit-minimaler-Anzahl-von-Kanten-Algorithmus«

Wir begeben uns nun wieder auf die Suche nach einem Verfahren, das Wege mit einer minimalen Anzahl von Kanten in einem Graphen findet. Damit wollen wir Lösungen für das U-Bahnproblem bekommen. Wie Sie bereits gesehen haben, ist das Verfahren der Enumeration im Allgemeinen nicht brauchbar, da die Rechenzeiten astronomisch lang werden können. Im Folgenden werden wir nun eine Vorgehensweise entwickeln, die effizienter als die Enumeration arbeitet. Ziel dabei ist, die Methode, mit der am konkreten Beispiel eine Lösung gefunden wurde, so weit zu verallgemeinern, dass am Ende ein Verfahren dabei herauskommt, das für beliebige Beispiele funktioniert: ein Algorithmus. Sie kennen Algorithmen aus dem Alltag, z. B. Bedienungsanleitungen oder Kochrezepte oder auch die Technik der schriftlichen Subtraktion.

- Welche Anweisungen braucht ein Computer, um in einem Graphen (wie z. B. Abbildung 14) einen kürzesten Weg zwischen zwei Knoten zu finden?
- Was sieht oder weiß der Computer eigentlich von dem Graphen, auf dem er arbeiten soll?

Schauen Sie sich den Graphen aus Abbildung 14 an. Suchen Sie einen Weg von a nach b, der eine minimale Anzahl von Kanten benötigt. Wie sind Sie vorgegangen? Wahrscheinlich haben Sie gedacht, dass die Aufgabe ja ein wenig zu einfach ist, und haben einen der beiden Wege mit vier Kanten entlang der Luftlinie gewählt. Das war leicht, denn Sie haben ja den Überblick über den ganzen Graphen. Was aber tun Sie, wenn die Situation nicht so leicht zu überschauen ist?

Stellen Sie sich vor, Sie befänden sich auf dem Knoten a. Wie würden Sie nun anfangen, einen kürzesten Weg nach b zu suchen, wenn Sie keine Ahnung hätten, in welcher Richtung sich b befindet? Zeichnen Sie viele verschiedene Graphen,

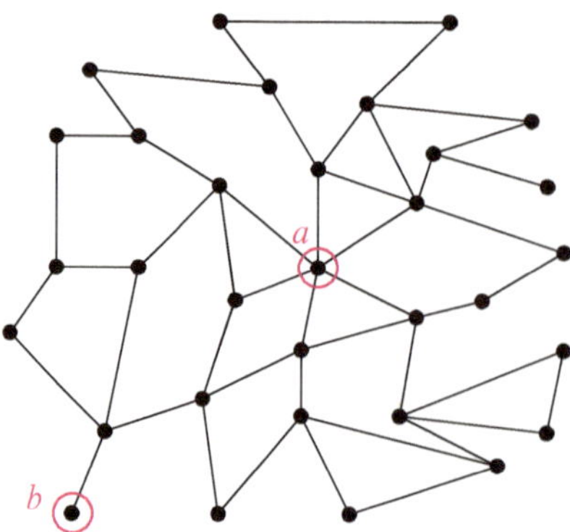

Abbildung 14. Wie kommt man am besten von a nach b? Suchen Sie ein Verfahren, das hier, aber auch in anderen Beispielen eine optimale Lösung findet.

probieren Sie, malen Sie mit Farbstiften darin herum, experimentieren Sie und lassen Sie Ihren Schülerinnen und Schülern auch genügend Freiraum dafür!

Einfach in irgendeine Richtung loszugehen und zu hoffen, dass man b erreicht, ist sicherlich nur eine ganz grobe Näherung an das gewünschte Ergebnis. Zwar findet man vielleicht einen Weg nach b, aber höchstwahrscheinlich nicht einen kürzesten. Sind Sie auch auf die Idee gekommen, herauszufinden, welche Knoten um eine Kantenlänge vom Startknoten entfernt sind, welche zwei Kantenlängen entfernt sind usw.? Das ist bereits die Grundidee für den Algorithmus, die so genannte *Breitensuche*.

Bitte beachten Sie, dass es auch andere richtige Lösungsansätze geben kann, die hier allerdings nicht alle dargestellt werden können. Nicht selten steckt sogar hinter zwei sehr verschieden klingenden Ideen das gleiche Konzept. Oder zwei Vorgehensweisen ähneln sich, unterscheiden sich aber in einigen Details. Sie als Lehrperson haben die nicht ganz leichte Aufgabe, eine Vielfalt von Ideen aufzunehmen und auch auf Richtigkeit zu beurteilen, was fast nie spontan möglich ist, sondern von Ihnen ein gründliches Durchdenken erfordert. Auch in diesem Stoff erfahrene Lehrkräfte nehmen sich Algorithmenentwürfe von Schülerinnen und Schülern mit nach Hause, um in Ruhe darüber nachzudenken. Es gibt nicht nur eine richtige Lösung!

Nun aber zurück zum Algorithmus. Was ist im Einzelnen dabei zu beachten? Es darf nicht passieren, dass man dabei im Kreis herum oder hin und her läuft. Denn das ergibt sicher keinen kürzesten Weg. Zum Beispiel ist der Startknoten von sich selbst zwei Kantenlängen entfernt, wenn man erst von ihm weg- und dann wieder zu ihm zurückläuft. So etwas sollten wir vermeiden. Und es reicht, wenn wir zu jedem Knoten genau einen Weg finden. Verschiedene gleich lange Wege zum selben Knoten bringen für unsere Fragestellung keinen Vorteil und sie erzeugen nebenbei auch so genannte Kreise. Das Verbot von Kreisen ist für den reibungslosen und vor allem schnellen Ablauf des Algorithmus sehr wichtig, daher hier eine Kreisdefinition:

▌▌ *Definition*
Ein geschlossener Kantenzug, der außer dem Anfangs- bzw. Endknoten jeden seiner Knoten nur einmal durchläuft, heißt *Kreis*.

Ein Kreis muss demnach nicht im geometrischen Sinne rund sein, sondern nur ein Rundweg in einem Graphen. Auch extrem unrunde Rundwege sind also Kreise, eine Tatsache, mit der Schülerinnen und Schüler erfahrungsgemäß keine Schwierigkeiten haben. Im Gegenteil, der Begriff *Kreis* wird häufig von der Lerngruppe selbst eingeführt.

Diese Definition lässt keine Kreise zu, die sich selbst überkreuzen, etwa in Form einer Acht. Solche »Kreise« können problemlos in einzelne unserer Defi-

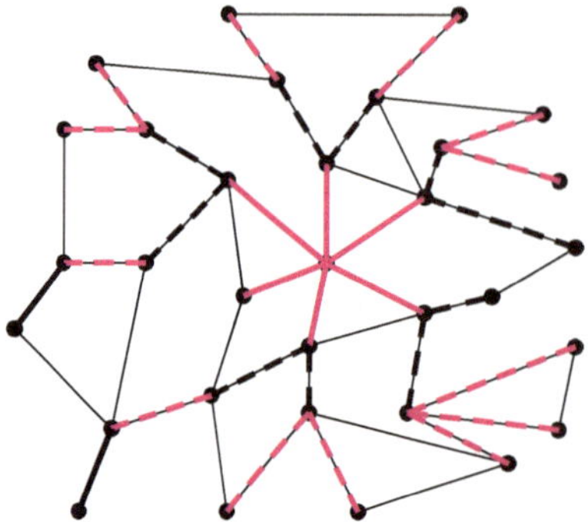

Abbildung 15. Die Grundidee für einen Algorithmus, der Wege mit einer minimalen Anzahl von Kanten findet.

nition entsprechende Kreise zerlegt werden.

- Führen Sie die eben skizzierte Idee für den Algorithmus mit Papier und Farbstiften aus.
- Formulieren Sie eine Schritt-für-Schritt-Anweisung, die ohne Vorkenntnisse ausgeführt werden kann.

Es entsteht ein Bild wie in Abbildung 15. Wie aber formuliert man diese Idee nun als Schritt-für-Schritt-Anweisung? Dass das nicht ganz einfach ist, haben Sie sicher schon bemerkt. Die Vorstellung, dass jemand, der keine Ahnung hat und gerade zur Türe hereinkommt, die Anweisung durchführen können soll, hilft hier enorm. Zudem ist es nützlich, sich klarzumachen, dass ein Computer den Graphen nicht »sehen« kann. Er »weiß« lediglich für jeden Knoten, welche Nachbarknoten er hat. Sein Blick auf den Graphen geschieht aus der Froschperspektive. Mehr dazu im folgenden Abschnitt.

Die Froschperspektive und die Lochblende

Eine Schwierigkeit beim Niederschreiben von Algorithmen liegt darin, dass man sehr viele Dinge intuitiv und durch »Draufgucken« löst. Jemandem, der ganz ohne Vorkenntnisse nach Anweisung eines Algorithmus an die Lösung des Problems geht, dem Computer z. B., muss man aber jeden kleinsten Schritt vorgeben. Ein wichtiger Bestandteil des Unterrichts kann daher die Ausarbeitung der Grundidee des Algorithmus zu einer präzise (umgangssprachlich) formulierten Schritt-für-Schritt-Anweisung sein. Damit wird präzises Denken und eine exakte Analyse von Vorgehensweisen geschult. Das Aufgliedern von Lösungswegen in kleine Einzelschritte ist eine Fähigkeit, die auch beim Beweisen und anderen mathematischen Tätigkeiten gebraucht wird und hier sehr anschaulich geübt werden kann.

Um den Blick erst einmal grundsätzlich zu schärfen, kann man mit der Klasse Algorithmen für alltägliche Tätigkeiten wie Spaghettikochen oder den Weg vom Klassenzimmer zum Ausgang der Schule aufschreiben. Dabei stellt sich genauso

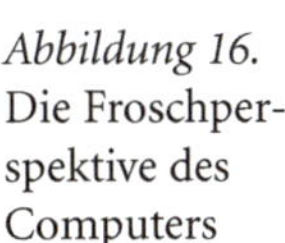

Abbildung 16.
Die Froschperspektive des Computers

wie bei Graphenalgorithmen die Frage: Wie genau müssen die Anweisungen werden? Muss ich dazusagen, dass eine Türe vor dem Durchqueren geöffnet werden muss, oder setze ich das als selbstverständlich voraus? Ist es wirklich notwendig, dass in den Anleitungen zum Aufwärmen von Tiefkühlpizza (die auch Algorithmen sind) als Arbeitsschritt »Folie entfernen« steht? Diese Beispiele zeigen, dass Entscheidungsspielraume bleiben. Wichtig ist nur, dass man sich bewusst ist, was man als selbstverständlich voraussetzt und was erwähnt werden muss.

Geht es um Graphenalgorithmen, so ist das Hauptproblem, den Blick vom Gesamtbild des Graphen zu lösen. Ein sehr wirksames Hilfsmittel dafür ist die Vorstellung der Froschperspektive. Der Computer weiß, wenn er einen Knoten betrachtet, nur, wie viele und welche Nachbarn dieser Knoten hat, weiter nichts. Diese Informationen stehen in der dem Knoten entsprechenden Zeile oder Spalte der Adjazenzmatrix. In welcher Richtung sich ein etwaiger Zielknoten befindet, kann aus der Matrix nicht herausgelesen werden. Geometrische bzw. geographische Informationen sind in der Struktur »Graph« nicht enthalten (vgl. Abschnitt über Graphenisomorphie, S. 10).

Diese Froschperspektive lässt sich im Schulhof wunderbar erleben (Abbildung 16). Zeichnen Sie einen großen Graphen mit Kreide auf den Schulhof und bitten Sie eine Person, sich auf den zuvor gewählten Startknoten zu setzen. Eine Gruppe von Mitschülern gibt dieser Person genaue Anweisungen, wie sie sich über den Graphen bewegen soll. Der »Witz« dabei ist, dass die Anweisungsgeber den Graphen auch nicht überblicken, bzw. im Idealfall gar nicht sehen. Die Person auf dem Graphen braucht farbige Kreiden, um Knoten oder Kanten markieren zu können, und Papier und Bleistift, falls sie sich besuchte Knoten o. ä. merken (also notieren) soll. Alle anderen stehen, falls die räumlichen Gegebenheiten es zulassen, in einem höheren Stockwerk am Fenster und kontrollieren das Resultat.

Nicht immer hat man die Möglichkeit, solche Freiluftexperimente durchzuführen. Dann hilft die Lochblende (Abbildung 17) weiter. Sie wird entweder aus Pappe oder aus Folie gefertigt. Folie ist etwas handlicher, dafür ist das Hantieren mit der Pappe an der Tafel eindrücklicher. Mit einem Graphen, der Lochblende und einem Stift oder bunter Kreide kann man sich ähnlich wie im Schulhof klarmachen, wie man den Computer trotz seiner Froschperspektive dazu bringt, etwas in dem Graphen zu konstruieren. Holen Sie auch hier einen Schüler oder eine Schülerin an die Tafel oder den OH-Projektor und lassen Sie die übrigen Schüler

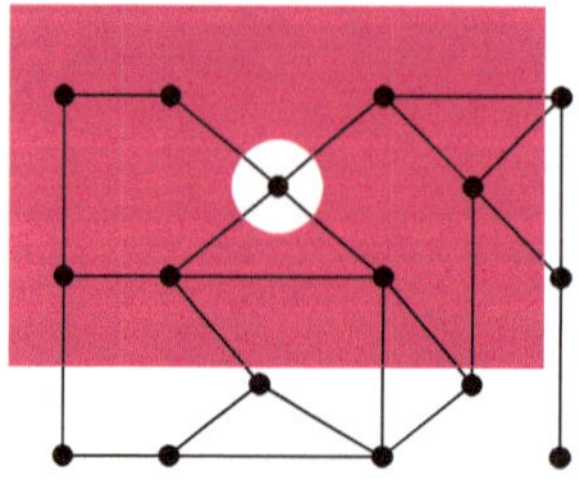

Abbildung 17. Die Lochblende als Visualisierung der Froschperspektive

Anweisungen geben, was zu tun ist. Derjenige an der Tafel muss sich dabei ganz stur stellen, was sehr lustig sein kann. Die Rolle des »dummen Computers« ist daher in vielen Klassen äußerst beliebt!

Formulierung der Breitensuche

Nun werden wir die weiter oben beschriebene Idee für einen »Wege-mit-minimaler-Anzahl-von-Kanten-Algorithmus« sauber ausarbeiten. Die Vorstellung der Froschperspektive sollten Sie dabei immer im Kopf behalten. Wenn Ihnen die Herleitung zu lang ist, dann blättern sie einfach weiter bis zu der Stelle (S. 23), an der die Breitensuche fertig formuliert ist. Bis dorthin vollziehen wir einen möglichen Weg der Erarbeitung des Algorithmus nach.

Erste Fassung.   Ein erster Formulierungsversuch könnte so aussehen: *Gehe vom Startknoten zu allen seinen Nachbarn. Gehe von diesen Nachbarn weiter zu deren Nachbarn usw.* Probieren Sie es an einem Graphen aus, am besten mit Hilfe einer Lochblende. Stellen Sie sich also »dumm« und führen Sie wirklich genau die Anweisung aus. Es ist gar nicht so einfach, nicht selbst mitzudenken, sondern nur ganz mechanisch Anweisungen auszuführen. Genau das aber macht der Computer!

Leider funktioniert es so noch nicht. Was geht hier schief? Geht man vom Startknoten gleichzeitig zu allen Nachbarn? Wenn nicht, in welcher Reihenfolge geht man zu den Nachbarn? Außerdem werden Kreise entstehen, da nicht zwischen bereits besuchten und unbesuchten Knoten unterschieden wird. Zudem sollte man sich überlegen, in welcher Reihenfolge die Knoten, deren Nachbarn neu aufgesucht werden, betrachtet werden sollen. Nicht zuletzt muss man sich Gedanken machen, wie das so konstruierte Resultat gespeichert werden soll. Mit Stift und Papier würde man die ausgewählten Knoten und Kanten einfach anmalen. Der Computer hat nur die Möglichkeit, Knoten und Kanten zu markieren oder auch in Listen zu notieren.

Um zu vermeiden, dass bereits besuchte Knoten nochmals betrachtet werden, muss man also diese Knoten entweder markieren oder sie sich notieren. Zudem interessieren uns ja gerade die Kanten, über die man den jeweiligen Knoten erreicht hat. Daher markieren wir auch die besuchten Kanten.

Zweite Fassung. Wir verfeinern die Anweisungen so: *Der Startknoten wird als besucht markiert. Betrachte alle Nachbarn. Sofern diese Nachbarn noch unbesucht sind, markiere diese Knoten und die vom Startknoten zu ihnen führenden Kanten.*

Damit haben wir die erste »Ebene« um den Startknoten herum aufgebaut. Wie geht es nun weiter? – Vielleicht haben Sie die Anweisungen so formuliert, dass Schicht um Schicht der markierten Kanten in den Graphen hineinwächst, zum Beispiel so:

Der Startknoten wird als besucht markiert. Betrachte alle Nachbarn. Sofern diese Nachbarn noch unbesucht sind, markiere diese Knoten und die zu ihnen führenden Kanten. Betrachte alle Nachbarn der neu markierten Knoten. Sofern diese Nachbarn noch unbesucht sind, markiere diese Knoten und die zu ihnen führenden Kanten usw.

Dritte Fassung. Die zwei letzten Anweisungen wiederholen sich immer wieder. Man spricht hier von »Schleifen« im Programm. Hat man solch eine Schleife entdeckt, kann man sie durch die Anweisung »Wiederhole« ausdrücken und lässt damit die Struktur des Algorithmus klarer hervortreten:

1. Der Startknoten wird als besucht markiert. 2. Betrachte alle Nachbarn. Sofern diese Nachbarn noch unbesucht sind, markiere diese Knoten und die zu ihnen führenden Kanten. 3. Wiederhole Schritt 2 für alle im vorigen Schritt neu markierten Knoten.

Entfernungsvariable. Auf die eben beschriebene Art funktioniert der Algorithmus. Das einzig Lästige ist, dass man in irgendeiner Form zwischen den schon früher markierten Knoten und denen in der letzten Iteration markierten unterscheiden muss. Eine Lösung ist, in jeder Iteration nicht nur die bisher unbesuchten Nachbarn zu markieren, sondern ihnen auch eine Nummer zu geben. Der Startknoten könnte die 0 bekommen, die Nachbarn des Startknotens die 1, die neu hinzukommenden Nachbarn der 1-er Knoten die 2 und so weiter. Damit kann man leicht zwischen den Knoten, die nicht mehr betrachtet werden und den zu bearbeitenden Knoten unterscheiden. Zudem gibt die Zahl direkt die Entfernung (in Anzahl der Kanten) zum Startknoten an. Solch eine zusätzliche Variable, die man z. B. »Distanz« nennen kann, einzuführen, bedeutet zusätzlichen Aufwand, kann aber gelegentlich nützlich sein.

Bei der eben beschriebenen Variante bleibt es offen, in welcher Reihenfolge die Knoten innerhalb einer Schicht abgearbeitet werden. Sie kann beliebig gewählt werden. Man kann sich aber auch darüber Gedanken machen und wird eine Datenstruktur entdecken, die die Entfernungsvariable überflüssig macht.

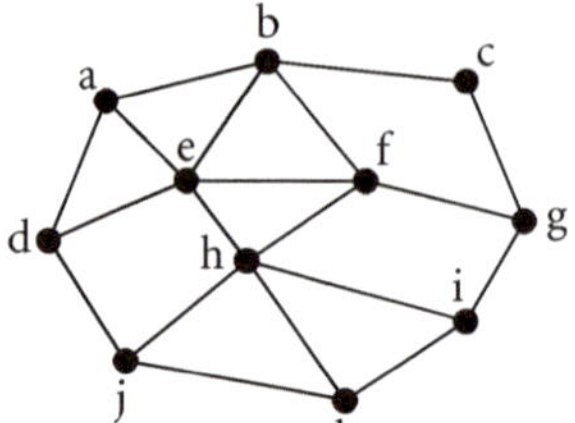

Abbildung 18. Ein Beispielgraph zum Ausprobieren: Wie bestimmen Sie die Reihenfolge der zu bearbeitenden Knoten?

Reihenfolge der zu bearbeitenden Knoten.   Führen Sie den Algorithmus ohne Entfernungsvariable aus. Weiterhin werden wie oben beschrieben besuchte Knoten und entsprechende Kanten markiert. Wählen Sie einen Startknoten, z. B. *a* in Abbildung 18, und schreiben ihn als ersten Eintrag einer Liste auf. Schreiben Sie alle unmarkierten Nachbarn des Startknotens in die Liste: *a, b, e, d*. Welchen der Knoten aus der Liste nehmen Sie sich in der nächsten Iteration vor, um dessen Nachbarn zu betrachten? Tragen Sie von diesen Nachbarn diejenigen in die Liste ein, die bisher noch nicht markiert waren (Die Liste sieht nun beispielsweise so aus: *a, b, e, d, c, f*, wenn Sie *b* als nächstes betrachtet haben.) Welchen Knoten aus der Liste wählen Sie nun als nächstes, um neue Nachbarknoten zu finden?

Wenn Sie stets die neu markierten Knoten hinten in die Liste schreiben und die Knoten der Reihenfolge nach aus der Liste nehmen, um deren Nachbarn zu erforschen, dann kommt tatsächlich dabei heraus, dass die markierten Kanten Schicht für Schicht in den Graphen hineinwachsen, so wie das geplant war. Und Sie müssen nicht mehr besonders aufpassen, was als nächstes zu tun ist, denn die richtig geführte Liste gibt alles vor. Damit kann das Verfahren automatisiert werden, also auch einem Computer überlassen werden.

Den jeweils ausgewählten Knoten aus der Liste, von dem aus Nachbarn gesucht werden, nennen wir den »aktiven Knoten«, um deutlich zu machen, von welchem Knoten aus gerade gearbeitet wird. Sie müssen nur beachten, dass der jeweilige aktive Knoten aus der Liste gestrichen wird, damit in jeder Wiederholung der Tätigkeit »aktiven Knoten wählen und dessen Nachbarn untersuchen« der jeweils erste Knoten aus der Liste betrachtet werden kann. Auch hier geht es darum, den Ausführenden möglichst viel Arbeit, vor allem Denkarbeit abzunehmen.

Diese Liste arbeitet nach dem Prinzip *First In First Out (FIFO)*. Die passende Datenstruktur ist eine so genannte *Queue* oder Warteschlange (Abbildung 19). Der Einsatz solch einer Queue ist ein elegantes Mittel, um die Formulierung des Algorithmus übersichtlich zu halten.

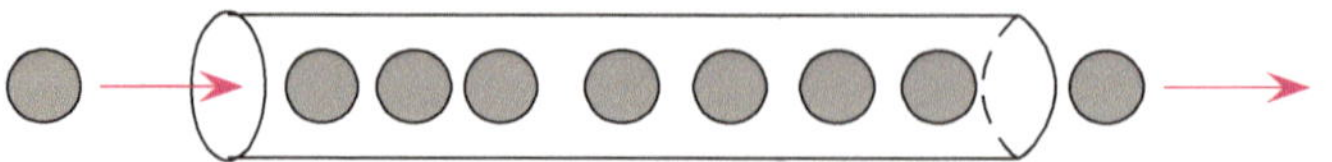

Abbildung 19. Eine Queue oder Warteschlange arbeitet nach dem Prinzip *first in first out (FIFO)*.

Eine Kleinigkeit fehlt nun noch zur Vollständigkeit des Algorithmus. Bis jetzt arbeitet er, einmal in Gang gesetzt, unendlich lange weiter. Wir brauchen eine Abbruchbedingung. Überlegen Sie sich selbst eine Abbruchbedingung, bevor Sie weiterlesen!

Abbruchbedingung. Hat man einen Zielknoten festgelegt, so kann man den Algorithmus beim Erreichen des Zielknotens stoppen, falls es zwischen Start- und Zielknoten überhaupt einen Weg gibt. Es kann aber auch sinnvoll sein, den Algorithmus über alle Knoten durchzuführen. Dann bekommt man mit nur wenig mehr Aufwand kürzeste Wege vom Startknoten zu allen anderen Knoten. Falls wir mit einer Queue arbeiten, lässt sich die Abbruchbedingung besonders einfach formulieren: der Algorithmus soll stoppen, wenn die Queue leer ist. Im anderen Fall kann man aufhören, wenn es keinen markierten Knoten mehr gibt, der noch unbesuchte Nachbarn hat.

Warum kann man nicht stoppen, wenn alle Knoten markiert wurden? Wenn man Pech hat, erzeugt man so eine Endlosschleife. Es gibt nämlich auch Graphen, die aus mehreren unzusammenhängenden Teilen bestehen (mehr zum Thema Zusammenhang finden Sie in Kapitel 2). Denken Sie z. B. an das deutsche Straßennetz, das aufgrund der Existenz von Inseln nicht zusammenhängend ist. In diesem Fall sollte der Algorithmus abbrechen, ohne alle Knoten markiert zu haben. Daher eignet er sich auch zur Überprüfung, ob ein Graph zusammenhängend ist oder nicht. Probieren Sie es aus: Erstellen Sie eine Adjazenzmatrix, ohne den Graphen vorher gezeichnet zu haben, und lassen Sie darauf den Algorithmus ablaufen. Lassen Sie sich überraschen, ob ihr selbst erfundener Graph zusammenhängend ist oder nicht.

Der beschriebene Algorithmus heißt *Breitensuche* oder *Breadth-First-Search (BFS)* und gehört zu den grundlegenden Graphenalgorithmen.

■ *Die Breitensuche* ■
Eingabe: ein Graph mit Knotennamen
Ausgabe: kürzeste Wege (bzgl. Kantenzahl) vom Startknoten zu allen anderen Knoten
1. Wähle einen Startknoten, markiere ihn und schreibe ihn in eine Liste.
2. Streiche den ersten Knoten aus der Liste. Er ist nun der aktive Knoten.
3. Markiere alle noch nicht markierten Nachbarn des aktiven Knotens und die Kanten, die vom aktiven Knoten zu diesen Nachbarn führen.
4. Schreibe die neu markierten Knoten hinten in die Liste.
5. Ist die Liste leer? Wenn ja, dann Stopp. Wenn nein, dann gehe zu 2.

Es gibt viele unterschiedliche Möglichkeiten, die Breitensuche zu formulieren. Diese Möglichkeiten können sich im Detaillierungsgrad stark unterscheiden. Welche

Art der Formulierung man wählt, hängt vom Kontext, aber auch von persönlichen Präferenzen ab. Jede Person, die sich selbstständig daran macht, wird eine neue Formulierung finden. Hier nur ein Beispiel: Anstatt Kanten zu markieren, kann man sich auch für jeden Knoten den jeweiligen Vorgängerknoten merken. Mit Hilfe dieser Vorgängerliste lassen sich die vom Algorithmus gefundenen Wege dann leicht rekonstruieren. Gegenüber dem (anschaulichen) Markieren von Kanten ist bei dieser Variante ein höheres Abstraktionsvermögen erforderlich, so dass es auf die jeweilige (Unterrichts-)Situation ankommt, was verwendet wird. Auch bei der Gestaltung von Schleifen oder der Aufteilung der Anweisungen in Schritte kann man sehr unterschiedlich vorgehen.

Im Unterricht werden Ihnen die unterschiedlichsten Versionen begegnen. Nicht immer ist es einfach zu sehen, ob die Formulierungen tatsächlich korrekt sind. Der Teufel steckt hier im Detail. In der Praxis erprobte Unterrichtsmethoden zum Aufspüren von Fehlern finden Sie im nächsten Abschnitt.

Blättertausch und Rollenspiel: Überprüfen der Formulierung

Während Sie Ihren eigenen Algorithmus formuliert haben, haben Sie sich vermutlich immer wieder anhand von Beispielen versichert, dass Ihre Anweisungen auch genau den Effekt haben, den Sie sich vorgestellt hatten. Sehen Sie sich Ihre Aufzeichnungen ein paar Tage später nochmals an. Verstehen Sie Ihre eigenen Anweisungen immer noch? Oder ist plötzlich etwas unklar? Oft muss man feststellen, dass man etwas anderes meinte, als man geschrieben hat. Wo genau gehört das Auswahlkriterium für den nächsten Knoten hin? Welche Reihenfolge der Tätigkeiten ist richtig? Schon befinden Sie sich mitten in einer detaillierten Analyse Ihres Vorgehens. Viele Lernende sind schon nach dem Durchtesten weniger Beispielgraphen davon überzeugt, dass ihre Vorgehensweisen und Formulierungen »wasserdicht« sind. Im Unterricht sollte es daher ein Ziel sein, ein Bewusstsein für die Fehlerträchtigkeit von Algorithmen zu unterstützen.

Ein einfaches, aber sehr wirksames Mittel zur Fehlersuche in Algorithmen ist der *Blättertausch*. Jeder schreibt seinen Algorithmus auf ein loses Blatt Papier.

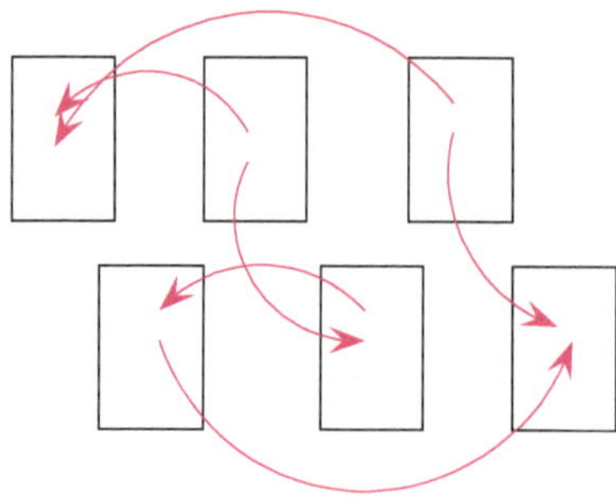

Abbildung 20. Hilfe bei der Fehlersuche: Blättertausch

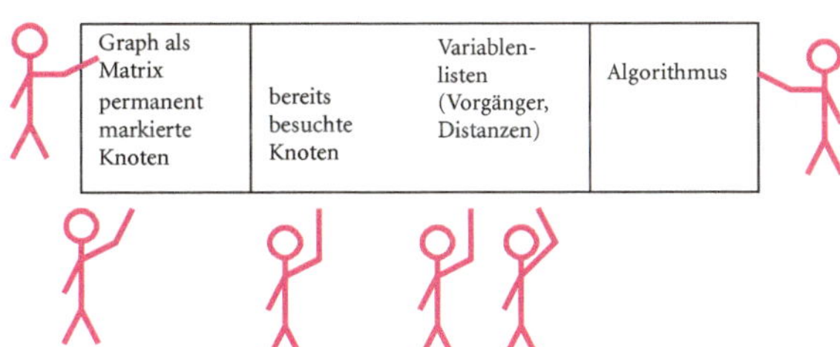

Abbildung 21. Das »Rollenspiel« für den Algorithmus von Dijkstra

Diese Blätter werden gemischt und neu in der Klasse verteilt (Abbildung 20). Nun führt jeder den gerade erhaltenen Algorithmus an einem eigenen Beispielgraphen aus. Dabei werden Schwächen in der Formulierung, aber auch konzeptionelle Fehler meist problemlos erkannt. Wer Fehler oder Unklarheiten entdeckt, schreibt Kommentare und Vorschläge zur Verbesserung dazu. Die Autorinnen und Autoren bekommen ihr eigenes Blatt zurück und arbeiten die Verbesserungsvorschläge nach kritischer Prüfung ein.

Führt man den Blättertausch in mehreren Iterationen durch, so erhält man gute Ergebnisse. Dabei werden sämtliche Mitglieder der Lerngruppe gleichermaßen gefordert. Das Eindenken in die Gedankengänge von anderen wird geschult und auch die Schwächeren kommen zum Zuge, denn das Ausführen eines gegebenen Algorithmus gelingt normalerweise immer, und Fehler in der Formulierung werden dabei von allen rasch entdeckt. Sicherlich muss darauf geachtet werden, dass dabei eine konstruktive Atmosphäre herrscht und somit die Kritik an den Lösungen der anderen fair ausfällt.

Eine besonders reizvolle Methode, die bei der präzisen Analyse und Formulierung von Algorithmen helfen kann, ist das *Rollenspiel* (Abbildung 21). Es kann noch mehr leisten als nur Fehlererkennung. Mit diesem Rollenspiel kann der Schritt von einer zeichnerisch ausgeführten Idee hin zu einer klar strukturierten Darstellung von kleinen Handlungsschritten wesentlich erleichtert werden.

Das Rollenspiel simuliert den Ablauf der Tätigkeiten, während der Algorithmus arbeitet. Es zeigt also gewissermaßen, was im Inneren des Computers geschieht, wenn er beispielsweise eine Breitensuche durchführt. Zu Beginn muss geklärt werden, welche Arten von Tätigkeiten und Datenstrukturen es geben soll. An der Tafel werden die benötigten Datenstrukturen und Listen (hier ist mit »Liste« nicht eine spezielle Datenstruktur gemeint) angezeichnet (der Graph wird als Matrix angeschrieben, die Queue bekommt einen Tafelplatz zugewiesen, die Entfernungsvariable ebenfalls, etc.). Je nach Algorithmus können das verschieden viele sein. Nun wird für jede dieser Listen/Datenstrukturen eine Person gewählt, die dieses Objekt verwaltet. Eine Person sollte stets notieren, was gerade getan wird. Alle anderen wachen darüber, ob an der Tafel korrekt gearbeitet wird.

Dann fängt der Algorithmus an zu arbeiten, indem zum Beispiel die Person, die den Graphen verwaltet, einen Startknoten benennt. Die Queue-Verwalterin muss diesen Knoten eintragen. Der Knoten wird von einer dritten Person markiert (Wo und wie wird er markiert?). Der Graphenverwalter benennt die Nachbarknoten des Startknotens. Sie werden von der Queue-Verwalterin eingetragen. Falls mit einer Entfernungsvariable gearbeitet wird, so muss die dafür zuständige Person für die neu benannten Knoten jeweils die Entfernung zum Startknoten notieren (etwa in der Form $Distanz(v) = 1$). Der Protokollant notiert jede dieser Aktivitäten der Reihenfolge nach. Und so weiter.

Lebhafte Diskussionen, wer wann was zu tun hat, sind mit dieser Methode garantiert. Durch dieses Rollenspiel klären sich viele Fragen, z. B. über die zeitliche Abfolge von Tätigkeiten oder wann genau welche Information von Nöten ist. Es werden Schleifen im Ablauf leicht erkannt und es entsteht eine erste Fassung einer formalisierten Schritt-für-Schritt-Anweisung. Nebenbei hat das Rollenspiel einen hohen Motivationsfaktor. Es bringt Bewegung in das Klassenzimmer, regt zum präzisen Argumentieren an und ist hervorragend geeignet, die Mechanik von Algorithmen zu veranschaulichen. Besonders reizvoll ist es, das Rollenspiel nur auf den abstrakten Datenstrukturen ablaufen zu lassen, und erst hinterher zur Kontrolle den Graphen zu zeichnen und das berechnete Resultat einzutragen. Dieser Nervenkitzel, ob der Algorithmus tatsächlich das tut, was geplant war, ist auch für Oberstufenschüler und Erwachsene noch spannend. Probieren Sie es aus!

Wurde dann eine Formulierung gefunden, die wirklich das anweist, was man sich vorgestellt hatte, so bleibt immer noch die Korrektheit des Algorithmus zu beweisen. Das ist häufig nicht ganz einfach. Wagen Sie einen Versuch, Argumente zu finden, dass die Breitensuche niemals einen zu langen Weg zwischen zwei Knoten berechnet. Sie finden einen Korrektheitsbeweis für die Breitensuche im Anhang dieses Kapitels. Für den ersten Kontakt mit der kombinatorischen Optimierung ist es nicht zwingend notwendig, den Beweis durchgearbeitet zu haben. Wollen Sie aber tiefer in die Materie eindringen, so sollten Sie sich etwas Zeit und Muße nehmen und sich auch mit Korrektheitsbeweisen beschäftigen.

6 Der Algorithmus von Dijkstra

Gewichtete Graphen

Bislang haben wir uns Gedanken gemacht, wie man Wege findet, die eine minimale Anzahl von Kanten benötigen. Diese Vorgabe reichte für das Auffinden von guten U-Bahn-Verbindungen aus. Für die Planung des Schulweges, von Wegen von Datenpaketen oder von Bahn- oder Autofahrten interessieren allerdings andere Größen. Denken Sie zurück an die Bearbeitung der Probleme 2 und 3 vom

Anfang des Kapitels. Wie haben Sie diese Probleme modelliert? Welche Lösungswege haben Sie ausprobiert?

- Welche Größen sollen bei einer Autofahrt, bei einer Zugfahrt oder bei einer Wanderung optimiert werden?
- Wie können diese Größen in Graphen dargestellt werden?
- Wie könnte ein Algorithmus aussehen, der für solche Beispiele optimale Wege bestimmt?

Die Reiseauskunft der Deutschen Bahn AG gibt, falls man nichts weiter angibt, die Verbindung aus, die am wenigsten Zeit benötigt. Routenplaner für Autofahrten können wahlweise die schnellste, kürzeste oder billigste Fahrtstrecke ermitteln.

Die Graphen, die bisher betrachtet wurden, beinhalten allerdings keinerlei Informationen über Kantenlängen oder -kosten. Die gezeichnete Länge einer Kante sagt darüber nichts aus (vgl. Abschnitt »Graphenisomorphie«, S. 10). Schaut man sich Kosten-, Fahrzeit- oder Entfernungstabellen an (Abbildung 22), so fällt auf, dass solch eine Tabelle aussieht wie eine Adjazenzmatrix eines Graphen. Man kann sie als Graph mit Kantengewichten interpretieren. Ein Beispiel für einen *gewichteten Graphen* und seine Gewichtsmatrix sehen Sie in Abbildung 23.

■■ *Definition*
Ein *gewichteter Graph* ist ein Graph mit einer zusätzlichen Gewichtsfunktion, die jeder Kante eine Zahl zuordnet.

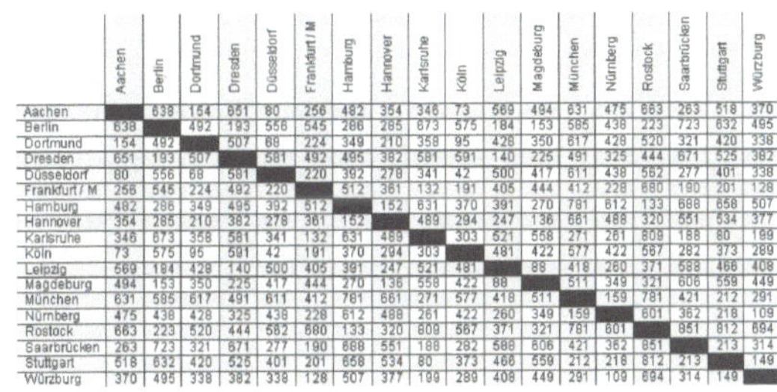

	Aachen	Berlin	Dortmund	Dresden	Düsseldorf	Frankfurt/M	Hamburg	Hannover	Karlsruhe	Köln	Leipzig	Magdeburg	München	Nürnberg	Rostock	Saarbrücken	Stuttgart	Würzburg
Aachen		638	154	651	80	256	482	354	346	73	569	494	631	475	663	263	518	370
Berlin	638		492	193	556	545	286	285	673	575	184	153	585	438	223	723	632	495
Dortmund	154	492		507	68	224	349	210	358	95	428	350	617	428	520	321	420	338
Dresden	651	193	507		581	492	495	382	581	591	140	225	491	325	444	671	525	382
Düsseldorf	80	556	68	581		220	392	278	341	42	500	417	611	438	562	277	401	338
Frankfurt/M	256	545	224	492	220		512	361	132	191	405	444	412	228	680	190	201	128
Hamburg	482	286	349	495	392	512		152	631	370	391	270	781	612	133	688	658	507
Hannover	354	285	210	382	278	361	152		489	294	247	136	661	488	320	551	534	377
Karlsruhe	346	673	358	581	341	132	631	489		303	521	558	271	261	809	188	80	199
Köln	73	575	95	591	42	191	370	294	303		481	422	577	422	567	282	373	289
Leipzig	569	184	428	140	500	405	391	247	521	481		88	418	260	371	588	466	408
Magdeburg	494	153	350	225	417	444	270	136	558	422	88		511	349	321	606	559	449
München	631	585	617	491	611	412	781	661	271	577	418	511		159	781	421	212	291
Nürnberg	475	438	428	325	438	228	612	488	261	422	260	349	159		601	362	218	109
Rostock	663	223	520	444	562	680	133	320	809	567	371	321	781	601		851	812	694
Saarbrücken	263	723	321	671	277	190	688	551	188	282	588	606	421	362	851		213	314
Stuttgart	518	632	420	525	401	201	658	534	80	373	466	559	212	218	812	213		149
Würzburg	370	495	338	382	338	128	507	377	199	289	408	449	291	109	694	314	149	

Abbildung 22. Eine Entfernungstabelle

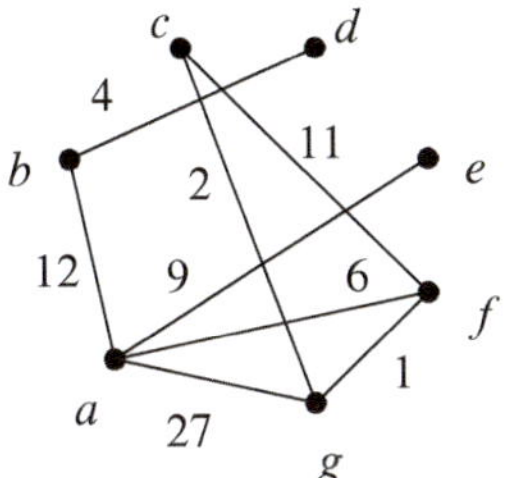

	a	b	c	d	e	f	g
a	–	12	–	–	9	6	27
b	12	–	–	4	–	–	–
c	–	–	–	–	–	11	2
d	–	4	–	–	–	–	–
e	9	–	–	–	–	–	–
f	6	–	11	–	–	–	1
g	27	–	2	–	–	1	–

Abbildung 23. Streckenlängen oder Fahrzeiten werden zusätzlich angegeben: ein gewichteter Graph und seine Gewichtsmatrix

Den Algorithmus von Dijkstra nacherfinden

Haben Sie bei Ihrem ersten Versuch, in gewichteten Graphen kürzeste Wege zu konstruieren, die Breitensuche auf diesen Graphen ablaufen lassen? Haben Sie kürzeste Wege bezüglich der Kantengewichte erhalten? Wie muss man jetzt, bei der Arbeit mit gewichteten Graphen, die Weglänge definieren?

Wie Sie an Ihren eigenen Beispielen sehen konnten, konstruiert die Breitensuche normalerweise keine kürzesten Wege bezüglich der Summe der Kantengewichte. Dennoch kann die Grundidee der Breitensuche auch hier genutzt werden. Bevor Sie weiterlesen, sollten Sie sich selbst eine Strategie überlegen, wie man kürzeste gewichtete Wege konstruieren kann. Vielleicht versuchen sie zunächst eine zeichnerische Lösung und fassen diese dann in Worte.

- Wie können gewichtete Graphen so verändert werden, dass die Breitensuche darin korrekte kürzeste Wege konstruiert?
- Wie kann die Breitensuche abgewandelt werden, so dass sie in gewichteten Graphen kürzeste Wege konstruiert? Probieren Sie Ihre Ideen an dem Graphen aus Abbildung 24 oder an eigenen Beispielen aus. Geht das in allen gewichteten Graphen?

Die erste Frage taucht bei der Arbeit mit Schülerinnen und Schülern immer wieder auf. Es wäre ja auch angenehm, keinen weiteren Algorithmus erfinden zu müssen. Tatsächlich gibt es eine Möglichkeit, den Graphen so zu reparieren, dass die Breitensuche das gewünschte Ergebnis liefert: Zwischen je zwei Knoten werden so viele neue Knoten eingefügt, dass ebensoviele neue Kanten mit Gewicht 1 entstehen, wie das Gewicht der ursprünglichen Kante angibt. Sind die Gewichte nicht ganzzahlig, so müssen diese vor der Umwandlung des Graphen erst durch Multiplikation mit einem konstanten Faktor ganzzahlig gemacht werden. Auf dem entstandenen Graphen berechnet die Breitensuche korrekte kürzeste Wege. Der Aufwand ist allerdings schon für kleinere Graphen ganz erheblich. Aus einer kleinen

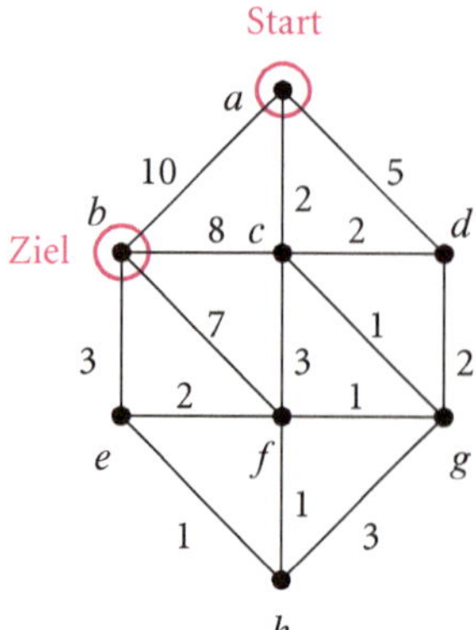

Abbildung 24. Versuchen Sie eine Vorgehensweise zu finden, die kürzeste Wege in gewichteten Graphen findet. Hier ein Beispielgraph.

Adjazenzmatrix wird mit diesem Verfahren eine riesengroße (Probieren Sie es an einem Beispiel aus!). Mit einer Inzidenzmatrix (siehe Abbildung 12) spart man in diesem Fall etwas Speicherplatz, der Graph wird dadurch aber nicht kleiner.

Daher führt die zweite Frage eher zum Ziel. Die Breitensuche kann als Basis für einen neuen Algorithmus dienen. Aus diesem Grund ist es hilfreich, aber nicht zwingend, sie im Unterricht vorher behandelt zu haben.

Ein möglicher Gedankengang, wie Sie ihn vielleicht bei der Bearbeitung der Aufgaben selbst erlebt haben, oder wie er bei der Arbeit von Schülerinnen und Schülern auftauchen könnte, ist im Folgenden beschrieben. Der »fertige« Algorithmus ist auf Seite 32 zu finden.

Anfang. Wir nennen die Weglänge zum Startknoten »Distanz«. Der Beginn des Algorithmus bleibt fast gleich: Vom Startknoten aus werden alle Nachbarn betrachtet, jetzt allerdings mit ihren Distanzen zum Startknoten.

Auswahl des aktiven Knotens. Von welchen Knoten aus gehen Sie jetzt weiter? Intuitiv würden Sie wohl den mit der kleinsten Distanz zum Startknoten wählen. In unserem Beispiel (Abbildung 24) ist das der Knoten c. Wir nennen diesen Knoten wieder den aktiven Knoten. Knoten c hat zwei bisher unbesuchte Nachbarn: f und g. Deren Distanzen zum Startknoten berechnen sich durch: Distanz des aktiven Knotens + Kantengewicht der verbindenden Kante.

Bislang gehen wir wie bei der Breitensuche vor, mit dem Unterschied, dass wir das Auswahlkriterium für den jeweils neuen aktiven Knoten verändert haben und dass wir Distanzen zum Startknoten berechnen.

Der »Update«-Schritt. Schauen Sie sich den Knoten d an. Er hat bisher die Distanz 5 gehabt. Wenn Sie aber einen Umweg über den Knoten c gehen, so kann man d mit der Weglänge 4 erreichen. Wir müssen also auch die bereits besuchten Nachbarn des aktiven Knotens nochmals betrachten und gegebenenfalls die Distanzwerte nach unten korrigieren. Diesen Korrekturschritt nennt man »Update«. Nicht nur der Distanzwert muss geändert werden, auch der Weg zu d muss entsprechend markiert oder der gespeicherte Vorgängerknoten geändert werden. Für den Knoten b errechnet sich über c die gleiche Distanz wie die schon vorher berechnete. Daher müssen wir hier nichts ändern.

Erste Fassung. *1. Wähle einen Startknoten. Er bekommt die Distanz 0 zugeordnet. 2. Gehe zu allen Nachbarn des Startknotens und berechne deren Distanzen. Diese Knoten haben als Vorgänger den Startknoten. 3. Wähle den Knoten mit der kleinsten Distanz als aktiven Knoten. 4. Berechne vom aktiven Knoten aus die Distanzen zu allen Nachbarknoten. Korrigiere ggf. die Distanzen und die Vorgängerknoten.*

Temporäre und permanente Distanzen. In der ersten Fassung ist noch nicht ausgeschlossen, dass wir im Kreis herumlaufen. Bei der Breitensuche hatten wir das verhindert, indem wir zwischen besuchten und unbesuchten Knoten unterschieden hatten. Hier müssen wir die bereits besuchten Knoten nochmals betrachten, also benötigen wir ein anderes Kriterium. Ist der gerade aktive Knoten ein Nachbarknoten zum Startknoten, so ist es ganz klar, dass wir die Distanz zum Startknoten nicht nochmals berechnen. Die Distanz des Startknotens zu sich selber können wir permanent als 0 festschreiben.

Auch die Distanz des jeweiligen aktiven Knotens soll sich im Ablauf des Algorithmus nicht mehr ändern. Warum das so sein soll, kann man sich gut vorstellen: Jeder später berechnete Weg muss vom Startknoten aus über einen der bisher schon berechneten Knoten gehen und zusätzlich weitere Kanten benutzen, um dann zum jetzt gerade aktiven Knoten zu gelangen. Solch ein Weg hat dann aber automatisch eine Länge, die größer oder gleich der in diesem Moment vorhandenen Distanz ist. Daher kann die Distanz eines neuen aktiven Knotens permanent festgeschrieben werden. Die noch nicht permanenten Distanzen werden temporäre Distanzen genannt. Mit dieser Unterscheidung vermeiden wir, die Distanzen zu den bereits abgehandelten Knoten immer wieder neu zu berechnen, um dann jeweils festzustellen, dass die neu berechnete Distanz größer oder gleich der schon vorhandenen ist.

Voraussetzung: keine negativen Kantengewichte! Vielleicht haben Sie sich schon gewundert, als Sie den vorherigen Absatz gelesen haben. Die Argumentation passt zu unseren Beispielen, ist aber im Allgemeinen so nicht korrekt. An dieser Stelle fließt eine wichtige Voraussetzung für das Funktionieren des Algorithmus ein: negative Kantengewichte müssen wir ausschließen. Anderenfalls könnte man mit einem Umweg, der über viele Kanten mit negativem Gewicht führt, im Nachhinein einen noch kürzeren Weg zu einem Knoten mit permanenter Distanz finden

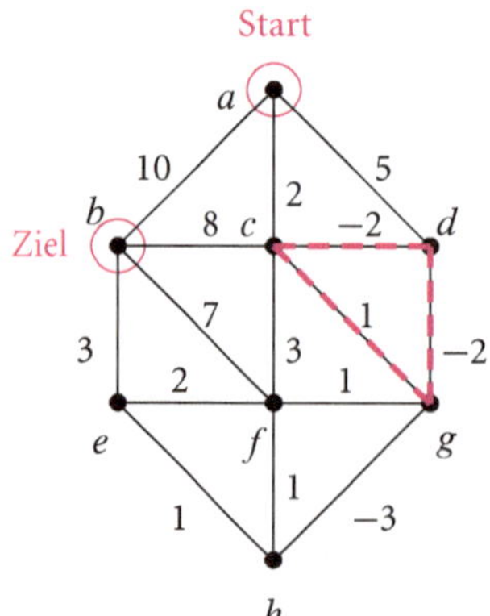

Abbildung 25. Achtung, negative Kantengewichte! Für den Knoten *c* wird im Nachhinein eine kürzere Distanz zum Startknoten gefunden (über den rot eingezeichneten Kreis).

und alles bis dahin Berechnete wäre nutzlos (vgl. Abbildung 25). Diese Voraussetzung wird leicht vergessen, wenn von Praxisbeispielen ausgegangen wurde, die mit Streckenlängen, Fahrtkosten oder Fahrzeiten zu tun haben. Dann denkt man nicht unbedingt daran, dass im Allgemeinen auch negative Kantengewichte vorkommen können.

Zweite Fassung. Jetzt also eine Fassung mit temporären und permanenten Distanzen: *1. Wähle einen Startknoten. Er bekommt die permanente Distanz 0 zugeordnet. 2. Gehe zu allen Nachbarn des Startknotens und berechne deren (temporäre) Distanzen. Diese Knoten haben als Vorgänger den Startknoten. 3. Wähle den Knoten mit der kleinsten temporären Distanz als aktiven Knoten. Die Distanz des aktiven Knotens wird permanent. 4. Berechne vom aktiven Knoten aus die Distanzen zu den Nachbarknoten, die noch keine permanente Distanz haben. Korrigiere ggf. die Distanzen und die Vorgängerknoten.*

Initialisierung. Es kann passieren, dass man nicht zu allen Knoten kürzeste Wege berechnen kann, weil der Graph nicht zusammenhängend ist. Praktisch wäre es, wenn diese Knoten am Ende die Distanz *unendlich* hätten. Ein gängiger Trick dafür ist, zu Beginn allen Knoten die (temporäre) Distanz *unendlich* zu geben. Die Knoten, die man mit dem Algorithmus nicht erreicht, behalten dann diese Distanz. Zudem muss man beim Update-Schritt dann keine Unterscheidung zwischen schon besuchten und noch nicht besuchten Knoten machen. Wir berechnen einfach vom aktiven Knoten aus die neuen Distanzen zu den noch nicht permanent markierten Nachbarn und vergleichen mit der schon vorhandenen Distanz (die gegebenenfalls *unendlich* sein kann).

Der Name des Algorithmus. Dieser Algorithmus heißt *Algorithmus von Dijkstra* nach dessen Erfinder Edsger Wybe Dijkstra (1930–2002), der ihn 1959 veröffentlicht hat. Dijkstra war einer der Pioniere der theoretischen Informatik, der übrigens selten mit dem Computer, sondern am liebsten mit Papier und Bleistift gearbeitet hat.

Es folgt nun ein Formulierungsvorschlag für diesen Algorithmus, der alle gerade entwickelten Ideen umsetzt und die obigen Formulierungen präzisiert, dadurch aber auch umständlicher zu lesen wird. Es gibt unzählig viele Varianten von Formulierungen und es ist eine Frage persönlicher Präferenzen, welchen Detaillierungsgrad man wählt. Nehmen Sie sich die Zeit, den Algorithmus an mehreren Beispielen mit Farbstiften durchzuführen, um die Mechanik wirklich zu verstehen. Für den Unterricht bietet sich sowohl zum Erfinden als auch zum Überprüfen von Lösungsvorschlägen das Rollenspiel (Abbildung 21 und Abschnitt S. 24) besonders an.

■ Der Algorithmus von Dijkstra ■

Eingabe: ein gewichteter Graph mit nicht-negativen Gewichten

Ausgabe: kürzeste Wege vom Startknoten zu allen anderen Knoten

1. Zu Beginn bekommen alle Knoten die Distanz unendlich.
2. Wähle einen Startknoten. Der Startknoten bekommt die permanente Distanz 0.

   Er ist nun der aktive Knoten.
3. Berechne die Distanzen (temporäre Distanzen) aller noch nicht mit permanenten Distanzen versehenen Nachbarknoten des aktiven Knotens: Kantengewicht der verbindenden Kante + Distanz des aktiven Knotens.
4. »Update«: Ist diese neu berechnete Distanz für einen Knoten kleiner als die bereits vorhandene, so wird die vorherige Distanz gelöscht, die kleinere Distanz notiert, und der aktive Knoten wird als Vorgänger dieses Knotens gespeichert. Ein vorher gespeicherter Vorgänger dieses Knotens wird gelöscht. Ist die neu berechnete Distanz größer als oder gleich wie die bereits vorhandene, ändert sich nichts an Distanz und Vorgänger.
5. Wähle einen Knoten mit minimaler temporärer Distanz. Dieser Knoten wird nun zum aktiven Knoten. Seine Distanz wird unveränderlich festgeschrieben (permanente Distanz).
6. Wiederhole 3. bis 6. so lange, bis es keinen Knoten mit permanenter Distanz mehr gibt, dessen Nachbarn noch temporäre Distanzen haben.

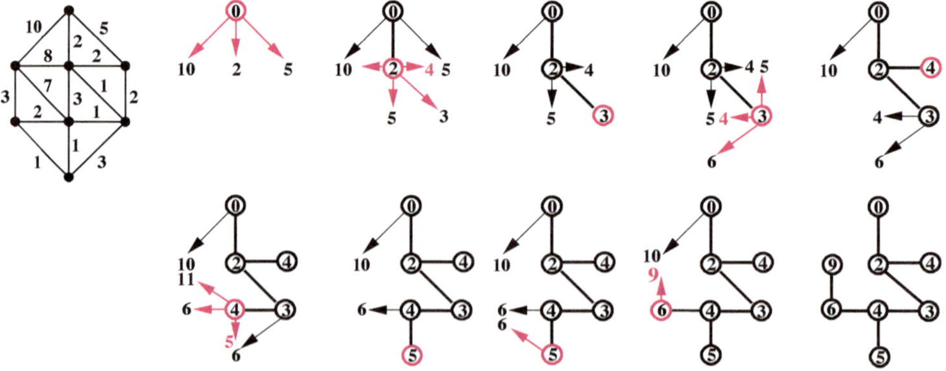

Abbildung 26. Der Algorithmus von Dijkstra. Der jeweilige aktive Knoten und die von ihm aus betrachteten Kanten sind rot, ebenfalls rot sind neu berechnete Distanzen, die kürzer als bereits vorhandene sind. Permanent markierte Knoten und Kanten sind fett gedruckt. Der »Update«-Schritt und die Wahl des neuen aktiven Knotens sind jeweils in einem Bild dargestellt.

Will man den Algorithmus ganz analog zur oben angeführten Formulierung der Breitensuche gestalten, kann hier eine *Priority-Queue* verwendet werden, d. h. eine Datenstruktur, die stets ein kleinstes Element herausgibt. Sie können sich diese Datenstruktur als Warteschlange an der Supermarktkasse vorstellen, bei der immer die Person, die die kleinste Summe zu bezahlen hat, nach vorne darf. Es ist nicht ganz unwichtig, wie die Sortierung innerhalb solch einer Priority-Queue erfolgt. Üblicherweise geschieht das mittels des Verfahrens *Heapsort*, das zwar schnell, aber auch recht kompliziert ist. Die gängigen Sortierverfahren finden Sie in vielen Lehrbüchern, die sich mit elementaren Algorithmen beschäftigen (z. B. [13]).

Der Algorithmus von Disjkstra und auch die Breitensuche können ganz analog auf *gerichtete Graphen* angewandt werden. Das sind Graphen, bei denen die Kanten Richtungen haben (vgl. Kapitel 3, S. 73). Solche gerichteten Graphen können u. a. bei der Modellierung von Verkehrsnetzen auftreten, wenn z. B. Fahrtrichtungen berücksichtigt werden sollen.

Zur weiterführenden Beschäftigung mit dem Algorithmus von Dijkstra hier noch einige schöne »Graphenlabor«-Aufgaben:

- Bauen Sie Graphen, für die der Algorithmus von Dijkstra kein einziges Mal den »Update«-Schritt ausführen muss.
- Entwerfen Sie Graphen, in denen der Algorithmus den Zielknoten erst ganz zum Schluss erreicht (wie im Graphen aus Abbildung 24).
- Geben Sie sich in einem ungewichteten Graphen einen Weg vor. Setzen Sie dann die Kantengewichte so, dass der Algorithmus von Dijkstra diesen Weg konstruiert.
- Kann es Graphen geben, in denen der Algorithmus von Dijkstra die gleichen Wege produziert, wenn Start- und Zielknoten vertauscht werden?

Wenn Sie beginnen, unter solchen Aspekten Graphen zu basteln, werden Sie merken, dass das zum Teil gar nicht so einfach ist, wie es klingen mag. Das liegt an der nicht zu überblickende Zahl an Möglichkeiten: Auch hier passiert wieder eine kombinatorische Explosion. Das ist aber gerade das Faszinierende an Graphen, was auch viele Forscher in ihren Bann zieht.

7 Mehr über optimale Wege

Zu Beginn des Kapitels stand auch die Frage nach optimale Wegen von Daten durch das Internet. Die Methoden zur Bestimmung solcher Wege gleichen den besprochenen. Nur eine Kleinigkeit ist anders. Für die Reise von Datenpaketen durch das Internet werden in einem bestimmten Zeittakt die Kantengewichte des Graphen (die die Auslastung darstellen) aktualisiert. Die Datenpakete werden von

Hauptknoten zu Hauptknoten geschickt und dort wird jeweils der nächste Streckenabschnitt neu berechnet. So muss der Algorithmus von Dijkstra für eine einzige E-Mail mehrfach angewendet werden. Das ist nur deshalb praktikabel, weil der Algorithmus recht schnell arbeitet.

Die in diesem Kapitel vorgestellten Algorithmen sind so genannte Single-Source-Shortest-Path-Algorithmen. Für manche Fragestellung könnte es noch interessanter sein, einen Algorithmus zu haben, der nicht nur von einem Knoten aus die kürzesten Wege zu allen anderen Knoten berechnet, sondern zwischen allen möglichen Paaren von Knoten die kürzesten Wege findet, einen *All-Pairs-Shortest-Path-Algorithmus.*

Solche All-Pairs-Shortest-Path-Algorithmen gibt es tatsächlich. Sie können sich aber sicher vorstellen, dass diese nicht ganz einfach zu beschreiben sind. Eine Möglichkeit ist, von der Adjazenzmatrix des Graphen auszugehen und mit Hilfe von verschiedenen Matrizenoperationen am Ende eine Matrix zu erhalten, in der die Einträge die Länge eines kürzesten Weges zwischen je zwei Knoten darstellen. Ebenso faszinierend wie für das Verständnis hinderlich ist dabei, dass tatsächlich nur noch ganz abstrakt mit Matrizen hantiert wird. Eine gute Beschreibung von All-Pairs-Shortes-Path-Algorithmen finden Sie in [9].

Nicht immer ist das Optimum der *kürzeste* Weg. Es gibt Anwendungen, in denen *längste* Wege eine Rolle spielen, beispielsweise bei der Linienplanung im öffentlichen Nahverkehr.

Sie haben nun, am Ende des Kapitels, hoffentlich ein Gefühl dafür bekommen, wie komplex – und dennoch teilweise einfach zu handhaben – Optimierungsprobleme sein können. Wie auch in anderen Fällen hilft die Mathematik hier, aus einer großen Vielzahl von Fragestellungen das Wichtigste herauszufiltern. Dass die mathematische Lösung, wie wir sie hier vorstellen, nicht immer optimal für die jeweilige Situation ist, sollte einem bewusst bleiben. Der Algorithmus von Dijkstra kann immer nur die Größen einbeziehen, die ihm vorgegeben werden. Die Schönheit der Fahrtstrecke kann er nur berücksichtigen, wenn wir sie in irgendeiner Form so codieren, dass die Kantengewichte auch darüber etwas aussagen. Wie kann man es »belohnen«, dass ein bestimmter Knoten in die Strecke mit einbezogen wird? An welchen Parametern kann man noch »herumschrauben«? Sie sehen, dass hier immer noch eine Menge Spielraum bleibt, so dass die Modellierung den Hauptteil der Arbeit ausmacht.

Halten Sie die Augen offen, wo überall im Alltag optimale Wege eine Rolle spielen. Sie werden überrascht sein, an allen Ecken und Enden, mal mehr mal weniger offensichtlich Mathematik hervorblitzen zu sehen!

8 Vertiefung: Korrektheitsbeweise

Die folgenden Beweise sind so »appetitlich« gewählt und aufgeschrieben, wie es nur möglich war. Das heißt allerdings nicht, dass man sie unbedingt beim ersten Lesen verstehen wird. Das liegt in der Natur von Beweisen: Sie sind mächtige Werkzeuge und gerade deshalb auch häufig sehr komplex. Oft ist die Argumentation recht mühsam zu führen, da man Gegenbeispiele oder Annahmen, die der Aussage widersprechen, gewissermaßen an den Haaren herbeiziehen muss, um sie dann zu widerlegen. Die Anschauung hilft dort meist nicht mehr weiter.

Aber lassen Sie sich nicht abschrecken! Nehmen Sie sich Papier und Bleistift zur Hand und machen Sie sich Notizen und Skizzen. Versuchen Sie, den Gedankengang in eigene Worte zu fassen. Dann sehen Sie meist schnell, inwieweit Sie sich die logische Kette schon zu Eigen gemacht haben. Auch für die Arbeit mit Schülerinnen und Schülern ist das »Nacherzählen« von Beweisen oder das Verpacken in Dialoge ein gutes Mittel, Klarheit über das eigene Begreifen zu bekommen. Zudem entstehen daraus oft eigene Ideen für einzelne Beweisschritte oder vielleicht sogar für den ganzen Beweis.

Korrektheitsbeweis für die Breitensuche

Es ist keine Selbstverständlichkeit, dass die Breitensuche tatsächlich immer kürzeste Wege bezüglich der Kantenzahl konstruiert. Augenscheinlich ist es so, aber wir benötigen die Garantie, dass es nicht doch irgendeinen »verrückten« Graphen geben kann, in dem man mit der Breitensuche einen kürzesten Weg nicht finden kann. Gesucht ist ein Korrektheitsbeweis für den selbst entwickelten Algorithmus. Ob man den Beweis in dieser Form im Unterricht thematisiert (wohl eher nicht) oder doch lieber argumentativ begründet, dass dem Algorithmus keine Pannen passieren können, bleibt von Fall zu Fall abzuwägen.

Der Beweis ist ein Widerspruchsbeweis, das heißt, wir nehmen das Gegenteil dessen, was wir beweisen wollen, an und zeigen, dass dies zu einem Widerspruch führt.

Sei G ein Graph ohne Kantengewichte bzw. alle Kantengewichte sind 1. Wir bestimmen einen Startknoten a und lassen die Breitensuche ablaufen. Wir nehmen an, dass es Knoten gibt, für die man auf irgend eine Art (es ist für den Beweis egal, wie) kürzere Wege (vom Startknoten aus) als die von der Breitensuche konstruierten finden kann. Wir nennen die Weglängen, die durch die Breitensuche ermittelt wurden, »Distanz« und die anderweitig ermittelten Weglängen »andereDistanz«. Sei der Knoten v der »kleinste Verbrecher«, d. h. der Knoten mit der kürzesten Distanz, für den man einen kürzeren Weg W als den von der Breitensuche konstruierten gefunden hat.

Also:

$$andereDistanz(v) < Distanz(v)$$

Aus der Annahme folgt:
(1) für den Knoten, der v im Weg W vorausgeht, nennen wir ihn u, gilt:

$$Distanz(u) \leq andereDistanz(u),$$

da v als kleinster Verbrecher gewählt wurde.
(2) Da v nach u im Weg kommt, gilt

$$andereDistanz(v) = andereDistanz(u) + 1.$$

(3) Bei der Breitensuche muss $Distanz(v) > Distanz(u)$ sein, da ja sonst der Weg über u zu v nicht kürzer sein könnte, als der von der Breitensuche ermittelte Weg zu v. Also war u vor v in der Queue.
Da u vor v in der Queue war und u und v im Graphen benachbart sind, folgt, dass v spätestens von u aus besucht wurde, eventuell aber auch schon in der gleichen »BFS-Schicht« wie u war.
(4) Also gilt:

$$Distanz(v) \leq Distanz(u) + 1.$$

(5) Aus (1) und (2) folgt:

$$Distanz(u) + 1 \leq andereDistanz(u) + 1 = andereDistanz(v)$$

(6) Und es gilt auch noch:

$$andereDistanz(v) < Distanz(v)$$

(siehe Annahme).

Die drei Aussagen (4), (5) und (6) zusammen ergeben:

$$Distanz(v) \leq Distanz(u) + 1 \leq andereDistanz(u) + 1$$
$$= andereDistanz(v) < Distanz(v)$$

Kurz gesagt:

$$Distanz(v) < Distanz(v)$$

Dies ist ein Widerspruch, also muss die Annahme falsch sein!

Korrektheitsbeweis für den Algorithmus von Dijkstra

Kann es passieren, dass der Algorithmus von Dijkstra Wege konstruiert, die nicht kürzeste Wege sind? Nehmen wir an, das wäre passiert. Der Algorithmus hat einen Weg vom Startknoten zu einem Knoten, den wir z nennen, berechnet. Wir finden aber »von Hand« einen Weg W von a nach z, der kürzer ist als der vom Algorithmus berechnete. Wir können annehmen, dass z der Knoten mit der kürzesten Distanz zu a ist, für den der Algorithmus einen falschen Weg gefunden hat. Der Knoten z ist also ein so genannter »kleinster Verbrecher«.

Im Weg W hat z einen Vorgängerknoten, den wir y nennen. Da z kleinster Verbrecher ist, hat der Algorithmus die Distanz von y korrekt berechnet, also muss y in dem von Hand gefundenen Weg W die gleiche Distanz haben. Entsprechendes gilt für die übrigen Knoten in W.

Zu irgendeinem Zeitpunkt im Ablauf des Algorithmus war y der aktive Knoten. Wir wissen ja, dass y mit z benachbart ist, da beide im Weg W aufeinander folgen. Also wurde $Distanz(z)$ von y aus neu berechnet. Es gibt vier mögliche Szenarien:

1. Der Knoten z hatte zu diesem Zeitpunkt die Distanz *unendlich*.
2. Der Knoten z hatte eine größere Distanz als die von y aus berechnete.
3. Der Knoten z hatte bereits die gleiche Distanz wie die von y aus berechnete.
4. Der Knoten z hatte eine kleinere Distanz als die von y aus berechnete.

In den Fällen 1 und 2 hat der Algorithmus die neu berechnete Distanz gegen die alte ausgetauscht. In den Fällen 3 und 4 hat er die alte Distanz stehen lassen. In allen Fällen aber hat z nach dieser Iteration eine Distanz, die kleiner oder gleich der von y aus berechneten ist. Damit haben wir einen Widerspruch zur Annahme. Das heißt, dass es nicht passieren kann, dass der Algorithmus von Dijkstra einen zu langen Weg konstruiert.

2
Günstig verbunden: Minimale aufspannende Bäume

Brigitte Lutz-Westphal

1 Leitungsnetze planen, Straßen erneuern und Computer verkabeln

Dieses Kapitel handelt von Algorithmen, die zur Planung von Leitungsnetzen eingesetzt werden können, die aber auch in anderen Anwendungen wie z. B. dem Chipdesign eine Rolle spielen. Die Algorithmen basieren auf einer verblüffend einfachen Idee und sind daher auch schon gut für den Unterricht in der Mittelstufe geeignet. Darüberhinaus birgt diese Art der Netzplanung reizvolle graphentheoretische Aspekte in sich. Es geht hier um spezielle Graphen, so genannte *Bäume*, die viele interessante Eigenschaften haben. Einige dieser Eigenschaften können Sie oder Ihre Schülerinnen und Schülern bei der Arbeit an den Anwendungsproblemen selber entdecken und sich damit ein spannendes Gebiet der Graphentheorie selbst erschließen.

Die vier im Folgenden vorgestellten Probleme zielen auf vergleichbare Lösungen und unterscheiden sich mathematisch gesehen nur wenig voneinander. Die Fragen zu den verschiedenen Problemen zeigen aber unterschiedliche Richtungen der Bearbeitung auf. Das Kapitel basiert auf Problem 1, die Inhalte sind problemlos auf die anderen Anwendungssituationen übertragbar. Nehmen Sie sich Zeit, eigene Lösungen oder Lösungsansätze zu finden! Dann sind Sie bestens auf die Lektüre dieses Kapitels vorbereitet und können im Laufe des Kapitels weiter an Ihren Ideen feilen.

Problem 1 – Leitungen erneuern

In die vorhandenen Leitungsrohre einer Telefongesellschaft sollen neue Glasfaserkabel für eine besonders schnelle Datenübertragung verlegt werden. Dabei sollen

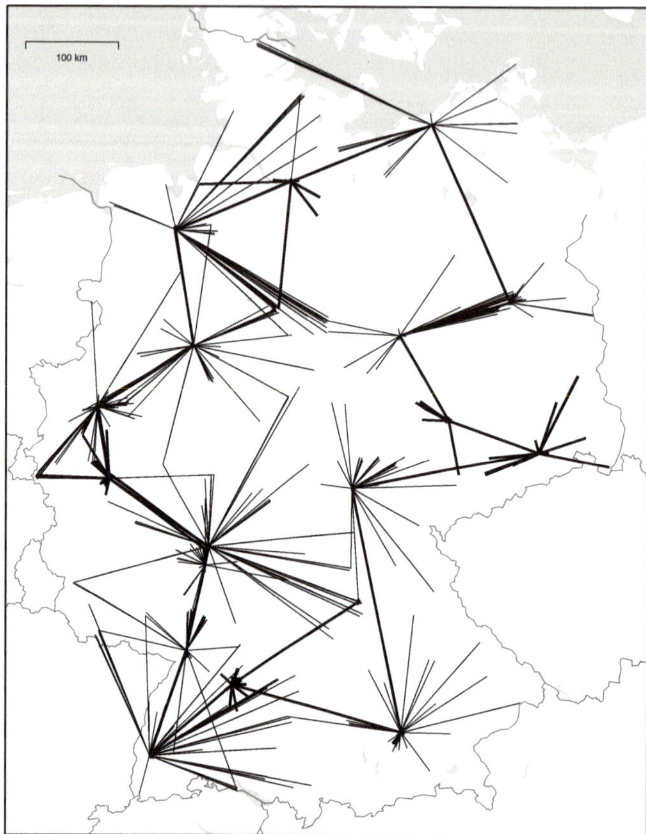

Abbildung 1. »Datenauto-
bahnen« für die Wissen-
schaft (reale Daten aus der
Planung für das Wissen-
schaftsnetz G-WiN, Quelle:
ZIB).

natürlich die Kosten so gering wie möglich gehalten werden und dennoch alle
Kunden von der besseren Übertragungsqualität profitieren.

- Müssen alle Leitungen erneuert werden oder können einige alte Leitungen be-
  lassen werden?
- Wie wählt man die zu erneuernden Leitungsabschnitte aus?
- Gibt es eine eindeutige Lösung?

Probieren Sie anhand verschiedener Beispiele für Leitungsnetze (Abbildungen 1
und 2) aus, wie Sie an das Problem herangehen würden. Am Besten zeichnen Sie
sich mehrere eigene Beispiele und färben mit einem bunten Stift die Leitungen
ein, die erneuert werden sollen. Wann haben Sie genügend Leitungen eingefärbt?
Was ist der entscheidende Unterschied zwischen den beiden Telefonnetzen in Abbildung 2? Warum fällt es Ihnen im zweiten Telefonnetz leichter, eine Lösung zu
finden? Gibt es verschiedene gleich gute Lösungen? Versuchen Sie, Ihre Ideen in
Worte zu fassen. Dann haben Sie bereits eine erste Beschreibung dessen, was wir
in diesem Kapitel suchen.

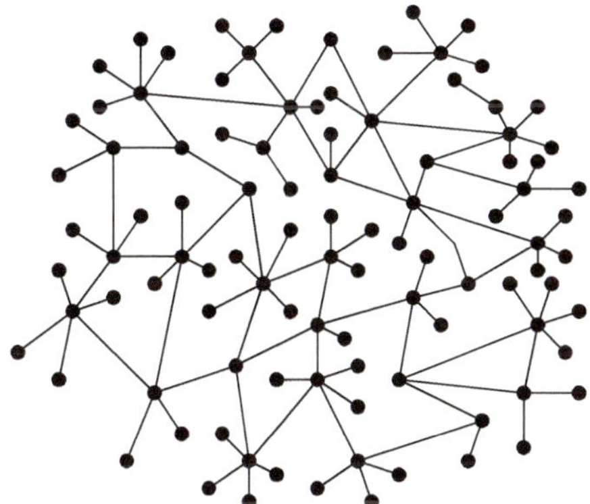
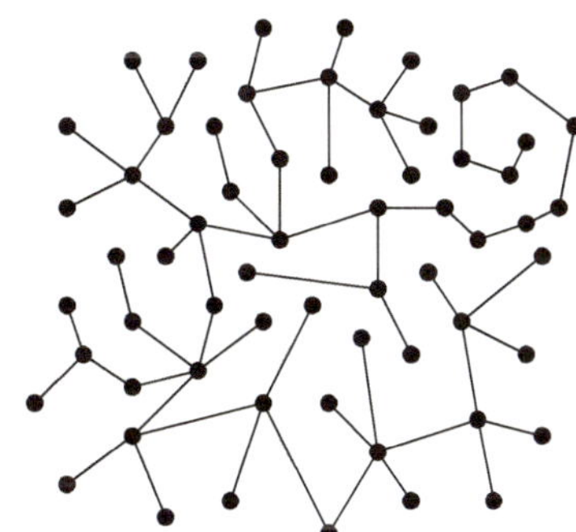

Abbildung 2. Zwei Telefonleitungsnetze

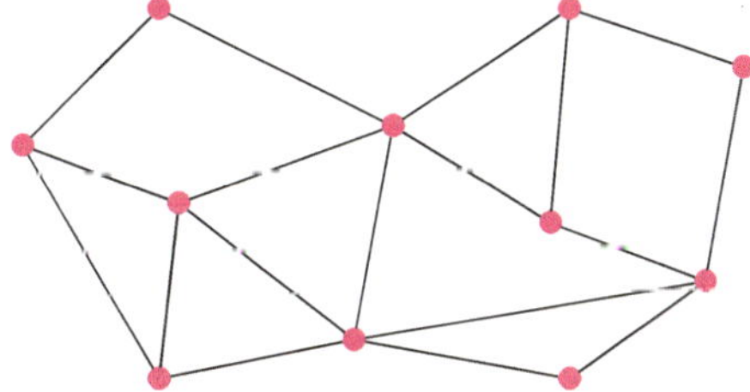

Abbildung 3. Welche Straßen sollen erneuert werden?

Problem 2 – Straßenbeläge kostengünstig verbessern

In einem Straßennetz zwischen mehreren Dörfern (z. B. Abbildung 3) sollen die Straßenbeläge erneuert werden. Um Geld zu sparen, sollen die Bauarbeiten an möglichst wenigen Straßen durchgeführt werden. Trotzdem muss jeder Ort auf neuen Straßen zu erreichen sein.

- Nach welchen Kriterien wählen Sie die Straßen aus?
- Wieviele Straßen müssen erneuert werden?

Problem 3 – Telefonleitungen mieten

Eine neue Mobilfunkgesellschaft will Leitungen von der Telekom mieten. Zwischen den Städten nutzt auch der Mobilfunk das Festnetz.

- Welche Leitungen soll die neue Firma mieten?
- Wie sieht es mit der Ausfallsicherheit aus?

In den Abbildungen 1 und 2 sind verschiedene Leitungsnetze zu sehen, die Sie der Bearbeitung des Problems zugrunde legen können.

Problem 4 – Computernetzwerke verkabeln

In einer Schule wird ein neuer Computerraum eingerichtet. Die Computer sollen ein Netzwerk bilden. Für die Kabel sind schon Kabelkanäle montiert worden. Nun bleibt nur noch zu entscheiden, welche der möglichen Kabelverbindungen genutzt werden, um alle Computer an das Netzwerk anzuschließen. Je weniger Meter Kabel dabei verbraucht werden, umso einfacher werden sowohl die Montagearbeiten als auch die Wartung.

- Suchen Sie Methoden, mit denen das Problem gelöst werden kann, ohne dass Sie wissen, wie der konkrete Raum aussieht.

2 Das Problem modellieren

Leitungsnetze wie in den Abbildungen 1, 2 oder 3 können als Graphen interpretiert werden (vgl. Kapitel 1). Daher werden im Folgenden meist die entsprechenden Fachbegriffe verwendet, auch wenn Sie oder Ihre Schülerinnen und Schüler vermutlich zunächst von Knotenpunkten und Leitungen sprechen werden. Für Ihre eigene Erarbeitung und im Unterricht hat es mit der Fachsprache noch Zeit.

Welche Kriterien soll das Netz der neuen Leitungen erfüllen? Sie haben bereits darüber nachgedacht und haben vermutlich ähnliche Ideen gehabt wie die hier ausgeführten.

(1) Alle Kunden sollen von den besseren Kabeln profitieren, also müssen alle Knoten an das neue Netz angeschlossen werden. In Abbildung 4 ist dieses Kriterium durch die rot eingezeichneten Kanten erfüllt. Trotzdem ist dies noch keine gute Lösung. Warum?

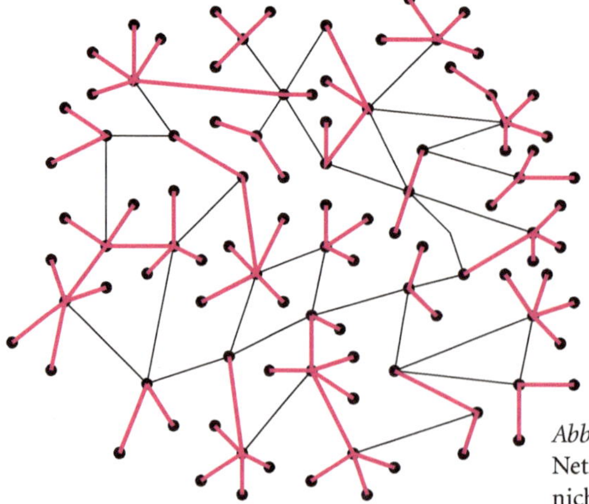

Abbildung 4. Jeder Knoten wurde an das rote Netz angeschlossen, doch reicht das so noch nicht aus.

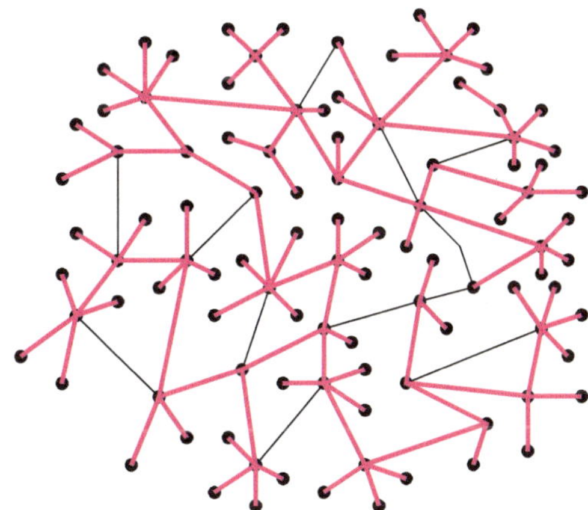

Abbildung 5. Alle Knoten sind miteinander verbunden

(2)   Jeder soll mit jedem über das neue Netz kommunizieren können. Also müssen wir noch weitere Leitungen hinzufügen (wie in Abbildung 5), um ein zusammenhängendes rotes Netz zu bekommen.

Der Begriff *zusammenhängend* wird auch in der Graphentheorie verwendet und entspricht unserer intuitiven Vorstellung. Durch die Überlegung, dass jeder Knoten mit jedem anderen (nicht immer direkt, sondern auch über Umwege) verbunden sein soll, bekommen wir unmittelbar eine graphentheoretische Beschreibung von Zusammenhang geliefert.

▌▌ *Definitionen*
Ein Graph heißt *zusammenhängend*, wenn jeder Knoten mit jedem anderen durch einen Kantenzug verbunden ist. Besteht ein Graph aus mehreren untereinander nicht verbundenen Teilen, so nennt man diese Teile *Zusammenhangskomponenten.*

Dabei ist zu beachten, dass ein isolierter Knoten als eigene Zusammenhangskomponente aufgefasst wird.

(3)   Das rote Netz bzw. der rote Teilgraph soll zusammenhängend sein und alle Knoten erreichen. Das setzt natürlich voraus, dass der ursprüngliche Graph selbst zusammenhängend ist, wovon wir im Folgenden stets ausgehen werden. Zudem wollen wir nur so wenige rote Kanten wie möglich verwenden. Welches Kriterium gibt an, wann wir genug rote Kanten haben? Aus Sparsamkeitsgründen wollen wir vermeiden, dass das rote Netz doppelte Verbindungen zwischen zwei Knoten enthält. Solche doppelten Verbindungen erzeugen Kreise (Definition vgl. Kapitel 1, S. 17) in dem roten Graphen (siehe Abbildung 6). Wir suchen also einen Teilgraphen, der zusammenhängend ist, alle Knoten erreicht und kreisfrei ist. Genau das ist die Definition eines *aufspannenden Baumes.*

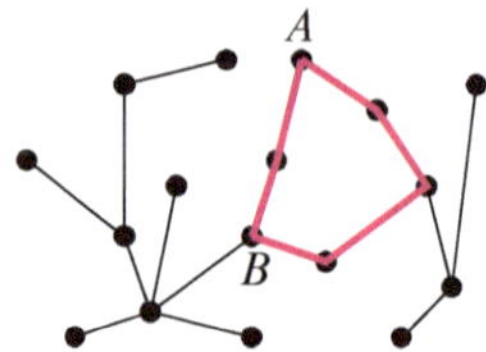

Abbildung 6. A und *B* sind durch zwei verschiedene Wege miteinander verbunden, es entsteht ein Kreis.

▌▌ *Definitionen*

Ein *aufspannender Baum* eines zusammenhängenden Graphen ist ein kreisfreier und zusammenhängender Teilgraph, der alle Knoten erreicht.

Ein Graph, der selbst sein aufspannender Baum ist, heißt einfach *Baum*. Anders ausgedrückt: Ein *Baum* ist ein kreisfreier zusammenhängender Graph.

Ist der ursprüngliche Graph nicht zusammenhängend, so kann man darin keinen aufspannenden Baum finden, aber einen aufspannenden *Wald*, der aus mehreren Bäumen besteht

Diese Baumdefinition ist nicht die einzig mögliche. Sie ergibt sich in dieser Form aus den Anwendungsbeispielen. Die im nächsten Abschnitt daraus hergeleiteten Eigenschaften von Bäumen eignen sich zum Teil zur Formulierung von gleichwertigen Baumdefinitionen, die Ihnen bei der Arbeit in der Schule oder auch in der Fachliteratur begegnen können.

3 Bäume

Bäume sind sympathische Objekte, das zeigt sich auch im Unterricht. Vielleicht liegt es am (positiven) Assoziationsreichtum des Begriffes, aber wohl auch an der Vielgestaltigkeit und ästhetischen Qualität von (graphentheoretischen) Bäumen. Die Definition ist sehr handlich, und daher muss nicht mit einer großen Anzahl von Voraussetzungen jongliert werden. Beim Nachdenken über die Problemstellungen vom Anfang sind Ihnen sicher schon spezielle Eigenschaften von Bäumen aufgefallen. Einigen Baumeigenschaften werden wir in diesem Abschnitt nachspüren. Damit begeben wir uns wieder experimentierfreudig und neugierig in das »Graphenlabor« (vgl. Kapitel 1, S. 8).

Im Unterricht oder in Ihrer eigenen Arbeit an diesem Thema kommt die Theorie über Bäume natürlich nicht so geballt vor wie in diesem Kapitel, sondern entwickelt sich aus dem Nachdenken über die Problemstellungen. Es bietet sich für die Buchform trotzdem an, die graphentheoretischen Aspekte zu bündeln, um die entsprechenden Resultate zur Hand zu haben, wenn sie z. B. für die Unterrichtsvorbereitung benötigt werden.

Sind Sie im Moment an einem schnellen Überblick über die Thematik interessiert, so sehen Sie sich die Aussagen, die in diesem Abschnitt erarbeitet und bewiesen werden, an, ohne sich in die Beweise zu vertiefen, und lesen Sie dann bei Abschnitt 4 weiter.

Eindeutigkeit der Wege

Müssen Eichhörnchen nachdenken, wenn sie von einem Platz auf einem Baum an einen anderen Platz auf demselben Baum wechseln wollen? Das wissen wir natürlich nicht, aber mathematisch betrachtet gibt es eine Antwort auf diese Frage.

■ Zeichnen Sie einen Baum. Wie viele verschiedene Wegmöglichkeiten hat ein Eichhörnchen, das von einem Astende oder einer Astgabel zu einem anderen Astende oder einer anderen Astgabel klettern möchte?

Sie haben sich vermutlich gefragt, welche Sorte von Baum nun gemeint war. Was sind die Unterschiede zwischen dem echten Baum und dem graphentheoretischen Modell? Findet sich die oben gesuchte Eigenschaft des Graphen-Baumes auch in realen Bäumen oder in Stammbäumen wieder? In welchen Fällen würde der Stammbaum diese Eigenschaft verlieren? Wie wirken sich verschiedene Gesellschaftsformen auf die Form der Stammbäume aus? Im Gegensatz zu beliebigen Graphen, in denen keine allgemeine Aussage über die Anzahl der Wege zwischen je zwei Knoten gemacht werden können (siehe Kapitel 1, Abschnitt 3), herrscht in Graphen-Bäumen absolute Klarheit:

❚❚ Satz
In einem Baum sind je zwei Knoten durch genau einen Weg verbunden.

Die Begründung ist relativ kurz, und daher ein gutes Übungsbeispiel für logisch stringentes Argumentieren. Nicht nur hier, sondern auch anderswo hat man ja oft das Gefühl, dass nichts zu beweisen sei, weil die zu beweisende Vermutung scheinbar offensichtlich stimmt. Eine Beweismöglichkeit ist, zu zeigen, dass es sowohl mindestens als auch höchstens einen Weg zwischen je zwei Knoten gibt. Wir haben Bäume so definiert, dass sie zusammenhängend sind. Also gibt es mindestens einen Weg zwischen je zwei Knoten. Andererseits gibt es in einem aufspannenden Baum keine doppelten Verbindungen zwischen je zwei Knoten, weil das ja einen Kreis ergeben würde. Also gibt es höchstens einen Weg zwischen je zwei Knoten. »Mindestens« und »höchstens« ergibt zusammen »genau einen«.

Diese zentrale Eigenschaft von Bäumen wird beispielsweise genutzt, wenn mittels der Breitensuche oder des Algorithmus von Dijkstra (siehe Kapitel 1) kürzeste Wege gesucht werden. Beide Algorithmen erzeugen aufspannende Bäume und geben für jeden Knoten einen eindeutigen kürzesten Weg zum Startknoten an.

Die Anzahl der Baumkanten

Für Bäume können Aussagen getroffen werden, die für allgemeine Graphen undenkbar sind. Anhand von Überlegungen zur Anzahl der Baumkanten können Sie in diesem Abschnitt ein ganzes Bündel von Baumeigenschaften entdecken.

- Was passiert, wenn man eine Kante aus einem Baum entfernt oder ihm eine Kante hinzufügt? Wie kann der Baum dann wieder »repariert« werden? Zeichnen Sie Beispiele!
- Wieviele Kanten hat ein Baum mit n Knoten? Experimentieren Sie mit verschiedenen (aufspannenden) Bäumen!

Entfernt man eine Kante aus einem Baum, und zwar nur die Kante und nicht die zugehörigen Knoten, wird er stets in zwei Zusammenhangskomponenten zerfallen (dabei kann es natürlich passieren, dass eine Zusammenhangskomponente nur aus einem Knoten besteht). Das entspricht auch der Erfahrung: Stellen Sie sich einmal vor, Sie würden einen Ast eines Baumes durchsägen und er würde nicht zu Boden fallen, sondern wäre trotzdem noch an anderer Stelle festgewachsen. Sie würden sich doch sehr wundern! Also: nimmt man eine Kante weg, so erhält man – mathematisch gesprochen – einen Wald, der aus zwei Bäumen besteht. Eine Erfahrung, die man auch immer wieder macht, wenn man einen Ast absägt? Hier hört die Analogie zu echten Bäumen und Wäldern wieder auf. Leider entsteht beim Absägen eines Astes nicht gleich ein neuer Baum! Der mathematische *Baum* hat einiges mit seinem Namenspaten gemeinsam, aber eben nicht alles. Warum sind es immer genau zwei Zusammenhangskomponenten beim Entfernen einer Kante? Oder anders gefragt: Wie viele Zusammenhangskomponenten entstehen, wenn man mehrere Kanten aus dem Baum entfernt? Suchen Sie eine stichhaltige Begründung für Ihre Vermutung.

Sehen wir uns für eine weitere Überlegung nochmals den Wald an, der durch Wegnehmen einer Kante entstanden ist. Auf wie viele verschiedene Arten kann man daraus wieder einen Baum machen? Jede Kante, die einen Endknoten in der einen Komponente und den anderen in der zweiten Komponente hat, repariert den auseinandergefallenen Baum wieder.

Fügt man einem Baum eine Kante hinzu (siehe Abbildung 7), so entsteht ein Kreis. Um wieder einen Baum zu erhalten, kann irgendeine Kante aus dem Kreis wieder herausgenommen werden. So lassen sich Bäume nach Bedarf umbauen. Ist das immer so? Hängt es nicht vom jeweiligen Baum ab? Es scheint so zu sein, dass ein Baum seine Eigenschaften verliert, sobald Kanten hinzugefügt oder weggenommen werden. Ein Baum hat also gerade so viele Kanten, dass er zusammenhängend ist und nicht in mehrere Teile zerfällt. Und er hat die maximale Anzahl von Kanten, so dass kein Kreis entsteht. Oder etwas kürzer ausgedrückt:

❚❚ *Satz*

Ein Baum ist minimal zusammenhängend und maximal kreisfrei.

Das ist ja doch eine recht starke Aussage. Haben Sie versucht, sie zu begründen? Für einen Beweis kann die Baumeigenschaft der eindeutigen Wege genutzt werden: In einem Baum sind je zwei Knoten durch einen eindeutigen Weg miteinander verbunden. Nimmt man eine Kante aus dem Baum heraus, so wird dadurch mindestens einer dieser eindeutigen Wege unterbrochen. Dann kann der Restgraph nicht mehr zusammenhängend sein. Fügt man dem Baum eine Kante hinzu – wir nehmen an, sie verbindet die Knoten a und b – schafft man dadurch neben den im Baum bereits vorhandenen Weg einen weiteren (nur eine Kante langen) Weg zwischen a und b. Beide a-b-Wege zusammen ergeben einen Kreis.

Bei der Suche nach aufspannenden Bäumen wäre es interessant zu wissen, wie überprüft werden kann, ob man tatsächlich einen aufspannenden Baum gezeichnet hat, und nicht etwa eine Kante zu viel oder zu wenig ausgewählt hat. Kreise zu suchen oder Zusammenhangskomponenten zu zählen, kann unter Umständen sehr zeitaufwändig sein, wenn der Graph groß und unübersichtlich ist. Glücklicherweise gibt es ein leichter zu handhabendes Kriterium, das Sie bei der Bearbeitung der obigen Aufgaben sicher durch Ausprobieren und Abzählen schnell gefunden haben: Hat der Graph n Knoten, so hat der aufspannende Baum $n-1$ Kanten. Etwas verallgemeinert kann man sagen:

❚❚ *Satz*

Ein Baum mit n Knoten hat $n-1$ Kanten.

Eine erste Beweisidee, die auch Schülern spontan einfällt, könnte sein, einen Baum Schritt für Schritt zu konstruieren. Der Baum mit einem Knoten hat keine Kante. Will man diesem Baum einen weiteren Knoten hinzufügen, so bindet man den Knoten mit genau einer Kante an. Auch jeder weitere hinzukommende Knoten wird mit genau einer Kante angebunden. Bindet man nämlich einen Knoten mit zwei Kanten an, so muss ein Kreis entstehen, da der schon vorhandene Graph ein Baum ist. Die zwei neuen Kanten müssten an zwei (nicht notwendigerweise verschiedene) Knoten angebunden werden und es ergibt sich dann die gleiche Situation wie beim Hinzufügen einer zusätzlichen Kante in einen fertigen Baum (s. o.).

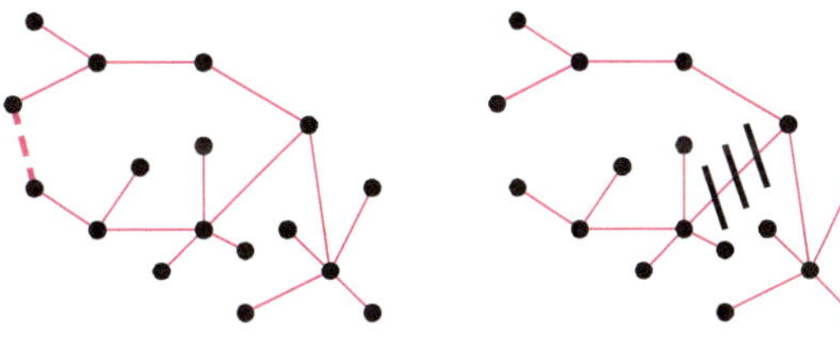

Abbildung 7. Fügt man einem Baum an irgendeiner Stelle eine weitere Kante hinzu, entsteht ein Kreis (Ausschnitt aus dem Telefonnetz). Wird eine Kante herausgenommen, so zerfällt der Baum.

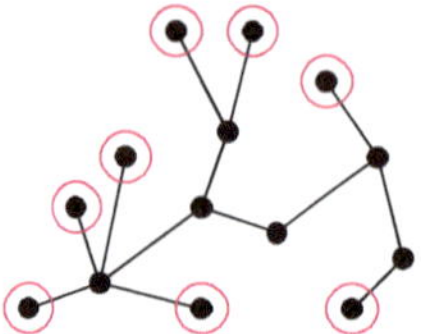

Abbildung 8. Dieser Baum hat 8 Blätter

Daher muss der schrittweise aufgebaute Baum auf *n* Knoten *n* − 1 Kanten haben.

Dieser Beweis taucht vereinzelt auch in der Literatur auf. Er hat neben dem Vorteil, dass er direkt einleuchtet, aber den Nachteil, dass wir für bereits vorhandene Bäume nicht einfach so garantieren können, dass sie auf diese Weise gebaut werden können. Das muss bewiesen werden und ist etwas umständlich (aber schön aufgeschrieben in [14, S. 180]).

Ein recht anschaulicher Beweis kann mit Hilfe der Technik des »sukzessiven Abpflückens von Blättern« geführt werden. Es ist die reziproke Vorgehensweise zur schrittweisen Konstruktion. Wir machen den Baum solange schrittweise kleiner, bis uns etwas Bekanntes begegnet. Ein *Blatt* ist – wie man es sich auch anschaulich vorstellt – ein Knoten in einem Baum, von dem nur eine Kante ausgeht (siehe Abbildung 8). Auch in anderen Zusammenhängen spielt die Anzahl der Kantenenden, die in einen Knoten münden eine Rolle, daher gibt es dafür einen Begriff, den *Grad* eines Knotens.

❚❚ *Definitionen*
Die Anzahl der in einen Knoten mündenden Kantenenden heißt der *Grad* des Knotens.

Die Knoten eines Baumes mit Grad 1 heißen *Blätter.*

Zunächst müssen wir beweisen, dass ein Baum überhaupt Blätter hat, damit man auch etwas abpflücken kann. Auch hier könnte es ja wieder sein, dass es ein unerwartetes untypisches Beispiel gibt, also irgendeinen merkwürdigen Baum, der kein Blatt hat. Die Existenz eines einzigen solchen Gegenbeispiels, auch wenn es noch niemand je gesehen hat, würde genügen, um die Vermutung zu widerlegen. Versuchen Sie eine Argumentation zu finden, dass ein Baum immer Blätter hat.

Der Beweis dieser Vermutung ist schon etwas komplizierter: Wir betrachten einen Baum *B*. *B* soll mindestens zwei Knoten haben. Sei *W* ein längster Weg in diesem Baum bezüglich der Anzahl der Kanten. Wie man einen solchen längsten Weg findet, interessiert uns im Moment nicht. Wir wissen, dass es in dem Baum Wege geben muss, da der Baum alle seine Knoten miteinander verbindet. Unter diesen Wegen gibt es einen oder auch mehrere längste Wege, von denen wir uns einen aussuchen.

Wir benennen die beiden Endknoten dieses längsten Weges mit a und z. Nun kann man zeigen, dass a und z beide Grad 1 haben. Hätte etwa a mehr als einen Nachbarknoten im Weg, beispielsweise die Knoten b und c, so könnte man den Weg W um mindestens eine Kante verlängern.

Dies widerspricht aber der Annahme, dass W ein längster Weg in B ist. Die gleiche Argumentation kann man für z führen. Also gibt es in dem Baum B mindestens zwei Blätter: a und z.

▌ Satz
Jeder Baum (mit mindestens 2 Knoten) besitzt mindestens zwei Blätter.

Wir wissen also nun, dass ein Baum stets Blätter besitzt. Wir müssen uns jetzt überlegen, dass das, was übrig bleibt, wenn man von einem Baum ein Blatt mit zugehöriger (eindeutiger) Kante abpflückt, immer noch ein Baum ist. Da nichts hinzugefügt wird, bleibt der Graph kreisfrei. Zusammenhängend bleibt er auch, da die Kante, die abgepflückt wird, nicht mitten in einem Weg zwischen zwei Knoten des restlichen Graphen liegen kann. Der abgepflückte Knoten hatte ja Grad 1. Daher bleiben die eindeutigen Wege zwischen je zwei Knoten des Restgraphen erhalten. Nach dem Abpflücken eines Blattes bleibt also ein Graph übrig, der wieder ein Baum ist.

Nach dieser ganzen Vorarbeit kann die Vermutung, dass ein Baum mit n Knoten $n-1$ Kanten besitzt, sehr elegant bewiesen werden. Sie pflücken Blatt um Blatt von einem Baum ab. Beobachten Sie dabei die Veränderung der Anzahl der Knoten und der Kanten. Suchen Sie eine Argumentation, die den Satz über die Anzahl der Kanten im Baum beweist. (Einen weiteren Beweis für diesen Satz finden Sie in Kapitel 3 auf Seite 87. Dort wird mit Knotengraden argumentiert.)

Die Anzahl der Kanten in dem nun betrachteten Baum B wird mit $|E|$ bezeichnet, die Anzahl der Knoten mit $|V|$ (E von engl. *edges* und V von engl. *vertices*). Der Baum hat n Knoten, anders ausgedrückt: $|V| = n$. Pflücken Sie ein Blatt und die dazugehörige Kante (wenn man so will, den Stiel) ab. Es entsteht ein neuer Baum B_1 mit $|V|-1$ Knoten und $|E|-1$ Kanten. Die Differenz zwischen der Anzahl Knoten und der Anzahl Kanten im alten Baum und die entsprechende Differenz im neuen Baum sind gleich, da genau ein Knoten und eine Kante entfernt wurden: $|V|-|E| = |V_1|-|E_1|$. Diesen Vorgang des Abpflückens von einzelnen Blättern wiederholen Sie so lange, bis Sie nach $n-1$ Schritten den Baum B_{n-1} auf einem Knoten erhalten. Dieser Baum hat keine Kante, d. h. es gilt: $|V_{n-1}| - |E_{n-1}| = 1 - 0 = 1$. Außerdem ist $|V| - |E| = |V_{n-1}| - |E_{n-1}|$, weil in jedem Schritt je eine Kante und ein Knoten entfernt wurden. Also gilt $|V| - |E| = 1$, bzw. $n - |E| = 1$ (die Anzahl der Knoten ist n), was äquivalent ist zu »Die Anzahl der Kanten im Baum B ist $n-1$«.

Die Anzahl der aufspannenden Bäume

Sicherlich haben Sie bei der Arbeit an den eingangs geschilderten Problemsituationen bemerkt, dass es zu einem Graphen mehrere verschiedene aufspannende Bäume geben kann. Da liegt es doch nahe, einmal nachzuforschen, wie viele verschiedene aufspannende Bäume ein Graph hat. Leider ist es im Allgemeinen schwierig, eine solche Angabe zu machen. Für den Spezialfall der vollständigen Graphen (d. h. jeder Knoten ist mit jedem anderen durch eine Kante verbunden) ist es aber möglich, eine Formel zu finden. Schätzen Sie zunächst, wie viele aufspannende Bäume es auf dem vollständigen Graphen mit 4, 5 oder 10 Knoten gibt.

- Zeichnen Sie 4 Knoten auf ein Blatt Papier. Bezeichnen Sie die Knoten mit Buchstaben oder Zahlen. Auf wie viele verschiedene Arten können Sie einen aufspannenden Baum einzeichnen?
- Wiederholen Sie das Experiment mit 2, 3 und 5 bezeichneten Knoten. Formulieren Sie eine Vermutung für die Anzahl der aufspannenden Bäume auf n Knoten. Suchen Sie Beweisideen!

Es ist für das Abzählen ganz entscheidend, den Knoten Namen zu geben, da alle kombinatorischen Möglichkeiten berücksichtigt werden sollen (siehe Abbildung 9). Bei 2 Knoten gibt es nur einen aufspannenden Baum, bei 3 Knoten gibt es 3, bei 4 Knoten 16 und bei 5 Knoten 125. Haben Sie die Formel gefunden?

❚❚ *Die Cayley-Formel*
Die Anzahl der aufspannenden Bäume für den vollständigen Graphen mit n Knoten ist n^{n-2}.

Für diesen Satz gibt es viele verschiedene Beweise, die sich der unterschiedlichsten Methoden bedienen (Eine schöne Zusammenstellung findet man in [15]). Ein Klassiker ist der Beweis mit dem so genannten *Prüfer-Code*. Er ist aus zweierlei Gründen für die Schule gut geeignet: Er gibt einen leicht nachvollziehbaren Algorithmus an, der teilweise durch selbstständiges Nachdenken gefunden werden kann. Zweitens gibt er einen ganz kleinen Ausblick in den Bereich der Verschlüsselungen, der nicht nur wegen seines erstaunlich starken Einflusses auf den Verlauf der Geschichte sehr faszinierend ist.

Der Beweis dieses Satzes zeigt die Gleichmächtigkeit von zwei Mengen durch eine Bijektion. Die eine Menge ist die Menge der aufspannenden Bäume auf dem

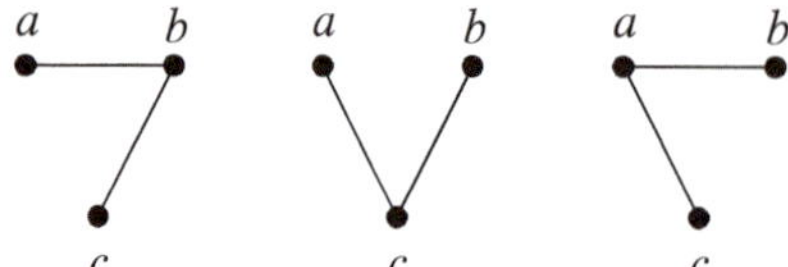

Abbildung 9. Die drei Bäume auf drei Knoten. Lässt man keine Umbenennung der Knoten zu, so sind diese drei Bäume nicht isomorph.

vollständigen Graphen mit n Knoten, von der wir vermuten, dass sie die Mächtigkeit n^{n-2} hat. Nun braucht man noch eine zweite Menge, von der man sicher weiß, dass sie die Mächtigkeit n^{n-2} hat. Dafür bietet sich die Menge der $(n-2)$-Tupel mit Einträgen aus $\{1, \dots, n\}$ an, denn es gibt n^{n-2} viele $n-2$-Tupel, das kann man sich leicht überlegen. Jetzt gilt es zu zeigen, dass jedem aufspannenden Baum genau ein solches Tupel (der Code) zweifelsfrei zugeordnet werden kann und dass aus jedem $(n-2)$-Tupel ein aufspannender Baum konstruiert werden kann.

Der zu betrachtende Baum bekommt als erstes Knotennummern. Versuchen Sie zunächst selbst, aus einem Baum mit n durchnummerierten Knoten einen $(n-2)$-stelligen Code zu gewinnen, also eine Reihen aus $n-2$ Zahlen. Vielleicht hilft dabei die Vorstellung, dass man jemandem am Telefon einen Baum beschreiben möchte, und daher nicht irgendetwas zeichnen oder zeigen kann. Experimentieren Sie mit verschiedenen Nummerierungen und vielen verschiedenen Baumen, um ein Verfahren zu finden, das jedem Baum einen eindeutigen Code zuordnet. Versuchen Sie auch umgekehrt, aus einem vorgegebenen Code einen Baum zu erzeugen. Bekommen Sie wieder den gleichen Baum heraus, wenn sie einen Baum erst in einen Code umwandeln und dann wieder zurückverwandeln?

Folgende Tipps können noch hilfreich sein: Beginnen Sie Ihre Untersuchung mit Bäumen mit einer geringen Knotenzahl. Aber welcher Knotenanzahl wird eine Codierung überhaupt erst benötigt? Vergrößern Sie kleine Bäume schrittweise. Verwenden Sie Verfahren der Baumerweiterung um aus den »kleinen« Bäumen große zu erzeugen. Berücksichtigen Sie die Ihnen bekannten Eigenschaften von Bäumen.

Diese Aufgabe ist zugegebenermaßen sehr kniffelig, aber auch lohnend. Wenn Sie genug geknobelt haben, sehen Sie sich die folgende klassische Lösung an.

Zuerst beschreiben wir eine Abbildung von der Menge der aufspannenden Bäume für den vollständigen Graphen mit n Knoten in die Menge der $(n-2)$-Tupel. Oder anders ausgedrückt: Jedem Baum wird ein $(n-2)$-stelliger Code zugeordnet, der so genannte *Prüfer-Code*.

1. Zunächst werden die Knoten des Baumes auf beliebige Weise mit den Zahlen $1, \dots, n$ durchnummeriert.
2. Dann sucht man das Blatt mit der kleinsten Nummer. Die Nummer des Nachbarknotens wird notiert.
3. Das Blatt mit zugehöriger Kante wird entfernt.
4. Die Schritte 2 und 3 werden so lange wiederholt, bis noch zwei Knoten mit einer sie verbindenden Kante übrig bleiben.

Zwei Eigenschaften von Bäumen werden hier genutzt: 1. Nach dem Abpflücken eines Blattes von einem Baum bleibt ein Baum übrig, und 2. Ein Baum mit mindestens 2 Knoten hat immer Blätter. Ohne diese beiden weiter oben bewiesenen Aussagen könnte es passieren, dass man irgendwann plötzlich kein Blatt mehr findet, also die Codierung nicht durchführen könnte.

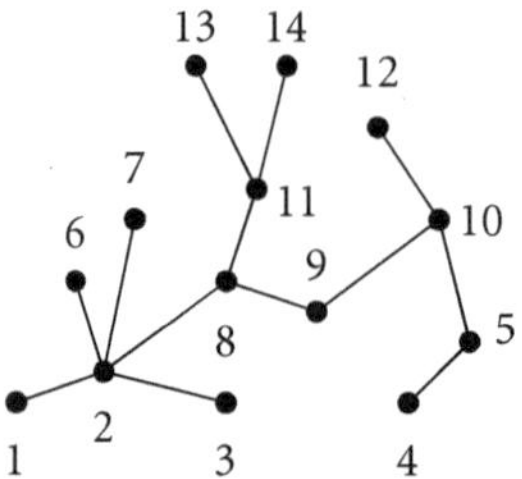

Abbildung 10. Der Prüfer-Code für diesen Baum lautet
$(2, 2, 5, 10, 2, 2, 8, 10, 9, 8, 11, 11)$. Versuchen Sie, aus dem Code
den Baum zu rekonstruieren.

Für jeden Baum erhält man so eine $(n - 2)$-stellige Codenummer (vgl. Abbildung 10). Wir brauchen jetzt noch eine Vorschrift, die aus einem gegebenen Tupel in eindeutiger Art und Weise einen Baum erzeugt. Damit wird eine Abbildung von der Menge der $(n - 2)$-Tupel in die Menge der Bäume auf n Knoten definiert. Falls Sie es nicht schon getan haben, suchen Sie eine solche Vorschrift, die aus dem Prüfer-Code wieder einen Baum macht!

Eine Möglichkeit, aus dem Prüfer-Code einen Graphen zu konstruieren, besteht darin, dass man sich zwei Zahlenfolgen aufschreibt: die Zahlen $1, \ldots, n$ in eine obere Zeile und den Prüfer-Code darunter. Außerdem kann man sich schon einen leeren (kantenlosen) Graphen mit n durchnummerierten Knoten aufzeichnen. Das kleinste Blatt steht nicht in dem Code, da nur dessen Nachbarknoten notiert wurde, und das Blatt dann entfernt wurde. Das heißt, im ersten Schritt müssen Sie in der oberen Zeile die kleinste nicht in der Codenummer enthaltene Zahl suchen. Sie streichen diese durch, und verbinden diesen Knoten mit dem Knoten, der als erster im Code steht. Die erste Zahl aus dem Code wird ebenfalls durchgestrichen. Dieses Vorgehen wird wiederholt, bis $n - 2$ Kanten gezeichnet sind. Die letzte Kante ergibt sich aus den beiden in der oberen Zeile übriggebliebenen Zahlen.

Zeichnen die Schülerinnen und Schüler nach dieser Vorschrift Bäume, so werden sie, je nach dem, was im Unterricht vorausgegangen ist, wieder oder zum ersten Mal feststellen, dass derselbe Graph sehr unterschiedlich aussehen kann. Das Phänomen der Graphenisomorphie wird hier unmittelbar deutlich (vgl. Kapitel 1, Abschnitt »Graphenisomorphie«, S. 10).

Zwischen beiden Mengen haben wir nun Abbildungen definiert. Es bleibt aber zu beweisen, dass ein aus einem Code erzeugter Graph wirklich immer ein Baum ist, und dass der Prüfer-Code eines so erzeugten Graphen gleich dem ursprünglichen Code ist. Erst dann ist wirklich klar, dass die Konstruktionsvorschriften tatsächlich eine Bijektion definieren. Um den Rahmen dieses Buches nicht zu sprengen, wird hier auf diesen Teil des Beweises verzichtet und die Lektüre des entsprechenden Abschnittes in [15, S. 255 ff.] empfohlen.

4   Die Tiefensuche

Der Algorithmus

Sie wissen nun, was ein aufspannender Baum ist, und kennen einige interessante Eigenschaften von Bäumen. Wie aber konstruiert man aufspannende Bäume? Die Graphen, die in der Praxis vorkommen, sind häufig sehr groß und daher nicht mehr gut von Hand zu bearbeiten. Wie kann man Computer dazu bringen, aufspannende Bäume zu erzeugen bzw. zu erkennen? Eine Möglichkeit kennen Sie schon aus dem ersten Kapitel: die Breitensuche. Das Erzeugnis der Breitensuche ist ein aufspannender Baum. Spontan und ohne Vorwissen würden Sie allerdings vermutlich nicht die Breitensuche (nach-)erfinden, sondern einen anderen Algorithmus.

■   Suchen und formulieren Sie einen Algorithmus, der einen aufspannenden Baum in einem zusammenhängenden Graphen findet. Spielen Sie verschiedene Szenarien mit Papier und Farbstiften durch. Was tun Sie, wenn es irgendwo nicht mehr weitergeht?

Hier hilft wieder die Vorstellung, dass der Computer stets nur einen einzelnen Knoten und die davon ausgehenden Kanten »sehen« kann, aber nicht den ganzen Graphen (vgl. Abschnitt »Froschperspektive« im ersten Kapitel). Basteln Sie sich eine Lochblende (Abbildung 17 in Kapitel 1) bzw. bitten Sie Ihre Schülerinnen und Schüler, das zu tun. Zeichnen Sie einen Graphen, wählen Sie einen Startknoten und legen Sie die Lochblende darauf. Und los geht's.

Wir werden eine der möglichen Vorgehensweise genauer analysieren und formulieren. Eine Idee, auf die Sie wahrscheinlich gerade eben auch gekommen sind, ist, nun einfach von Knoten zu Knoten zu laufen (bzw. zu malen). Damit erzeugen Sie einen Weg in dem Graphen (zur Erinnerung: ein Weg ist ein Kantenzug ohne Knotenwiederholungen). Irgendwann werden Sie an einen Knoten kommen, an dem es nicht mehr weitergeht. Wie viele verschiedene Arten von »nicht mehr Weiterkönnen« haben Sie gefunden? Wie verhalten Sie sich, wenn Sie steckenbleiben?

Zwei Situationen machen Probleme: Man kann in eine »Sackgasse« geraten sein. Das ist ein Knoten vom Grad 1. Oder man erzeugt gerade einen Kreis. Doch woran merkt man, ob gerade ein Kreis entsteht? Haben Sie sich das überlegt? Zum Glück ist das ganz einfach zu erkennen: Endet die gerade markierte Kante in einem Knoten, der schon zuvor in den gerade entstehenden Baum eingebunden wurde, so schließt diese Kante einen Kreis in dem aufspannenden Baum. Das muss vermieden werden.

Was tun in diesen beiden Fällen? Ist man in eine Sackgasse geraten, so muss man aus dieser wieder hinaus und soweit entlang des gerade eben eingefärbten Weges rückwärts gehen, bis ein Knoten kommt, der noch unbesuchte Kanten be-

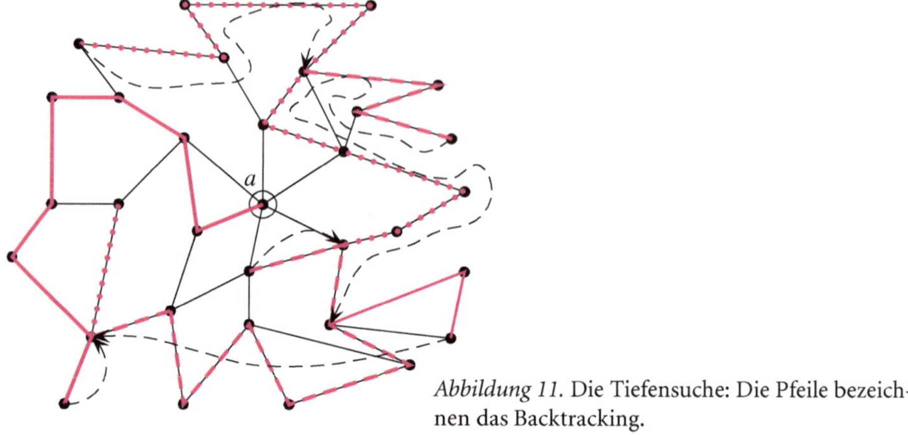

Abbildung 11. Die Tiefensuche: Die Pfeile bezeichnen das Backtracking.

sitzt. Dieses Rückwärtslaufen wird *Backtracking* genannt (vgl. Abbildung 11). Von dem so gefundenen Knoten geht man von Neuem los, bis es wieder nicht mehr weitergeht usw. Im zweiten Fall macht man beinahe das gleiche. Allerdings muss die Kante, die in einem bereits besuchten Knoten endet, ihre Markierung wieder verlieren. Arbeitet man mit Papier und Buntstiften müsste man also radieren.

Dieser Algorithmus wird *Tiefensuche* oder *Depth-First-Search (DFS)* genannt. Der Name kommt daher, dass man in jeder Iteration in die Tiefe des Graphen läuft, bis es auf diesem Weg nicht mehr weitergeht. Je nach dem, wie die jeweils nächste Kante ausgewählt wird, kann es vorkommen, dass in der ersten Iteration des Algorithmus bereits alle Knoten abgelaufen werden, wie etwa in Abbildung 12, in den meisten Fällen wird man jedoch mehrmals neu ansetzen müssen.

■ *Die Tiefensuche* ■
Eingabe: ein zusammenhängender Graph
Ausgabe: ein aufspannender Baum des Graphen
1. Wähle einen Startknoten. Markiere ihn.
2. Falls es noch unmarkierte Kanten gibt, die von dem Knoten ausgehen: Wähle eine dieser Kanten und prüfe, welche der beiden folgenden Anweisungen auszuführen ist. Anderenfalls gehe zu 3.
   - Ist der Endknoten dieser Kante noch unmarkiert, so markiere diese Kante und den Endknoten der Kante. Schreibe die Kante hinten in eine Liste der markierten Kanten. Wiederhole 2. für den neu markierten Knoten.
   - Ist der Endknoten bereits ein Baumknoten, so wird diese Kante aus dem Graphen gestrichen. Gehe zum Anfangsknoten der Kante zurück und wiederhole 2.
3. Prüfe, ob bereits alle Knoten markiert sind. Falls ja: Stopp, falls nein, weiter mit 4.

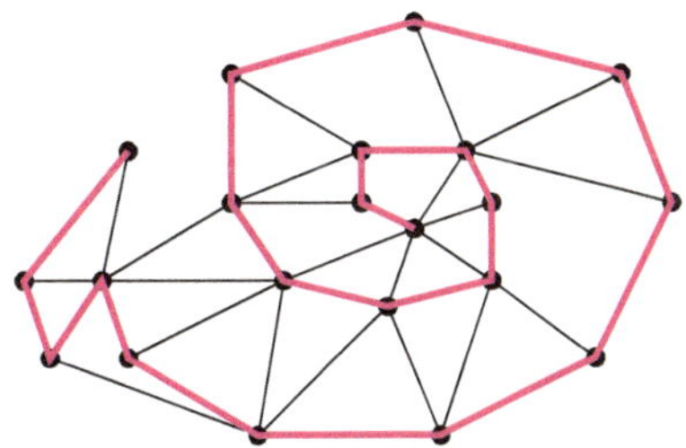

Abbildung 12. Die erste Iteration der Tiefensuche hat bereits den aufspannenden Baum konstruiert.

4. »Backtracking«: Gehe entlang der zuletzt markierten Kanten zurück, indem du die Liste der markierten Kanten rückwärts abarbeitest und die jeweils verwendete Kante daraus wieder streichst.
   – Triffst du auf einen Knoten, von dem noch unmarkierte Kanten ausgehen, gehe zu 2.
   – Anderenfalls: Stopp.

Auch diese Formulierung des Algorithmus ist wieder nur eine von unzählig vielen Möglichkeiten (eine weitere Formulierungsvariante findet sich auf S. 61). Die hier gewählte verwendet eine IF-THEN/ELSE Verzweigung (»Falls ... tue dies. Anderenfalls ...«), die beim Programmieren sehr gebräuchlich ist.

Für den Mathematikunterricht sollte es vor allem darum gehen, überhaupt einen funktionierenden Algorithmus zu formulieren. Denn von einem mathematischem Blickwinkel aus betrachtet, steht das Verständnis der Funktionsweise des Algorithmus im Vordergrund, nicht seine Implementierung. Für die konkrete Implementierung muss man sich natürlich sehr viel mehr Gedanken machen, welche Variante des Algorithmus für die jeweilige Anwendung am sinnvollsten ist. Dazu gehören dann auch Laufzeitabschätzungen, so dass hier ein idealer Anknüpfungspunkt zum Informatikunterricht gegeben ist.

Die Abbruchbedingung, dass beim Backtracking keine unbesuchten Kanten mehr gefunden werden, ist wichtig für den Fall, dass man den Algorithmus auf beliebige Graphen anwenden möchte. Ist der Graph, auf dem der Algorithmus durchgeführt werden soll, nicht zusammenhängend, so bricht die Tiefensuche ab, sobald sie eine Zusammenhangskomponente erkundet hat und für diese Komponente einen aufspannenden Baum konstruiert hat. Würde man den Algorithmus laufen lassen wollen, bis alle Knoten Baumknoten geworden sind, was für zusammenhängende Graphen eine vernünftige Abbruchbedingung ist, so würde der Algorithmus in solch einem Fall unendlich lange weitersuchen.

Weil der Algorithmus abbricht, sobald eine Zusammenhangskomponente komplett exploriert wurde, ist er geeignet, die Zahl der Zusammenhangskomponenten eines Graphen festzustellen. Für jede Komponente muss die Tiefensuche auf dem noch nicht betrachteten Restgraphen neu gestartet werden. Analog geht das auch mit der Breitensuche.

Korrektheitsbeweis

Die Tiefensuche gehört zu den einfachsten Graphenalgorithmen. Sie kommt mit wenigen Anweisungen aus, so dass der Korrektheitsbeweis übersichtlich ausfällt. Wir wollen zeigen, dass die Tiefensuche in zusammenhängenden Graphen tatsächlich einen aufspannenden Baum erzeugt. Dazu müssen wir drei Kriterien prüfen: Ist das Produkt der Tiefensuche zusammenhängend, ist es kreisfrei und beinhaltet es alle Knoten?

Dadurch, dass die Tiefensuche sich beim Backtracking stets an den bereits markierten Kanten entlanghangelt und in jeder Iteration neue Äste an den bereits konstruierten Baum anhängt, muss das Endprodukt zusammenhängend sein. Da wir per Konstruktionsvorschrift Kreise vermeiden, ist das Produkt am Ende auch kreisfrei. Ob tatsächlich alle Knoten eingebunden werden, müssen wir noch zeigen. Nehmen wir an, der Algorithmus bricht ab und es sind noch nicht alle Knoten des Graphen Baumknoten geworden. Da der Algorithmus stoppt, wurden beim Backtracking alle Kanten abgelaufen und die zu ihnen gehörigen Knoten besucht. Da es aber noch unbesuchte Knoten gibt, müssen diese zu anderen Komponenten des Graphen gehören. Damit besteht der Eingabegraph aus mehreren Komponenten, was im Widerspruch zu unseren Voraussetzungen steht.

Das Daumenkino und noch einmal die Lochblende

Das Nacherfinden der Tiefensuche ist der Einsatzbereich par excellence für das methodische Werkzeug »Lochblende« Geht es um die Entwicklung der Breitensuche, so muss schon relativ bald von dem Bild der Froschperspektive abstrahiert werden, da man zum jeweils nächsten aktiven Knoten quasi springen muss. Die Tiefensuche hingegen verläuft ganz linear, so dass sie tatsächlich komplett mit der Lochblende durchgeführt werden kann.

Probieren Sie es aus: Legen Sie die Lochblende auf einen Graphen und führen Sie die Tiefensuche aus, ohne die Lochblende hochzuheben. Sie müssen sie nur verschieben. Wenn Sie das Backtracking durch »Rückwärtskanten« (wie in Abbildung 11) einzeichnen und gelöschte Kanten z. B. mit einer Wellenlinie durchstreichen, so müssen Sie während der Prozedur nicht einmal den Stift anheben. Er bleibt die ganze Zeit im Fenster der Lochblende.

Der Verlauf des Algorithmus wird hier besonders anschaulich und (be-)greifbar. Diese Thematik eignet sich daher gut als erste Annäherung an das Erfinden von Algorithmen in der Mittelstufe oder auch schon für jüngere Schülerinnen und Schüler. Arbeiten Sie mit der Lerngruppe heraus, was ein aufspannender Baum ist, lassen Sie Lochblenden basteln und Graphen bauen und dann kann das Forschen losgehen: Wie kann man aufspannende Bäume konstruieren?

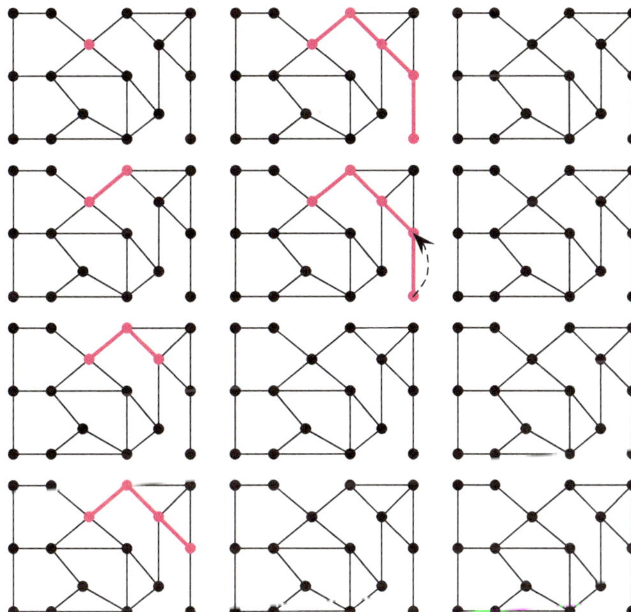

Abbildung 13. Daumenkinos zu basteln, hilft, Algorithmen besser zu verstehen.

Ist ein Algorithmus gefunden, so lohnt es sich, zum noch tieferen Verständnis eine Schulstunde zu investieren und Daumenkinos basteln zu lassen. Dazu benötigt man reichlich Kopien ein und desselben Graphen und eine Klammermaschine. Aufgabe ist, pro Kopie des Graphen einen Schritt des Algorithmus einzuzeichnen, so dass man sich den gesamten Ablauf des Algorithmus nachher als Daumenkino ansehen kann (vgl. Abbildung 13).

Neben der schönen Auflockerung, im Mathematikunterricht zu basteln, bringt die Erstellung des Daumenkinos einen hohen Erkenntnisgewinn. Durch die Auffächerung des Ablaufes in Einzelbilder werden oft noch Unklarheiten entdeckt (z. B.: Was geschieht mit Sackgassen? Oder: Wie können Kreise vermieden werden?). Zudem wird deutlich, dass auf dem Graphen viele unterschiedliche aufspannende Bäume entstehen können, denn vermutlich wird die Tischnachbarin einen anderen Baum konstruieren als man selber. Aber alle aufspannenden Bäume sind gleichermaßen richtig. Diese Beobachtung führt direkt zur Frage nach der Anzahl der aufspannenden Bäume eines Graphen (vgl. S. 50).

Die Tatsache, dass bei der Ausführung desselben Algorithmus verschiedene Bäume herauskommen können, kann als Aufhänger für die Suche nach einer Festlegung des Ablaufes genutzt werden. Ab Seite 60 werden wir uns darüber Gedanken machen und diese Frage mittels einer speziellen Datenstruktur lösen.

Exkurs: Ariadne – die erste Informatikerin

Gelegentlich kann es sehr nützlich, ja sogar lebensrettend sein, einige Algorithmen zu kennen. Stellen Sie sich vor, Sie hätten sich in einer verzweigten Höhle verlaufen. Wie finden Sie zurück zum Ausgang? Oder, was etwas unwahrscheinlicher ist, Sie möchten sich in einem Labyrinth zurechtfinden. Zumindest Harry Potter befand sich schon in dieser Situation. Wie gehen Sie vor?

- Sie wollen in einer Ihnen unbekannten Höhle den Weg zum Ausgang finden oder in einem Labyrinth den Weg zum Ziel finden und dann auch wieder hinaus. Was tun Sie? Schreiben Sie einen Algorithmus.

Vielleicht haben Sie die Rechte-Hand-Regel befolgt: Bleibe mit der rechten Hand stets in Kontakt mit der Wand und laufe immer weiter. Eine noch bekanntere Beschreibung des gleichen Lösungsverfahrens findet man in der griechischen Mythologie.

Der früheste Algorithmus zur Lösung des Labyrinthproblems stammt von der kretischen Königstochter Ariadne. Sie war vermutlich die erste Informatikerin der Geschichte. Folgende Geschichte wurde überliefert:

Auf Kreta hatte man einst ein Problem. Der Stiefsohn von König Minos war ein Ungeheuer, halb Mensch, halb Stier: der Minotaurus. Der Minotaurus war immer sehr hungrig und hatte vor allem Appetit auf Menschenfleisch. Um die Kreter zu schützen, wurde für den Minotaurus ein Gebäude errichtet, aus dem er nicht mehr herauskommen konnte. Die Reste eines solchen Labyrinth-Bauwerks, das aus dem 17. Jahrhundert vor Christus stammt, findet man heute noch in Knossos. Jahr für Jahr wurden dem Minotaurus allerdings sieben junge Frauen und sieben junge Männer aus Athen zum Fraß vorgeworfen. Diese abscheuliche Verpflichtung hatte Athen nach einer Niederlage gegen Kreta eingehen müssen.

Theseus, der Sohn des Königs von Athen, hatte sich in den Kopf gesetzt, diesem grausamen Vertrag ein Ende zu machen, indem er den als unbesiegbar geltenden Minotaurus tötete. Er fuhr mit nach Kreta, wo er Ariadne, die Tochter des Minos traf. Die beiden verliebten sich ineinander und Ariadne war besorgt, dass Theseus niemals mehr aus dem Labyrinth herausfinden würde. Sie gab ihm ein Wollknäuel, hielt das Ende des Wollfadens am Eingang zum Labyrinth fest und gab folgende Anweisung: Theseus solle in das Labyrinth hineinlaufen und dabei stets den Faden abwickeln, so dass er eine Spur seines Weges hinterließe. An jeder Kreuzung solle er den am weitesten rechts liegenden Gang wählen. Geriete er in eine Sackgasse, solle er umkehren, den Faden wieder aufwickeln und an der nächsten Kreuzung die nächstrechte Abzweigung nehmen, dort weitergehen, den Faden wieder abwickeln und so weiter.

Theseus folgte diesen Anweisungen, fand den Minotaurus, erschlug ihn und konnte dann – immer dem Faden nach – auf direktem Weg zu Ariadne zurück-

Abbildung 14. Der Ariadnefaden im Labyrinth

laufen. Leider konnten sie ihre Zweisamkeit nicht sehr lange genießen, da Theseus Ariadne auf dem Weg nach Athen aus etwas diffusen Gründen auf Naxos zurückließ, wo sie starb.

- Spielen Sie die Anweisungen Ariadnes auf Papier oder, falls möglich, in einem echten oder (z. B. mit Tischen und Stühlen) selbst gebauten Labyrinth nach!
- »Übersetzen« Sie das Labyrinth aus Abbildung 14 in einen Graphen, führen Sie den Ariadne-Algorithmus daran nochmals aus und fassen ihn in eigene Worte. Tipp: Nehmen Sie für das Abwickeln und für das Wiederaufwickeln des Fadens verschiedene Farben.

Was können Sie in ihren Skizzen erkennen? Es gibt einen Backtracking-Mechanismus, nämlich dann, wenn der Faden wieder aufgewickelt wird. Wenn Sie das ganze Labyrinth ablaufen, werden Sie am Ende wieder am Startpunkt herauskommen. Sie können zudem beobachten, dass (wenn die Backtracking-Kanten nicht betrachtet werden) ein Baum entsteht. Der Ariadne-Algorithmus ist eine Tiefensuche!

Meist wird der Ariadne-Algorithmus nicht den kompletten aufspannenden Baum konstruieren, da das Ziel ist, einen bestimmten Ort im Labyrinth zu erreichen und nicht, alle Wege abzusuchen. Daher muss man für das Labyrinth-Problem ggf. nur die Abbruchbedingung anders formulieren, als wir das für die Tiefensuche weiter oben getan haben.

Um die Analogie komplett zu machen, muss das Labyrinth als Graph modelliert werden. Dass Kreuzungen, der Eingang und Sackgassenenden als Knoten dargestellt werden und Verbindungswege als Kanten, ist schnell klar. Eine Adjazenzmatrix lässt sich leicht aufstellen. Die Schwierigkeit hier liegt darin, eine schöne und übersichtliche zeichnerische Darstellung zu finden. *Graphenzeichnen* ist ein Forschungsgebiet der diskreten Mathematik. Es ist und bleibt ein schwieriges und komplexes Problem, automatisiert gute Zeichnungen für Graphen erstellen zu lassen. In Abbildung 15 ist eine Darstellung des zum Labyrinth aus Abbildung 14

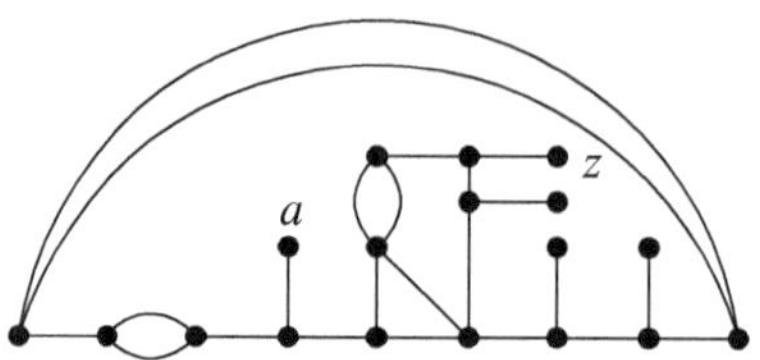

Abbildung 15. Ein Graphenmodell des Labyrinthes, *a* bezeichnet den Anfang, *z* das Ziel.

gehörenden Graphen zu sehen. Vergleichen Sie diesen Graphen mit ihrem eigenen und suchen Sie nach weiteren schönen oder praktischen Darstellungen des Graphen. Wir nutzen dabei aus, dass verschiedene Zeichnungen dennoch den gleichen Graphen darstellen können (vgl. Abschnitt »Graphenisomorphie« in Kapitel 1).

An dieser Stelle sind zahlreiche Anknüpfungspunkte für den fächerübergreifenden Unterricht gegeben. Ein gemeinsames Projekt mit Geschichte, Deutsch, Kunst, Religion oder Ethik oder Philosophie und Musik könnte sehr anregend und fruchtbar sein. Der Deutschunterricht könnte sich mit Textgestaltungen über Ariadne beteiligen und der Geschichtsunterricht Fakten zum antiken Griechenland beitragen. Im Kunstunterricht bietet das Thema Labyrinth zahlreiche Möglichkeiten zum Gestalten und zur Werkbetrachtung. Es ist sogar eine Ausgestaltung des Schulhofes denkbar. Das Labyrinth als Metapher für schwierige oder aussichtslose Lebenssituationen bietet Stoff für Diskussion und Reflexion in Religion, Ethik oder Philosophie. In Musik könnte man Kompositionen zum Thema »Ariadne auf Naxos« (die Oper von Richard Strauss oder das Melodram von Georg Anton Benda beispielsweise) kennenlernen und darin musikdramatische Gestaltungsmittel erleben. Die Entwicklung eines Hörspieles oder gar einer szenisch-musikalischen Aufführung, in der eben auch der mathematische Aspekt eine Rolle spielt, könnte die Aufgabe für eine Projektwoche sein.

Enge Verwandte: Tiefensuche und Breitensuche

Wie schon erwähnt, wollen wir uns nun Gedanken machen, wie der Ablauf der Tiefensuche eindeutig festgelegt werden kann. Diese Festlegung ist nicht unbedingt notwendig, ermöglicht uns aber eine interessante Beobachtung.

Falls Sie es bisher nicht getan haben, so sollten Sie sich jetzt einmal den Abschnitt über die Breitensuche im ersten Kapitel ansehen. Bei der Breitensuche hatten wir festgestellt, dass die Datenstruktur einer *Queue* oder *Warteschlange* die Formulierung des Algorithmus einfacher macht und elegant die Frage löst, welcher Knoten im Ablauf des Algorithmus als nächstes betrachtet werden soll. Eine Queue arbeitet nach dem Prinzip FIFO (First In First Out). Im Verlauf des Algorithmus werden die vom aktiven Knoten aus gefundenen, noch nicht besuchten Nachbarn in diese Queue geschrieben und es wird jeweils mit dem Knoten weitergearbeitet, den die Queue als nächstes herausgibt.

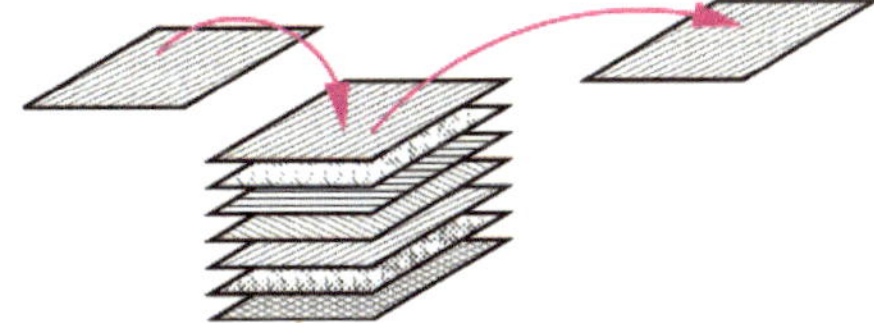

Abbildung 16. Ein »Stack« oder »Stapel«: damit lässt sich die Tiefensuche elegant formulieren.

Es liegt nahe, an dieser Stelle neugierig zu sein, und der Frage nachzugehen: Was passiert denn, wenn man statt FIFO einfach LIFO (Last In First Out) macht? Probieren Sie es aus!

Bei diesem Experiment werden Sie nicht mehr die Breitensuche herausbekommen, sondern etwas, das der Tiefensuche zumindest ähnelt. Wie müssen Sie den Algorithmus verändern, damit tatsächlich eine Tiefensuche dabei herauskommt? Die nun verwendete Datenstruktur heißt *Stack* oder *Stapel* und funktioniert tatsächlich wie ein Papierstapel. Das, was zuletzt obendrauf gelegt wurde, wird als erstes wieder heruntergenommen (siehe Abbildung 16).

■ Suchen Sie eine gemeinsame Formulierung für die Breitensuche und die Tiefensuche, die sich nur darin unterscheidet, dass eine Queue bzw. ein Stack verwendet wird.

Diese Aufgabe stellt sich als unerwartet schwierig dar. Sie eignet sich für den Unterricht in der Oberstufe, falls man sich nicht scheut, auch im Mathematikunterricht Elemente der theoretischen Informatik zu behandeln. Geben Sie Ihren Schülerinnen und Schülern reichlich Zeit dafür. Mit dieser Aufgabe kann das algorithmische Denken ganz intensiv eingefordert und gefördert werden. Zur Überprüfung der gefundenen Formulierungen werden die in Kapitel 1, Seiten 24 ff., aufgezeigten Methoden auch hier nochmals empfohlen. Eine mögliche Lösung sieht so aus:

■ *Aufspannender-Baum-Algorithmus* ■
Eingabe: ein Graph
Ausgabe: ein aufspannender Baum einer Zusammenhangskomponente
Benötigt wird: eine Datenstruktur D und eine Vorgängerliste
1. Wähle einen Startknoten. Er ist nun der aktive Knoten und wird als besucht markiert.
2. Schreibe alle noch unbesuchten Nachbarn des aktiven Knotens in der Reihenfolge ihres Auffindens in D. Der aktive Knoten wird als Vorgänger dieser Knoten notiert.
3. Falls D leer ist: Stopp, anderenfalls gehe zu 4.
4. Der nächste Knoten mitsamt Vorgänger wird von der Datenstruktur D ausgegeben.
   – Falls er bereits als besucht markiert ist: Lösche ihn aus D. Wiederhole 3.
   – Anderenfalls wird dieser Knoten zum aktiven Knoten und als besucht

markiert. Sein Vorgänger wird verbindlich festgeschrieben und er wird aus D gelöscht.

5. Gehe zu 2.

Nun können Sie nach Belieben, bzw. je nach Anforderungen des zu lösenden Problems, für die Datenstruktur D eine Queue oder einen Stack verwenden. Was immer noch bis zu einem gewissen Grad offen bleibt, ist, in welcher Reihenfolge die Nachbarn des aktiven Knotens in die Datenstruktur aufgenommen werden. Meist wird die für den Graphen verwendete Datenstruktur eine Reihenfolge naheliegen.

Spielen Sie diesen Aufspannender-Baum-Algorithmus im Unterricht als Rollenspiel (vgl. Kapitel 1, S. 24) durch. Lassen Sie Ihre Schülerinnen und Schüler erleben, wie sich Stack und Queue verschieden auswirken. Das Backtracking der Tiefensuche wird hier besonders schön sichtbar: Es ist das Rückwärtsgehen im Stack durch bereits besuchte Knoten, die aus dem Stack gestrichen werden, ohne dass eine weitere Aktion folgt (Schritt 4, erster Fall). Wollen Sie die Mechanik von Stack oder Queue noch plastischer darstellen, so verwenden Sie dafür tatsächlich einen Papierstapel bzw. eine Papprolle, in die beschriftete Tischtennisbälle geschoben werden. Auch hier geht es wieder nicht um konkrete Implementierungen, sondern darum, Vorgehensweisen ganz präzise zu analysieren.

Noch eine Beobachtung überrascht. Die Endprodukte von Breiten- und Tiefensuche sind qualitativ verschieden. Der Breitensuche-Baum liefert kürzeste Wege bezüglich der Anzahl der Kanten vom Startknoten zu allen anderen Knoten. Die Tiefensuche erzeugt einen aufspannenden Baum, weiter nichts. Über Distanzen zum Startknoten kann man keine allgemeingültigen Aussagen machen. Auch wenn es manchmal so wirken kann, konstruiert die Tiefensuche keine längsten Wege. So kann man hier im direkten Vergleich beider Algorithmen feststellen, dass die Breitensuche ein Ergebnis liefert, das mehr Informationen beinhaltet als das der Tiefensuche. Die Erkenntnis, wie eng verwandt und dennoch verschieden Breiten- und Tiefensuche sind, kann zu weiterem detailliertem Nachdenken über Lösungsstrategien anregen.

5   Die Algorithmen von Kruskal und Prim

Kosten kommen ins Spiel

Am Anfang dieses Kapitels haben wir überlegt, wie ein möglichst günstiges Teilnetz eines Telefonnetzes aussehen muss. Sie haben sich sicherlich schon gefragt, warum wir uns keine Gedanken über die Kosten von Leitungsabschnitten gemacht haben. Das lag daran, dass in der ersten Hälfte des Kapitels über das grundlegende Konzept der Bäume und aufspannenden Bäume nachgedacht werden sollte.

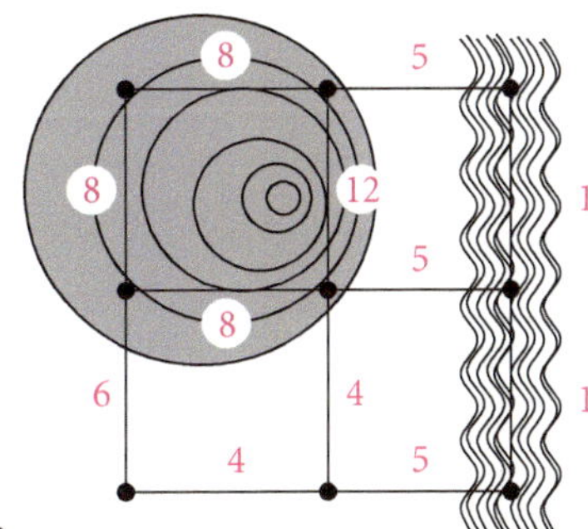

Abbildung 17. Unterschiedliche Umgebungen verursachen unterschiedliche Kosten für die Verlegung und Wartung von Kabeln

Darum wurde das Modell für die reale Situation zunächst so einfach wie möglich gehalten.

Nun aber wird es Zeit, über die Kosten nachzudenken. Dass die Länge der Leitungsabschnitte nicht unbedingt proportional zu den Kosten sein muss, zeigt das schematisierte Beispiel in Abbildung 17. Sowohl die Verlegung der Kabel als auch die Wartung ist billiger, wenn das Kabel in einem Flussbett verlegt werden kann, als wenn es durch einen Berg verläuft. Mit dieser Überlegung kann man Kantengewichte (siehe auch Kapitel 1, S. 26) motivieren. Im »echten Leben« bestimmt eine sehr große Zahl von Faktoren die Kosten, insbesondere auch die Kapazität der Leitungen. Für unsere Fragestellung liegt es nun nahe, nach aufspannenden Bäumen mit minimalen Kosten zu suchen.

Definition
Ein *minimaler aufspannender Baum* in einem gewichteten Graphen ist ein aufspannender Baum mit einer minimalen Summe von Kantengewichten.

Zwei »gierige« Vorgehensweisen

Wie aber geht man mit gewichteten Kanten um? Tiefensuche oder Breitensuche erzeugen in diesem Fall keine optimalen aufspannenden Bäume.

- Lösen Sie das Telefonleitungsproblem vom Anfang des Kapitels, indem Sie nun Kosten für die einzelnen Leitungsabschnitte berücksichtigen.

Für diese Aufgabe gibt es zwei recht naheliegende Lösungsstrategien, die von Schülerinnen und Schülern meist schnell gefunden werden. Sämtliche notwendigen Vorüberlegungen sind in diesem Kapitel bereits gemacht worden, daher verzichten wir an dieser Stelle auf eine ausführliche Herleitung.

Der erste Algorithmus »malt« immer die nächstbilligste Kante an, sofern dabei keine Kreise aus markierten Kanten entstehen. Im Verlauf des Algorithmus können dabei unzusammenhängende Teilgraphen entstehen. Hier bietet es sich wieder an, Daumenkinos zu basteln, um den Ablauf des Algorithmus zu visualisieren.

▰ *Der Algorithmus von Kruskal* ▰

Eingabe: ein gewichteter zusammenhängender Graph mit n Knoten
Ausgabe: ein minimaler aufspannender Baum des Graphen
1. Wähle eine »billigste« noch unmarkierte Kante.
2. Markiere sie, falls sie keinen Kreis mit anderen markierten Kanten schließt.
3. Stopp, falls $n - 1$ Kanten markiert sind, anderenfalls gehe zu 1.

Der andere Algorithmus lässt einen Baum möglichst kostengünstig wachsen. Das »Produkt« des Algorithmus ist zu jedem Zeitpunkt zusammenhängend.

▰ *Der Algorithmus von Prim* ▰

Eingabe: ein gewichteter zusammenhängender Graph
Ausgabe: ein minimaler aufspannender Baum des Graphen
1. Wähle einen Startknoten.
2. Markiere die »billigste« vom bereits konstruierten Baum ausgehende Kante, falls sie keinen Kreis schließt.
3. Stopp, falls $n - 1$ Kanten markiert sind, anderenfalls gehe zu 2.

Es ist nicht ganz einfach, diese Algorithmen in so wenigen Schritten darzustellen. Ein erster Formulierungsversuch wird meist sehr viel mehr Schritte brauchen als die Endfassung. Der Trick bei der obigen Formulierung des Algorithmus von Prim besteht darin, den Startknoten bereits als Baum zu betrachten. Somit muss man nicht mehr zwischen der Wahl der ersten Kante und der Wahl der weiteren Kanten unterscheiden.

Beide Algorithmen gehen »gierig« vor: Es wird stets eine billigste zulässige Kante gewählt. So wird bei jedem Schritt lokal, quasi mit Tunnelblick optimiert, in der Hoffnung, dass damit auch die Gesamtlösung optimal ausfällt. Nach dem englischen Wort für gierig werden solche Vorgehensweisen *Greedy-Strategien* genannt. Ob dieses lokale optimale Vorgehen tatsächlich ein globales Optimum liefert, muss nachgewiesen werden. Hier ist das der Fall, was an der besonderen Struktur des Problems liegt (die Menge aller Bäume eines Graphen bildet ein so genanntes *Matroid*). Korrektheitsbeweise für die Algorithmen von Kruskal und Prim finden Sie am Ende dieses Kapitels. Für andere Probleme, z. B. das Travelling-Salesman-Problem (Kapitel 4) oder Graphenfärben (Kapitel 5), liefern Greedy-Strategien gerade einmal Näherungslösungen, die auch beliebig weit vom Optimum entfernt sein können.

6 Steinerbäume

Bäume tauchen vielerorts auf, insbesondere bei Versorgungsnetzen für z. B. Strom oder Wasser oder bei der Planung von Leiterbahnen für Chips. In manchen Fällen steht die geometrische Lage der Knoten fest, aber es können zusätzliche Knoten frei gewählt werden.

Ein Beispiel (aus [24]) für solch eine Situation ist die Frage nach kürzesten Verbindungswegen zwischen verschiedenen Angellöchern auf einem zugefrorenen See z. B. im Norden Kanadas. Es gibt keinerlei Vorgaben für den Verlauf der Wege, außer dass sie insgesamt möglichst kurz sein sollen, und daher nur geradlinig verlaufen können.

- Zeichnen Sie einige Knoten auf ein Blatt Papier und suchen Sie nach Möglichkeiten, diese Knoten durch einen möglichst kurzen Baum miteinander zu verbinden. »Hilfsknoten« sind erlaubt.
- Experimentieren Sie mit geometrischen Grundformen wie gleichseitigem Dreieck, Quadrat, Rechteck ... .

Durch Ausprobieren sieht man schnell, dass die Gesamtlänge der Baumkanten durch das Hinzufügen von Zwischenknoten kleiner werden kann. Doch wo genau soll man den oder die zusätzlichen Knoten platzieren?

Die Frage nach dem minimalen Baum zwischen Knoten fester geometrischer Lage führt auf so genannte *Steinerbäume* (nach dem Schweizer Mathematiker Jacob Steiner (1796–1863)). Bei 4 Knoten, die als Rechteck angeordnet sind, werden beispielsweise zwei zusätzliche Knoten benötigt. (siehe Abbildung 18). Dass diese Fragestellung weitaus komplexer und schwieriger ist, als diejenigen, die diesem Kapitel zugrunde liegen, können Sie sich sicher leicht vorstellen. Das Problem besteht darin, zu entscheiden, wie viele zusätzliche Knoten benötigt werden, und wo genau sie liegen sollen.

Um ein Gefühl für die Formenvielfalt von Steinerbäumen zu entwickeln, können Sie mit Seifenblasen experimentieren (Idee aus [24]): Nehmen Sie zwei gleichgroße Plexiglasscheiben und befestigen Sie senkrecht dazwischen Stäbe, die die Knoten repräsentieren (vgl. Abbildung 19). Dann tauchen Sie das Ganze in Seifen-

Abbildung 18. Steinerbäume: Wo müssen die zusätzlichen (roten) Knoten liegen, damit die Gesamtlänge der Baumkanten möglichst klein wird?

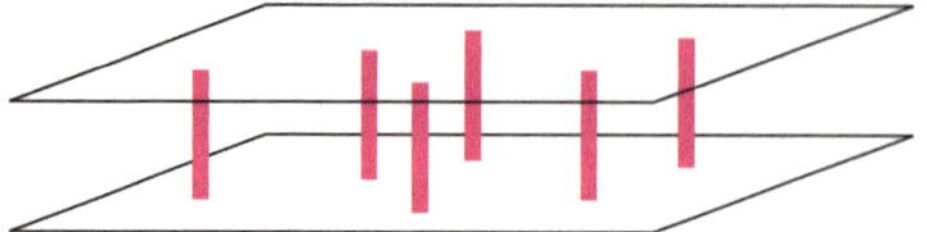

Abbildung 19. Bauen Sie sich solch ein Gerät und tauchen es in Seifenblasenflüssigkeit! Es entstehen Seifenblasen-Steinerbäume.

blasenflüssigkeit und nehmen es wieder heraus. Die Seifenhaut bildet einen Steinerbaum zwischen den Stäben! Allerdings ist es nicht unbedingt ein minimaler Steinerbaum. Die Seifenhäute bilden zwar Minimalflächen, doch muss dabei die Gesamtlänge des Baumes nicht unbedingt minimal sein. Tauchen Sie die gleiche Anordnung wiederholt ein, so werden Sie sehen, wie unterschiedlich die Steinerbäume aussehen können und Sie bekommen eine Ahnung von den unzählig vielen Möglichkeiten, die Steinerpunkte zu setzen.

7   Vertiefung: Korrektheitsbeweise für die Algorithmen von Kruskal und Prim

Gerade bei auf den ersten Blick richtig erscheinenden Algorithmen wie denen von Kruskal und Prim ist ein Korrektheitsbeweis unerlässlich. Die Konstruktionsmethoden sind so einleuchtend, dass es unvorstellbar ist, dass man damit auch einmal Schiffbruch erleiden könnte. So leicht, wie die Algorithmen erfunden sind, so schwer ist es, deren Korrektheit zu zeigen. Häufig wird die Korrektheit dieser Algorithmen mit Hilfe spezieller Strukturen, so genannten *Matroiden*, bewiesen, wozu man sich eine nicht ganz einfache Theorie aneignen muss. Es gibt aber auch einige Korrektheitsbeweise ohne Matroide, von denen jeder einzelne seine ganz eigenen Tücken hat. Jiří Matoušek macht in seinem schönen Lehrbuch ([15, S. 177]) sogar die Bemerkung, dass einem bei diesen Beweisen besonders leicht Fehler unterlaufen.

Die meisten Beweise arbeiten mit dem Austausch von einzelnen Baumkanten. Die grundsätzlichen Überlegungen dazu sind hier kurz skizziert:

Kantentausch für Kreise: Man kann aus einem aufspannenden Baum einen anderen aufspannenden Baum desselben Graphen machen, indem man eine neue Kante hinzufügt, die – wie Sie ja wissen – immer einen Kreis schließt, und anschließend eine andere Kante aus diesem Kreis herausnimmt.

Kantentausch im Schnitt: Jede der Kanten eines aufspannenden Baumes induziert einen so genannten *Schnitt* in dem Graphen: Stellen Sie sich vor, Sie nehmen die gewählte Kante aus dem Graphen heraus. Der aufspannende Baum zerfällt in zwei Teile. Die Knotenmenge des Graphen wird dadurch in zwei Teile geteilt. Nehmen Sie eine der beiden Mengen und färben alle Kanten, die einen Knoten in dieser Menge haben und einen Knoten außerhalb. Diese Kantenmenge ist der zu der

Knotenmenge gehörende Schnitt. Die ursprüngliche Kante kann durch eine andere Kante aus dem Schnitt ersetzt werden. Es entsteht wieder ein aufspannender Baum.

Korrektheit des Algorithmus von Kruskal. Ein Beweis mittels vollständiger Induktion. Es ist lediglich zu zeigen, dass der Baum B, den der Algorithmus produziert, minimal ist. Denn dass überhaupt ein Baum entsteht, sieht man bereits an der Konstruktionsvorschrift ($n - 1$ Kanten kreisfrei in einem Graphen mit n Knoten unterzubringen geht nur als aufspannender Baum).

Die Grundidee ist, dass man eine Menge von Kanten, wie sie nach einigen Iterationen des Algorithmus vorliegt, zu einem minimalen aufspannenden Baum ergänzen kann. Das muss nicht unbedingt derselbe Baum sein wie der vom Algorithmus konstruierte. Wenn man das für alle Zwischenprodukte des Algorithmus zeigen kann (einschließlich des Endprodukts, das dann durch null Kanten zum minimalen aufspannenden Baum ergänzt wird), dann ist die Korrektheit bewiesen.

Die erste Kante, die vom Algorithmus gewählt wird, ist eine mit minimalem Gewicht. Sie kann auf mindestens eine Art zu einem minimalen aufspannenden Baum ergänzt werden. Das ist der Induktionsanfang. Nun wollen wir zeigen, dass auch die ersten $2, 3, \ldots, n - 1$ Kanten, die der Algorithmus ausgewählt hat, zu einem minimalen aufspannenden Baum ergänzt werden können. Wir nehmen nun an, dass es auch für die ersten k Kanten geht (das ist die Induktionsvoraussetzung), und zeigen, dass es dann auch für $k + 1$ Kanten geht. Wenn das geschafft ist, können wir von einer Kante schrittweise auf $n - 1$ Kanten schließen.

Wir gehen von den ersten k Kanten $\{e_1, e_2, \ldots, e_k\}$ aus, die der Algorithmus gewählt hat. Nach Induktionsvoraussetzung gibt es einen minimalen aufspannenden Baum B_k, der diese Kanten enthält. Nun nehmen wir die $k + 1$. Kante e_{k+1} hinzu. Entweder ist sie sowieso in B_k enthalten, dann ist der Beweis fertig. Oder sie ist nicht in B_k enthalten, dann konstruieren wir jetzt einen minimalen aufspannenden Baum B_{k+1}, der die $k + 1$. Kante enthält.

Nun folgt die oben beschriebene Technik: Durch Hinzufügen der Kante e_{k+1} zu B_k entsteht ein Kreis. Der (eindeutige!) Kreis, der durch Hinzufügen von e_{k+1} entstanden ist, muss mindestens eine Kante enthalten, die nicht in dem vom Algorithmus erzeugten aufspannenden Baum B vorkommt. Eine dieser Kanten wird entfernt, es entsteht wieder ein Baum. Sie kann kein kleineres Gewicht als e_{k+1} haben, sonst wäre sie vom Algorithmus vor e_{k+1} ausgewählt worden, also hat sie ein mindestens ebenso hohes Gewicht wie e_{k+1}. Daraus folgt, dass der neu entstandene Baum B_{k+1} kein höheres Gesamtgewicht haben kann als B_k. B_k war bereits schon minimal, also muss auch B_{k+1} minimal sein. Damit haben wir das Gewünschte konstruiert: einen minimalen aufspannenden Baum, der die Kanten $\{e_1, e_2, \ldots, e_{k+1}\}$ enthält. Der Schritt von k zu $k + 1$ ist getan, und somit ist auch für $n-1$ Kanten bewiesen, dass diese sich (durch Zufügen von Null Kanten) zu einem minimalen aufspannenden Baum ergänzen lassen. Der Algorithmus von Kruskal arbeitet korrekt.

Korrektheit des Algorithmus von Prim.   Dieser (Widerspruchs-)Beweis arbeitet mit der Methode des »kleinsten Verbrechers« die auch in anderen Beweisen dieses Buches verwendet wird. Man stellt sich vor, dass es einen Graphen gibt, für den der Algorithmus einen nicht-minimalen aufspannenden Baum konstruiert. Das heißt, dass der Algorithmus falsche, also zu teure Kanten, wählt. Wir sehen uns den Zeitpunkt an, zu dem das erste Mal eine falsche Kante, genannt »kleinster Verbrecher«, gewählt wird. Der zuvor konstruierte Teilbaum T lässt sich also noch zu einem minimalen aufspannenden Baum B_T ergänzen, da bis dahin alles richtig gelaufen ist, $T+$»kleinster Verbrecher«, aber nicht mehr.

Jetzt sieht man sich den *Schnitt* des Teilbaumes T an (siehe Abbildung 20). Das sind genau die Kanten, die im Ablauf des Algorithmus als nächstes in Erwägung gezogen werden. »Kleinster Verbrecher« ist eine Schnittkante, denn es ist die Kante, die zu T hinzugewählt wurde. B_T, der minimale aufspannende Baum, der T enthält, muss auch eine Kante aus dem Schnitt enthalten, sonst wäre B_T nicht zusammenhängend. Diese Kante e_{B_T} kann nicht billiger sein als »kleinster Verbrecher«, denn der Algorithmus hat »kleinster Verbrecher« als eine billigste Kante aus allen Schnittkanten gewählt. Die Kante e_{B_T} kann aber auch nicht teurer sein als »kleinster Verbrecher«, denn sonst könnte man durch Austausch beider Kanten einen aufspannenden Baum erzeugen, der billiger als der minimale aufspannende Baum B_T ist. So einen Baum kann es natürlich nicht geben.

Also ist »kleinster Verbrecher« gleich teuer wie e_{B_T}. Das bedeutet, dass man in B_T die Kante e_{B_T} durch »kleinster Verbrecher« ersetzen kann und wieder einen minimalen aufspannenden Baum erhält. Das bedeutet aber, dass die Wahl von »kleinster Verbrecher« gar kein Fehler war, denn $T+$»kleinster Verbrecher« lässt sich doch, wie eben gesehen, zu einem minimalen aufspannenden Baum ergänzen. Die Annahme war also falsch. Damit ist die Korrektheit des Algorithmus bewiesen.

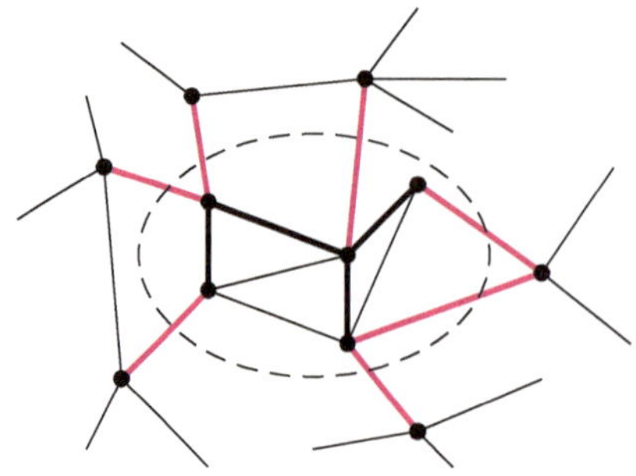

Abbildung 20. Der *Schnitt* (rote Kanten) für den bereits konstruierten Teilbaum (dicke Kanten) besteht aus allen Kanten, die einen Knoten im Teilbaum und den anderen Knoten außerhalb des Teilbaumes haben.

3
Mathematik für die Müllabfuhr: Das chinesische Postbotenproblem

Brigitte Lutz-Westphal

1 Tourenplanung für Müllabfuhr, Postzustellung und Museen

Wieso benötigt man Mathematik für die Müllabfuhr? Und was hat das mit chinesischen Postboten zu tun? Dass Müll und Post mathematisch besehen fast das gleiche sind, und man sogar einen Bogen zu Zeichnungen von Picasso schlagen kann, wird Sie nicht mehr wundern, wenn Sie dieses Kapitel durchgearbeitet haben. Bevor Sie die Lektüre beginnen, sollten Sie sich Zeit und Muße nehmen, die folgenden Probleme zu durchdenken und Gemeinsamkeiten und Unterschiede herauszuarbeiten.

Problem 1 – Müllabfuhr optimieren

Stellen Sie sich einmal vor, Sie müssten die Müllabfuhr in Ihrer Stadt neu organisieren. Welche Aspekte sind dabei von Bedeutung?

Unter anderem sollten die von den Müllfahrzeugen gefahrenen Strecken so kurz wie möglich sein. Auf diesen Aspekt werden wir uns in diesem Kapitel beschränken, auch wenn es natürlich viele weitere Möglichkeiten der Optimierung gibt. Nehmen Sie also einen Stadtplanausschnitt, z. B. den in Abbildung 1 dargestellten, zur Hand und versuchen Sie ein Konzept zu entwickeln, wie die Länge der Müllautotour in diesem Gebiet minimiert werden kann. Die folgenden Fragen können dabei helfen.

- Welche Kriterien soll die Tour des Müllfahrzeugs erfüllen?
- Welche Informationen aus dem Stadtplan benötigen Sie zur Lösung dieses Problems?

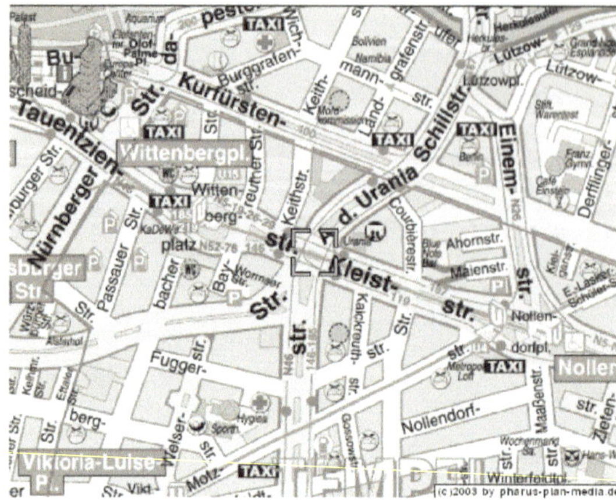

Abbildung 1. In diesem Gebiet soll das Müllauto alle Mülltonnen leeren. (©`www.pharus-plan.de`)

- Konstruieren Sie andere Beispiele. Können die Beispiele nach unterschiedlichen Schwierigkeitsgraden eingeteilt werden?
- Wie müsste ein Straßenplan aussehen, der die Suche nach einer optimalen Tour des Müllfahrzeuges besonders leicht macht?

Problem 2 – Das chinesische Postbotenproblem

Ein Postzusteller muss in dem ihm zugewiesenen Gebiet die Post verteilen. Er möchte nicht unnötig lange Strecken laufen. Dieses Optimierungsproblem beschäftigt alle Postdienstleister der Welt. Es gibt kommerzielle Software zur Lösung dieses Problems, die unter anderem von der Deutschen Post AG eingesetzt wird. Allerdings geht die Wegeoptimierung in der Praxis oft mit einem neuen (größeren) Zuschnitt der Zustellgebiete einher, so dass die Postzusteller dann am Ende nicht etwa weniger laufen müssen, sondern mindestens gleichviel und dabei mehr Post verteilen müssen.

Der chinesische Mathematiker Mei Go Guan dachte Anfang der 1960er Jahre über die Wegeoptimierung für Postboten nach und schrieb als erster eine Veröffentlichung dazu. Die Problemstellung, die inzwischen zu einem Klassiker der kombinatorischen Optimierung geworden ist, trägt daher den Namen »Chinesisches Postbotenproblem«.

In dem im Stadtplanausschnitt (Abbildung 1) gezeigten Gebiet soll nun also nicht der Müll abgeholt, sondern Post zugestellt werden. Die Fragen, die sich hier stellen, gleichen denen für das Müllautoproblem (s. o.). Wenn Sie sich aber genauer mit dem Postbotenproblem auseinandersetzen, werden Sie auch wichtige Unterschiede finden.

- Wie findet man einen optimalen Weg für einen Postboten in seinem Zustellbereich?

Problem 3 – Ein Museum planen

Ein neues Museum soll geplant werden. Schlüpfen Sie in die Rolle der Architektin und überlegen Sie, wie bei gegebenem Grundriss innerhalb einer Etage die Zwischenwände platziert werden sollen. Oder denken Sie sich Grundrisse aus, die die Planung begünstigen. Welche Bedingungen an den Weg der Besucher durch eine Etage stellen Sie? Für eilige Besucher gibt es in fast jedem Museum einen ausgeschilderten Rundgang. Wie müssen Sie planen, damit diese Besucher zufriedengestellt werden können?

■ Können Sie es allgemein ausdrücken, wann ein solcher Plan einen Rundgang ermöglicht, bei dem jedes Exponat genau einmal betrachtet werden kann?

Die drei Probleme hängen eng zusammen. Dieses Kapitel befasst sich in erster Linie mit der Tourenplanung für die Müllabfuhr und weist gegebenenfalls auf die Unterschiede zu den anderen Beispielen hin.

2 Modellierung durch Graphen

Welche Informationen werden zur Lösung der Aufgabe benötigt?

Nehmen Sie einen Stadtplanausschnitt zur Hand und versetzen sich in die Rolle der Tourenplanerin oder des Tourenplaners. Besonders gut können Sie sich in die Problematik eindenken, wenn Sie die betreffende Gegend gut kennen. Für den Unterricht bietet es sich an, einen Stadtplanausschnitt rund um die Schule zu wählen.

■ Verschaffen Sie sich zunächst einen Überblick über das Gebiet, in dem der Müll abgeholt werden soll. Was ist alles bei der Tourenplanung zu beachten?

Zur Bearbeitung des Müllabfuhr-Problems können Sie als ersten Schritt die Straßen markieren, die das Müllauto befahren muss (Abbildung 2). Auf diese Weise bekommen Sie einen besseren Überblick über die Situation. Da für die Problemlösung nur die Struktur der Straßen und Kreuzungen von Bedeutung ist, lässt sich der Kartenausschnitt auf einen Graphen reduzieren.

Im Unterricht lassen Sie die Schülerinnen und Schüler am Besten auf eine Folie zeichnen, die auf den Stadtplan gelegt wird. Das hat einen doppelten Effekt: Der Stadtplan wird geschont und man kann mit einem Handgriff direkt zum rein mathematischen Modell gelangen. Die Folie wird vom Stadtplan heruntergenommen und man hat einen Graphen in der Hand! Dieser Abstraktionsschritt vom konkreten Stadtplan zum mathematischen Modell kann Gegenstand einer unterrichtlichen Reflexion sein, da dies ein schönes Beispiel mathematischer Modellbildung ist.

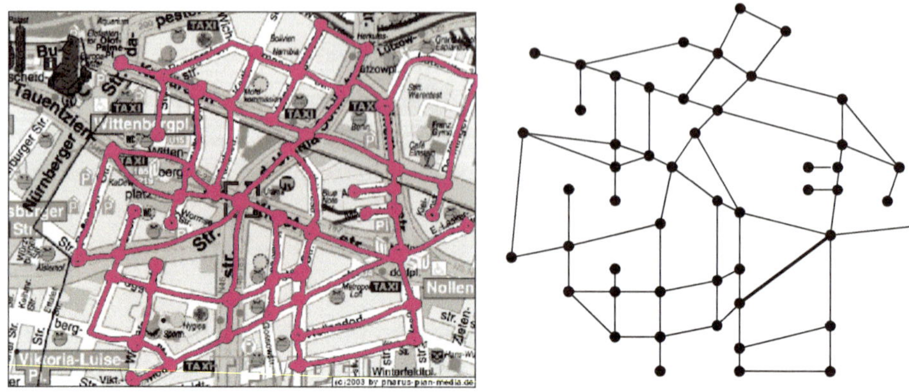

Abbildung 2. Diese Straßen sollen abgefahren werden: Es entsteht ein Graph.

Der Graph in Abbildung 2 entspricht nicht genau den geographischen Gegebenheiten. Es stellt sich die Frage, ob damit nicht wichtige Informationen verloren gehen, oder ob es vielleicht sogar praktischer ist, die tatsächliche Struktur des Straßennetzes nicht genau abzubilden. Benötigt man vielleicht krummlinige Straßen oder muss man die Winkel zwischen den Straßen beachten? Dies sind nur zwei Aspekte, die bei diesem Modellierungsschritt eine Rolle spielen. Überlegen Sie selbst, was Sie bei der Modellierung berücksichtigen wollen und was nicht.

Zur Visualisierung des Graphen können Sie ein geeignetes Programm (z. B. Cinderella »Visage«) nutzen. Schon bei der Übertragung vom Stadtplan auf den Computerbildschirm werden die Platzierung von Knoten und die Winkel zwischen den Kanten nicht genau mit dem »Original« übereinstimmen. Fängt man dann noch an, den Graphen schöner oder übersichtlicher darzustellen, indem man die Knoten per Zugmodus bewegt, so entfernt man sich immer weiter von der gegebenen Struktur des Stadtplans und erzeugt dabei scheinbar immer wieder neue Graphen, die zwar unterschiedlich aussehen, aber trotzdem bestimmte Informationen unverändert lassen. Die (geometrische) Veränderung des durch einen Graphen modellierten Straßennetzes führt direkt zur Thematik der Graphenisomorphie (vgl. Kapitel 1) und damit zu einem zentralen Aspekt des Modellierungsprozesses. Wann sind Graphen gleich und welche Informationen können durch einen Graphen konserviert werden? Oder aus der Perspektive des Problemlösers gesprochen: Welche von den im Stadtplan gegebenen Informationen werden zur Lösung der Fragestellung benötigt und welche nicht?

Soll die Länge des gesamten gefahrenen Weges minimiert werden, so ist die Länge der einzelnen Straßenabschnitte wichtig. Ist es dafür ratsam, die Situation maßstabsgetreu darzustellen, oder ist es praktischer, die Längen als Kantengewichte eines Graphen (siehe Kapitel 1, Abschnitt 5.1) in das Modell aufzunehmen? Die Möglichkeit der maßstäblichen Darstellung ist bei einem Beispiel wie unserem im-

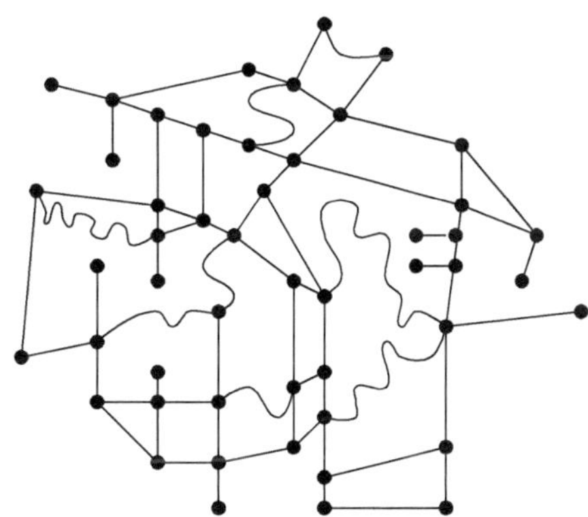

Abbildung 3. Maßstäbliche Darstellung von Fahrzeiten: Die Kanten können nicht mehr alle geradlinig gezeichnet werden.

mer machbar, allerdings nicht unbedingt mit geraden Kanten und auch nicht in jedem Fall überkreuzungsfrei, wenn etwa Tunnel unter anderen Straßen hindurch vorkommen.

Wann können Graphen maßstabsgetreu und sogar mit geraden Kanten in der Ebene dargestellt werden? Graphen, die z. B. Kosten oder Fahrzeiten als Kantengewichte besitzen, können hierbei leicht Probleme machen (siehe Abbildung 3). Probieren Sie es selbst und lassen Sie Ihre Schülerinnen und Schüler die Erfahrung machen: Denken Sie sich Graphen aus, deren Kanten so gewichtet sind, dass man sie nicht mit geraden Kanten maßstabsgetreu in der Ebene (oder auch im Raum) darstellen kann. Überlegen Sie sich, welche Bedingungen an die Kantenlängen gestellt werden müssen, damit ein Graph solchermaßen in der Ebene dargestellt werden kann! Unverhofft befinden Sie sich in der Welt der klassischen Geometrie! Mit einem Kugel-Stab-Magnetbaukasten oder ähnlichem kann an dieser Stelle – nicht nur im Unterricht – wunderbar experimentiert werden.

Werden die Längen der Streckenabschnitte als Kantengewichte dargestellt, so ist die Arbeit mit dem Graphen wesentlich erleichtert, weil man nicht immer wieder nachmessen muss, wie lang welche Strecke ist. Die dargestellte Länge der Kanten hat dann nichts zu sagen und man hat die Möglichkeit, eine besonders schöne oder übersichtliche Darstellung des Graphen zu verwenden. Und werden die Kantengewichte gerade nicht benötigt, können sie (zumindest falls man mit Folien oder einer Visualisierungssoftware arbeitet) weggelassen werden. Einen weiteren Vorteil hat diese Darstellungsweise: Sie können die Modellierungsannahmen sogar austauschen, indem sie beispielsweise die Weglänge durch die für die jeweilige Strecke benötigte Zeit ersetzen.

Sie haben vielleicht innerlich schon »Halt!« gerufen bei dem Vorschlag, die Weglängen einfach gegen Fahrzeiten auszutauschen. Richtig: Es kann ja passieren, dass das Müllfahrzeug manche Straßen ein zweites Mal durchfahren muss, ohne dort Müll einzusammeln. Dann benötigt es ja viel weniger Zeit als beim ersten Mal. Das heißt, wir müssen eigentlich an jede Kante zwei Gewichte hängen: zuerst die Zeit, die benötigt wird, wenn der Müll in diesem Streckenabschnitt eingesammelt wird, und dann, sozusagen in zweiter Reihe, die »müllfreie« Fahrzeit. Zum Glück braucht man nie beide unterschiedlichen Fahrzeiten gleichzeitig, so dass diese Problematik auch mittels zweier Graphen gelöst werden kann, die hintereinander betrachtet werden. Mehr dazu weiter unten.

Wie genau soll das Modell werden?

Das Einzeichnen der Straßen in den Stadtplan ist gar nicht so einfach, wie es zunächst erscheinen mag. Haben Sie jetzt alle Konstellationen berücksichtigt, die in der Realität auftreten können? Sind für das Müllfahrzeug alle Straßen gleich? Es gibt Straßen, die so schmal sind, dass das Müllauto nur einmal hindurch fahren muss, um die Mülltonnen beider Straßenseiten zu leeren. Es gibt aber auch Straßen mit einem begrünten Mittelstreifen. Hier muss das Müllauto zweimal fahren. Genau wie bei Einbahnstraßen sind hier Fahrtrichtungen zu beachten. Sollen Abbiegespuren an Kreuzungen durch extra Kanten dargestellt werden? Was macht man mit mehrspurigen Straßen? Parallelkanten? Tunnels? . . . Wollen Sie das alles in das Modell einbeziehen?

Um sich klarzumachen, wie komplex die Modellierung eines Straßennetzes durch einen Graphen werden kann, sollten Sie es einmal ausprobieren, die Kreuzung zweier vierspuriger Straßen mit allen Abbiegemöglichkeiten und ggf. auch Spurwechseln vor dem Erreichen der Kreuzung als Graph darzustellen. Diese Aufgabe kann sich als »harte Nuss« erweisen. Lassen Sie sich überraschen!

■ Modellieren Sie eine vierspurige Kreuzung als Graphen. Berücksichtigen Sie dabei alle Abbiegemöglichkeiten.

Blicken Sie auf Ihren Bearbeitungsprozess beim Modellieren der Kreuzung zurück. Vielleicht haben Sie zuerst eine einfache Strichzeichnung einer Straßenkreuzung angefertigt, um dann einen Graphen daraus zu machen. Schritt für Schritt haben Sie den Graphen verfeinert und seine Tauglichkeit immer wieder mit Blick auf die Realsituation geprüft. Dabei sind Sie in Ihrer Vorstellung fortwährend zwischen der realen Situation und dem Modell hin und her gesprungen, was typisch für einen sorgfältigen Modellierungsprozess ist. Verschiedene Lösungsansätze sehen Sie in Abbildung 4.

Es lohnt sich, diese Aufgabe – (fast) egal in welcher Klassenstufe – zu stellen. Auch für Oberstufenschüler ist es noch kniffelig, die Knoten an die richtigen Stellen zu platzieren, denn man sollte nicht von jeder Fahrbahn in jede überwechseln können. Das gegenseitige Überprüfen, ob jemand eine »Geisterfahrer-Kreuzung« konstruiert hat, kann sogar müde Neuntklässler aus der Reserve locken!

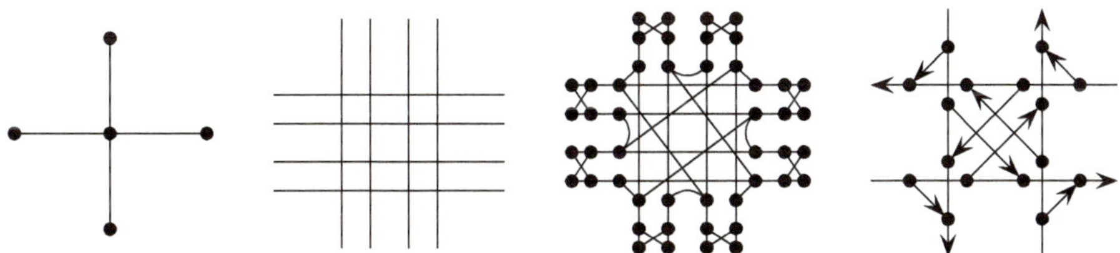

Abbildung 4. Vier unterschiedliche Versuche, eine Kreuzung darzustellen

Sie sehen, Modellierungen von Straßennetzen sind gar nicht so einfach. Es erfordert eine intensive Analyse der Realsituation. Was dabei alles schief gehen kann, zeigen Beispiele von Auto-Navigationssystemen. Solche Navigationssysteme arbeiten mit kürzeste Wege-Algorithmen auf der Basis von Graphen. Es sind Fälle bekannt, in denen z. B. jemand mit seinem neuen (teuren) Auto auf einer Treppe fest saß, weil die Treppe offensichtlich als Kante in dem Straßengraph eingetragen war! Eine Frau, die eine nicht mehr aktuelle CD benutzte, fuhr frontal in den Gegenverkehr, weil ihr auf dem Bildschirm eine zu diesem Zeitpunkt nicht mehr existente Linksabbiegerspur angezeigt wurde. Und schließlich fuhr in Berlin ein BMW in den Wannsee, weil sein Routenplaner keinen Unterschied zwischen Straßen und den Fährlinien machte. Die Folgen von unpräzisen oder nicht mehr aktuellen Modellierungen können also gravierend sein.

Die Berücksichtigung von Einbahnstraßen führt auf einen neuen Typ von Graphen: Graphen, deren Kanten Richtungen haben. Die Richtung kann durch eine Pfeilspitze angegeben werden. Solche gerichteten Kanten werden *Bögen* genannt.

▌▌ *Definitionen*

Ein *gerichteter Graph* besteht aus Knoten und Bögen. Ein Bogen hat eine Richtung und verbindet zwei (nicht unbedingt verschiedene) Knoten miteinander.

Ein *gemischter Graph* kann sowohl Kanten als auch Bögen haben (Abb. 5).

Jeder ungerichtete und jeder gemischte Graph kann in einen gerichteten Graphen umgewandelt werden, indem man aus Kanten gegenläufige Doppelbögen macht.

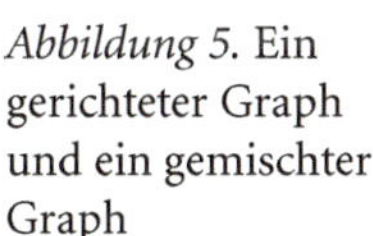

Abbildung 5. Ein gerichteter Graph und ein gemischter Graph

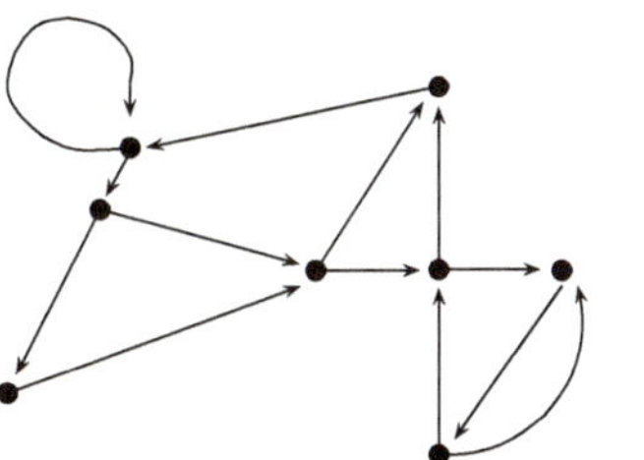

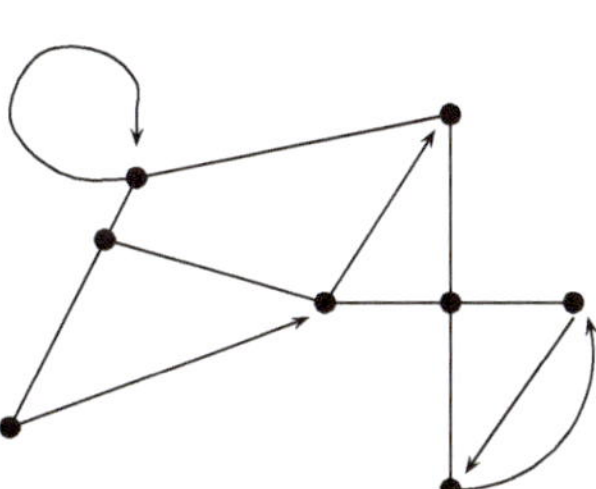

3 Das chinesische Postbotenproblem

Für die Modellierung des Straßennetzes mussten Sie eine Menge Entscheidungen treffen. Je nach dem, wie detailliert Sie ihr Modell gebaut haben, wird Ihr Graph größer oder kleiner ausgefallen sein. Für die weiteren Überlegungen spielen die Modellierungsannahmen, für die Sie sich einmal entschieden haben, allerdings keine Rolle mehr. Das Modell ist fertig und nun entwickeln wir daran die weitere Theorie. Wenn Sie später Ihr Modell noch einmal verändern wollen, so ist das jederzeit möglich. Die Lösungsverfahren ändern sich dadurch nicht.

Nehmen wir nun die schon zu Beginn gestellte Frage noch einmal genauer unter die Lupe:

- Welche Kriterien soll die Tour des Müllautos erfüllen?

Sie sind vermutlich auf diese drei Punkte gekommen:
(a) Das Müllauto muss natürlich alle bewohnten Straßen des gewählten Gebiets abfahren. Anderenfalls würde irgendwo der Müll nicht abgeholt, was zu unangehmen Folgen für die Anwohnerinnen und Anwohner führt.
(b) Das Müllauto soll eine Rundtour fahren, damit man es nicht am nächsten Morgen irgendwo abholen muss, sondern im Depot vorfindet.
(c) Der Gesamtweg soll möglichst kurz sein.
Für das mathematische Modell, den Graphen, folgt daraus, dass dieser zusammenhängend sein muss. Anderenfalls wäre überhaupt keine Rundtour durch alle Kanten möglich.

Mit dem nun zur Verfügung stehenden Vokabular können wir unsere Problemstellung auch fachsprachlich formulieren. Es ist, wie schon erwähnt, als das chinesische Postbotenproblem in die Geschichte eingegangen.

> **❚❚** *Das chinesische Postbotenproblem*
> *Finde eine möglichst kurze Rundtour durch einen zusammenhängenden gewichteten Graphen, die jede Kante mindestens einmal besucht. (Mei Go Guan 1962)*

Dass Müll abholen und Post austragen auf das gleiche mathematische Modell führen kann, überrascht zunächst vielleicht, allerdings nur auf den allerersten Blick. Dieser Zusammenhang ist ein leicht fassliches Beispiel für die Macht und Schönheit mathematischer Strukturierung und Generalisierung.

Wir werden uns nun in kleinen Schritten an die Lösung des Problems machen. Dabei werden wir nicht alle Lösungsschritte bis ins letzte Detail durchleuchten. Zunächst werden wir über Lösungen für die Müllauto-Problematik auf ungerichteten Graphen nachdenken. Später gibt es noch Informationen zu gerichteten und gemischten Graphen. Machen Sie sich dort auf eine Überraschung gefasst!

4 Eulergraphen und Eulertouren

Die Müllabfuhr, die Königsberger Brücken und Leonhard Euler

Es könnte ja sein, dass man Glück hat, und es eine Tour gibt, bei der das Müllauto durch jede Kante des Graphen genau einmal fährt und dann wieder am Ausgangspunkt herauskommt. Schauen Sie sich noch einmal unser Beispiel aus Abbildung 2 an. Ist das so ein Glücksfall?

- Kann man den Beispielgraphen so befahren, dass jede Kante besucht wird, aber keine mehr als einmal?

Nein, leider nicht, denn es gibt dort Sackgassen, die in jedem Fall zweimal befahren werden müssen. Die könnte man natürlich erstmal weglassen, denn dort gibt es nichts zu optimieren: Man muss hinein- und wieder hinausfahren. Abbildung 6 zeigt den gleichen Graphen ohne Sackgassen. Solches Vereinfachen eines Problems vor der eigentlichen Optimierung nennt man »Preprocessing«.

Klappt es jetzt mit der Rundtour durch alle Kanten, ohne eine Kante zweimal zu durchlaufen? Probieren Sie es aus! Versuchen Sie, Ihre Antwort allgemein zu begründen. Ab Abschnitt 5 wenden wir uns der Lösung für unser Beispiel zu. In diesem Abschnitt geht es zunächst einmal darum, wie Graphen aussehen müssen, die solche Rundtouren zulassen und wie man dann solche Rundtouren findet.

Anstatt sich vorzustellen, durch alle Kanten eines Graphen zu fahren oder zu laufen, kann man auch versuchen, alle Kanten eines Graphen ohne abzusetzen und ohne etwas doppelt zu zeichnen mit einem Farbstift anzumalen. Insbesondere für jüngere Schülerinnen und Schüler ist diese Vorstellung hilfreich beim Experimentieren.

- Suchen Sie Graphen, die man in einem Zug (nach-)zeichnen kann, ohne Kanten mehrfach zu zeichnen.

Die Frage lässt sich etwas mathematischer so formulieren: Wie sieht ein Graph aus, in dem eine Rundtour möglich ist, die jede Kante genau einmal durchläuft?

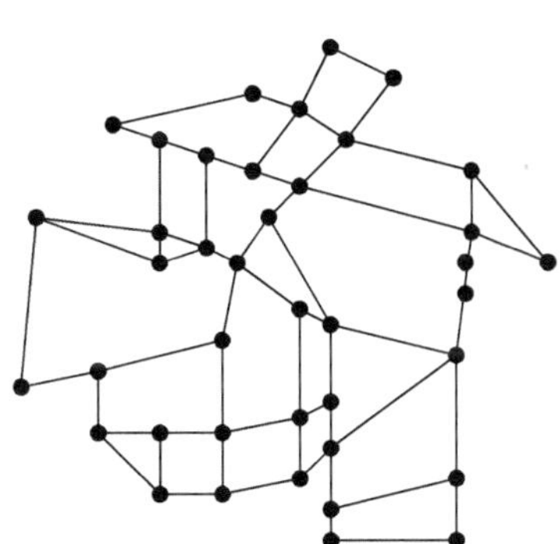

Abbildung 6. Die Sackgassen können einfach weggelassen werden, denn sie müssen auf jeden Fall zweimal befahren werden. Sie spielen für die Optimierung keine Rolle.

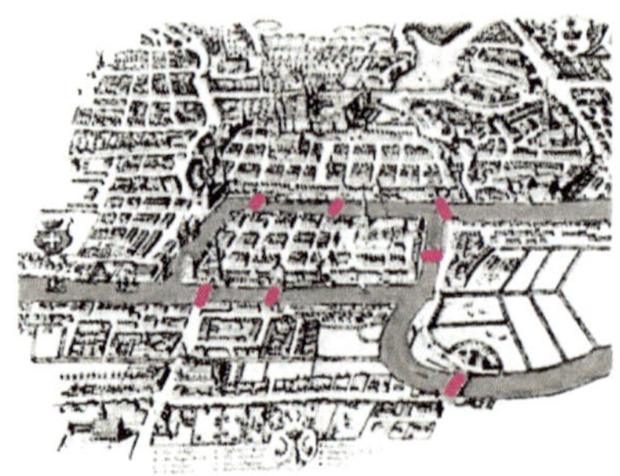

Abbildung 7. Über sieben Brücken musst du geh'n … Das Königsberger Brücken-Problem: Gibt es einen Weg über alle Brücken, ohne eine Brücke mehrmals zu betreten?

Über eine ähnliche Problematik dachten auch die Bewohner von Königsberg in der ersten Hälfte des 18. Jahrhunderts nach. Durch Königsberg fließt der Fluss Pregel. Damals gab es sieben Brücken über den Fluss (Abbildung 7). Sonntags ging man durch die Innenstadt spazieren und es war in Mode gekommen, nach einem Weg zu suchen, der jede Brücke genau einmal benutzt. Der Schweizer Mathematiker Leonhard Euler beschäftigte sich 1736 mit dieser Frage und schrieb eine Abhandlung darüber. Er begründete mathematisch, dass solch ein Spaziergang nicht möglich sei. Versuchen Sie, einen Graphen zu konstruieren, der die Situation in Königsberg adäquat darstellt. Finden Sie eine graphentheoretische Begründung, warum der Spaziergang so nicht möglich ist?

Um Eulers Leistung dauerhaft zu ehren, benannte man die entsprechenden Wege, Rundtouren und Graphen nach ihm:

▌▌ *Definitionen*
Ein Weg, der durch jede Kante eines zusammenhängenden Graphen genau einmal führt, heißt *Eulerweg.*

Eine Rundtour, die durch jede Kante eines zusammenhängenden Graphen genau einmal führt, heißt *Eulertour.*

Ein Graph, der eine Eulertour enthält, heißt *Eulergraph.*

Ein sehr bekanntes Beispiel für einen Graphen, der einen Eulerweg enthält, ist das »Haus vom Nikolaus« (Abbildung 8). Hier kommt es allerdings darauf an, wo man anfängt zu zeichnen. Wie unterscheiden sich diese Knoten von den anderen?

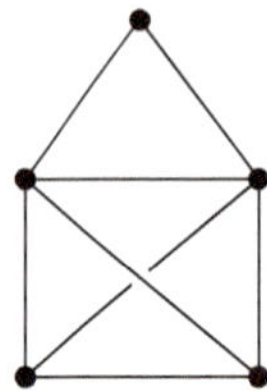

Abbildung 8. Das »Haus vom Nikolaus« enthält einen Eulerweg.

- Suchen Sie jetzt ein Kriterium, das angibt, wann ein Graph ein Eulergraph ist und wann nicht! Ist es möglich, bereits durch genaues Anschauen des Graphen eine Antwort zu finden, ohne eine Eulertour einzeichnen zu müssen?

Experimentieren Sie, basteln Sie verschiedene Graphen und lassen Sie vor allem Ihre Schülerinnen und Schüler ausgiebig probieren und forschen. Diese Aufgabe ist einer der Klassiker aus dem »Graphenlabor« (vgl. Kapitel 1, Abschnitt 3.1.). Vor allem jüngere Jahrgänge stürzen sich mit hoher Motivation auf dieses Problem und malen gegebene Graphen an oder konstruieren selber welche, versuchen Eulertouren zu zeichnen, verändern, verwerfen, suchen neue, usw. Die Erkenntnis, die aus dem Experimentieren erwächst, lässt sich mit Hilfe des Begriffes »Knotengrad« elegant formulieren. Ein erster Formulierungsversuch durch Schüler wird vermutlich etwas anders klingen, aber auf der gleichen Idee basieren.

▌▌ *Definition*
Die Anzahl der Kantenenden an einem Knoten heißt der *Grad* des Knotens.

▌▌ *Satz*
Gibt es eine Eulertour, so haben alle Knoten geraden Grad. Und umgekehrt: Ist ein Graph zusammenhängend und haben alle Knoten geraden Grad, so ist der Graph ein Eulergraph.

Eine Begründung für den soeben gefundenen Satz lässt sich leicht auch von der Lerngruppe finden. Vor allem die erste Hälfte ergibt sich aus der Arbeit im Graphenlabor fast von selbst. Ist man dabei, eine Eulertour zu zeichnen, so werden an jedem Knoten zwei Kanten »verbraucht«, je eine zum Hinkommen und wieder Weggehen. Da man in keinem Knoten stecken bleiben darf, muss der Knotengrad jedes Knotens eine gerade Zahl sein. Auch der Anfangsknoten der Tour hat geraden Grad, da zu Beginn der Tour an diesem Knoten eine Kante »verbraucht« wird, zwischendurch, falls man den Knoten nochmals durchläuft, jeweils zwei Kanten, und ganz zum Schluss nochmals eine.

Die Argumentation für die zweite Hälfte gelingt am besten mit Hilfe eines Algorithmus, der in einem solchen Graphen eine Eulertour konstruiert. Im nächsten Abschnitt werden wir uns überlegen, wie solch ein Algorithmus aussehen kann.

Algorithmen für Eulertouren

In diesem Abschnitt sollen alle Graphen Eulergraphen sein. Es wird darum gehen, eine »Bauanleitung« für Eulertouren in beliebigen Eulergraphen zu erarbeiten.

- Wie findet man eine Eulertour in einem Eulergraphen? Welche kritischen Situationen können dabei auftauchen?

Nehmen Sie sich Papier und Farbstifte, zeichnen Sie verschiedenste Eulergraphen und versuchen Sie dann, die Graphen in einem Zug nachzuzeichnen. Es gelingt nicht immer beim ersten Versuch. Analysieren Sie die Situationen, in denen Sie »stecken bleiben«. Was für ein Objekt entsteht beim Steckenbleiben? Können Sie damit weiterarbeiten? Denken Sie daran, dass Ihre Methode nicht in einem einzigen Arbeitsgang zum Ziel kommen muss. Ist es überhaupt möglich, eine Eulertour in einem Arbeitsgang zu finden? Wenn ja, wie läuft ein solcher Algorithmus ab?

Für den Unterricht ist es an dieser Stelle wieder wichtig, genügend Zeit zum Experimentieren zu geben, und dadurch die Möglichkeit zu eröffnen, selbst Fragen zu finden und nach Antworten zu suchen. Als Hilfsmittel, um vom konkreten Graphen zu abstrahieren, bietet sich hier wieder die Lochblende (siehe Kapitel 1 Abschnitt 4.2) an. Mit ihrer Hilfe kann die gewählte Vorgehensweise viel leichter analysiert werden als beim Blick auf den ganzen Graphen.

Es können vielfältige Lösungswege herauskommen, wenn man lange genug nachdenkt oder die Lerngruppe in Ruhe forschen lässt. Zwei klassische Algorithmen werden Ihnen im Folgenden vorgestellt. Da dieses Thema sich schon für Klassen der Sekundarstufe I eignet, wird auf Formalismen und Überlegungen, die in Richtung Datenstrukturen und Implementierung zielen, in diesem Kapitel komplett verzichtet. Anregungen in dieser Richtung finden Sie in den ersten beiden Kapitel dieses Buches. In der Fachliteratur werden Algorithmen zur Konstruktion von Eulertouren meist nur am Rande behandelt.

Der Zwiebelschalen-Algorithmus. Ein Algorithmus, der in zwei Arbeitsgängen zur Eulertour kommt, ist der so genannte Zwiebelschalen-Algorithmus oder Hierholzer-Algorithmus. Er wurde in einer 1873 veröffentlichten Arbeit von Carl Hierholzer erstmals beschrieben. Hierholzer lieferte damit den ersten vollständigen Beweis des beinahe 150 Jahre alten Satzes über Eulergraphen, da der Algorithmus zeigt, dass in jedem zusammenhängenden Graphen mit ausschließlich geraden Knotengraden eine Eulertour konstruiert werden kann.

Dieser Algorithmus beginnt ganz einfach: Entlang noch nicht besuchter Kanten gehen, solange wie das möglich ist. Stecken bleiben kann man dabei nur, wenn ein Kreis geschlossen wird, da alle Knotengrade gerade sind (Machen Sie sich das an Beispielen klar!). Dann sucht man sich einen Knoten, der noch unbesuchte Kanten hat, und läuft wieder los, bis man stecken bleibt. Auf diese Art werden Kreise (Definition siehe Kapitel 1) konstruiert, bis jede Kante zu solch einem Kreis gehört. Es kann dabei auch vorkommen, dass man mit einem einzigen Kreis schon die ganze Eulertour konstruiert hat. In den meisten Fällen werden aber mehrere Kreise entstehen. Diese Kreise werden am Ende so miteinander verknüpft, dass eine Eulertour herauskommt. Überlegen Sie selbst, wie diese Verknüpfung der Kreise vonstatten gehen muss, um eine Eulertour zu erhalten.

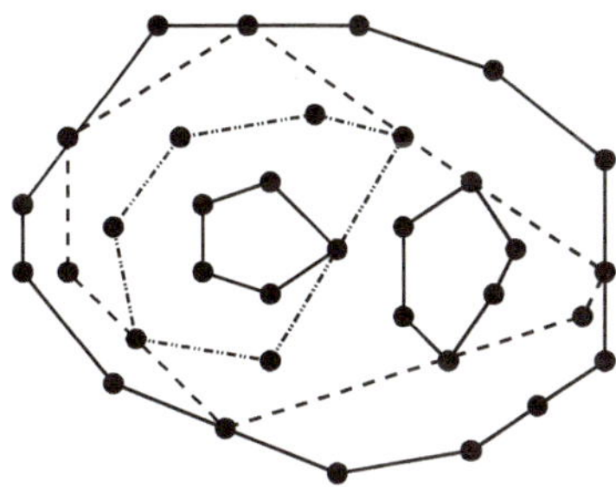

Abbildung 9. Die vom Hierholzer-Algorithmus konstruierten Kreise erinnern an ineinandergeschichtete Zwiebelschalen.

Die Abbildung 9 verdeutlicht, woher der Name für den Algorithmus kommt. Nicht immer werden die Kreise so übersichtlich angeordnet sein. Die vom Algorithmus konstruierten Kreise können sich auch überkreuzen. Experimentieren Sie selbst und mit Ihren Schülerinnen und Schülern mit der Lochblende: Das Loch auf einen beliebigen Knoten legen, den Stift nehmen und dann einfach drauflos entlang von Kanten malen. Dabei entstehen dann nicht immer nur »runde« Kreise und nicht unbedingt so schön erkennbare Zwiebelschalenschichten! Aber das Prinzip ist dennoch dasselbe. Hier nun eine Möglichkeit, den Algorithmus zu formulieren:

■ *Der Zwiebelschalen-Algorithmus* ■
Eingabe: ein Eulergraph
Ausgabe: eine Eulertour
1. Wähle einen Startknoten.
2. Laufe von diesem Knoten aus entlang noch unmarkierter Kanten und markiere die verwendeten Kanten, solange bis ein Knoten erreicht wird, von dem keine unmarkierte Kante mehr ausgeht. Prüfe, ob alle Kanten des Graphen bereits markiert wurden.
   – Wenn ja, dann gehe zu Schritt 3.
   – Wenn nein, dann suche einen Knoten, der noch unmarkierte Kanten besitzt, und wiederhole Schritt 2.
3. Die Eulertour wird nun aus den Kreisen zusammengesetzt:
   Gehe entlang des ersten Kreises, bis er einen weiteren Kreis berührt. Folge dem neuen Kreis, bis dieser wiederum an einen nächsten Kreis stößt, und so weiter. Findest du keinen neuen beginnenden Kreis, so gehe den zuletzt begonnenen Kreis zu Ende und dann wieder in den vorherigen hinein. Und so weiter, bis alle Kanten besucht wurden.

Zur Veranschaulichung der Verknüpfung der Kreise siehe Abbildung 10. Sie sollten diesen Schritt des Algorithmus aber unbedingt auch selber an verschiedenen Graphen durchführen, wenn möglich sogar aus der »Froschperspektive« (vgl. Kapitel 1) heraus, was gar nicht ganz einfach ist. Hier zeigt sich wieder einmal, wie

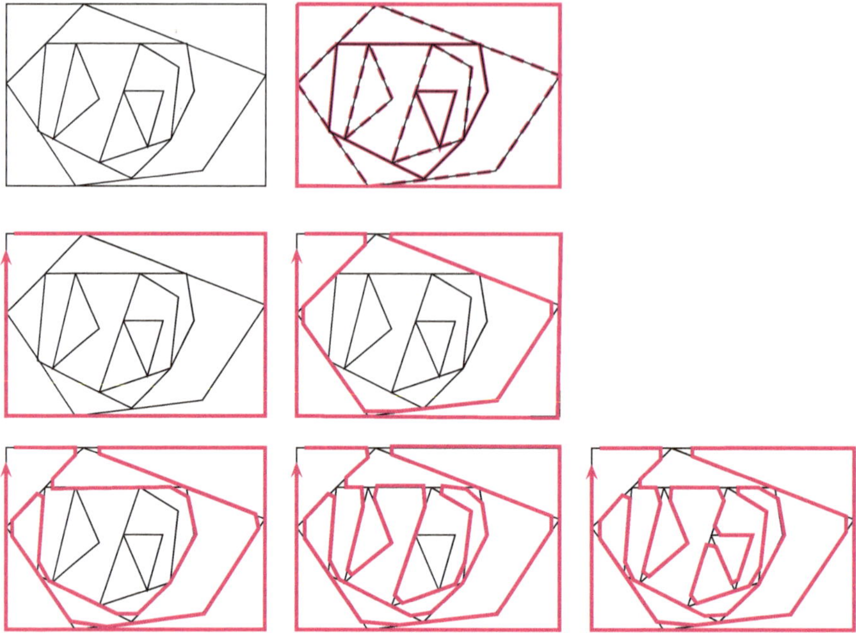

Abbildung 10. Die Verknüpfung der Kreise zu einer Eulertour durch den Zwiebelschalen-Algorithmus

stark die Anschauung helfen kann, und wie kompliziert es sein kann, ganz im Abstrakten zu arbeiten. Notwendig ist diese Abstraktion aber, will man eine allgemeingültige Lösung erarbeiten.

Fleurys Algorithmus. Der Zwiebelschalen-Algorithmus braucht zwei Arbeitsgänge, um eine Eulertour zu konstruieren. Dabei ist die Verknüpfung der Kreise zu einer Eulertour recht kompliziert. Ein einschrittiges Verfahren wäre also noch schöner und zufriedenstellender.

■ Ist es nicht doch möglich, Eulertouren ohne Zwischenschritte direkt zu konstruieren? Falls Sie es noch nicht getan haben, experimentieren Sie mit vielen verschiedenen Graphen. Wann gelingt es und wann nicht?

Würden Sie mit Ihrem Stift einfach darauflos malen, so könnte es passieren, dass Sie eine Rundtour konstruieren, die nicht den gesamten Graphen erfasst. Das darf nicht passieren. Jede neu gewählte Kante muss also auf ihre »Zulässigkeit« hin geprüft werden. Was bedeutet hier, dass eine Kante zulässig ist oder nicht? Spielen Sie verschiedene Beispiele durch und versuchen Sie eine Charakterisierung »unzulässiger« Kanten zu finden.

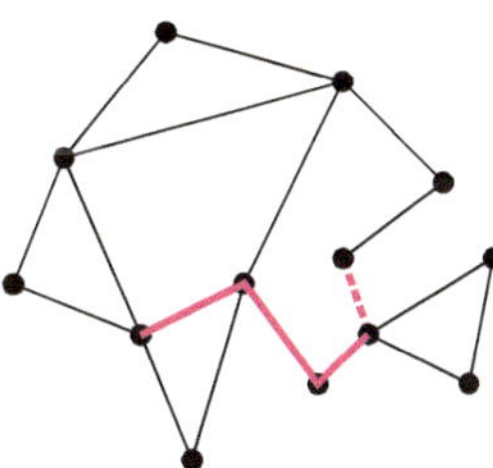

Abbildung 11. Konstruktion von Eulertouren in einem Arbeitsgang: Hat der Algorithmus bereits die fett gedruckten Kanten in die Tour aufgenommen, so ist die gestrichelte Kante unzulässig. Wie lässt sich diese Kante charakterisieren?

In Abbildung 11 wurden bereits drei Kanten abgelaufen. Betrachten Sie den so genannten Restgraphen, also den Graphen, der entsteht, wenn diese drei Kanten aus dem ursprünglichen Graphen entfernt werden. Für die Wahl der nächsten Kante ist zu überprüfen, ob sie eine »Brücke« in diesem Restgraphen ist, das heißt, ob der Restgraph ohne diese Kante in zwei Teile zerfallen würde. Ist das der Fall, so ist diese Kante unzulässig.

Definition
Eine *Brücke* ist eine Kante in einem Graphen, bei deren Wegnahme der Graph in zwei Komponenten zerfallen würde.

Mit Hilfe des Begriffs der Brücke kann man einen sehr kurzen Algorithmus zur Konstruktion von Eulertouren angeben. Jede Wahl einer neuen Kante erfordert allerdings einige (hier nicht konkret aufgelistete) Arbeit.

Der Algorithmus von Fleury
Eingabe: ein Eulergraph
Ausgabe: eine Eulertour
1. Beginne mit einer beliebigen Kante.
2. Wähle die jeweils nächste Kante so, dass sie in dem Restgraphen, der entsteht, wenn man die bereits der Tour angehörenden Kanten weglässt, keine Brücke bildet.
3. Die Tour ist fertig, wenn der Restgraph keine Kanten mehr hat.

Wie kann man denn überprüfen, ob eine Kante eine Brücke im Restgraphen ist? Sie können den Restgraphen ohne diese Kante ansehen und auf Zusammenhang testen. Ist dieser Graph zusammenhängend, so war die Kante keine Brücke. Und Zusammenhang kann man mit Hilfe von Tiefen- oder Breitensuche (siehe Kapitel 1 und 2) schnell feststellen. Das heißt allerdings, dass für jede neu betrachtete Kante eine Breiten- oder Tiefensuche ablaufen muss. Daher ist der Arbeitsaufwand für diesen Algorithmus nicht unbedingt kleiner als für den Zwiebelschalen-Algorithmus.

Figuren in einem Zug zeichnen

Wie Sie sicher schon bemerkt haben, macht es keinen Unterschied für unsere Überlegungen, ob Sie das Müllauto durch Straßen fahren lassen, oder ob Sie versuchen, einen Graphen mit einem Stift in einem Zug und ohne doppelte Linien nachzuzeichnen. Daher ergibt sich hier die schöne und seltene Möglichkeit zu einem Ausflug in künstlerische Gefilde.

■ Entwerfen Sie Figuren, die in einem Zug gezeichnet werden können.

In Verbindung mit dem Fach Kunst kann das Wissen über Eulergraphen genutzt werden, um Figuren zu entwerfen, die in einem Zug gezeichnet werden können. Auch Pablo Picasso hat sich darin geübt und seine berühmten mit einer Linie gezeichneten Tiere zu Papier gebracht. Verschiedene Aufgabenstellungen sind denkbar, z. B.:

– Ornamente erfinden
– Tiere im Stile Picassos zeichnen (mit einer möglichst kurzen Linie)
– Bilder aus einer möglichst langen Linie zeichnen
– Fadenbilder kleben
– Knobelaufgaben entwerfen: Kann die Figur in einem Zug nachgezeichnet werden? (Schön als Postkartenprojekt!)

Der Zwiebelschalen-Algorithmus gibt eine Bauanleitung für solche Figuren: Sie müssen aus lauter Kreisen zusammengesetzt sein (vgl. Abbildung 12). Dabei müssen die »Kreise« natürlich nicht alle rund sein. Das kann die Grundlage für einen schönen Zaubertrick sein: Man zeichnet vor den Augen der Zuschauer eine Figur an eine Tafel, die aus lauter Kreisen zusammengesetzt ist und behauptet, sie lasse sich in einem Zug nachzeichnen. Das ungläubige Staunen ist einem garantiert! Auch Erwachsenen ist das nicht ohne Weiteres klar.

Als Sie zu Beginn dieses Kapitels über die Planung von Museen nachgedacht haben, sind Sie vermutlich darauf gekommen, dass der Besucherrundgang für eilige Menschen eine Eulertour sein soll. Er soll an den Ausstellungsflächen mit den wichtigsten Exponaten entlang führen, aber möglichst an keiner zweimal. Will man zu einem Kunstwerk nochmals zurückkehren, so kann das unter Umständen zu langen Wegen führen. Ähnlich werden auch Rundgänge durch große schwedische Möbelhäuser konzipiert.

5 Knotengrade

Sie haben sich nun schon eine ganze Menge Theorie zu Eulergraphen erarbeitet. Ausgehend von einem Stadtplanausschnitt werden Sie aber nur mit viel Glück einen Eulergraphen erhalten.

Abbildung 12. Figuren, die man in einem Zug zeichnen kann: in Anlehnung an Picasso, aus Kreisen zusammengesetzt und als Ornament.

■ Der Graph, auf dem das Müllfahrzeug fahren soll, ist normalerweise kein Eulergraph. Wie findet man dennoch eine optimale Rundtour?

Schauen Sie sich nochmals das »Haus vom Nikolaus« an. Dieser Graph ist kein Eulergraph. Wie würden Sie den Graphen »reparieren«, um eine Rundtour darin machen zu können? Vermutlich würden Sie die beiden Knoten mit ungeradem Grad auf direktem Wege miteinander verbinden (Abbildung 13). Hätten Sie in dem Graphen, den das Müllfahrzeug abfahren soll, auch zwei Knoten ungeraden Grades, so würden Sie ebenfalls die kürzeste Verbindung dieser beiden Knoten suchen und das Müllauto diesen Weg doppelt fahren lassen.

An dieser Stelle kommen übrigens die Kantengewichte ins Spiel. Diese kürzeste Verbindung der zwei Knoten ungeraden Grades ist ein kürzester Weg im Sinne von Kapitel 1. Im Unterricht ist es an dieser Stelle aber nicht unbedingt notwendig, Kürzeste-Wege-Algorithmen zu behandeln, da man ja im Stadtplan einen Weg suchen kann, der sich an der Luftlinie zwischen den Knoten orientiert. Soll nicht die Weglänge, sondern die Fahrzeit optimiert werden, so werden jetzt Kantengewichte benötigt, die die Fahrzeit ohne Mülltonnenleerung angeben.

Die Anzahl der ungeraden Knoten

Was aber machen Sie, wenn es nur einen Knoten mit ungeradem Grad gibt? Oder mehr als zwei? Wie viele Knoten mit ungeradem Grad kann es überhaupt geben? Probieren Sie es wieder selbst aus und lassen Sie Ihren Schülerinnen und Schülern

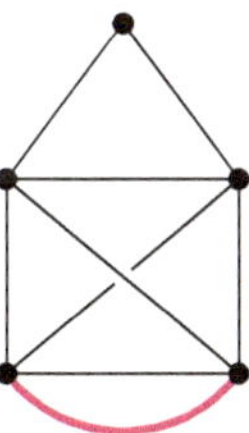

Abbildung 13. Das Haus vom Nikolaus mit Keller: ein Eulergraph

genügend Zeit, mit selbst erfundenen Graphen zu experimentieren. Wollen Sie die Aufgabenstellung noch pointierter formulieren, so könnte sie folgendermaßen lauten:

- Zeichnen Sie einen Graphen, der genau 5 Knoten mit ungeradem Grad hat.

Sie werden staunen, wie sich sogar solche Schülerinnen und Schüler, die sich sonst wenig am Unterrichtsgeschehen beteiligen, die Köpfe heiß reden und arbeiten. Viel zu selten stellen wir im Mathematikunterricht Aufgaben, die nicht lösbar sind! Das Erstaunen, dass es nicht gehen kann, wird groß sein. Beim (manchmal stundenlangen) Herumtüfteln an dieser Aufgabe finden sich Vermutung und Beweisidee fast von selbst.

▌▌ Satz
In jedem Graphen ist die Anzahl der Knoten mit ungeradem Grad gerade.

Auch hier gibt es einen Zaubertrick: Lassen Sie Ihr Publikum Graphen zeichnen und die Anzahl der Knoten mit ungeradem Grad nennen. Sagt jemand eine ungerade Zahl, so können Sie, ohne den Graphen gesehen zu haben, behaupten, dass die Person nicht richtig gezählt hat!

Eine Begründung lässt sich konstruktiv geben. In einen Graphen, der keine Kanten hat, sondern nur aus Knoten besteht, zeichnet man eine Kante ein. Da Schlingen die Anzahl der Knoten mit ungeradem Grad nicht verändern, betrachten wir sie im Folgenden nicht. Die Kante erzeugt zwei Knoten mit Grad 1. Die nächste Kante, die eingezeichnet wird, kann verschiedene Auswirkungen haben: Sie erzeugt zwei weitere Knoten mit Grad 1, oder sie macht aus beiden vorhandenen Knoten mit Grad 1 zwei Knoten mit Grad 2, oder sie erzeugt einen neuen Knoten mit Grad 1, macht dafür aber an ihrem anderen Ende aus einem der beiden vorhandenen Knoten mit Grad 1 einen Knoten mit Grad 2. In jedem der drei Fälle bleibt die Anzahl der Knoten mit ungeradem Grad gerade. Diese Argumentation kann für alle weiteren Kanten entsprechend fortgesetzt werden.

Es gibt aber auch einen algebraischen Beweis. Dazu ist eine Vorüberlegung nötig:

- Zählen Sie in verschiedenen Graphen sämtliche Knotengrade zusammen. Was beobachten Sie? Zählen Sie dann auch noch die Kanten jedes Graphen. Sehen Sie einen Zusammenhang?

▌▌ Satz
Die Summe aller Knotengrade eines Graphen ist gleich der doppelten Anzahl der Kanten.

Warum das so ist, bekommen Schülerinnen und Schüler schnell heraus. Jede Kante erhöht die Summe der Knotengrade mit ihren zwei Enden um 2, daher muss die

Summe gerade sein. Oder aber: Zähle die Kantenenden auf zwei Weisen, nämlich einmal »von der Kante aus« gedacht und einmal »vom Knoten aus« gedacht. Mit dieser Aufgabenstellung wird ein wichtiges Prinzip der Kombinatorik deutlich: das doppelte Abzählen.

Dieser Satz heißt auch »Handshaking-Lemma«. »Lemma«, weil der Satz nur ein kleiner Hilfssatz ist, »Handshaking«, weil er nichts anderes als die (banale) Erkenntnis ist, dass bei n Mal Händeschütteln $2n$ Hände im Spiel waren (Mehrfachzählung erlaubt). Diese reale Situation in einem Graphen wiederzuerkennen, ist gar nicht so einfach und daher eine gute Übung.

Nun hat man ein schöne Argumentationshilfe an der Hand, warum die Anzahl der Knoten ungeraden Grades gerade sein muss. Probieren Sie es zuerst selber, bevor Sie weiterlesen.

Die Summe aller Knotengrade ist eine gerade Zahl, da sie gleich zweimal der Anzahl der Kanten ist. Die Summe aller Knotengrade kann man in zwei Summen aufteilen: die Summe aller geraden Knotengrade (die natürlich gerade ist) und die Summe aller ungeraden Knotengerade (die dann auch gerade sein muss, weil die Gesamtsumme gerade ist). Die Summe aller ungeraden Knotengrade ist gerade, also muss es eine gerade Anzahl von Summanden (= Knoten mit ungeradem Grad) geben.

Ein weiterer Beweis für die Anzahl der Blätter im Baum

Mit Hilfe des Handshaking-Lemmas kann man den Satz über die Anzahl der Knoten vom Grad 1 in einem Baum sehr elegant beweisen. Der Satz besagt, dass ein Baum mindestens zwei Blätter hat (siehe auch Kapitel 2, Seite 49). Das Handshaking-Lemma sagt: Die Summe aller Knotengrade ist gleich der doppelten Anzahl der Kanten. Wir wissen aber auch: In einem Baum mit n Knoten gibt es $n - 1$ Kanten. Beides zusammen ergibt: die Summe aller Knotengrade in einem Baum ist $2n - 2$. Da ein Baum zusammenhängend ist, kann man nun so argumentieren: Es könnte sein, dass alle Knoten Grad 2 haben (»$2n$«), bis auf zwei (»-2«), die dann Grad 1 haben müssen. Hat ein Knoten im Baum einen höheren Grad als 2, etwa $2 + x$, so müssen x Knoten dafür Grad 1 haben, da die Summe der Grade immer gleich bleiben muss. Ein höherer Grad irgendwo kann nur durch Erniedrigung der Grade anderswo erkauft werden.

Mehr über Knotengrade

Verweilen wir noch kurz bei den Knotengraden von Graphen. Es gibt nämlich noch ein weiteres verblüffendes »Naturgesetz« für Knotengrade. Sie werden es mit selbst ausgedachten Beispielen schnell finden.

- Versuchen Sie, verschiedene Graphen zu zeichnen, bei denen alle Knoten unterschiedlichen Grad haben. Einzige Bedingung an die Graphen ist, dass sie alle *einfach* sein sollen, also Graphen ohne Schlingen und Mehrfachkanten. Unzusammenhängende Graphen sind erlaubt. Was fällt Ihnen auf?

Nicht nur gibt es eine gerade Anzahl von Knoten mit ungeradem Grad, was ja an sich schon verblüffend ist. Sie finden auch stets mindestens zwei Knoten mit dem gleichen Grad (wenn der Graph mindestens zwei Knoten besitzt). Zufall? Oder schon wieder ein Satz der Graphentheorie?

▌ *Satz*

Ein einfacher Graph (also ein Graph ohne Schlingen und Mehrfachkanten) mit mehr als einem Knoten hat immer mindestens zwei Knoten gleichen Grades.

Kann das sein? Versuchen Sie durch Experimentieren mit verschiedenen Beispielen Argumente zu finden.

Der hier dargestellte Beweis des Satzes verwendet eine in der diskreten Mathematik häufig verwendete Technik, die Anwendung des Schubfachprinzips.

Stellen Sie sich einen Graphen mit n Knoten vor. Da es ein einfacher Graph ist, kann der größte auftretende Grad höchstens $n-1$ sein. Wenn es einen Knoten mit Grad $n-1$ gibt, dann ist dieser Knoten mit allen anderen Knoten im Graphen verbunden, da es ja keine Schlingen und Mehrfachkanten gibt. Also hat kein Knoten den Grad 0. Die Gradzahlen 1 bis $n-1$ können alle vorkommen. Sie müssen auf n Knoten verteilt werden, wobei nicht jede der Gradzahlen tatsächlich vorkommen muss und jede Gradzahl beliebig oft vergeben werden kann.

Mit Hilfe des so genannten Schubfachprinzips der Kombinatorik kann man schließen, dass mindestens eine Zahl doppelt vergeben werden muss, damit jeder Knoten eine Gradzahl bekommt. Das Schubfachprinzip besagt, dass wenn x Gegenstände auf y verschiedene Schubfächer verteilt werden und $x > y$ ist, in mindestens ein Schubfach mehr als ein Gegenstand gelegt muss. Das klingt erst einmal recht banal, findet aber in ganz unerwarteten Zusammenhängen Anwendung und ermöglicht häufig elegante Beweise.

Es müssen also $n-1$ Zahlen auf n Knoten verteilt werden. Um das Schubfachprinzip anwenden zu können, hilft es, für einen Moment andersherum zu denken: n Knoten müssen auf $n-1$ (Zahlen-) Fächer verteilt werden (dabei muss am Ende nicht in jedem Fach ein Knoten liegen). In mindestens einem Fach wird daher am Schluss mehr als ein Knoten liegen. Zurückübersetzt in unser Ausgangsproblem bedeutet das, dass mindestens zwei Knoten die gleiche Gradzahl haben.

Bisher haben wir den Satz nur für einfache Graphen bewiesen, in denen ein Knoten den maximal möglichen Grad tatsächlich hat. Wie sieht es aus, wenn dieser maximal mögliche Grad nicht vorkommt?

Gibt es keinen Knoten mit Grad $n - 1$, so ist der höchste Grad höchstens $n - 2$. Es könnte dann auch Knoten mit Grad 0 geben. Es sind also die Gradzahlen 0 bis $n - 2$ auf n Knoten zu verteilen. Wieder sind es weniger verschiedene Zahlen als Knoten, auf die die Zahlen verteilt werden müssen. Daher muss wieder mindestens eine Zahl zweimal vergeben werden. Ist der höchste Knotengrad noch kleiner, so sind es noch weniger Zahlen, die auf n Knoten verteilt werden müssen, so dass auch dann Gradzahlen mehrfach vorkommen müssen.

6 Matchings: Was die Müllabfuhr mit Partnerwahl zu tun hat

Sie hatten ausgehend von einem Stadtplanausschnitt einen Graphen erzeugt. Ist er eulersch, so finden Sie mit Hilfe eines Algorithmus eine optimale Tour. Hat der Graph nur zwei Knoten mit ungeradem Grad, so verbinden Sie diese beiden Knoten auf kürzestem Weg und lassen das Müllauto diese Strecke doppelt abfahren. Was aber machen Sie bei mehr als zwei Knoten mit ungeradem Grad? Sie könnten versuchen, den Graphen zu einem Eulergraphen umzugestalten, um dann einen Algorithmus zur Konstruktion von Eulertouren darauf ablaufen zu lassen.

■ Wie repariert man Graphen mit mehr als zwei Knoten ungeraden Grades, so dass sie eulersch werden?

Der Satz über die Anzahl der Knoten ungeraden Grades gibt die entscheidende Hilfe zur Lösung des Müllabfuhr-Problems. Es gibt stets eine gerade Anzahl von Knoten mit ungeradem Grad in einem Graphen. Also kann aus jedem nichteulerschen Graphen ein Eulergraph entstehen, indem die gleiche Methode wie beim Haus des Nikolaus angewandt wird: Je zwei Knoten ungeraden Grades werden auf möglichst kurzem Wege miteinander verbunden. Dies kann durch eine zusätzliche Kante oder einen Kantenzug geschehen, wie Sie an dem Beispiel in Abbildung 14 links sehen können. Die Enden der zusätzlichen Kante bzw. des Kantenzuges erhöhen den Knotengrad jeweils um 1, so dass aus einem Knoten mit ungeradem Grad ein Knoten mit geradem Grad wird. Die Knotengrade der Knoten, die der Kantenzug in seinem Inneren durchläuft, erhöhen sich jeweils um 2, bleiben also gerade.

Die Gesamtlänge der hinzugefügten Kanten soll möglichst kurz sein, denn das sind die Strecken, die das Müllfahrzeug doppelt fahren muss. Es kommt also darauf an, diese Kanten geschickt zu wählen. Übrigens braucht man an dieser Stelle diejenigen Kantengewichte, die angeben, wie lange das Müllauto braucht, wenn es durch die Straßen fährt, ohne die Mülltonnen zu leeren.

Statt des ursprünglichen Graphen kann man, der Übersichtlichkeit halber, den vollständigen kürzeste-Wege-Graphen der ungeraden Knoten betrachten, wie er

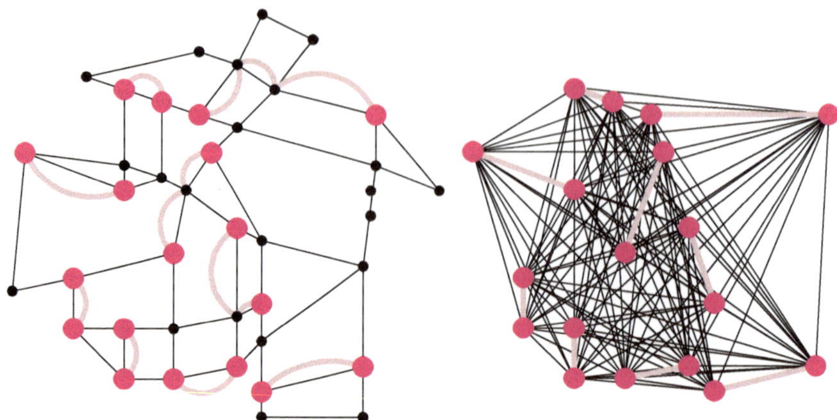

Abbildung 14. Der Graph wird »repariert«, indem die ungeraden Knoten paarweise verbunden werden. Auf dem kürzeste-Wege-Graphen der ungeraden Knoten (rechts) entsteht ein perfektes Matching der Knoten mit ungeradem Grad.

in Abbildung 14 rechts zu sehen ist. Zwischen je zwei Knoten ist dort die kürzeste Verbindung als eine Kante eingetragen. Eine Kante in diesem Graphen kann also einer Kante oder einem Kantenzug im ursprünglichen Graphen entsprechen. Die Länge solch einer kürzesten Verbindung wird wieder als Kantengewicht angegeben. Trägt man dort die zusätzlich zu fahrenden Strecken ein, so werden je zwei Knoten zu einem Paar zusammengefasst. Solch eine Knotenpaarung wird »Matching« oder »Paarung« genannt (siehe auch: Kapitel »Matchings«).

▌▌ *Definitionen*
Ein *Matching* ist ein Teilgraph, in dem alle Knoten höchstens Grad 1 haben.

Ein *perfektes Matching* hat lauter Knoten vom Grad 1, es sind also alle Knoten zu Paaren verbunden.

Man könnte auch sagen: Ein Matching ist eine Menge von isolierten Kanten. Oder: In einem Matching sind die Knoten entweder zu Paaren verbunden oder einzeln.

Wer jetzt an Partnerfindung und das berühmte Heiratsproblem denkt, liegt genau richtig. Hier geht es um die Frage, ob es möglich ist, alle glücklich zu verheiraten, wenn man eine Menge von Frauen und eine Menge von Männern betrachtet (das wären die Knoten in einem Graphen) und deren Sympathien berücksichtigt (dargestellt als Kanten). Daher auch der Name »Matching«: von »to match« (zusammenpassen).

Für die Tour des Müllautos möchte man nicht irgendein Matching haben. Die Matchingkanten, also die Extrafahrten, bei denen keine Mülleimer geleert werden, sollen möglichst kurz sein. Daher wird für die Knoten ungeraden Grades ein perfektes Matching minimalen Gewichts gesucht. Die Algorithmen dafür sind ziemlich kompliziert und würden den Rahmen dieses Buches sprengen. Für unsere Zwecke genügt es, ein recht kurzes Matching durch Ausprobieren am Stadtplan zu finden.

Eine Überlegung sollten Sie aber unbedingt mit der Lerngruppe anstellen: Wie viele verschiedene Matchings gibt es auf n Knoten? Dies ist eine typische Aufgabe aus der Kombinatorik, deren Resultat jegliche Vorstellungskraft übersteigt. Schätzen Sie erst einmal für verschiedene n, wie viele Matchings es sind, bevor Sie es ausrechnen oder weiterlesen.

In unserem Beispiel gibt es 18 Knoten mit ungeradem Grad. Wenn wir für den kürzesten Weg zwischen je zwei Knoten einfach eine Kante einzeichnen wie in Abbildung 14 rechts, erhalten wir den vollständigen Graphen (jeder Knoten ist mit jedem anderen durch eine Kante verbunden) auf 18 Knoten mit immerhin schon 153 Kanten. Wie lautet die Formel für die Anzahl der Kanten in vollständigen Graphen? Oder anders formuliert: Wie oft erklingen die Gläser, wenn n Menschen mit Sektgläsern anstoßen?

Die Anzahl der Matchings auf diesem Graphen beträgt $17 \cdot 15 \cdot 13 \cdot \ldots \cdot 1 = 34.459.425$. Wieder (wie auch in Kapitel 1) haben Sie eine »kombinatorische Explosion« erlebt, die es im Allgemeinen unmöglich macht, alle Matchings zu berechnen, um dann eines mit minimalem Gewicht herauszusuchen.

7 Die Lösung für Müllautos und andere Anwendungen

Nun haben Sie alle Werkzeuge beisammen, um eine optimale Tour des Müllfahrzeugs angeben zu können. Die Kanten und Kantenzüge, die dem perfekten minimalen Matching der ungeraden Knoten entsprechen, werden dem Graphen hinzugefügt, ebenso die Einbahnstraßen, jetzt allerdings mit doppelten Kanten (zum Hinein- und Hinausfahren) wie in Abbildung 15. Damit sind alle Straßenabschnitte, die doppelt gefahren werden müssen, festgelegt und durch Doppelkanten gekennzeichnet.

Der entstandene Graph ist ein Eulergraph. Jede Kante dieses Graphen muss genau einmal abgefahren werden, denn doppelt zu fahrende Strecken sind nun durch zwei Kanten repräsentiert. Machen Sie sich klar, dass jeder Rundweg, der über alle Kanten dieses Graphen genau einmal führt, optimal ist.

Je nach dem, wie der Graph konkret aussieht, kann es sehr viele verschiedene Eulertouren geben. Das heißt, dass an dieser Stelle noch ein paar Nebenbedingungen einfließen können. Beispielsweise ist es vielleicht wünschenswert, eine Straße mit einem Stehcafé etwa in der Mitte der Tour zu platzieren, um eine kleine Kaffeepause einlegen zu können. Oder der Supermarkt mit dem hohen Müllaufkommen

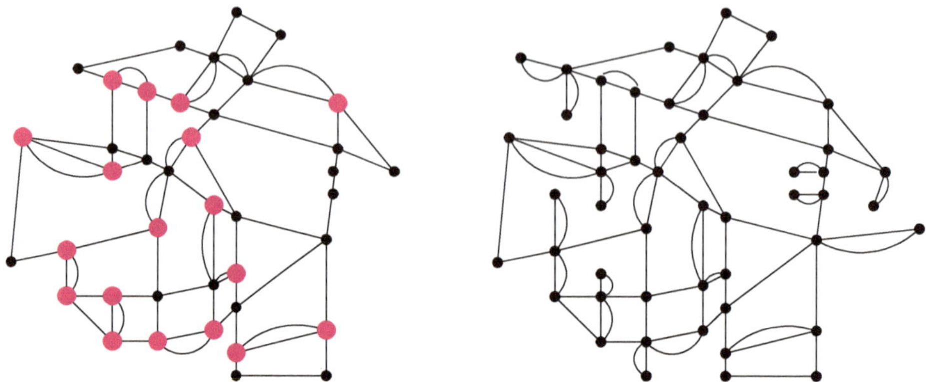

Abbildung 15. Die Kanten für die doppelt zu befahrenden Straßen werden dem Graphen hinzugefügt und schließlich die Sackgassen mit Doppelkanten wieder eingefügt. Dieser Graph ist ein Euler-Graph. Jeder Rundweg über alle Kanten ist optimal!

soll am Anfang der Tour angefahren werden, um die störenden Säcke möglichst früh am Tag zu beseitigen.

In diesem Kapitel sind wir stets davon ausgegangen, dass der Zuschnitt des Gebiets, in dem das Müllauto fahren soll, bereits feststeht. Es ist tatsächlich nicht möglich, viele Touren gleichzeitig zu optimieren und dabei auch noch die Gebiete geschickt zu verändern, obwohl das natürlich ideal wäre. Dieses Optimierungsproblem gehört zu den NP-schweren Problemen (siehe Kapitel 4).

Im Falle der Postbotentour sind auch noch einige Feinheiten zu beachten. Insbesondere kann die Modellierung nicht dieselbe sein wie für das Müllauto. Auch in schmalen Straßen müssen Briefzusteller jede Straßenseite einzeln ablaufen. Zickzackwege sind nur in Einzelfällen sinnvoll, etwa, wenn an einer Straße lauter einzelne weit auseinanderliegende Häuser stehen. Es gibt professionelle Software, die dies neben vielen anderen Dingen berücksichtigt. Die Deutsche Post AG verwendet das Programm »Georoute« (siehe Abbildung 16).

Für die Briefzustellung spielt es eine wichtige Rolle, wo die Zustellerinnen oder Zusteller ihre Taschen wieder auffüllen. Teils müssen sie dazu zum Postamt zurück, teils gibt es an den Straßen kleinere Depots, die morgens befüllt werden. Die Optimierung der morgendlichen Rundfahrt zum Befüllen aller dieser Depots ist übrigens ein Handelsreisenden-Problem (siehe Kapitel 4). Zusätzlich muss das wochentäglich und saisonal bedingte unterschiedlich hohe Postaufkommen in die Optimierung mit einbezogen werden.

Chinesische Postbotenprobleme tauchen auch in der industriellen Fertigung auf, beispielsweise bei der Herstellung von Masken zur Belichtung der Silizium-Schicht von Chips. Auf diese Masken wird das Netz der Leiterbahnen aufgetragen. Das Gerät, das dies ausführt, soll möglichst kurze Verfahrwege, also Strecken über

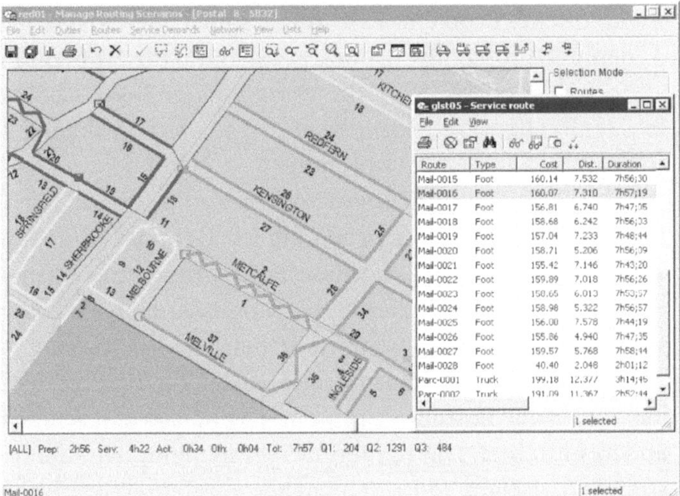

Abbildung 16. Modellierung von Postbotenwegen mit »Georoute« (Abbildung: ©Georoute)

die es sich bewegen muss, ohne etwas zu zeichnen oder zu ätzen, haben. Diese Verfahrwege entsprechen den doppelt gefahrenen Wegen des Müllautos. Je kürzer sie sind, umso schneller und billiger wird die Produktion eines Chips. Die Maskenherstellung für die Chipproduktion wird allerdings in rasantem Tempo weiterentwickelt, so dass heute meist andere Technologien zum Einsatz kommen.

8 Thema mit Variationen: Andere Postbotenprobleme

Im Abschnitt über die Modellierung des Müllautoproblems als Graph wurden gerichtete und gemischte Graphen bereits erwähnt. Lösungsmethoden für diese Graphentypen wurden bislang aber noch nicht thematisiert. Im Falle von gerichteten Graphen lässt sich das Chinesische Postbotenproblem analog zum ungerichteten Fall bearbeiten. Statt von Knotengraden muss man hier von Ein- und Ausgrad sprechen und sich Gedanken machen, wie sich Ein- und Ausgrad zueinander verhalten müssen, wenn der Graph ein gerichteter Eulergraph sein soll.

Im Allgemeinen wird ein Graph, der ein Straßennetz darstellen soll, weder ungerichtet noch gerichtet sein. Meist gibt es neben gewöhnlichen Straßen auch Einbahnstraßen, so dass ein gemischter Graph entsteht. Und jetzt kommt die Überraschung: das gemischte Chinesische Postbotenproblem gehört zur Klasse der NP-schweren Probleme (vgl. Kapitel 4)! Das bedeutet, dass es eventuell keinen Algorithmus dafür gibt, der auch größere realitätsnahe Probleme in praxistauglicher Zeit optimieren kann.

Ob diese NP-schweren Probleme, zu denen auch das Handelsreisendenproblem gehört, tatsächlich so »unlösbar« sind, wie im Moment angenommen wird, ist ein offenes Problem. Es wird als so wichtig eingeschätzt, dass es zu den sieben Milleniumsproblemen gehört, auf die im Jahr 2000 ein Preisgeld von je 1.000.000 US\$ ausgesetzt wurde (siehe dazu `http://www.claymath.org/Millennium_Prize_Problems/`). Mehr über NP-schwere Probleme und die Komplexität von Algorithmen finden Sie in Kapitel 4.

Die Postbotenproblematik bietet Raum für weitere Variationen zum Thema. Was ist denn, wenn es sehr windig ist? Dann ist eine Straße mit Rückenwind sehr zügig durchlaufen, in umgekehrter Richtung mit Gegenwind aber viel langsamer: das »Windy Postman Problem«. Damit kann ebenso das unterschiedlich schnelle Bergauf- und Bergablaufen modelliert werden. Bislang haben wir nur über Postbotentouren in der Stadt nachgedacht. Für die Postzustellung in ländlichen Gebieten (»rural Postman Problem«) wird die mathematische Modellierung recht anders aussehen. Die Kanten des Straßengraphen, die in diesem Fall auch Landstraßen darstellen, müssen nicht alle abgefahren werden. Lediglich eine bestimmte Kanten(unter)menge, nämlich die Menge der Kanten, an denen Briefkästen liegen, muss vollständig bereist werden.

Es gibt eine ganze Reihe solcher Postbotenprobleme, von denen einige gut gelöst werden können und einige auch NP-schwer sind (siehe auch `http://www.informatik.uni-heidelberg.de/groups/comopt/people/ahr/research/overviewArcRouting/node8.html`). Diese Beispiele eignen sich sehr gut für Modellierungsübungen. Welche Varianten fallen Ihnen noch ein? Wie lassen diese sich mathematisch fassen? Lassen Sie Ihre Fantasie spielen und tauchen Sie ein in die Welten der »chinesischen Postboten«!

4
Schnelle Rundreisen:
Das Travelling-Salesman-Problem

Martin Grötschel

1 Problem 1 – Städtereisen

Dieses Kapitel behandelt das bekannteste aller kombinatorischen Optimierungsprobleme, bei dessen Namensnennung man sich sofort vorstellen kann, worum es geht. Und jeder hat auch sogleich »gute« Ideen, wie man dieses Problem »lösen« kann. Dies ist nur einer von vielen Gründen für die besondere Eignung dieses Problems für den Mathematikunterricht. Wir sprechen hier vom Problem des Handlungsreisenden oder dem *Travelling-Salesman-Problem* (kurz: *TSP*).

Das Travelling-Salesman-Problem ist das am intensivsten untersuchte kombinatorische Optimierungsproblem. In diesem Kapitel wird eine Einführung in das TSP gegeben. Es werden Problemstellungen erläutert, Anwendungen skizziert und einige Schwierigkeiten bei der korrekten Modellierung der Zielfunktion dargelegt. Es ist gar nicht so klar, was in einem konkreten Problem die wirkliche Entfernung ist. Exakte und approximative Lösungsverfahren werden an Beispielen skizziert, und es wird angedeutet, dass man, obwohl TSPs zu den theoretisch schweren Problemen zählen, in der Praxis TSPs von atemberaubender Größe optimal lösen kann.

Die Aufgabe ist einfach formuliert. Wir betrachten eine Anzahl Städte, sagen wir n Stück. Wir wollen in einer Stadt starten, alle anderen genau einmal besuchen und am Ende zum Startort zurückkehren. Diese Rundreise (kurz: *Tour*) wollen wir so schnell wie möglich zurücklegen.

■■ *Das Travelling-Salesman-Problem*
Finde eine kürzeste Rundreise durch n Städte. Jede Stadt soll dabei genau einmal besucht werden.

Vom Travelling-Salesman-Problem geht eine große Faszination aus, was neben dem Nutzen bei praktischen Anwendungen ein Grund für seine Berühmtheit ist. Worin der Reiz liegt, finden Sie am besten heraus, indem Sie selbst probieren, kürzeste Rundreisen zu finden.

- Wählen Sie sich einige Städte aus und versuchen Sie, eine kürzeste Tour durch alle diese Städte (ohne eine davon doppelt zu durchfahren) zu finden. Wie gehen Sie dabei vor? Versuchen Sie dies auf unterschiedliche Weisen.
- Wie viele verschiedene Rundreisen gibt es bei $3, 4, 5, \ldots, n$ Städten?
- In welchen anderen Zusammenhängen tauchen Rundreiseprobleme auf?

Legen Sie Ihren Überlegungen selbst gewählte Beispiele zugrunde oder verwenden Sie die folgende Entfernungstabelle für das Rheinlandproblem:

	Aachen	Bonn	Düsseldorf	Frankfurt	Köln	Wuppertal
Aachen	—	91	80	259	70	121
Bonn	91	—	77	175	27	84
Düsseldorf	80	77	—	232	47	29
Frankfurt	259	175	232	—	189	236
Köln	70	27	47	189	—	55
Wuppertal	121	84	29	236	55	—

Die Länge einer optimalen Tour für das Rheinlandproblem finden Sie am Ende dieses Kapitels. Die folgenden Ausführungen bearbeiten ein etwas größeres Beispiel. Für Ihre eigenen Überlegungen kann es aber immer wieder hilfreich sein, auch ein einigermaßen kleines Beispiel wie das Rheinlandproblem zur Verfügung zu haben, für das das Optimum bekannt ist.

Die Modellierung als Graph

Um eine kürzeste Tour durch eine Anzahl von Städten zu finden, muss man natürlich die Entfernungen zwischen je zwei Städten kennen. Man kann hier an Längen (in km, m oder mm) denken oder auch an Fahrzeiten (in Std., Min., Sekunden oder Millisekunden). Welches »Entfernungsmaß« gewählt wird, hängt von den eigenen Wünschen oder den Vorgaben des »Auftraggebers« ab. Wir werden ab jetzt die Städte immer mit $1, 2, \ldots, n$ und die Entfernung von Stadt i zur Stadt j mit $c(i, j)$ bezeichnen. Wir geben dazu keine Einheit an, denn mathematisch betrachtet ist es egal, ob Weglängen oder Fahrzeiten zu minimieren sind.

Das TSP hat verschiedene Varianten. Wir betrachten in diesem Artikel nur zwei. Sind Hin- und Rückweg zwischen zwei Städten stets gleich lang, gilt also $c(i, j) = c(j, i)$ für alle Städtepaare i und j, so nennen wir das TSP *symmetrisch*, kurz *STSP*, andernfalls heißt es *asymmetrisch*, kurz *ATSP*.

- In welchen Situationen sind die »Entfernung« von Stadt A nach Stadt B und die »Entfernung« von B nach A unterschiedlich? Suchen Sie Beispiele für sol-

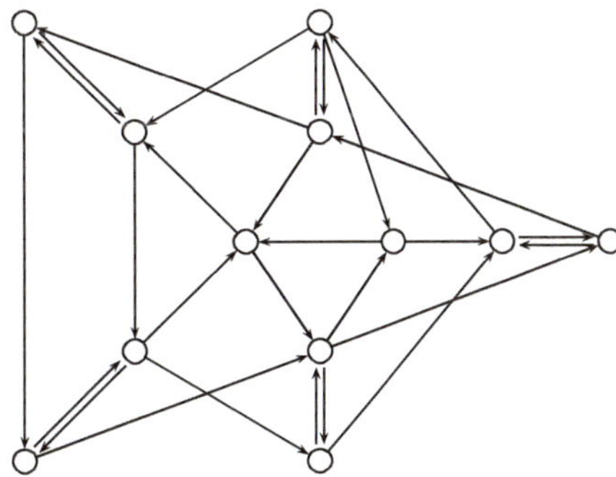

Abbildung 1. Ist dieser gerichtete Graph hamiltonsch?

che asymmetrische TSPs! Denken Sie dabei auch an andere »Entfernungen« als Weglängen.

Wir werden sogleich sehen, dass die Anwendungen des TSP weit über das Bereisen von Städten hinausgehen. Wir wollen daher beim TSP nicht mehr von Städten sprechen, sondern die graphentheoretische Sprache benutzen. Die Städte werden dann als *Knoten* eines gerichteten oder ungerichteten Graphen aufgefasst, und *Bögen* oder *Kanten* sind in dem Graphen dann vorhanden, wenn es eine Verbindung zwischen den beiden Endknoten gibt. Gesucht wird eine (Rund-)Tour, die durch alle Knoten genau einmal führt. Geht man von einem gerichteten Graphen aus, so wird ein gerichteter Kreis gesucht, also ein Kreis, der entlang den Richtungen der Bögen durchfahren werden kann.

▌▌ *Definitionen*

Ein geschlossener Kantenzug, der durch jeden Knoten eines zusammenhängenden Graphen genau einmal führt, heißt *Hamiltonkreis*.

Ein Graph, der einen Hamiltonkreis enthält, heißt *hamiltonscher Graph.*

In gerichteten Graphen gelten diese Definitionen analog, dann natürlich für gerichtete Kreise. Der Name geht auf den irischen Mathematiker und Physiker Sir William Rowan Hamilton (1805–1865) zurück. Er erfand 1856 das »Icosian Game«, bei dem man auf einem Graphen, der die Ecken und Kanten eines Dodekaeders darstellt, einen Hamiltonkreis konstruieren soll.

Beim TSP geht man in der Regel davon aus, dass der Graph vollständig ist, man also von jedem Knoten auf direktem Weg zu jedem anderen Knoten gelangen kann. Falls das in einem Anwendungsfall nicht so ist, wird die entsprechende Kante mit einem sehr hohen Gewicht oder Wert belegt. Falls in einer Optimallösung eine solche Kante auftritt, bedeutet das, dass es im vorliegenden Problem gar keine Rundreise gibt. Gleiches gilt für ATSPs. Hier sogleich ein derartiges Beispiel.

Abbildung 1 zeigt einen gerichteten Graphen mit 12 Knoten und 28 Bögen. Wir weisen jedem Bogen dieses Graphen die Länge 1 zu. Alle nicht gezeichneten

Bögen, die den Graphen zu einem vollständigen Graphen ergänzen, erhalten die Länge $M > 1$, also irgendeinen Wert, der größer als 1 ist. Auf diese Weise haben wir ein ATSP definiert. Mit Hilfe dieses ATSPs kann man herausfinden, ob der ursprüngliche Graph einen Hamiltonkreis enthält: In dem gerichteten Graphen aus Abbildung 1 gibt es genau dann einen gerichteten Kreis, der alle Knoten enthält, also einen hamiltonschen Kreis, wenn das so definierte ATSP eine Tour mit Länge 12 hat. Enthält der Graph keinen gerichteten hamiltonschen Kreis, so verwendet jede kürzeste Tour mindestens einen Bogen der Länge M und ist somit länger als 12. Die Länge einer Optimallösung des ATSP zeigt also, ob man in dem ursprünglichen Graphen einen Hamiltonkreis finden kann. Wenn ja, so ist diese optimale Tour der gesuchte Hamiltonkreis.

- Enthält der gerichtete Graph aus Abbildung 1 einen gerichteten hamiltonschen Kreis?

2   Problem 2 – Das Bohren von Leiterplatten

Bevor wir uns dem Ursprung des Problems widmen, sehen wir uns eine aktuelle Anwendung des TSP etwas genauer an.

Abbildung 2 zeigt eine Leiterplatte (und ihren Schatten auf einem Blatt Papier). Sie ist noch »unbestückt«. Auf ihr sind Leiterbahnen und Löcher zu sehen. Die Leiterbahnen sind »gedruckte Kabel«, durch die nach der Fertigstellung Strom fließen wird. Man nennt Leiterplatten auch Platinen oder gedruckte Schaltungen (engl. printed circuit board, kurz PCB). Die Löcher werden später einmal die »Füße« von elektronischen Bauteilen aufnehmen oder Leiterbahnen auf der Oberseite mit Leiterbahnen auf der Unterseite verbinden. Für Elektroniker ist eine Leiter-

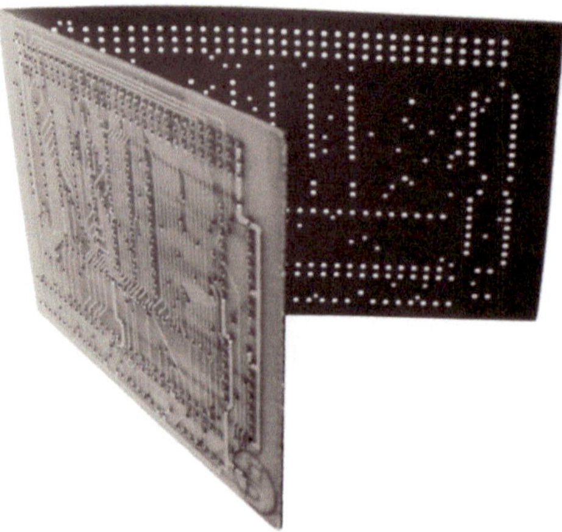

Abbildung 2. Eine noch unbestückte Leiterplatte

 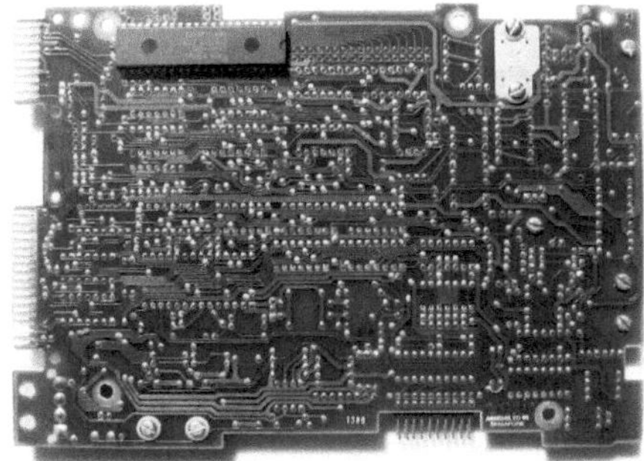

Abbildung 3. Vorder- und Rückseite einer fertig bestückten Leiterplatte

platte ein Schaltungsträger für elektronische Baugruppen. In Abbildung 3 sind die zwei Seiten einer fertig bestückten und gelöteten Leiterplatte zu sehen. Solche Objekte werden auch *Flachbaugruppen* genannt. Die Löcher sind jetzt mit Lötzinn gefüllt und nur noch als helle Punkte erkennbar. Leiterplatten sind aus unserem täglichen Leben nicht wegzudenken. Fast jedes elektronische Gerät enthält mindestens eine Leiterplatte.

Wir wollen uns hier mit einem kleinen Schritt im Produktionsprozess von Leiterplatten beschäftigen: dem Bohren der Löcher. In der Elektronik wird ein Loch in einer Leiterplatte auch Durchkontaktierung oder (ganz kurz) *Via* genannt. Große Leiterplatten können mehrere Tausend und sogar noch mehr Löcher enthalten. Diese werden in der Regel mit mechanischen Bohrmaschinen, häufig auch mit Laserbohrern hergestellt. Das geht meistens wie folgt. Das Bohrgerät befindet sich in einer »Nullposition«, z. B. dort, wo es den passenden Bohrer aus einem Magazin aufnimmt. Die Leiterplatte ist auf einem »Tisch« befestigt. Nun fährt der Bohrer zu einer Stelle, an der ein Loch gebohrt werden muss, bohrt und fährt dann zu einer weiteren Bohrposition. Er macht das so lange, bis alle Löcher, die mit dem ausgewählten Bohrer hergestellt werden müssen, gebohrt sind. Dann fährt der Bohrkopf zur Nullposition zurück, tauscht den Bohrer aus und macht so lange weiter, bis alle Löcher gebohrt sind. Danach wird die Leiterplatte manuell oder durch eine Hebevorrichtung vom Tisch genommen, und es wird eine neue fixiert.

Es gibt auch Bohrgeräte, bei denen der Bohrkopf fest steht und der Tisch mit der Leiterplatte bewegt wird. Manche Bohrmaschinen können mehrere Leiterplatten, die übereinander gestapelt sind, in einem Schritt (mit langen Bohrern) verarbeiten, und es gibt sogar Geräte, bei denen identische Leiterplatten gleichzeitig in parallelen Stapeln durchbohrt werden. Wir wollen der Einfachheit halber jetzt annehmen, dass wir eine einzige Leiterplatte bearbeiten und der Bohrkopf bewegt wird.

■ Was kann beim Bohren der Löcher in eine Leiterplatte optimiert werden?

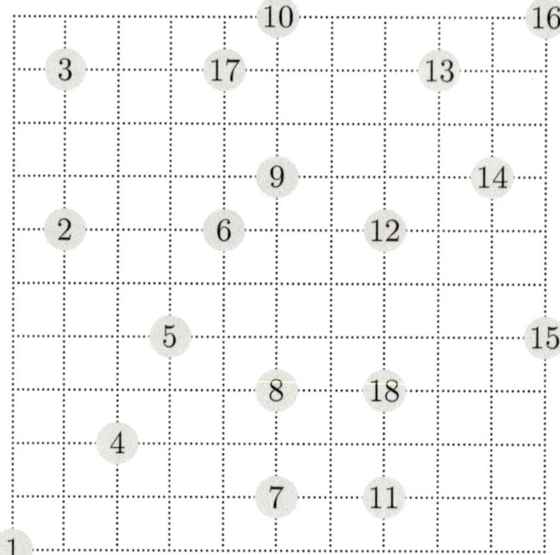

Abbildung 4. Ein kleines Bohrproblem mit 18 Löchern

Bei der Bohrzeit ist (außer man wählt eine andere Maschine) nichts einzusparen, alle Löcher müssen ja gebohrt werden. Eine Beschleunigung der Herstellung kann nur durch Verringerung der *Leerfahrtzeit* erreicht werden, das ist die Zeit, die das Gerät durch Bewegung des Bohrkopfes »vergeudet«. Das Ziel muss also sein, die Summe aller Fahrzeiten, die der Bohrkopf beim »Wandern von Loch zu Loch« verbringt, so gering wie möglich zu machen. Bezeichnen wir die Nullstellung und jede Bohrposition als »Stadt« und definieren wir als Entfernung zwischen Stadt i und Stadt j die Zeit, die die Bohrmaschine braucht, um sich von i nach j zu bewegen, so haben wir ein TSP vor uns. Genauer, gibt es k verschiedene Lochgrößen, so sind zur Minimierung der Bearbeitungszeit k TSPs zu lösen, für jeden Bohrertyp eines. Das Problem ist symmetrisch, da der Weg von i nach j genauso viel Zeit benötigt wie umgekehrt.

Abbildung 4 zeigt ein kleines Bohrproblem auf einem 11×11-Gitter, das übersichtlich genug für unsere nächsten Überlegungen ist. Der Knoten 1 repräsentiert den Punkt $(x_1, y_1) = (0, 0)$ und ist die Startposition. Hier fährt der Bohrer los. Zwei benachbarte Gitterlinien haben den Abstand 1. Alle 18 eingezeichneten Löcher haben die gleiche Größe und müssen in einer Tour besucht werden, die zum Startpunkt (0,0) zurückführt.

- Bestimmen Sie die kürzeste Tour durch alle 18 Knoten aus Abbildung 4 durch Ausprobieren oder mit Hilfe Ihrer eingangs selbst entwickelten Verfahren.

Viele technische »Verfahrprobleme« lassen sich auf TSPs zurückführen. Bei der Herstellung von Flachbaugruppen etwa werden in einem weiteren Schritt des Produktionsprozesses Bauteile mit Hilfe eines Bestückungsautomaten auf die Leiterplatte aufgesetzt. Wenn zum Beispiel bei einem solchen Automaten alle Bauteile eines Typs hintereinander dem Bestückungskopf zugeführt werden, so ist für jeden Bauteiltyp ein TSP zu lösen.

Schweißroboter werden u. a. in der Automobilindustrie in großer Zahl eingesetzt. Sie müssen z. B. verschiedene Karosserieteile durch Punktschweißen aneinanderfügen. Die Planung der Bearbeitungsreihenfolge führt dabei auf ein TSP. Hierbei ist die Berechnung der Entfernung von zwei Schweißpunkten aufwändig, weil der Roboter unter Umständen komplizierte Manöver ausführen muss, um von einem Punkt zum anderen zu gelangen: Seine Bewegungsmöglichkeiten sind beschränkt und verschiedene Karosserieteile können die Fahrt auf dem zeitlich kürzesten Weg verhindern. Hier können sowohl symmetrische als auch asymmetrische TSPs auftreten.

Asymmetrische TSPs kommen u. a. bei Säuberungs- oder Umrüstaktivitäten vor. In Walzwerken beispielsweise werden die verschiedenen Stahlprofile des Produktionsprogramms in der Regel zyklisch gefertigt. Bei jedem Profilwechsel ist eine zeitaufwändige Umrüstung erforderlich, hier jedoch ist die Umrüstzeit aufgrund technischer Bedingungen häufig asymmetrisch. Das Umrüsten von Profil A zu Profil B kann erheblich länger dauern als umgekehrt. Ähnlich ist es bei der Reihenfolgeplanung von Mehrproduktenpipelines oder Lackierkammern. In der Fahrzeugindustrie wird häufig in zyklischer Reihenfolge lackiert. Wenn weiß auf schwarz folgt, muss sorgfältiger gereinigt werden als umgekehrt.

Die Knoten eines TSP können also ganz unterschiedliche reale Bedeutung haben: Städte, Bohrlöcher, Stahlprofile, Flüssigkeiten in einer Pipeline oder Farben in einer Lackiererei. Die Entfernungen zwischen Knoten entsprechen meistens dem Zeitaufwand, den man in der realen Anwendung benötigt, um von einem Knoten zum anderen zu gelangen.

Eine Vielzahl weiterer TSP-Anwendungen findet man auf der Webseite `http://www.tsp.gatech.edu/apps/index.html` und in Kapitel 2 von [48] und in Kapitel 1 von [43].

3 Löcher bohren: Die Zielfunktion

Sie haben nun schon viel über optimale Rundreisen nachgedacht. Dass je nach Anwendung unterschiedliche Größen optimiert werden, liegt auf der Hand. Dass aber bei einem konkreten Optimierungsproblem wie dem Bohren von Löchern noch ein Entscheidungsspielraum besteht, wie der Abstand zwischen zwei Bohrlöchern definiert werden soll, ist vielleicht nicht auf den ersten Blick klar.

In der Optimierung bezeichnet man die Funktion, deren Wert (unter gewissen Nebenbedingungen) so klein oder so groß wie möglich gemacht werden soll, als *Zielfunktion*. Beim TSP ist die Zielfunktion die Summe der Entfernungen der Kanten oder Bögen einer Tour. In Abbildung 4 ist ein Bohrproblem graphisch dargestellt.

■ Wie lässt sich der zeitliche Abstand zwischen zwei Bohrlöchern bestimmen? Überlegen Sie sich dafür, wie der Bohrkopf angetrieben wird.

Falls Sie sich an die Lösung des durch Abbildung 4 skizzierten TSP gemacht haben, haben Sie vermutlich als Entfernung an den »gewöhnlichen«, so genannten *euklidischen Abstand* oder ℓ_2-*Abstand* zwischen zwei Punkten gedacht. Dieser mit $c_2(i, j)$ bezeichnete Abstand zwischen zwei Punkten (x_i, y_i), (x_j, y_j) ist folgendermaßen definiert:

■ *Definition*
Der *euklidische Abstand* zweier Punkte (x_i, y_i), (x_j, y_j):

$$c_2(i, j) := \sqrt{|x_i - x_j|^2 + |y_i - y_j|^2}$$

Wenn man diesen Abstand mit einem die Geschwindigkeit des Bohrkopfs widerspiegelnden Faktor multipliziert, dann ist dies wahrscheinlich eine gute Schätzung der Fahrzeit, so die Vermutung.

Das ist bei Bohrproblemen aber nicht unbedingt so. Der Bohrkopf wird von zwei Motoren angetrieben, einer bewegt sich in Richtung der x-Achse, der andere in Richtung der y-Achse, nennen wir sie X- und Y-Motor. Soll die Maschine von (x_i, y_i) nach (x_j, y_j) fahren, so bewegt sich der X-Motor von x_i nach x_j und der Y-Motor von y_i nach y_j. Derjenige Motor, der am längsten braucht, bestimmt die zeitliche Entfernung zwischen den zwei Punkten. Die Bewegung ist jedoch nicht gleichförmig. Sie beginnt mit einer Beschleunigungsphase, dann fährt der Motor mit Maximalgeschwindigkeit, danach kommt die Bremsphase, zum Schluss muss der Bohrkopf noch ausgerichtet werden. Bei kurzen Strecken kommt es gar nicht zur Schnellfahrt, weil während der Beschleunigungsphase schon die Bremsphase eingeleitet werden muss. Ferner sind der X-Motor und der Y-Motor häufig nicht gleich schnell. Das kann an technischen Gegebenheiten oder unterschiedlicher Abnutzung liegen. Die »wahren« zeitlichen Entfernungen sind also durchaus schwierig zu ermitteln, selbst dann, wenn man alle technischen Parameter kennt.

In der Praxis behilft man sich häufig damit, dass man die Enfernung durch eine Näherungsformel schätzt. Ein üblicher Ansatz zur Abschätzung der Fahrzeit des Bohrkopfes besteht darin, das Maximum der Werte $|x_i - x_j|$ und $|y_i - y_j|$ zur Entfernung zwischen den Punkten (x_i, y_i) und (x_j, y_j) zu erklären. In der Mathematik wird dieser Abstand ℓ_∞-*Abstand* oder *max-Abstand* genannt.

❚❚ *Definition*

Der *max-Abstand* zweier Punkte (x_i, y_i), (x_j, y_j):

$$c_{\max}(i, j) := \max\{|x_i - x_j|, |y_i - y_j|\}$$

Manchmal ist einer der beiden Motoren langsamer als der andere, sagen wir, der X-Motor braucht doppelt so viel Zeit pro Längeneinheit wie der Y-Motor, dann definieren wir die Zielfunktion

$$c_{\max 2x}(i, j) := \max\{2\,|x_i - x_j|, |y_i - y_j|\}.$$

Ein Betriebsingenieur ist möglicherweise gar nicht an der schnellsten Lösung interessiert, sondern an einer Tour mit insgesamt geringster Maschinenbeanspruchung. Die Maschinenbelastung entspricht der gesamten Laufzeit beider Motoren, es müssen also die Laufzeiten des X-Motors und des Y-Motors summiert werden. Dieser Abstand wird ℓ_1-*Abstand* oder *Manhattan-Abstand* genannt. Stellen Sie sich die Straßen von Manhattan vor und wie Sie von einer Kreuzung zu einer anderen gelangen. Wie berechnen Sie den (gefahrenen) Abstand zwischen diesen beiden Punkten? Diese Beobachtung gab dem Manhattan-Abstand seinen Namen.

❚❚ *Definition*

Der *Manhattan-Abstand* zweier Punkte (x_i, y_i), (x_j, y_j):

$$c_1(i, j) := |x_i - x_j| + |y_i - y_j|$$

Schließlich kann man noch einen Kompromiss zwischen den Abständen $c_{\max}$ und c_1 suchen. Man möchte eine bezüglich der $c_{\max}$-Entfernung kürzeste Tour finden, und unter allen diesbezüglich minimalen Touren sucht man sich eine, die verschleißminimierend ist.

Hier ist die Grundidee: Man hat bereits eine ganzzahlige nichtnegative Zielfunktion wie z. B. $c_{\max}$. Dann möchte man unter allen optimalen Lösungen hinsichtlich dieser Zielfunktion eine Lösung haben, die bezüglich einer zweiten nichtnegativen ganzzahligen Zielfunktion so klein wie möglich ist. Zwei Zielfunktionen werden also geschickt miteinander kombiniert, so dass unter den verschiedenen Optimallösungen der ersten Zielfunktion diejenige herausgefischt wird, die für die zweite Zielfunktion den kleinsten Wert hat.

Um das zu erreichen, wendet man einen Trick an, den wir uns an unserem Beispiel klar machen. Eine optimale Rundreise für den $c_{\max}$-Abstand hat die Länge 43. Eine nächstschlechtere Lösung hätte die Länge 44. In dieser »Lücke« zwischen 43 und 44 bringen wir nun die Werte der zweiten Zielfunktion unter. Wie macht man das?

Wählen wir als zweite Zielfunktion $c_{\min}(i, j) := \min\{|x_i - x_j|, |y_i - y_j|\}$. Wir bestimmen zuerst eine echte obere Schranke M für den Maximalwert der zweiten Zielfunktion. 180 ist eine leicht zu ermittelnde obere Schranke, denn es müssen 18 Kanten ausgewählt werden, von denen keine länger als 10 Längeneinheiten sein kann. Damit es eine echte obere Schranke wird, legen wir noch etwas drauf und machen 200 daraus.

Teilt man den Wert einer Lösung für $c_{\min}$ durch diese obere Schranke, so ergibt das eine Zahl, die größer oder gleich Null und kleiner als Eins ist. Addieren wir nun für eine Tour T zu $c_{\max}(T)$ noch $\frac{c_{\min}(T)}{200}$ hinzu, so passiert genau das Gewünschte: Die Länge von T bezüglich $c_{\max}$ vergrößert sich um einen Wert größer oder gleich Null und kleiner als Eins. Die Summe nimmt für die Touren den kleinsten Wert an, die für $c_{\max}$ optimal sind und unter diesen für $c_{\min}$ den kleinsten Wert haben. Diese Tour ist für $c_{\min}$ alleine betrachtet nicht unbedingt optimal, sondern nur unter den für $c_{\max}$ optimalen die beste. Der neue Abstand $c_{\max\min}$ ist also so definiert:

$$c_{\max\min}(i, j) := \max\{|x_i - x_j|, |y_i - y_j|\} + \frac{1}{200} \min\{|x_i - x_j|, |y_i - y_j|\}.$$

Jetzt kommt noch ein weiterer geschickter Schachzug: Wir haben ja die beiden Zielfunktionen $c_{\min}$ und $c_{\max}$ gewählt. Die Manhattan-Entfernung c_1 lässt sich damit auch so ausdrücken: $c_1 = c_{\max} + c_{\min}$.

Das kann nun in die Definition von $c_{\max\min}$ eingeflochten werden. Schreiben wir sie erst einmal so:

$$c_{\max\min}(i, j) := \frac{199}{200} \max\{|x_i - x_j|, |y_i - y_j|\}$$
$$+ \frac{1}{200} \max\{|x_i - x_j|, |y_i - y_j|\} + \frac{1}{200} \min\{|x_i - x_j|, |y_i - y_j|\}.$$

Daraus folgt dann die Gleichung

$$c_{\max\min}(i, j) := \frac{199}{200} c_{\max}(i, j) + \frac{1}{200} c_1(i, j).$$

Die Parameter $\frac{199}{200}$ und $\frac{1}{200}$ zur Gewichtung der beiden Abstände sind also so gewählt, dass unter allen $c_{\max}$-minimalen Touren eine c_1-minimale Tour ausgewählt wird.

- Experimentieren Sie anhand eigener Beispiele mit den verschiedenen Abständen. Wie unterscheiden sich die Resultate? Gibt es Kanten, die in jeder Version vorkommen?
- Wählen Sie sich einen Beispielgraphen mit verschiedenen Hamiltonkreisen. Stellen Sie eine Tabelle auf, in der angegeben ist, wie lang jeder Hamiltonkreis bezüglich der verschiedenen Abstände ist.

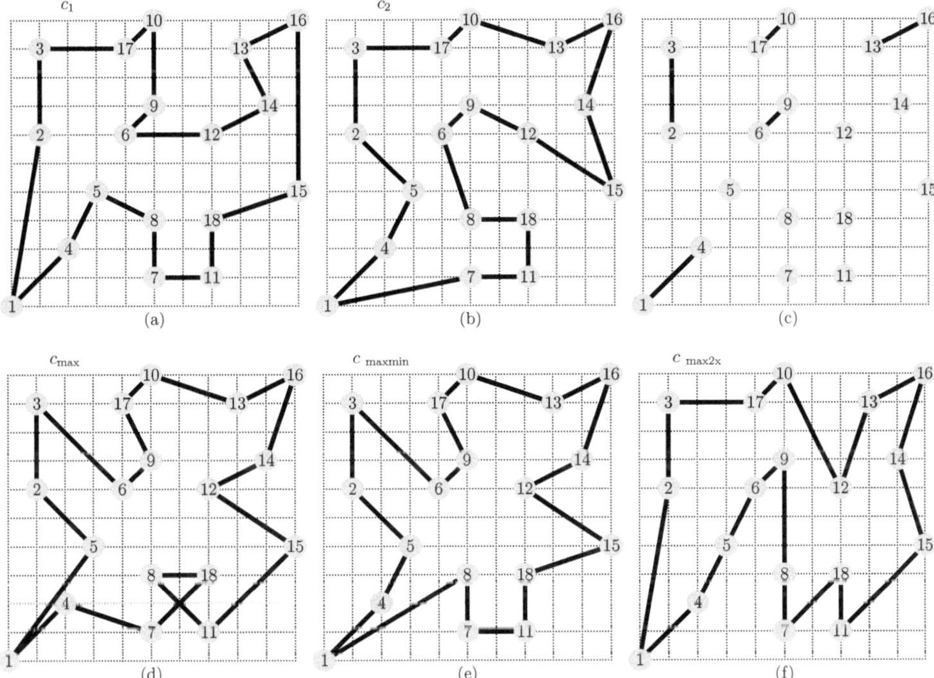

Abbildung 5. Optimale Touren für verschiedene Zielfunktionen. In (c) sieht man die Kanten, die in allen gezeigten Touren vorkommen.

■ Konstruieren Sie ein Beispiel, das bei verschiedenen Zielfunktionen unterschiedliche Touren liefert.

Die dritte Aufgabe ist in doppelter Hinsich schwer, zeigt aber auch deutlich, wie komplex das so einfach erscheinende TSP ist. Erstens müssen Sie für Ihr selbst konstruiertes Beispiel für die verschiedenen Zielfunktionen optimale Lösungen finden (mehr dazu im Abschnitt 5). Zweitens ist es nicht einfach, Beispiele zu finden, für die tatsächlich je nach gewähltem Abstand unterschiedliche optimale Touren existieren. Beginnen Sie mit sehr wenigen Knoten und fügen Sie nach und nach mehr Knoten hinzu. Testen Sie dabei immer, wie der neue Knoten sich in die bestehende Tour einfügt.

In Abbildung 5 sehen Sie verschiedene optimale Touren für das 18-Löcher-Bohrproblem: In 5(a) ist eine kürzeste Tour im Manhattan-Abstand c_1 zu sehen, Bild 5(b) zeigt eine kürzeste Tour bezüglich des euklidischen Abstands c_2. Die beiden Touren in 5(d), (e) sind bezüglich des max-Abstandes $c_{\max}$ minimal, wobei (e) auch bezüglich $c_{\max\min}$ minimal ist. Die Tour in (f) ist bezüglich der Entfernung $c_{\max 2x}$ minimal (mit langsamem X-Motor). Bild 5(c) zeigt diejenigen Kanten, die in allen vier optimalen Touren (a), (b), (d), (e) vorkommen.

Die folgende Tabelle gibt die Zielfunktionswerte der Touren (a), (b), (d), (e), (f) bezüglich der fünf Zielfunktionen c_1, c_2, $c_{\max}$, $c_{\max\min}$, $c_{\max 2x}$ wieder.

	c_1-Wert	c_2-Wert	$c_{\max}$-Wert	$c_{\max\min}$-Wert	$c_{\max 2x}$-Wert
Tour (a)	58	50,0822	47	47,0550	68
Tour (b)	60	48,5472	44	44,0800	72
Tour (d)	70	52,4280	43	43,1350	76
Tour (e)	64	49,5955	43	43,1050	72
Tour (f)	66	53,4779	48	48,0900	62

An den Touren aus unserem Beispiel sieht man bereits, dass man sich sehr genau überlegen muss, wie man ein Bohrproblem mathematisch modelliert. Der »wahre Abstand« zwischen zwei Bohrlöchern ist nicht die offensichtliche euklidische Entfernung. In Tour (d) überschneiden sich sogar zwei Kanten. Intuitiv ist das unsinnig, aber wir optimieren hier bezüglich des max-Abstandes, und in diesem Fall ist das Wegstück (7, 18, 8, 11) genauso lang wie das Wegstück (7, 8, 18, 11), und das Programm entscheidet zufällig, welches Wegstück in die optimale Tour aufgenommen wird. Fazit: Praxisgerechte Problemlösungen erfordern Nachdenken.

Löcherbohren ist aufwändig. Leiterplatten gehen dabei gelegentlich zu Bruch insbesondere, wenn Löcher sehr eng beeinander liegen. Man kann sich daher fragen, ob man wirklich so viele Löcher bohren muss, um eine Leiterplatte funktionsfähig zu machen. Gibt es konstruktive Maßnahmen, um die Löcherzahl zu verringern?

Man kann das tatsächlich dadurch bewerkstelligen, dass man die Leiterbahnen anders auslegt. Besonders hilfreich ist dabei, eine »günstige« Verteilung der Bahnstücke auf die Ober- und Unterseite. Hier stellt sich ein neues kombinatorisches Optimierungsproblem: Man weise die Leiterbahnen den zwei Seiten der Leiterplatte so zu, dass die Anzahl der zu bohrenden Löcher möglichst gering ist. Durch den Einsatz von mathematischer Optimierung kann man die Löcherzahl (gegenüber der gängigen Praxis) deutlich reduzieren, siehe hierzu [38], und somit auch die Arbeit für den Bohrer.

4 Der Ursprung des Travelling-Salesman-Problems

Ein Problem wie das TSP ist natürlich uralt. Mit Fragestellungen dieser Art beschäftigt sich bestimmt jeder, der Reisen plant. Eine der ersten Quellen, die das Problem explizit nennen, ist ein Reisehandbuch aus dem Jahre 1832. Abbildung 6 zeigt eine Kopie der Titelseite des Buches. Die zwei Textausschnitte rechts (Seiten 188 und 189 des Reisehandbuches) beschreiben das TSP. Der Autor gibt dann auf den nächsten Seiten konkrete Touren, z. B. die »Tour von Frankfurt nach Sachsen«

Der

Handlungsreisende

wie er sein soll

und was er zu thun hat, um Aufträge
zu erhalten und eines glücklichen Erfolgs
in seinen Geschäften gewiß zu sein.

Von

einem alten Commis - Voyageur.

Mit einem Titelkupfer.

Ilmenau 1832,

Druck und Verlag von B. Fr. Voigt.

aber es kann durch eine zweckmäßige Wahl und Eintheilung der Tour, manchmal so viel Zeit gewonnen werden, daß wir es nicht glauben umgehen zu dürfen, auch hierüber einige Vorschriften zu geben.

⋮

worauf der Reisende hauptsächlich zu sehen hat, des Hin- und Herreisens, mit mehr Oekonomie einzurichten. Die Hauptsache besteht immer darin: so viele Orte wie möglich mitzunehmen, ohne den nämlichen Ort zweimal berühren zu müssen.

Abbildung 6. Reisehandbuch von 1832 mit einer frühen Beschreibung des TSP

auf den Seiten 192–194, an, die er für günstig hält. Das kann man heute kaum noch überprüfen, da wir die Straßen- und sonstigen Reisebedingungen zur damaligen Zeit nicht mehr rekonstruieren können. Die aus heutiger Sicht kürzeste Rundreise durch die Städte in Hessen und Sachsen ist als rote Tour in Abbildung 9 (S. 113) zu sehen.

Karl Menger, ein österreichischer Mathematiker, hat sich in den 20er Jahren des 20. Jahrhunderts offenbar erstmals aus mathematischer Sicht mit dem TSP beschäftigt. Die ersten wissenschaftlichen Arbeiten stammen aus den 50er Jahren, darunter der Artikel [28], in dem das erste »große« TSP gelöst wurde. Die Autoren fanden eine kurze Rundreise durch 49 Städte in den USA und lieferten einen Beweis dafür, dass ihre Tour die kürzeste ist. Seither haben sich unzählige Mathematiker, Informatiker und Laien mit dem TSP beschäftigt. Übersichten hierzu findet man u. a. in den Büchern [48], [43].

Eine Eigenschaft, die das TSP so faszinierend macht, liegt darin, dass jeder, der sich mit dem Problem beschäftigt, sehr bald gute Einfälle zur Lösung des TSP hat.

■ Liebe Leserin, lieber Leser, nehmen Sie sich jetzt nochmals etwas Zeit und denken Sie über Lösungsmethoden nach. Entwerfen Sie also Algorithmen zur Lösung für das TSP. Experimentieren Sie mit möglichst vielen verschiedenen Verfahren und mit unterschiedlichen Graphen.

Als Beispiele können Sie das 18-Löcher-Bohrproblem oder auch selbst gewählte Rundreiseprobleme verwenden.

Ich bin sicher, dass Ihnen mehr Methoden einfallen, als ich nachfolgend skizzieren werde. Wenn Sie ein paar Ideen entwickelt und ausprobiert haben, dann denken Sie bei jedem der Verfahren anschließend darüber nach, ob es tatsächlich optimale Lösungen liefert. Probieren Sie aus, was passiert, wenn Sie das gleiche Verfahren mit verschiedenen Startknoten durchführen. Bauen Sie sich auch verschiedene Graphen, mit denen Ihre Verfahren optimale Lösungen konstruieren. Und wundern Sie sich nicht, wenn Ihnen diese Aufgabe schwierig vorkommt, denn das hat grundsätzliche Ursachen.

5 Lösungsmethoden

Mathematiker unterscheiden bei kombinatorischen Optimierungsproblemen (das gilt analog auch für andere Optimierungsprobleme) grundsätzlich zwei Lösungsansätze: exakte Algorithmen und Heuristiken.

Exakte Algorithmen zeichnen sich dadurch aus, dass sie für jedes Problembeispiel (also in unserem Fall für jedes konkrete TSP mit jeder beliebigen »Entfernung« zwischen zwei Knoten) eine Lösung konstruieren, die optimal ist. Und sie müssen einen Beweis für die Optimalität liefern! Bei *Heuristiken* ist der Anspruch geringer. Hier möchte man (möglichst in kurzer Zeit) eine zulässige Lösung finden (in unserem Falle eine Tour), und man hofft, dass der Wert der von der Heuristik gelieferten Lösung nicht zu weit vom Wert einer Optimallösung entfernt ist.

Laien ist der Unterschied häufig nicht so richtig klar. Ich habe mehrfach Briefe von Personen erhalten, die mir von ihren »revolutionären Methoden« zur Lösung von TSPs berichteten und mich um Hilfe bei der Vermarktung ihrer Software baten. In der Regel hatten sie (falls sie nicht aufgrund von angeblich anstehenden Patentierungsverfahren »Nebel warfen« und deswegen die Details nicht erklären wollten) eine einfache Heuristik entworfen, die bei ein paar selbst konstruierten kleinen Beispielen anscheinend optimale Lösungen geliefert hatte. Sie dachten, das wird dann auch bei anderen TSPs so sein, und hatten bereits Werbematerial für Software produziert, die Optimallösungen für alle TSPs versprach. Aber dafür braucht man einen mathematischen Beweis, sonst belügt man seine Kunden!

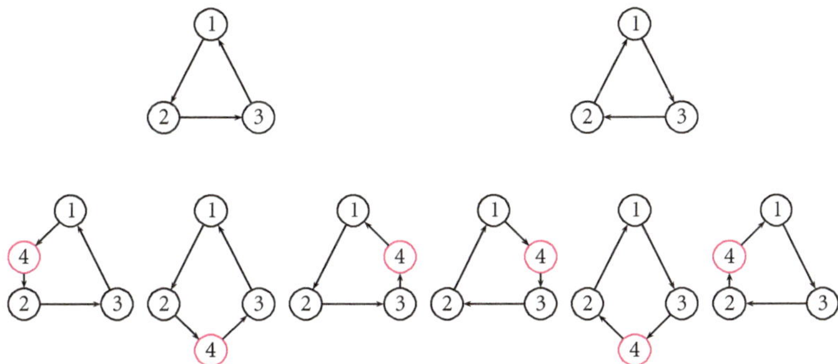

Abbildung 7. Alle verschiedenen Rundreisen durch 3 bzw. 4 Knoten für das ATSP

Exakte Algorithmen: Enumeration

Für einen »klassischen« Mathematiker sind Travelling-Salesman-Probleme »trivial«. Die Anzahl der verschiedenen Touren ist, bei gegebener Städtezahl, offensichtlich endlich. Also kann man die Touren enumerieren (d. h., eine Tour nach der anderen erzeugen), ihre Länge bestimmen und dann eine Tour kürzester Länge auswählen. Dieses Argument ist prinzipiell korrekt. Dabei wird jedoch vergessen, dass man, wenn, z. B. die Bohrreihenfolge für eine Leiterplatte zu bestimmen ist, gerne eine Lösung hätte, bevor die Leiterplatte in Produktion geht, dass also die benötigte Rechenzeit für den Einsatz in der Praxis eine entscheidende Rolle spielt. Enumeration ist offenbar ein exakter Algorithmus, aber praktisch ist diese Methode unbrauchbar. Warum das so ist, überlegen wir uns anhand unseres 18-Städte-TSP.

- Wie viele verschiedene Touren gibt es in vollständigen Graphen mit n Knoten? Betrachten Sie das symmetrische und das asymmetrische TSP.

Wir beginnen mit dem ATSP und untersuchen zunächst kleine Beispiele: Bei zwei Städten gibt es eine Tour, bei drei Städten 2, bei vier Städten offensichtlich 6 verschiedene Touren. Kurzes Nachdenken liefert eine Konstruktionsmethode. Kenne ich alle Touren über $n - 1$ Städte, so erhalte ich alle Touren mit n Städten auf folgende Weise. Ich liste alle Touren $T_1, T_2, \ldots$ mit $n - 1$ Städten auf. Aus jeder einzelnen dieser Touren mache ich $n - 1$ Touren über n Städte dadurch, dass ich nacheinander jeden Bogen (i, j) durch die zwei Bögen (i, n) und (n, j) ersetze. Aus den 2 Touren durch drei Städte werden so die 6 Touren durch vier Städte, siehe Abbildung 7.

Aus dieser Überlegung folgt, dass die Anzahl $A(n)$ aller Touren durch n Städte gleich der Anzahl aller Touren durch $n - 1$ Städte ist, multipliziert mit $n - 1$. Aus $A(2) = 1$, $A(3) = 2 = 2(A2)$ folgt dann unmittelbar (durch vollständige Induktion):

▌▌ *Satz*
Die Anzahl $A(n)$ aller ATSP-Touren durch n Städte ist

$$A(n) = (n-1)!$$

Beim symmetrischen TSP unterscheiden wir nicht zwischen einer (gerichteten) Tour und ihrer Rückrichtung. D. h., die Rundreise $(1, 2, 3, 4)$ ist dieselbe wie $(1, 4, 3, 2)$. Also ist die Anzahl $S(n)$ aller Touren des STSP durch n Städte gleich der Hälfte der Anzahl $A(n)$ der Touren des ATSP.

▌▌ *Satz*
Beim symmetrischen TSP ist die Anzahl $S(n)$ aller Touren durch n Städte

$$S(n) = \frac{1}{2}A(n) = \frac{1}{2}(n-1)!$$

Die Fakultätsfunktion wächst ungeheuer schnell. Wollen wir unser 18-Löcher-Bohrproblem lösen, so müssen wir $\frac{1}{2} \cdot 17!$ also $177\,843\,714\,048\,000$ Touren generieren und ihre jeweilige Länge berechnen. Macht man das auf die offensichtliche Weise, so muss man für jede Tourlänge n Additionen vornehmen, in unserem 18-Städte-Beispiel immerhin rund 3,2 Billiarden Additionen. Es gibt jedoch wesentlich geschicktere Tourengenerierer, die auf Resultaten über hamiltonsche Graphen beruhen, bei denen im Durchschnitt nur jeweils 3 Additionen pro Tour erforderlich sind.

Mein Mitarbeiter Ralf Borndörfer hat so ein »schnelles« Enumerationsverfahren implementiert. Es braucht auf einem Dell PC mit 2 GB Speicher und mit zwei Intel Pentium 4 Prozessoren, die mit 3,2 GHz getaktet sind, eine Gesamtrechenzeit von 15.233 Minuten und 42,78 Sekunden, also nicht ganz 11 Tage, um Tabelle 1 und die zugehörige Abbildung 8 für das 18-Löcher-Bohrproblem mit max-Entfernung zu erzeugen. (Eine Nebenbemerkung: Beim ersten Durchlauf, der »nur« 13.219 Minuten und 59,77 Sekunden gedauert hatte, waren mehrere Überläufe bei dem Vektor aufgetreten, der für die möglichen Zielfunktionswerte inkrementell die Anzahl der Touren zählt, die diesen Wert als Lösung haben. Daraufhin musste im C-Programm der Zählvektor von `int` (4 Bytes) auf `double` (8 Bytes) umdefiniert und die Rechnung mit der oben genannten Laufzeit wiederholt werden.)

Die Tabelle zeigt an, dass bei dieser Zielfunktion die kürzeste Tourlänge 43 und die längste 124 ist, dass also die 177 Billionen Touren nur Längen im Intervall [43,124] haben können. Darunter sind 16 Touren mit Länge 43. Diese sind also alle optimal. Abbildung 8 zeigt auf einer logarithmischen Skala an, wieviele Touren welche Tourlänge haben.

Tabelle 1. Die möglichen Tourlängen des 18-Löcher Bohrproblems bei *max*-Entfernung und die Anzahl der Touren mit der jeweiligen Länge

43	16	71	172209541500	99	6978559023616
44	100	72	245244658270	100	6244495474690
45	800	73	343149491900	101	5479849473844
46	3534	74	471943012064	102	4715202571782
47	12956	75	638138778488	103	3975504420746
48	42912	76	848619318748	104	3280703432478
49	132438	77	1110034058608	105	2650666075940
50	372592	78	1428613199066	106	2091119982816
51	994256	79	1809054779498	107	1613047093070
52	2521592	80	2254667176880	108	1212028051160
53	6055074	81	2765433680186	109	888250844100
54	13902226	82	3338898869324	110	632612260292
55	30721582	83	3967855667630	111	437558030732
56	64973678	84	4641782959536	112	293477361242
57	132952132	85	5345084813004	113	189853217168
58	262678618	86	6058581971982	114	118785323640
59	502140880	87	6759692128388	115	71056777216
60	933147656	88	7422687410466	116	40793341944
61	1683569970	89	8022048930284	117	22247075616
62	2959612206	90	8530723566270	118	11388817040
63	5072963886	91	8926671324850	119	5540265968
64	8488258830	92	9188149461752	119	5540265968
65	13880473854	93	9303009856806	120	2397103968
66	22212414106	94	9262110464766	121	995323392
67	34793007114	95	9065959154040	122	326822400
68	53417929270	96	8722548741612	123	99496512
69	80409526082	97	8244549048098	124	18745344
70	118767208978	98	7656039959930		

Bedenkt man, dass man zur Lösung eines 25-Städte-Problems mit dieser Enumerationsmethode eine Zeit benötigt, die $18 \times 19 \times \ldots \times 24$-mal so lang ist, dann müsste unser Laptop um den Faktor 1,7 Milliarden schneller sein, wenn wir ein 25-Städte-TSP in rund ein bis zwei Wochen lösen wollten. Enumeration ist also nicht praxistauglich, und wir müssen uns etwas Besseres überlegen.

Exakte Algorithmen: Ganzzahlige Programmierung

Die Methoden, die heutzutage zur Optimallösung von TSPs herangezogen werden, sind äußerst kompliziert und können daher hier nicht im Einzelnen dargestellt werden. Ich will nur kurz das Vorgehen skizzieren.

Wir betrachten ein symmetrisches n-Städte-TSP. Jeder der $\frac{1}{2}(n-1)!$ Touren ordnen wir einen Vektor im $\frac{1}{2}n(n-1)$-dimensionalen reellen Vektorraum $\mathbb{R}^{\frac{1}{2}n(n-1)}$ zu. Dies geschieht auf folgende Weise. Jede Komponente eines Vektors

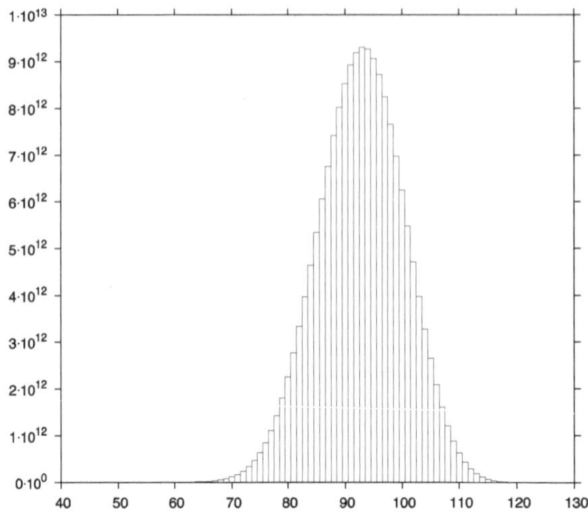

Abbildung 8. Häufigkeitsverteilung der Tourlängen für das 18-Löcher-Bohrproblem bezüglich der *max*-Entfernung

dieses Raumes bezeichnen wir mit einer Kante des vollständigen Graphen K_n (der K_n hat genau $\frac{1}{2}n\,(n-1)$ Kanten). Jeder Tour T ordnen wir einen Tour-Vektor zu. Der Tour-Vektor zur Tour T enthält in jeder Komponente eine 1, die zu einer Kanten gehört, die in T enthalten ist. Alle übrigen Komponenten sind 0.

Beispiel: Betrachten wir die Tour $(1, 3, 2, 5, 4)$, so enthält diese die Kanten 13, 14, 23, 25 und 45. Der K_5 enthält 10 Kanten, die wir wie folgt anordnen: 12, 13, 14, 15, 23, 24, 25, 34, 35, 45. Der zu der Tour $(1, 3, 2, 5, 4)$ gehörige Tour-Vektor ist dann der folgende vollständige Graph auf 5 Knoten: $(0, 1, 1, 0, 1, 0, 1, 0, 0, 1)$.

Auf diese Weise erhält man $\frac{1}{2}\,(n-1)!$ Vektoren im $\mathbb{R}^{\frac{1}{2}n(n-1)}$. Die konvexe Hülle dieser Vektoren ist ein Polytop, genannt *Travelling-Salesman-Polytop*, dessen Ecken genau die Tour-Vektoren sind. In langjähriger Forschungsarbeit sind viele Ungleichungen entdeckt worden, die Facetten des Travelling-Salesman-Polytops definieren (in drei Dimensionen sind die Facetten die Seitenflächen eines Polytops). Mit diesen Ungleichungen, eingebettet in so genannte *Schnittebenen-Verfahren* der *linearen ganzzahligen Optimierung*, verknüpft mit *Branch & Bound-Methoden* und unter Ausnutzung verschiedener heuristischer Ideen, können symmetrische TSPs mit Tausenden von Städten optimal gelöst werden. Mehr hierzu kann man in den Artikeln [20], [21], [31],[45], [50], [51], [52] und insbesondere auf der Webseite `http://www.tsp.gatech.edu/` finden.

Die hier kurz skizzierte Methodik ist eine grundsätzliche Vorgehensweise der ganzzahligen Optimierung. Sie ist insbesondere am TSP weiter entwickelt und verfeinert worden und gehört heute zum Standardrepertoire der ganzzahligen Optimierung, insbesondere wenn man beweisbar optimale Lösungen finden will.

Abbildung 9, mit Zustimmung der Autoren der Webseite `http://www.tsp.gatech.edu/d15sol/dhistory.html` entnommen, zeigt drei kürzeste Rund-

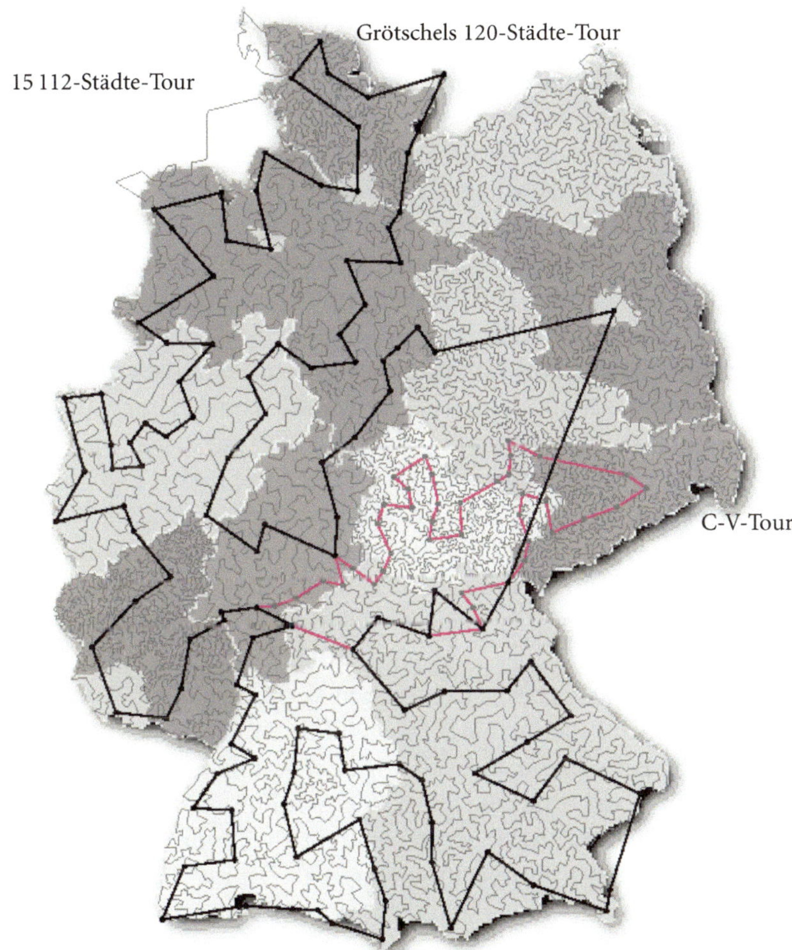

Abbildung 9.
Drei verschie-
dene optimale
Rundreisen durch
Deutschland

reisen durch Deutschland. Die rote Tour ist die Optimallösung der Rundreise Frankfurt–Sachsen, aus dem Buch des alten Commis Voyageurs, siehe Abbildung 6. Eine Tour ist die Lösung eines 120-Städte-Problems, das der Autor 1977 gelöst hat, siehe [37]. Damals war das Weltrekord. Die lange Deutschlandreise geht durch 15.112 Orte. Sie wurde 2001 von Applegate, Bixby, Chvátal und Cook gefunden, damals ebenfalls Weltrekord. Der derzeitige Weltrekord (Juni 2005) ist die optimale Lösung eines Leiterplatten-Problems mit 33.810 Bohrlöchern. Sie wurde 2005 von William Cook, Daniel Epsinoza und Marcos Goycoolea gefunden.

Ich möchte hier nicht den Eindruck erwecken, dass die Lösung der großen TSPs »mühelos« ist. Dahinter stecken langjähriger Forschungsaufwand vieler und eine große Zahl von Mannjahren an Implementationsarbeit. Allein der Rechenaufwand zur Lösung des deutschen 15.112-Städte-TSP war gewaltig. Die Lösung wurde auf 110 Prozessoren an der Rice University in Houston, Texas, und der Princeton University in Princeton, New Jersey, berechnet. Die Gesamtrechenzeit im Jahre 2001 (skaliert auf Compaq EV6 Alpha-Prozessoren mit 500 MHz) betrug 22,6 Jahre, bis ein Beweis für die Optimalität der gefundenen Tour erbracht war. Natürlich wird in der Praxis niemand so viel Aufwand treiben wollen. Aber hier geht es um die wissenschaftliche Entwicklung neuer Lösungsmethoden, und dann versucht man schon gerne einmal, neue Weltrekorde aufzustellen. (Es gibt ja auch Leute, die auf den Mount Everest steigen, obwohl das eigentlich völlig nutzlos ist.) Im Falle des TSP hat die Methodenentwicklung praktische Auswirkungen. Auf linearer Programmierung basierende Schnittebenenverfahren, verknüpft mit Branch&Bound und verschiedenen Heuristiken, haben sich als robuste und vielseitig verwendbare Lösungsmethoden für kombinatorische Optimierungsprobleme etabliert und werden bei vielen Anwendungsfällen wirkungsvoll eingesetzt.

Der TSP-Code *Concorde* der Kollegen Applegate, Bixby, Chvátal und Cook, der zur Lösung des 15.112-Städte-TSP benutzt wurde, kann von der Webseite `http://www.tsp.gatech.edu/concorde/index.html` heruntergeladen werden. Er liefert in vielen Fällen überraschend schnell eine optimale Lösung, häufig schneller, als eine »selbst gestrickte« Heuristik eine ordentliche Lösung findet. Eine »praktisch akzeptable« Laufzeitgarantie kann aber auch Concorde nicht abgeben. Die Kombination der verschiedenen Verfahren, die in Concorde stecken, kann in ungünstigen Fällen zu einer Laufzeit führen, die exponentiell in der Problemgröße ansteigt. Beim Concord-Code wird der (erfolgreiche) Versuch unternommen, die unvermeidbare Laufzeitexplosion durch Einsatz von hoch spezialisierten mathematischen Algorithmen so weit wie möglich hinauszuzögern. Das TSP ist jedoch eines der $\mathcal{NP}$-schweren Probleme (vgl. Kapitel 9), und so wird es wohl nie ein beweisbar schnelles Verfahren zur optimalen Lösung des TSP geben, es sei denn, jemand beweist $\mathcal{P} = \mathcal{NP}$. Dann werden die »algorithmischen Karten völlig neu gemischt werden« müssen. (Daran glaube ich jedoch nicht.)

Das gegenwärtige »Super-TSP-Projekt« besteht in dem Versuch, eine optimale Lösung eines symmetrischen TSP mit 1.904.711 Städten der Welt zu finden, siehe `http://www.tsp.gatech.edu/world/pictures.html`. Die beteiligten Kollegen haben inzwischen eine Tour konstruiert, deren Länge von einer (mit riesigem Aufwand berechneten) unteren Schranke für die optimale Tourlänge nur um 0,076 % abweicht. Für jeden praktischen Zweck ist das natürlich ausreichend, nicht jedoch, wenn man einen Beweis für die Optimalität liefern will.

Nebenbei bemerkt, diese Weltrekord-Geschichte bezieht sich nur auf das symmetrische TSP. Beim asymmetrischen TSP ist man bisher nicht in diese Größenordnungen vorgedrungen. Das ATSP scheint in der Praxis schwerer zu sein. Keiner weiß aber wirklich, warum und wieso.

Heuristiken

In der Praxis möchte man große TSPs meistens relativ schnell »lösen«. Man ist manchmal gar nicht an einer wirklichen Optimallösung interessiert. Eine »gute« Lösung würde schon reichen, wenn sie in kurzer Zeit bestimmt werden könnte.

Ein Hauptgrund für die Reduzierung des Anspruchs ist, dass die Daten nicht genau ermittelt oder sogar nur geschätzt werden können. Die Fahrtzeit eines Autos zwischen zwei Orten zum Beispiel ist vom Fahrzeug, Verkehr, Wetter, etc. abhängig und nur grob abschätzbar. In solchen Fällen ist das Bestehen auf beweisbarer Optimalität eine überzogene Forderung. Ferner ist das TSP häufig nur eines von mehreren Problemen, die bearbeitet werden müssen. Bei der Produktion von Flachbaugruppen etwa sind die Herstellung der Leiterplatte selber, die Bestückung und die Verlötung viel wichtigere und zeitkritischere Operationen als das Bohren. Darüber hinaus werden Problemdaten aus den verschiedensten Gründen häufig kurzfristig geändert, so dass man immer wieder neue Durchläufe des Planungszyklus machen muss und sich daher der Aufwand zur Bestimmung jeweils bestmöglicher Lösungen nicht notwendig lohnt.

Dies sind die Szenarien, bei denen Heuristiken zum Einsatz kommen. Das Ziel ist hier, Algorithmen zu entwerfen, die gute (und möglichst auch beweisbar gute) Touren produzieren. Dabei ist man nicht so sehr an Verfahren interessiert, die für allgemeine TSPs ordentlich arbeiten. Sie sollen für die in einer Anwendung typischen TSP-Beispiele gute Lösungen liefern und dies in einer für die vorliegenden Anwendungsszenarien angemessenen Laufzeit auf Rechnern, die hierfür zur Verfügung stehen.

Solche Anforderungen sind bei meinen Industriekontakten fast immer gestellt worden. Bei der Optimierung des Bohrens von Vias zum Beispiel wurde ganz konkret vereinbart, dass TSPs in einer gewissen Größenordnung mit *max*-Abständen und relativ regulärer Bohrlochstruktur auf einem bestimmten PC in weniger als drei Minuten (inklusive Zeit für Input und Output) zu lösen sind, siehe [39]. Der Entwurf von Heuristiken muss derartige Forderungen berücksichtigen.

Über solche Fälle im Detail zu berichten, würde hier zu weit führen, doch möchte ich einige prinzipielle Ideen vorstellen, die beim TSP ordentlich funktionieren, aber auch bei anderen kombinatorischen Optimierungproblemen in analoger Weise zum Tragen kommen können.

Greedy-Algorithmen

Greedy heißt gefräßig, und simplere Methoden als Greedy-Algorithmen sind kaum denkbar. Man betrachtet ein kombinatorisches Optimierungsproblem und definiert eine »gefräßige Auswahlregel«, der man einfach folgt. Da man viele solcher Regeln wählen kann, gibt es ganz unterschiedliche Greedy-Algorithmen. Bei der Berechnung von minimalen aufspannenden Bäumen zum Beispiel (siehe Kapitel 2 dieses Buches) sortiert man die Kantengewichte aufsteigend (genauer: nicht absteigend) und arbeitet dann die Kanten in dieser Reihenfolge ab. Kann die nächste zur Auswahl stehende Kante zur Menge der bereits gewählten Kanten hinzugefügt werden, ohne dass ein Kreis entsteht, so nimmt man die Kante, sonst nicht. Erstaunlich ist, dass dieses myopische Verfahren tatsächlich in einem zusammenhängenden Graphen einen aufspannenden Baum mit minimalem Gewicht liefert.

Man kann dieses Verfahren auf das TSP wie folgt übertragen, was Sie eventuell bei Ihren eigenen Experimenten zur Konstruktion optimaler Touren auch in ähnlicher Weise getan haben. Man sortiert die Kanten wie oben und fügt eine zur Entscheidung anstehende Kante (also eine noch nicht verarbeitete Kante, die unter allen noch verfügbaren Kanten das kleinste »Gewicht« hat) nur dann der Menge der bereits gewählten Kanten hinzu, wenn diese sich dann noch zu einer Tour ergänzen lassen. Das bedeutet, dass die jeweils ausgewählten Kanten aus einer Menge von Wegen bestehen, wobei eine Kante nur dann hinzugefügt wird, wenn entweder zwei Wege verbunden werden, ein Weg verlängert oder ein neuer Weg (bestehend aus nur einer Kante) zur gegenwärtigen Menge hinzugefügt wird. Praktische Tests haben gezeigt, dass dieses Verfahren (genannt *GREEDY-TSP*) keine guten Touren liefert.

■ *Die Greedy-TSP-Heuristik* ■
Eingabe: ein vollständiger gewichteter Graph
Ausgabe: ein Hamiltonkreis
1. Wähle eine noch nicht markierte Kante minimalen Gewichts und markiere sie, falls die markierten Kanten sich dann noch zu einer Tour ergänzen lassen.
2. Wiederhole 1., bis die markierten Kanten einen Hamiltonkreis bilden.

Überlegen Sie sich, wie man testen kann, ob die jeweilige neu gewählte Kante das Kriterium erfüllt und wie man der Menge der gewählten Kanten (ohne sie in den Graphen einzuzeichnen) ansieht, ob sie einen Hamiltonkreis bildet. Arbeiten Sie dabei wieder mit der Vorstellung der »Froschperspektive« des Computers (vgl. Kapitel 1).

Viel besser (aber noch längst nicht gut) ist die folgende Variante des Greedy-Algorithmus, auf die die meisten bei ihren Überlegungen sehr schnell kommen. Man wählt einen beliebigen Knoten, sagen wir s, als Startknoten aus. Von diesem geht man zu dem am nächsten gelegenen Knoten. Ist man an einem beliebigen Konten i angelangt, so hat man einen Weg vom Startknoten s zu i gefunden. Nun wird der Weg zu einem Knoten j verlängert, der noch nicht im vorhandenen Weg ist und so nah wie möglich bei i liegt. Sind bereits alle Knoten im Weg vorhanden, so geht man zum Startknoten zurück. Dieses Verfahren heißt »Nächster Nachbar« oder kurz *NN-Heuristik*.

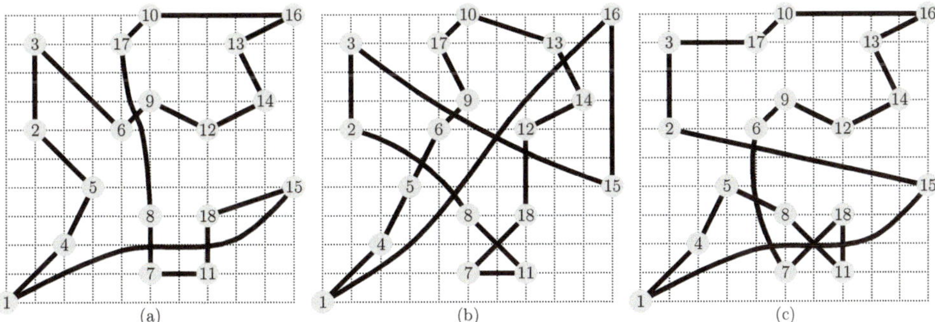

Abbildung 10. Nächster-Nachbar-Heuristik bezüglich *max*-Abstand mit Startknoten 1: Es entstehen unterschiedliche Touren je nach Wahl des auf Knoten 5 folgenden Knotens.

■ *Die Nächster-Nachbar-Heuristik* ■

Eingabe: ein vollständiger gewichteter Graph

Ausgabe: ein Hamiltonkreis

1. Wähle einen Startknoten s.
2. Gehe von s aus zu einem Knoten v mit minimalem Abstand zu s.
3. Gehe von dem eben erreichten Knoten v zu einem noch nicht besuchten Knoten mit minimalem Abstand zu v.
4. Falls es noch unbesuchte Knoten gibt, gehe zu 3., anderenfalls kehre zum Startknoten s zurück.

Betrachten wir unser 18-Städte-TSP mit *max*-Abstand. Wählen wir 1 als Startknoten, so müssen wir bei der NN-Heuristik zum Knoten 4 gehen, danach zu 5. Beim *max*-Abstand sind die Knoten 2, 6 und 8 gleich weit von 5 entfernt. Wir wählen dann einen der drei Knoten zufällig oder einfach den ersten der drei Knoten in der Nachbarliste, in diesem Falle wäre das Knoten 2. Sie sehen hier bereits, dass bei nicht eindeutig definiertem nächsten Nachbarn je nach Zufallsauswahl ganz unterschiedliche Touren entstehen können. Spielen Sie die verschiedenen Fälle bis zum Ende durch.

Abbildung 10 zeigt drei verschiedene Touren des 18-Städte-TSP mit *max*-Entfernung, die bei Anwendung der NN-Heuristik mit Startknoten 1 und jeweils unterschiedlicher Auswahl der nächsten Nachbarn (bei gleicher Entfernung) produziert werden.

Die beiden oben skizzierten Heuristiken sind für das STSP formuliert worden, sie sind offensichtlich auch für das ATSP anwendbar. Greedy-Algorithmen sind beim TSP schnell. Die NN-Heuristik zum Beispiel berührt jede Kante höchstens zweimal, hat also eine Laufzeit von $O(n^2)$. (Die hier verwendete »O-Notation« gibt eine obere Schranke für die Abschätzung der Laufzeit in Abhängigkeit von der Größe des Inputs an. $O(n^2)$ bedeutet, dass der Algorithmus bei Eingabe eines

Graphen mit n Knoten höchstens $an^2 + bn + c$ Rechenschritte machen muss.)
Jeder (vernünftige) Algorithmus zur Lösung eines TSP sollte die Länge jeder Kante
mindestens einmal anschauen, schneller als mit NN geht es also kaum. Aber die
NN-Touren sind nicht wirklich »konkurrenzfähig«. NN-Touren können nämlich
beliebig weit vom Optimum entfernt sein.

Das können Sie sich klar machen, indem Sie die NN-Heuristik auf Graphen
mit verschiedenen Gewichtungen anwenden. Das Problem ist die zuletzt gewählte
Kante. Erfinden Sie Graphen, in denen es passieren kann, dass die NN-Heuristik
die teuerste Kante wählen muss!

Eine kleine Modifikation kann die NN-Heuristik etwas verbessern, wobei es
dann immer noch vorkommen kann, dass man meilenweit vom Optimum entfernt landet. Anstatt wie bei NN den Kreis schrittweise in eine Richtung wachsen
zu lassen, werden hier in beiden Richtungen Kanten hinzugefügt, je nachdem, auf
welcher Seite des bereits konstruierten Weges es gerade günstiger geht.

■ *Die Doppelter-Nächster-Nachbar-Heuristik* ■
Eingabe: ein vollständiger gewichteter Graph
Ausgabe: ein Hamiltonkreis
1. Wähle einen Startknoten s.
2. Wähle einen Knoten mit minimalem Abstand zu s und die zugehörige
   Kante.
3. Suche für beide Endknoten des bereits konstruierten Weges je einen nächst-
   gelegenen unbesuchten Knoten. Füge dem bereits konstruierten Weg den-
   jenigen Knoten mit dem kleineren Abstand und die entsprechende Kante
   hinzu.
4. Falls es noch unbesuchte Knoten gibt, gehe zu 3., anderenfalls füge die beiden Endknoten des bereits konstruierten Weges verbindende Kante hinzu.

Approximationsalgorithmen für das STSP

Heuristiken, für die man (zumindest unter gewissen Umständen) eine Gütegarantie angeben kann, nennt man gelegentlich auch *Approximationsalgorithmen*. Wir
unterstellen dabei (häufig ohne es explizit zu sagen), dass ein Approximationsalgorithmus eine polynomiale (bzw. eine in der Praxis brauchbare) Laufzeit haben
sollte. Denn wenn wir auch exponentielle Laufzeiten zulassen, dann können wir ja
gleich enumerieren und eine optimale Lösung bestimmen. Wie solch eine Gütegarantie definiert ist, finden Sie am Ende dieses Kapitels (Abschnitt »Vertiefung«).
Dort wird auch gezeigt, dass es für das allgemeine STSP oder ATSP keine beispiel-
unabhängigen Gütegarantien geben kann, falls sich die (wichtige und immer noch
offene) Vermutung $\mathcal{P} \neq \mathcal{NP}$ (vgl. Kapitel 9) bestätigt.

Wenn man TSP-Heuristiken mit Gütegarantien entwickeln will, muss man aufgrund dieser Überlegungen Zusatzannahmen an die Zielfunktion machen. Eine diesbezüglich erfolgreiche Idee ist, geometrische Bedingungen zu fordern, die in der Praxis häufig erfüllt sind. Die beliebteste unter diesen Bedingungen ist die so genannte *Dreiecksungleichung*. Sie besagt, dass der direkte Weg von Stadt i nach Stadt k nicht länger sein darf als der Weg von i nach k über eine andere Stadt j, in Formeln: $c(i, k) \leq c(i, j) + c(j, k)$ für alle $i, j, k \in \{1, \ldots, n\}, i, j, k$ voneinander verschieden. Beim Leiterplatten-Bohrproblem ist für alle betrachteten Zielfunktionen die Dreiecksungleichung erfüllt. (Sie sind aus mathematischer Sicht von so genannten Metriken abgeleitet.) Die Entfernungstabellen in Straßenatlanten erfüllen die Dreiecksungleichung hingegen meistens nicht. Das gilt z. B. für die Entfernungsmatrix, die dem deutschen 120-Städte-Problem aus Abbildung 9 zugrunde liegt. Der Grund dafür ist, dass diese Tabellen km-Angaben machen und bei der Entfernungsberechnung Wege auswählen, die einen möglichst hohen Autobahnanteil haben. Häufig sind diese Strecken zeitlich günstiger als die km-mäßig kürzeren über Landstraßen.

Wir betrachten nun folgende ganz einfache Heuristik für STSPs mit Zielfunktionen c, für die die Dreiecksungleichung gilt. Sie heißt *Spanning-Tree-Heuristik*, kurz *ST-Heuristik*:

Wir konstruieren in einem gewichteten vollständigen Graphen mit n Knoten einen minimalen aufspannenden Baum (vgl. Kapitel 2). Die Gesamtlänge dieses minimalen aufspannenden Baumes ist kleiner als die Länge einer optimalen Tour. Prüfen Sie dies an Beispielen nach. Aber warum ist das so? Überlegen Sie erst selbst, bevor Sie weiterlesen.

■■ *Satz*

Gilt die Dreiecksungleichung, so ist eine optimale Tour in einem gewichteten Graphen immer mindestens so lang wie die Summe der Kantengewichte eines minimalen aufspannenden Baumes desselben Graphen.

Die Begründung ist nicht kompliziert, aber man kommt nicht ohne weiteres darauf: Entfernt man aus einer optimalen Tour T eine Kante, so entsteht ein aufspannender Baum B des Graphen. Dieser aufspannende Baum hat mindestens die gleiche Gesamtlänge wie ein minimaler aufspannender Baum $B_{\min}$ desselben Graphen. Es gilt also $c(B) \geq c(B_{\min})$. Die Länge der entfernten Kante ist nicht negativ (siehe dazu die nächste Aufgabe). Darum gilt: $c(T) \geq c(B) \geq c(B_{\min})$.

■ Zeigen Sie, warum ein Graph, in dem die Dreiecksungleichung erfüllt ist, keine negativen Kanten haben kann.

Darüber hinaus muss ein Graph, in dem die Dreiecksungleichung erfüllt ist, vollständig sein, sonst könnte man nicht zwischen allen möglichen Kombinationen von drei Knoten Dreiecke finden.

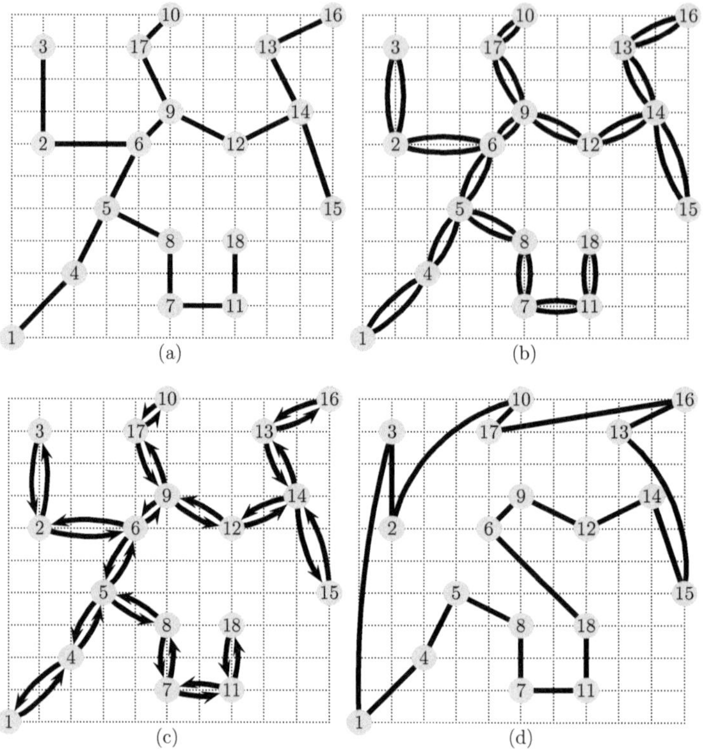

Abbildung 11. Konstruktion einer Tour mit der Spanning-Tree-Heuristik bezüglich der Manhattan-Erntfernung

Zurück zur Spanning-Tree-Heuristik: Nun wird der minimale aufspannende Baum in zwei Schritten in einen Hamiltonkreis umgebaut. Alle Kanten des Baumes werden verdoppelt. Der neue Graph G enthält somit zu jeder Kante eine parallele Kante. Abbildung 11 zeigt in (a) einen kürzesten aufspannenden Baum bezüglich der Manhattan-Entfernung und in (b) den Graphen G mit der verdoppelten Kantenmenge von B.

Was ist das Besondere an G? Für die Summe der Gewichte aller Kanten in G (hier bezeichnet mit $c(E)$) gilt, dass sie gleich dem doppelten Gewicht des Baumes ist und damit kleiner oder gleich dem doppelten Gewicht einer optimalen Tour T_{opt}.

$$c(E) = 2c(B) \leq 2c(T_{opt}).$$

Und G ist eulersch (siehe Kapitel 3 dieses Buches), d. h. G ist zusammenhängend und jeder Knotengrad ist gerade. Es gibt also eine eulersche Tour in G. Abbildung 11 (c) zeigt eine eulersche Tour, der wir eine (von mehreren möglichen) Orientierungen gegeben haben. Sie beginnt in Knoten 1, führt zu Knoten 4, dann zu 5, zu 8, 7, usw.

Jetzt kommt ein einfacher (aber pfiffiger) Schritt. Wir machen aus der orientierten eulerschen Tour einen hamiltonschen Kreis (= TSP-Tour) T durch Abkürzung. Wir wandern (z. B. von Knoten 1 aus startend) entlang der eulerschen Tour und folgen der gewählten Orientierung. Gelangen wir vom gegenwärtigen Knoten i über den Bogen der Eulertour zu einem Knoten j, den wir noch nicht berührt haben, so nehmen wir die zugehörige Kante ij in die zu konstruierende TSP-Tour auf. Haben wir den Knoten j vorher schon besucht, so gehen wir entlang der Orientierung der Eulertour so lange weiter, bis wir einen bisher unbesuchten Knoten k gefunden haben, und nehmen die Kante ik in die TSP-Tour auf. Gibt es keinen solchen Knoten k mehr, dann müssen wir irgendwann zum Knoten 1 zurückkehren und schließen den hamiltonschen Kreis mit der Kante $i1$. Dies ist die von der ST-Heuristik konstruierte TSP-Tour T.

◼ *Die Spanning-Tree-Heuristik* ◼
Eingabe: ein vollständiger gewichteter Graph
Ausgabe: ein Hamiltonkreis
1. Konstruiere einen minimalen aufspannenden Baum B.
2. Verdoppele alle Kanten von B, es entsteht der eulersche Graph G.
3. Konstruiere eine Eulertour in G.
4. Wähle einen Startknoten und gehe die Eulertour ab. Lasse bereits besuchte Knoten weg und füge die direkte Verbindung zwischen den jeweils verbleibenden Knoten ein.

Verfolgen wir das Vorgehen in Abbildung 11 (c) und (d). Wir beginnen in 1, gehen dann zu 4, zu 5, zu 8, zu 7, zu 11 und zu 18. Die den durchlaufenen Bögen zugehörigen Kanten nehmen wir in die zu konstruierende Tour auf. Von 18 führt die Eulertour zu 11 (da waren wir schon), dann zu 7, zu 8, zu 5 (auch diese Knoten haben wir schon besucht), dann zu 6. Wir fügen nun die Kante von 18 nach 6 zur hamiltonschen Tour hinzu.

Was haben wir gemacht? Wir haben den Weg von 18 über 11, 7, 8 und 5, nach 6 durch die Kante von 18 nach 6 ersetzt. Da die Dreiecksungleichung gilt, erhalten wir

$$c(18, 6) \leq c(18, 11) + c(11, 7) + c(7, 8) + c(8, 5) + c(5, 6).$$

Also haben wir die Eulertour »abgekürzt«.

Jetzt geht es in unserem Beispiel weiter. Wir gehen von 6 nach 9, dann nach 12, nach 14 und nach 15. Von 15 geht es zurück nach 14 (da waren wir schon) und nach 13. Wir fügen zur TSP-Tour die Kante von 15 nach 13 hinzu und kürzen den Weg der Eulertour von 15 über 14 nach 13 ab. Und so weiter. Das Ergebnis ist in Abbildung 11 (d) zu sehen.

Das Besondere an diesem Verfahren ist, dass die Länge $c(T)$ der Tour, die so entsteht, durch den Wert $c(E)$, der die Länge der Eulertour bezeichnet, nach oben beschränkt ist, denn T entsteht aus E dadurch, dass Wege in E durch Kanten ersetzt werden. Die Länge einer Kante ik, die einen (i, k)-Weg ersetzt, ist aufgrund der Dreiecksungleichung nie länger als der ersetzte (i, k)-Weg. Wir erhalten die Abschätzung:

$$c(T) \leq c(E) \leq 2c(T_{opt}).$$

Damit haben wir bewiesen, dass die Spanning-Tree-Heuristik, falls die Dreiecksungleichung gilt, eine Lösung produziert, die maximal 100 % von der optimalen Tourlänge abweicht, also eine so genannte 1-approximative Heuristik ist.

▌▌ *Satz*
Für Entfernungen, die die Dreiecksungleichung erfüllen, konstruiert die Spanning-Tree-Heuristik Touren, die maximal 100 % von der optimalen Tourlänge abweichen.

Dieses Verfahren hat Christofides durch folgende Idee verbessert. Statt den kürzesten aufspannenden Baum B zu verdoppeln, berechnet man das minimale perfekte Matching M (vgl. Kapitel 3 und 7) auf den Knoten von B, die ungeraden Grad haben. Fügt man diese Matchingkanten dem minimalen aufspannenden Baum hinzu, so entsteht wiederum ein eulerscher Graph, und man konstruiert eine Tour T wie oben durch Abkürzung.

■ *Die Christofides-Heuristik* ■
Eingabe: ein vollständiger gewichteter Graph
Ausgabe: ein Hamiltonkreis
1. Konstruiere einen minimalen aufspannenden Baum B.
2. Suche ein minimales perfektes Matching auf den Knoten von B, die ungeraden Grad haben. Füge diese Kanten zu B hinzu. Es entsteht der eulersche Graph G.
3. Konstruiere eine Eulertour in G.
4. Wähle einen Startknoten und gehe die Eulertour ab. Lasse bereits besuchte Knoten weg und füge die direkte Verbindung zwischen den jeweils verbleibenden Knoten ein.

Diese Heuristik hat eine Gütegarantie von 0,5; die *Christofides-Tour T* ist also im schlechtesten Fall 50 % länger als die kürzeste Tour. Um diese Gütegarantie zu beweisen, betrachtet man die ungeraden Knoten und das minimale perfekte Matching. Diese Matchingkanten und die Kanten eines dazu »komplementären« Matchings bilden einen Kreis, der aufgrund der Dreiecksungleichung höchstens so lang ist wie die optimale Tour. Die Kanten des minimalen perfekten Matchings sind zusammen höchstens halb so lang wie dieser Kreis. Der minimale aufspannende Baum ist, wie bereits gezeigt, höchstens so lang wie die optimale Tour und daher ist die Länge der Christofides-Tour höchstens 150 % der Länge einer optimalen Tour. Versuchen Sie, diese Argumentation mit Papier und Bleistift und vielen Beispielen nachzuvollziehen!

▌▌ *Satz*

Für Entfernungen, die die Dreiecksungleichung erfüllen, konstruiert die Christofides-Heuristik Touren, die maximal 50 % von der optimalen Tourlänge abweichen.

Derzeit kennt man keinen Approximationsalgorithmus für STSPs, der eine bessere beweisbare Gütegarantie hat als die Christofides-Heuristik. Macht man jedoch stärkere Annahmen, zum Beispiel, dass das TSP geometrisch durch Punkte in der Ebene gegeben und die Entfernung zwischen zwei Punkten der euklidische Abstand ist, so kann man zu jedem $\epsilon > 0$ eine Heuristik mit polynomialer Laufzeit konstruieren, die die Gütegarantie ϵ besitzt, siehe hierzu [22].

Ein offenes Problem ist die Approximierbarkeit des ATSP. Hier kennt man, wenn man die Dreiecksungleichung z. B. voraussetzt, nur Approximationsalgorithmen, deren Güte von der Anzahl der Städte abhängt. Niemand weiß derzeit, ob unter diesen Voraussetzungen eine Heuristik mit einer konstanten Gütegarantie (sei die erlaubte Abweichung auch 1000 %) konstruiert werden kann.

Verbesserungsverfahren

Die oben skizzierten Heuristiken (GREEDY, NN, ST, Christofides) nennt man auch *Konstruktionsheuristiken*. Sie erzeugen bei ihrer Ausführung jeweils nur eine einzige Tour und hören dann auf.

- Entwickeln Sie Strategien, wie man bereits konstruierte Touren verbessern kann.

Schaut man sich die heuristisch gefundenen Touren in den Abbildungen 10 und 11 an, so sieht man sofort Verbesserungsmöglichkeiten. Ersetzt man z. B. in Abbildung 10(a) die Kanten von 8 nach 17 und 6 nach 9 durch die Kanten 6 nach 17 und 8 nach 9, so erhält man eine kürzere Tour. Einen solchen Tausch von zwei Kanten nennt man *Zweier-Tausch*. Diese Idee kann man erweitern und statt zwei auch drei, vier oder mehr Kanten gleichzeitig so austauschen, dass eine neue Tour entsteht. Man kann auch einen (oder mehrere) Knoten herausnehmen und an anderer Stelle wieder einsetzen, um Verbesserungen zu erzielen. In der Tour 10(c) kann man z. B. aus dem Weg von 2 nach 15 nach 1 den Knoten 15 entfernen, den Weg durch die Kante von 1 nach 2 ersetzen und den Knoten 15 zwischen 12 und 14 schieben, also die Kante 12, 14 durch den Weg von 12 über 15 nach 14 ersetzen. Das ist eine deutliche Verkürzung. Heuristiken, die mit einer Tour beginnen und iterativ die jeweils vorhandene Tour manipulieren, um eine bessere zu erzeugen, nennt man *Verbesserungsheuristiken*.

Es gibt enorm viele »Spielmöglichkeiten« zum Austauschen von Kanten und Knoten. Man wendet einen solchen Austausch nicht nur einmal an, sondern versucht iterativ, die jeweils neu erzeugte Tour wieder durch einen Austausch zu verkürzen. In der Literatur firmieren solche Heuristiken häufig auch unter dem Begriff *local search*. Verbesserungsheuristiken sind die in der Praxis bei weitem erfolgreichsten Verfahren. Das derzeit am besten funktionierende Verbesserungsverfahren dieser Art basiert auf der *Lin-Kernighan-Heuristik*, deren präzise Beschreibung den Rahmen dieses Kapitels sprengen würde. Viele Experimente sind jedoch nötig, um die verschiedenen Parameter dieses Verfahrens gut aufeinander abzustimmen.

Man beobachtet bei praktischen Experimenten, dass Verbesserungsheuristiken in so genannten »lokalen Optima« stecken bleiben. Lokale Optima sind Touren, die durch den betrachteten Austauschmechanismus nicht verkürzt werden können. Dann gibt es zwei »Tricks«, um aus einer solchen Falle herauszukommen. Man schaltet auf ein anderes Austauschverfahren um, oder man lässt (gesteuert durch einen gut überlegten Zufallsmechanismus) sogar Verschlechterungen der gegenwärtigen Tour zu in der Hoffnung, später zu noch besseren Touren zu gelangen. Heuristiken, die den Zufall einbauen, Verschlechterungen erlauben und weitere heuristische Ideen verwirklichen, findet man in der Literatur unter den Begriffen *simulated annealing, Tabu-Suche, genetische* oder *evolutionäre Algorithmen*.

Verbesserungsheuristiken haben hohe Laufzeiten. Schon der simple Zweier-Tausch z. B. benötigt $O(n^2)$ Schritte allein um nachzuweisen, dass eine gegebene Tour durch Zweier-Tausch nicht mehr verbessert werden kann. Manche Implementationen sind sogar im schlechtesten Fall exponentiell. Man muss daher Laufzeitkontrollen und Abbruchkriterien einbauen. Gute Gütegarantien kann man für diese Verfahren fast nie beweisen, aber die Praxis hat gezeigt, dass man mit geeigneten Verbesserungsverfahren sehr nahe an eine Optimallösung herankommt.

Der bereits erwähnte, im Internet für Forschungszwecke frei verfügbare Code *Concorde* stellt u. a. auch einige Heuristiken zum Download bereit, darunter die oben beschriebene NN-Heuristik (Nearest Neighbour) und eine Version des Austauschverfahrens, die *Chained Lin-Kernighan-Heuristik*, siehe `http://www.tsp.gatech.edu//concorde/gui/gui.htm`.

6 Vertiefung

Die Nichtapproximierbarkeit des TSP

Sei *ALG* eine TSP-Heuristik, die in polynomialer Laufzeit eine Tour liefert. Ist P ein konkretes TSP-Beispiel, so bezeichnen wir mit $ALG(P)$ den besten Lösungswert, den die Ausführung von *ALG* auf P erreichen kann. Mit $OPT(P)$ bezeichnen wir den Optimalwert von P. Ohne Beschränkung der Allgemeinheit können wir hier annehmen, dass alle Entfernungen positiv sind. Wir nehmen nun ferner an, dass es ein $\epsilon > 0$ gibt, so dass für jedes TSP P Folgendes gilt

$$OPT(P) \leq ALG(P) \leq (1 + \epsilon)OPT(P).$$

Die Zahl ϵ, falls sie existiert, nennen wir *Gütegarantie*. Ist z. B. $\epsilon = 0,5$, so bedeutet dies, dass für jedes beliebige TSP der Wert der Lösung, die *ALG* bestimmt, höchstens 50 % größer ist als der Optimalwert des TSP.

ALG bezeichnen wir als Heuristik mit Gütegarantie ϵ oder kurz als ϵ-*approximative* Heuristik.

Zunächst zeigen wir, dass man für das allgemeine STSP oder ATSP überhaupt keine (beispielunabhängige) Gütegarantie beweisen kann, es sei denn $\mathcal{P} = \mathcal{NP}$.

Wir überlegen uns, dass wir, wenn es eine ϵ-approximative Heuristik *ALG* für das TSP mit polynomialer Laufzeit gibt, ein $\mathcal{NP}$-schweres Problem in polynomialer Zeit lösen können. In unserem Fall werden wir einen polynomialen Algorithmus konstruieren, der entscheiden kann, ob ein Graph hamiltonsch ist oder nicht.

Das geht wie folgt. Sei $G = (V, E)$ ein beliebiger Graph (oder analog ein gerichteter Graph) mit n Knoten. Wir konstruieren ein TSP, das wir G_ϵ nennen wollen. Jeder Kante in E geben wir den Wert 1, jeder Kante des K_n, die nicht in E ist, den Wert $M := n\epsilon + 2$, siehe hierzu auch die Diskussion des Digraphen in Abbildung 1. G_ϵ hat folgende Eigenschaft. Ist G hamiltonsch, so hat G_ϵ den Optimalwert n. Ist G nicht hamiltonsch, so muss eine kürzeste Tour mindestens eine Kante mit Wert M und höchstens $n - 1$ Kanten mit Wert 1 enthalten. Also ist der Optimalwert von G_ϵ mindestens $n - 1 + M$.

Nun lösen wir das so definierte TSP G_ϵ mit *ALG* und erhalten eine Tour T mit dem Wert $ALG(G_\epsilon)$. Gilt $ALG(G_\epsilon) = n$, so wissen wir, dass der Graph G hamiltonsch ist. Enthält T eine Kante, die nicht aus G ist, so gilt

$$ALG(G_\epsilon) \geq (n - 1) + M.$$

Aufgrund der (gut gewählten) Definition von M können wir daraus schließen, dass G nicht hamiltonsch ist. Das geht so. Wenn G hamiltonsch ist, so hat das TSP G_ϵ den Optimalwert n. Da wir angenommen haben, dass *ALG* ϵ-approximativ ist, gilt die Gütegarantie $ALG(G_\epsilon) \leq (1 + \epsilon)OPT(G_\epsilon)$ natürlich auch für das TSP G_ϵ, und das heißt:

$$(n - 1) + M = (n - 1) + n\epsilon + 2 \leq ALG(G_\epsilon) \leq (1 + \epsilon)OPT(G_\epsilon) = (1 + \epsilon)n.$$

Hieraus folgt $n\epsilon + 1 \leq n\epsilon$, ein Widerspruch.

Dies bedeutet, dass *ALG*, wenn G hamiltonsch ist, aufgrund seiner Gütegarantie immer eine Tour mit Länge n, also einen hamiltonschen Kreis, finden muss.

Da *ALG* polynomiale Laufzeit hat, findet *ALG* in polynomialer Zeit einen Beweis dafür, dass ein gegebener Graph hamiltonsch ist oder nicht. Daraus aber folgt $\mathcal{P} = \mathcal{NP}$.

Wir schließen daraus, dass es, falls $\mathcal{P} \neq \mathcal{NP}$ gilt, keine Heuristik für das TSP mit einer Gütegarantie ϵ gibt. Dies gilt sowohl für das STSP als auch für das ATSP.

Zufall und das TSP

Es gibt noch eine Forschungsrichtung zum TSP, die bisher nicht angesprochen wurde: TSP und Stochastik. Was könnte man da forschen? Ich will einige interessante Themen kurz anreißen.

Bei den bisher betrachteten Heuristiken hatten wir »worst-case-Abschätzungen« gemacht, denn beim Beweis einer Gütegarantie muss man den schlechtest möglichen Fall untersuchen. Wie wäre es, stattdessen den »average case« zu untersuchen, also Aussagen darüber zu beweisen, wie gut eine Heuristik »im Durchschnitt« ist?

Wir hatten gesehen, dass bei einigen Heuristiken, wenn mehrere gleichwertig erscheinende Auswahlmöglichkeiten bestehen, eine zufällige Auswahl der nächsten in die Tour einzubauenden Kante getroffen werden kann. Man kann diese Idee konsequenter ausnutzen und den Zufall als algorithmisches Instrument an verschiedenen Stellen einsetzen. Das Ergebnis eines solchen »randomisierten Verfahrens« ist dann nicht mehr deterministisch sondern ein Zufallsereignis. Wenn man tatsächlich »richtig würfelt«, kommt bei ein und demselben TSP-Beispiel in fast jedem Lauf eine andere Tour heraus. Kann man für einen solchen Algorithmus die erwartete Tourlänge bestimmen?

Resultate dieser Art können nur innerhalb eines adäquaten stochastischen Modells bewiesen werden. Man muss dazu einen Wahrscheinlichkeitsraum wählen und annehmen, dass TSP-Beispiele nach einer zu spezifizierenden Wahrscheinlichkeitsverteilung aus diesem Raum gezogen werden. Wenn man solch eine Annahme gemacht hat, kann man sogar noch kühnere Fragen stellen. Was sind beispielsweise typische Eigenschaften von TSPs dieser Art?

Die stochastische Analyse selbst einfacher Sachverhalte in diesem Zusammenhang ist kompliziert und bedarf »harter« Stochastik und Analysis. Ich möchte lediglich zwei Ergebnisse beschreiben, die die stochastische Analyse des TSP erbracht hat und die zeigen, welch überraschende Resultate (unter gewissen Voraussetzungen) manchmal mit diesen Techniken bewiesen werden können.

Wir stellen uns folgende Situation vor: Wir betrachten das Einheitsquadrat. Die Entfernung zwischen zwei Punkten sei hierbei der euklidische Abstand. Auf diese Weise haben wir einen Wahrscheinlichkeitsraum definiert. Ein zufälliges TSP ist durch die zufällige Wahl von *n* Punkten definiert. Hier die Frage: Wie lang ist die kürzeste Tour durch zufällig gewählte *n* Punkte im Einheitsquadrat?

Auf den ersten Blick erscheint die Frage absurd. Natürlich wird man die optimale Tourlänge, wir wollen sie L_n nennen, nicht genau bestimmen können. Aber kann man vielleicht etwas über den Erwartungswert, wir bezeichnen ihn mit $E(L_n)$, aussagen? Und das kann man in der Tat sehr präzise. Beardwood, Halton und Hammersley haben 1959 bewiesen, dass es zwei positive, von n unabhängige Konstanten k_1 und k_2 gibt, so dass Folgendes gilt

$$k_1 \sqrt{n} \leq E(L_n) \leq k_2 \sqrt{n}\,.$$

Mehr noch, es gibt eine von n unabhängige Konstante k mit

$$\lim_{n \to \infty} \left(\frac{E(L_n)}{\sqrt{n}} \right) = k\,.$$

Mit anderen Worten: Zieht man n zufällige Punkte aus dem Einheitsquadrat, dann ist die Länge der kürzesten Rundreise durch die n Punkte (bei euklidischer Distanz) mit großer Wahrscheinlichkeit $\sqrt{n}$ multipliziert mit einer Konstanten. Analytisch hat man die Konstanten bisher nicht bestimmen können. Rechenexperimente legen nahe, dass k ungefähr 0,7124 ist, siehe [44]. Es gibt ferner polynomiale Algorithmen, die für diese Art von TSPs dieselbe Asymptotik haben, d. h., sie liefern bei großen TSPs mit großer Wahrscheinlichkeit nahezu optimale Touren.

Wir betrachten ein zweites stochastisches Modell. Jeder Kante des vollständigen Graphen K_n weisen wir einen Wert aus dem Intervall $[0, 1]$ als Kantenlänge zu. Dabei wird jede Kantenlänge unabhängig von den anderen Kantenlängen aus $[0, 1]$ gezogen. Jedes Element des Intervalls $[0, 1]$ hat dabei die gleiche Wahrscheinlichkeit, gezogen zu werden. Es ist bekannt, dass man ein minimales perfektes 2-Matching in polynomialer Zeit berechnen kann. Ein perfektes 2-Matching ist eine Menge von Kanten, so dass jeder Knoten auf genau 2 Kanten liegt. Perfekte 2-Matchings sind somit Kantenmengen, die aus lauter Kreisen bestehen, wobei jeder Knoten in genau einem Kreis vorkommt. Touren sind also spezielle perfekte 2-Matchings. Hieraus folgt, dass die minimale Länge eines perfekten 2-Matchings eine untere Schranke für die mimimale Tourlänge ist. Kürzlich hat Alan Frieze [32] gezeigt, dass – für diese spezielle Art von symmetrischen TSPs – mit großer Wahrscheinlichkeit die kürzeste Tourlänge nur geringfügig von der minimalen Länge eines perfekten 2-Matchings abweicht und dass man eine Tour in polynomialer Zeit konstruieren kann, die diese Abweichung mit hoher Wahrscheinlichkeit realisiert.

Genaue Formulierungen dieser und ähnlicher Resultate erfordern hohen technischen Aufwand. Der interessierte Leser findet mehr dazu in Kapitel 6 von [48] und Kapitel 7 von [43].

Sind Resultate dieser Art für TSPs aus der Praxis relevant? Das ist nicht so klar. Das zweite Modell, bei dem jede Kante eine Länge im Wertebereich $[0, 1]$ erhält,

scheint kein geeigneter stochastischer Rahmen für TSPs zu sein, jedenfalls nicht
für die, die mir in der Praxis begegnet sind. Das erste Modell könnte man durchaus beim Leiterplattenbohren anwenden. Wenn die Bohrlöcher zufällig auf dem
Einheitsquadrat verteilt sind und die Anzahl der Bohrlöcher groß ist, so müsste
bei euklidischer Distanz eine Tourlänge im Bereich $0{,}6\sqrt{n}$ bis $0{,}8\sqrt{n}$ herauskommen. Schauen wir unser 18-Städte-TSP auf einem 11×11-Gitter an. Die bezüglich
des euklidischen Abstands optimale Tourlänge ist 48,5 (siehe die Tabelle auf Seite 106). Wenn das Problem zufällig gewählt wäre, sollte man einen Optimalwert
von rund 33,3 erwarten. Aber das Beispiel ist nicht zufällig (allein 4 der 18 Löcher
liegen auf dem Rand) und $n = 18$ ist »zu klein«. Die Asymptotik zieht hier noch
nicht. Dennoch, in [44] wurde die Asymptotik mit der optimalen Tourlänge für
große reale TSPs empirisch verglichen, und es kam dabei eine durchaus akzeptable
Übereinstimmung heraus.

7 Lösungen und Literaturhinweise

Die Länge einer optimalen Tour für das Rheinlandproblem beträgt 617.

Der gerichtete Graph in Abbildung 1 enthält keinen gerichteten hamiltonschen
Kreis. Er hat aber eine interessante Eigenschaft. Wenn man irgendeinen beliebigen
der 12 Knoten und die mit ihm inzidierenden Bögen aus dem Graphen entfernt, so
ist der dadurch entstehende gerichtete Graph hamiltonsch. Graphen und Digraphen, die nicht hamiltonsch sind, und bei denen das Entfernen eines beliebigen
Knotens jeweils zu einem hamiltonschen Graphen oder Digraphen führt, nennt
man *hypohamiltonsch*, siehe [41].

Zum Travelling-Salesman-Problem gibt es eine sehr umfangreiche Literatur.
Sie richtet sich jedoch vornehmlich an professionelle Mathematiker und Informatiker. Eine allgemein verständliche Einführung ist z. B. [11].

Gute Sammelbände, in denen jeweils in rund 15 Kapiteln verschiedene Aspekte
des TSP (Geschichte, Anwendungen, leicht lösbare Spezialfälle, Heuristiken, exakte Algorithmen, Polyedertheorie des TSP, Verallgemeinerungen) abgehandelt werden, sind [43] und [48]. Hier finden sich »unendlich viele« Referenzen zum TSP
und zu verwandten Fragestellungen der kombinatorischen Optimierung, knapp
500 in [48] und fast 750 in [43].

In [48] behandeln z. B. die Kapitel 5, 6 und 7 heuristische Lösungsmethoden
und deren Analyse, während in [43] die Kapitel 5, 6, 7, 8, 9 und 10 dem Thema
Heuristiken gewidmet sind. Exakte Methoden und die dahinter stehende Theorie
(lineare und ganzzahlige Optimierung, Schnittebenenverfahren, Branch&Bound,
polyedrische Kombinatorik) werden in [48] in den Kapiteln 8, 9 und 10 und in
[43] u. a. in den Kapiteln 2, 3, 4 beschrieben. Ein weiterer Übersichtsartikel, der
sich an eine breitere (jedoch mathematisch geschulte) Leserschaft richtet und speziell auf algorithmische und rechentechnische Aspekte eingeht, ist [45].

Es gibt mehrere Webseiten zum TSP. Die bereits mehrfach erwähnte `http://www.tsp.gatech.edu/`, die von Bill Cook (Georgia Tech, Atlanta, Georgia, USA) gepflegt wird, offeriert nicht nur einen geschichtlichen Überblick u. a. mit Bildern der jeweiligen Weltrekorde, sie beschreibt auch das konkrete Vorgehen bei der Lösung von TSPs und bietet exzellente TSP-Software zum Download an (sehr empfehlenswert).

TSPLIB, eingerichtet von Gerhard Reinelt (Universität Heidelberg), `http://www.iwr.uni-heidelberg.de/groups/comopt/software/TSPLIB95/`, ist eine Sammlung von TSP-Beispielen (und Varianten des TSP), vornehmlich aus konkreten Anwendungsfällen. Wer heute TSP-Algorithmen entwirft, sollte seine Methoden an dieser Datensammlung testen, um seine Ergebnisse mit dem »Rest der Welt« vergleichen zu können.

Kapitel 16 des Sammelbandes [43], geschrieben von A. Lodi und A. P. Punnen, behandelt »TSP Software«. Die Autoren haben die folgende Webseite aufgelegt: `http://www.or.deis.unibo.it/research_pages/tspsoft.html`, derzeit gepflegt von Matteo Boccafoli (Università di Bologna, Bologna, Italien), auf der Links zu im Augenblick im Internet verfügbarer TSP-Software (exakte Verfahren, Heuristiken, Java-Applets, etc.) zu finden sind. Die Webseite »TSPBIB Home Page«, `http://www.ing.unlp.edu.ar/cetad/mos/TSPBIB_home.html`, entworfen und gepflegt von Pablo Moscato (Universidade Estadual de Campinas, Campinas, Brasilien) enthält eine umfangreiche Auflistung von Artikeln, Software, Preprints und Links zu anderen Webseiten, die sich mit dem TSP und verwandten Themen beschäftigen.

Wenn es Mathematikern zu bunt wird: Färbeprobleme

Timo Leuders

1 Landkarten, Fische, Handys und Botschafter

Sie mögen fragen: Was machen Färbeprobleme in der Mathematik? Wird hier etwa eine Ästhetik des Farbempfindens in Zahlen verpackt und verrechnet? Ganz und gar nicht, es geht weiterhin um kombinatorische Optimierung. Wir treffen hier nur auf einen sympathischen Zug der Mathematik: manchmal bleiben die Bezeichnungen der Situationen, aus denen eine mathematische Theorie entstand, an ihr haften, so auch bei dem folgenden Problem:

- Wenn man eine Landkarte so färben möchte, dass Länder mit gemeinsamer Grenze immer verschiedene Farben haben, mit wie vielen Farben kommt man dann aus? (siehe Abbildung 1)

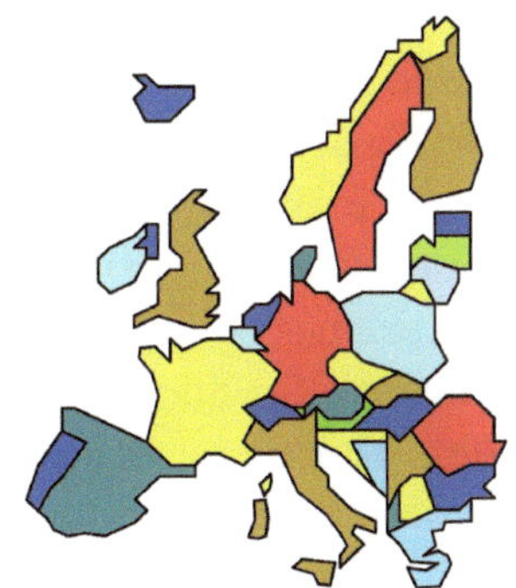

Abbildung 1. Der Kartenmaler hat 8 Farben gebraucht. Wie viele brauchen Sie?

Nehmen Sie ein Blatt Papier zur Hand und bringen Sie sich, bevor Sie weiter lesen, nicht um den Spaß, es selbst einmal probiert zu haben. Zeichnen Sie einige einfache Beispiele und stellen Sie eine mathematische Vermutung auf.

Übrigens war es nicht etwa ein gestandener Nestor der Mathematik, sondern ein junger Student am University College London, der den Stein im Jahre 1852 ins Rollen brachte. Der gerade 21jährige Francis Guthrie plagte sich mit diesem scheinbar einfachen Problem ab: Wie viele Farben braucht man höchstens, um eine beliebige Landkarte so zu färben, dass Länder mit gemeinsamer Grenze immer verschiedene Farben haben? Während die Landkartenmaler der vergangenen Jahrhunderte dies kaum als ernsthaftes Problem angesehen hatten – schließlich gab es ja genug Farben zur Auswahl – musste ein Mathematiker kommen und nach der *prinzipiell minimalen* Anzahl fragen, die für *jede* Karte reicht.

Nach einigen Versuchen lag für Guthrie (und wahrscheinlich auch für Sie) die Vermutung nahe, dass vier Farben reichen könnten, aber *sicher* konnte man sich da keineswegs sein. Francis fragte schließlich seinen Bruder Frederick. Dieser erwähnt es gegenüber seinem Dozenten Augustus De Morgan. Dieser fand aber auch keine schlüssige Begründung und wandte sich wiederum an seinen berühmten Kollegen Sir William Rowan Hamilton. Er schrieb ihm [19, S. 17, Übersetzung: TL]:

> Einer meiner Studenten bat mich heute eine Tatsache zu beweisen, von der ich bisher nicht wusste, dass es eine Tatsache ist – eigentlich weiß ich bis jetzt nicht, ob sie wahr ist. Er sagt, dass wenn man eine Figur unterteilt und die Teile mit verschiedenen Farben färbt, so dass Teile immer mit gemeinsamer Grenze verschiedene Farben erhalten – dass dann vier Farben benötigt würden, aber nicht mehr. Ich frage mich, ob nicht ein Gegenbeispiel für fünf oder mehr Farben gefunden werden kann ... Wenn Sie nun mit einem einfachen Beispiel erwidern, das mich wie ein Dummkopf aussehen lässt, werde ich wohl wie die Sphinx reagieren

... die sich bekanntlich in die Tiefe gestürzt hatte, als sie feststellen musste, dass ihre Rätsel auf Ödipus wenig Eindruck machten. Von jenem Moment an machte das hier vorgestellte »Färbeproblem« die Runde, sowohl durch das rätselbegeisterte viktorianische England, als auch durch alle Mathematikerkreise. Es beschäftigte die klügsten Köpfe bis weit in das zwanzigste Jahrhundert hinein. Die wechselvolle und weit verzweigte Geschichte dieses Problems, das unter dem Namen *Vierfarbenvermutung* noch viel Furore machte, ist ein Wissenschaftskrimi erster Wahl und lässt sich mit Genuss z. B. in [19] verfolgen.

Wir erwarten nun keineswegs von Ihnen, dass Sie Sir Hamilton und mit ihm ganze Generationen von Mathematikern dumm aussehen lassen und eine Landkarte angeben, bei der vier Farben nicht mehr ausreichen. Stattdessen kann man aber mit Gewinn über einige konkrete Fragen aus diesem Problemkreis nachdenken. Viele dieser Fragen sind im folgenden »Problem 1« gebündelt und bieten sich auch hervorragend für die Arbeit mit Schülerinnen und Schülern an. Jede einzelne dieser Fragen (und auch die Fragen zu den darauf folgenden drei Problemen) ist für sich reichhaltig und anregend genug, um sich auf Entdeckungsreise zu begeben. Gönnen Sie sich (und wenn möglich auch Ihren Schülern) diese schöne Zeit! Hinweise auf die Lösungen folgen in diesem Kapitel übrigens erst nach der Vorstellung aller vier Probleme.

Problem 1 – Landkartenfärbung

- Wie sehen einfache Beispiele für Landkarten aus, die mindestens drei oder mindestens vier Farben brauchen?
- Wie sehen Landkarten aus, die mit nur zwei Farben gefärbt werden können? Wie kann man einer Landkarte schnell ansehen, ob sie mit zwei Farben gefärbt werden kann?
- Welche Details einer Landkarte sind für das Problem wichtig, welche nicht? Wie kann man sich das Zeichnen komplizierter Grenzverläufe vereinfachen, vielleicht sogar ganz sparen?
- Wie sollte man beim Färben einer beliebigen Landkarte am besten vorgehen, um möglichst wenige Farben zu verbrauchen?

Das Problem der Landkartenfärbung erscheint zugegebenermaßen eher ein wenig verspielt. Man kann es nicht ehrlich als echte mathematische Anwendung anführen. Kaum ein Landkartenmaler wird dadurch ökonomisch beglückt, dass man ihm mitteilt, er brauche nur soundsoviele Farben. Das sieht bei dem nächsten Problem schon etwas anders aus. Auch dieses können Sie wieder sowohl selbst erkunden als auch in dieser Form Schülerinnen und Schülern stellen.

Problem 2 – Fischgesellschaften

> *I know that human being and*
> *fish can coexist peacefully.*
> George W. Bush (2000)

Der Tierpark Bad Briel möchte sich ein Aquarienhaus mit tropischen Fischen zulegen. Eine ganze Reihe von Fischarten haben die Freunde und Förderer, die das Geld dafür zusammengebracht haben, schon auf ihrer Wunschliste. Aber leider verträgt sich nicht jeder Fisch mit jedem. Die Rochen neigen dazu, kleinere Fische zu fressen, der Feuerfisch greift alles in seiner Größe, was sich nicht am Grund bewegt, an und hetzt es zu Tode. Einige Barsche sind davon abhängig, dass die Temperatur immer in einem bestimmten Intervall bleibt, andere Fische sind unempfindlich und können sich an jede Temperatur gewöhnen. Kurz gesagt: Es gilt bei der so genannten »Vergesellschaftung« von Fischen wechselweise Unverträglichkeiten zu beachten. Nun kann aber nicht jeder Fisch sein eigenes Aquarium

Abbildung 2. Welche Fischarten vertragen sich?
(© Thomas Siemsen)

bekommen. Mit Hilfe von erfahrenen Aquarianern wurde daher eine Liste der Unverträglichkeiten aufgestellt. Die Frage an den herbeigerufenen Mathematiker ist nun: Wie viele Aquarien brauche ich mindestens? Da sich der Mathematiker bei der Lösung des Problems nicht für die vielen schönen Namen der Fische interessiert, wurden diese gleich durch eine Zahl ersetzt.

1 verträgt sich nicht mit:	2, 3, 4, 5, 7, 10
2 verträgt sich nicht mit:	4, 7 (und natürlich nicht mit 1, aber das haben wir ja schon)
3 verträgt sich nicht mit:	4, 5, 7
5 verträgt sich nicht mit:	7
7 verträgt sich nicht mit:	10
8 verträgt sich nicht mit:	10

- Wie viele Becken braucht der Tierpark? Wie kann man das vorliegende Problem angehen? Wie kann man es günstig darstellen?
- Beschränken Sie sich jetzt einmal auf 5 oder weniger Fischarten. Wie können die gegenseitigen Unverträglichkeiten zwischen 5 Arten im Prinzip aussehen? Wann reichen zwei, wann reichen drei Aquarien aus?
- Gibt es einen Weg, schnell zu überschlagen, wie viele Aquarien man braucht? Gibt es eine Maximalzahl von Aquarien, egal wie viele Fischarten man unterbringen will?

Beim vorigen Problem ist der Einsatz von Mathematik vielleicht nützlich, aber dennoch scheint es unwahrscheinlich, dass die Aquarienbauer wirklich so systematisch vorgehen. Wahrscheinlich haben sie eher ein Blatt Papier zur Hand genommen und nach *Versuch und Irrtum* verschiedene Konstellationen durchprobiert. Auf diese Art und Weise werden sie jedoch nie erfahren, ob sie nicht auch mit einem oder zwei Becken ausgekommen wären.

Sie können auch andere Situationen suchen, die zu dem Aquariumsproblem gleichwertig sind und bei denen die wirtschaftliche Relevanz einer Optimierung deutlicher zu erkennen ist. Vielleicht ist das dritte Problem von dieser Art.

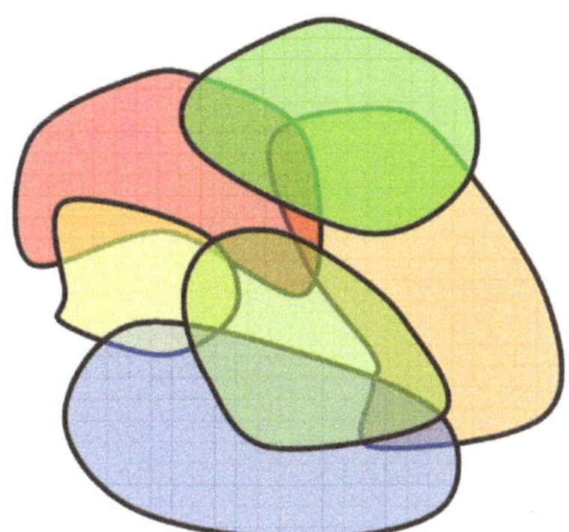

Abbildung 3. Überlappende Sendegebiete von Mobilfunksendern

Problem 3 – Handynetze

Allenthalben werden Funklöcher beim Mobiltelefonieren gestopft. Immer neue Sendemasten sprießen auf Hügeln und Häuserdächern.

Aber nicht alle Masten dürfen mit derselben Frequenz senden. Ein Handy muss eindeutig wissen, mit welchem Mast es gerade kommuniziert. Wenn es im Sendebereich zweier Masten liegt und von beiden Signale derselben Frequenz erhält, stören Interferenzen den sauberen Empfang.

Natürlich kann nicht jeder Sender seine eigene Frequenz erhalten, denn der Äther ist schon voll gestopft. Freie Frequenzen sind rar und teuer. Frequenzen lassen sich aber sparen, denn es müssen nur solche Sender mit verschiedenen Frequenzen senden, deren Sendebereiche überlappen (siehe Abbildung 3).

- Wie kann man also bei einer gegebenen Senderkarte schnell die optimale Zahl von benötigten Frequenzen ermitteln? (z. B. in der abgebildeten Karte)
- Wie sehen Karten aus, in denen das Problem leichter oder schwieriger zu lösen ist?
- Kann man sich die Darstellung solcher Karten für die Problemlösung vereinfachen?
- Für welche Karten reichen 3, 4, 5, . . . Frequenzen nicht aus? Kann man allgemeine Aussagen über die Zahl der benötigten Frequenzen machen?

Im abschließenden vierten Problem soll die Beschäftigung mit Landkarten vom Anfang noch einmal aufgegriffen werden. Jetzt aber unter einer etwas anderen Fragestellung.

Problem 4 – Diplomatenkarussell

Für eine Außenhandelskonferenz der westafrikanischen Staaten (siehe Abbildung 4) sollte es vor dem Plenum aller Teilnehmerstaaten die Möglichkeit »bilateraler Gespräche« geben. Hier sollen zunächst einmal nur die Staaten miteinander

Abbildung 4. Eine Karte der westafrikanischen Staaten – ein Anlass für eine ganz andere Färbung

über ihre Grenzgeschäfte sprechen, die auch tatsächlich eine gemeinsame Grenze haben. Für diese Gespräche sind jeweils halbe Konferenztage geplant.

- Wie viele Tage müssen für die bilateralen Gespräche anberaumt werden?
- Wie sieht es aus, wenn wirklich jeder mit jedem sprechen muss, und nicht nur mit den Kollegen aus seinen Nachbarländern?
- Gibt es eine einfache grafische Darstellung für diese Situation?

Wie passt das alles zusammen?

Wenn Sie genügend Zeit mit den vier Problemen verbracht haben, werden Sie eine ganze Reihe von Ideen, Darstellungsweisen, Vermutungen und vielleicht auch Begründungen für diese Vermutungen entdeckt haben. Dabei haben Sie auch einen mehr oder weniger deutlichen Eindruck davon gewonnen, wie die Probleme miteinander zusammenhängen und dass man vielleicht von den Überlegungen über das eine für die Bearbeitung des anderen profitieren kann.

Wenn Sie die Aufgaben mit Schülerinnen und Schülern behandeln, sollten Sie ihnen ebenfalls viel Zeit einräumen, damit sie selbstständig und ohne äußeren Druck die Probleme erkunden können. Noch bevor Sie aber Lösungsansätze für einzelne der Probleme durchsprechen oder mathematische Sätze mit der ganzen Klasse erarbeiten, sollten die Schüler und Schülerinnen erst einmal die Gelegenheit haben, auf eigenen Wegen das Terrain zu erkunden und dabei eigene Erfahrungen zu sammeln. In einer solchen Phase, die durchaus vier oder mehr Unterrichtsstunden dauern darf, sollten Sie nicht normierend, sondern nur fragend und heuristisch unterstützend eingreifen. Möglicherweise werden Sie feststellen, dass die

Schülerinnen und Schüler bei der Arbeit an den Problemen mehr entdecken, als Sie erwartet haben. Und Sie werden viel mehr über das Problemlöseverhalten und die Argumentationsweisen Ihrer Schüler erfahren als beim »gemeinsamen Durcharbeiten« im Klassengespräch.

Färbeprobleme sind (wie auch die anderen Themen dieses Buches) sehr gut dazu geeignet, in das Arbeiten mit Graphen einzuführen. Diesem Zweck können auch die vier vorgestellten Probleme dienen. Auch wenn Sie nicht bis zur Konstruktion von konkreten Algorithmen vorstoßen wollen, können Sie mit den vier Problemen wichtige Begriffsbildungen vorbereiten. Erfahrungsgemäß arbeiten die Schülerinnen und Schüler, gerade wenn sie nur wenig Erfahrungen mit Graphen haben, zunächst auch mit sehr umständlichen Darstellungsformen und zeichnen etwa für jedes neue Beispiel eine neue komplexe Landkarte. Auch werden sich die Ansätze und Entdeckungen verschiedener Schülergruppen unterscheiden und gegenseitig ergänzen. Aus dieser entdeckten und erlebten Vielfalt können Sie bei der Begriffsentwicklung schöpfen.

Nicht *alle* Schülerinnen und Schüler müssen *alle* Probleme bearbeiten. Vielleicht geht eine Gruppe bei einem Problem lieber in die Tiefe und lässt ein anderes dafür beiseite. Wie kann man der Gefahr begegnen, dass die Ergebnisse vor einer Zusammenführung nicht allen verfügbar bzw. nicht für alle verständlich sind? Hier gibt es zwei methodische »Kniffe«: Sorgen Sie erstens dafür, dass jede Gruppe mindestens zwei (von Ihnen festgelegte oder frei wählbare) Probleme bearbeitet. Die Erfahrungen, die die Schülerinnen und Schüler dabei machen, reichen aus, um bei der Diskussion der anderen Probleme mitdenken zu können. Fordern Sie zweitens dazu auf, Ausarbeitungen zu den bearbeiteten Problemen anzufertigen, etwa Folien oder Poster, mit denen die Gruppen ihren Mitschülern ihre Überlegungen, Ergebnisse und offenen Fragen vorstellen.

Sie oder Ihre Schülerinnen und Schüler können auch im Anschluss an die Problembearbeitung die gemachten Erfahrungen sammeln und zu neuen Erkenntnissen verdichten, indem Sie sich mit den folgenden Fragen beschäftigen:

- Wie unterscheiden sich die bearbeiteten Probleme voneinander? Worin gleichen sie sich?
- Welche Darstellungsweisen und Ideen kann man von einem auf ein anderes übertragen? Was ist nicht übertragbar? Warum?

2 Ideen, Begriffe und Zusammenhänge

Da dies hier ein Buch und keine griechische Akademie ist, können wir nicht, wie es die Denker der Antike getan haben, miteinander unter Bäumen flanieren, Ideen austauschen und zu gemeinsamen Erkenntnissen gelangen. Mathematische Entdeckungsreisen (ob in der Schule oder in der Forschung) werden eigentlich erst dadurch richtig spannend, dass man sich gegenseitig von seinen Erlebnissen berichtet, anderen seine Gedanken und Vermutungen ausbreitet und gemeinsam über Lösungsideen nachdenkt. An dieser Stelle muss ich mich also darauf beschränken, anzunehmen, dass Sie vielleicht einige der im Folgenden beschriebenen Entdeckungen gemacht haben. Diese Entdeckungen können mathematische Vermutungen über Zusammenhänge sein, aber auch vereinfachte Darstellungsweisen oder das Feststellen einer Gemeinsamkeit zwischen Problemen. Solche Entdeckungen führen oft auf die Festlegung einiger nützlicher Begriffe.

Wenn Sie mit Schülerinnen und Schülern an diesen Fragestellungen arbeiten, werden Sie auch beobachtet haben, dass Sie bei der Arbeit solche oder ähnliche Erfahrungen gemacht haben. Ihre Aufgabe als Lehrerin oder Lehrer ist es dann, die Schüler und Schülerinnen dabei zu unterstützen, sich diese Erfahrungen gegenseitig verständlich mitzuteilen. Bei dieser Gelegenheit können Sie dann auch mathematische Standardschreibweisen einführen. Die hinter solchen Bezeichnungen liegenden Begriffe und Konzepte haben die Schüler ja mehr oder weniger selbst gefunden.

Graphen als Modelle

Auch wenn die vier Probleme auf den ersten Blick ganz verschieden aussehen: Sobald man sich etwas mit ihnen beschäftigt, findet man wesentliche Gemeinsamkeiten, die man sich für die Lösung zu Nutze machen kann:

1. Es geht offenbar nicht um die Details (Geographie, Fischverhalten, Handymarken) sondern um die innere Struktur der Probleme. Der genaue Verlauf der Landesgrenzen oder Sendegebiete interessiert nicht, sondern nur, wer zu wem benachbart ist. Man kann also viele unerhebliche Quisquilien weglassen, von den Details der Situation abstrahieren und erhält so ein *mathematisches Modell*.

2. Immer geht es um Objekte (Länder, Fische, Sender) und deren Beziehungen untereinander. Diese Beziehungen bestehen immer zwischen je zwei Objekten, man hat es also mit so genannten *(zweistelligen) Relationen* zu tun. Diese sind auch noch *symmetrisch*, denn es wird kein Unterschied gemacht, ob man nach der Beziehung von A zu B oder von B zu A fragt. Wie bei vielen Problemstellungen in den anderen Kapiteln liegt als äußerst anschauliche mathematische Darstellung der *(ungerichtete) Graph* nahe.

Bei den Fischen wird dies unmittelbar ersichtlich, daher hier nur ein kleiner Ausschnitt des Unverträglichkeitsgraphen. Fische werden durch Ecken[1], ihre Unverträglichkeit durch eine gemeinsame Kante dargestellt (siehe Abbildung 5).

1　Die in diesem Kapitel gewählte Bezeichnung »Ecke« ist gleichbedeutend mit der Bezeichnung »Knoten«, die man in den anderen Kapiteln des Buches findet.

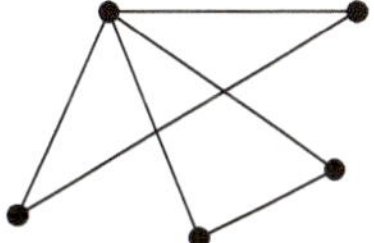

Abbildung 5. Ein Teil eines Unverträglichkeitsgraphen aus dem Aquarien-problem

Nun soll jedem Fisch ein Aquarium zugewiesen werden. Natürlich kann man, um der Überschrift des Kapitels gerecht zu werden, die verschiedenen Aquarien mit Farben versehen. Vielleicht haben Sie sich aber auch schon darauf beschränkt, die Farben bzw. Aquarien einfach durchzunummerieren: 1, 2, 3, . . . Oder haben sie Buchstaben verwendet: A, B, C, . . .? Wie auch immer die Farben heißen, man spricht immer von der *Färbung eines Graphen*.

■■ *Definitionen*
Eine *Färbung* eines Graphen ist eine Zuordnung, die jeder Ecke eine Farbe aus der Farbenmenge $\{1, 2, 3, \ldots\}$ zuordnet.

Eine *zulässige Färbung* liegt vor, wenn keine zwei benachbarten Ecken (d. h. Ecken mit gemeinsamer Kante) dieselbe Farbe haben.

Bei den Handys ist die Situation sehr ähnlich. Mann muss nur jeden Sender durch eine Ecke und jede Überlappung durch eine Kante repräsentieren (siehe Abbildung 6). Man sucht also wieder eine zulässige Färbung des Graphen G mit möglichst wenigen Farben.

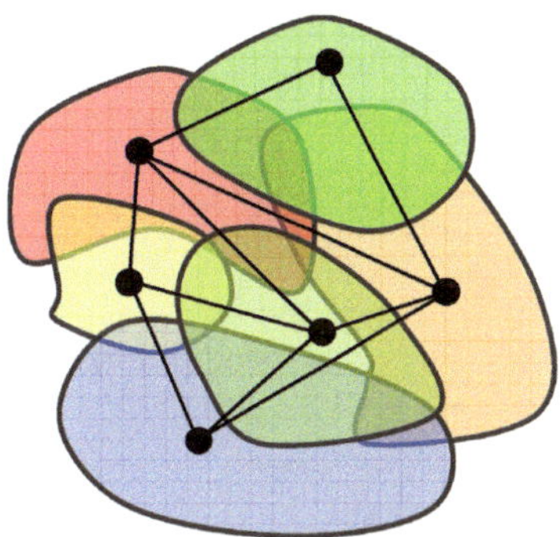

Abbildung 6. Ein Graph für das Handyproblem

▌▌ *Definition*

Die kleinste Zahl der Farben, die bei allen zulässigen Färbungen eines Graphen G benötigt wird, trägt den schönen Namen *chromatische Zahl* (»Farbzahl«) und wird mit $\chi(G)$ abgekürzt. Da man schlimmstenfalls für jede Ecke eine eigene Farbe braucht, gilt:

$$\chi(G) \leq |V|, \tag{5.1}$$

wobei $|V|$ die Anzahl der Ecken des Graphen bezeichnet (Der Buchstabe V steht für »Vertex« und ist die englische Bezeichnung für »Knoten« bzw. »Ecke«).

Bei Ihren Erkundungen sind Sie in diesem Zusammenhang vielleicht auf eine der folgenden Fragen gestoßen, deren Bearbeitung eine Annäherung an die Bedeutung der chromatischen Zahl ermöglicht.

- Wie sehen Graphen aus, bei denen man nur eine Farbe braucht?
- Wie sieht ein Graph auf n Ecken aus, bei denen man n Farben braucht? Gibt es verschiedene Möglichkeiten?
- Wie sieht eine Karte mit 5 Sendegebieten aus, bei der man nicht mit weniger als 5 Frequenzen auskommt?

Jetzt endlich kommen wir zum ersten Problem zurück, dem Landkartenfärben. Eigentlich ist eine Landkarte schon ein Graph: Die Grenzen sind die Kanten, sie stoßen an Ecken zusammen. Ob eine Grenze zwischen zwei Ländern in Wirklichkeit sehr verschlungen verläuft, spielt für die Färbungen keine Rolle. Je einfacher der Grenzverlauf, desto übersichtlicher das Färbeproblem. Abbildung 7 zeigt, wie der Graph K einer Karte zu einem Graphen G vereinfacht werden kann. Die beiden Graphen K und G sind für das Färbeproblem völlig gleichwertig. Man hätte sogar noch Ecken in G einsparen können.

- Wie könnte man die vereinfachte Landkarte G (oder eine beliebige andere Landkarte) noch abändern, ohne dass sie hinsichtlich der benötigten Farbenzahl zu einfach wird?
- Bei Karten aus dem wirklichen Leben treffen Grenzen meist zu dritt aber nur ganz selten zu viert zusammen. Kennen Sie einen Grund dafür?

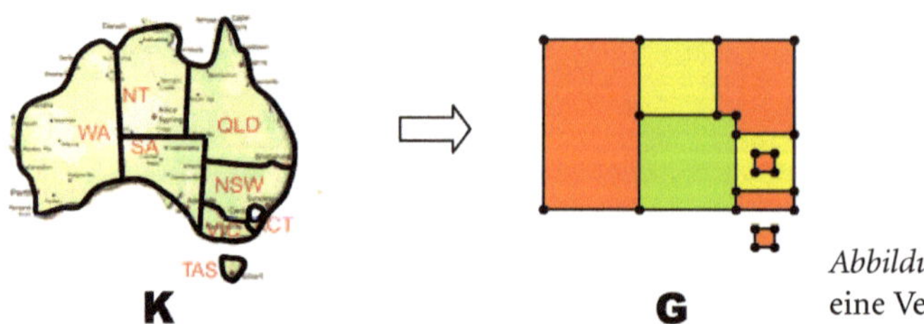

Abbildung 7. Der Kartengraph und eine Vereinfachung

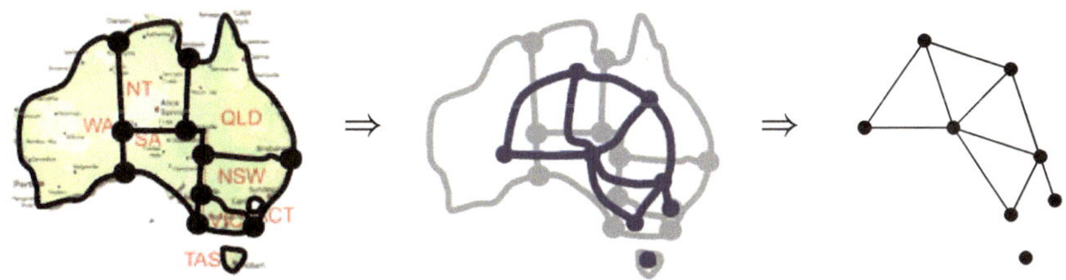

Abbildung 8. Der Schritt von einem Graphen zu seinem dualen Graphen

Vielleicht haben Sie Landkarten wie K aber noch auf eine andere Weise vereinfacht, nämlich so wie in Abbildung 8.

Für das Färben ist ja der genaue Verlauf der Grenzen unwichtig. Es interessiert sogar eigentlich nur, welche Länder eine gemeinsame Grenze haben. Dazu kann man in jedes Land einen Punkt einzeichnen (z. B. die Hauptstadt) und dann zu benachbarten Länden jeweils einen Weg zwischen den Hauptstädten, der durch die gemeinsame Grenze verläuft. So erhält man einen anderen Graphen K', den man auch den *dualen Graphen* zu K nennt.

- Experimentieren Sie (wenn Sie es nicht schon gemacht haben) mit Graphen und den zugehörigen dualen Graphen. Was wird aus der Färbbarkeit von K, wenn man zu K' übergeht. Wie verhalten sich besondere Typen von Ländern oder Ecken zueinander?

In der dualen Sichtweise wird aus dem Färbeproblem für Länder des Graphen K ein Färbeproblem für die Ecken eines Graphen K'. Man erkennt außerdem, dass isolierte Länder (wie die Insel Tasmanien) in K auch isolierte Ecken in K' ergeben und dass Enklaven in K (wie das Australian Capital Territory, das um Canberra herum liegt) zu End-Ecken im dualen Graphen K' führen. Vielleicht haben Sie auch entdeckt: End-Ecken (also Ecken mit Eckengrad 1) und isolierte Ecken (also Ecken mit Eckengrad 0) machen beim Färben keine Probleme: Man kann sie erst einmal unberücksichtigt lassen. Isolierte Ecken kann man ohnehin beliebig färben, und End-Ecken sind ja jeweils nur mit einer anderen Ecke verbunden, so dass man für sie einfach irgendeine andere Farbe wählen kann (sofern man mindestens zwei Farben hat). Hier wird schon ein Prinzip deutlich: Wenn eine Ecke v den Grad n hat, so können die Nachbarecken schlimmstenfalls alle verschiedene Farben tragen und man braucht für die Ecke v die $n + 1$-te Farbe.

▮▮ *Satz*

Wenn alle Ecken höchstens den Grad n haben, so braucht also man höchstens $n + 1$ Farben. In Kurzform schreibt sich das so:

$$\chi(G) \leq \max_{v \in V} \operatorname{grad}(v) + 1 \tag{5.2}$$

Das vierte Problem, das afrikanische Diplomatenkarussell, erschließt sich nach all
den Ideen und Begriffen, die sich bislang entwickelt haben, bei Wiederbetrach-
tung wahrscheinlich viel leichter. Sie bemerken daran die Stärken der bis hierhin
erreichten Begriffsbildungen. Zwar ist noch kein Problem dadurch gelöst worden,
aber die (teilweise gemeinsame) Struktur der Probleme scheint viel offensichtlicher als zu Anfang. Sie werden feststellen, dass es beim Diplomatenkarussell wieder um ein Färbeproblem geht, wenn man es nur richtig darstellt. Sie können als
Ecken die Länder wählen und als Kanten die Nachbarschaften. Dann suchen Sie –
und das unterscheidet das Problem von den anderen drei – Paarungen von Ländern, denn jede Gesprächsrunde besteht aus einer möglichst hohen Zahl von Län-
derpaaren. Solche *Matchings* werden in Kapitel 3 und Kapitel 7 behandelt. Man
kann aber auch anders an die Sache herangehen: Als Objekte, die hier unvereinbar
sind, wählt man nicht benachbarte Länder, sondern die Gespräche: Jede Grenze
der Landkarte steht für ein Gespräch und wird durch eine Ecke repräsentiert. Zwei
Gespräche sind unvereinbar, wenn in ihnen derselbe Diplomat gleichzeitig sitzen
müsste.

■   Stellen Sie diese Situation als Graph, der über der Landkarte gezeichnet ist,
    dar. Es entsteht wieder eine Art dualer Graph. Überlegen Sie, wie sich diese
    Art von Dualität von der zuvor beschriebenen unterscheidet und was sie mit
    ihr gemeinsam hat.

Sie haben in diesem Abschnitt erfahren, wie ganz allgemein Situationen der
paarweisen Unvereinbarkeit durch Graphen modelliert werden können. Dabei lassen sich viele Probleme als die Suche nach einer Eckenfärbung eines Graphen
(oder seines dualen Graphen) mit einer möglichst geringen Anzahl von Farben
auffassen. Die Frage bei der Landkartenfärbung würde also lauten: Hat jeder duale Graph K' einer Landkarte K die chromatische Zahl $\chi(K') \leq 4$?

Ein kleiner Abstecher oder: »Da bist du platt«

Vielleicht ist Ihnen bei der Lektüre (besser noch: bei Ihren aktiven Erkundungen) ein Widerspruch aufgefallen: Zu Problem 1, also den Landkartenfärbungen,
wurde behauptet (und nicht bewiesen), dass man immer mit höchstens 4 Farben
auskommt. Aber bei Problem 3, den Handygebieten, haben Sie vielleicht einen
Fall gefunden, bei dem Sie 5 Farben gebraucht haben! Wenn Sie die Einzelfragen
gründlich erkundet haben, so sind Sie auch auf Graphen gestoßen, die 6, 7, ja beliebig viele Farben benötigen. Stimmt die Vierfarbenvermutung also doch nicht?
  Natürlich ist es leicht, einen Graphen zu finden, der beliebig viele Farben
braucht. Wenn Sie n Ecken nehmen und jede mit jeder verbinden (diesen Graphen
nennt man den »vollständigen Graphen auf n Ecken« oder kurz: K_n, mit »K« für
komplett), haben sie bereits ein Beispiel für nicht 4-färbbare-Graphen. Aber beim

Landkartenfärben können solche Graphen nicht auftauchen! Alle Graphen, die als duale Graphen aus Landkarten entstehen, haben eine zusätzliche Eigenschaft: sie sind *ebene Graphen*.

❚❚ *Definition*
Ebene Graphen sind Graphen, die man in die Ebene (also z. B. auf ein Blatt Papier) zeichnen kann, ohne dass sich Kanten überkreuzen. Bisweilen nennt man diese Graphen auch *plättbare Graphen*.

Um diesen Zusammenhang klarer zu fassen, überlegen Sie sich bitte Folgendes, am besten mit Zettel und Stift:

- zu Problem 1: Warum können beim Zeichnen des dualen Graphen zu einer Landkarte keine Überkreuzungen auftreten?
- zu Problem 2: Beim Aquariumproblem mit nur 4 Fischen können alle Arten miteinander unverträglich sein. Kann man das als einen Graphen in der Ebene ohne Überkreuzungen zeichnen? Wie sieht es bei bei 5 paarweise unverträglichen Fischarten aus? Wie bei 6?

Es ist also ein Unterschied, ob wir versuchen, ebene Graphen zu farben oder ob wir es mit Graphen versuchen, die sich nicht so zeichnen lassen. Unser Kenntnisstand sieht also zusammengefasst so aus:

a. Bei den ebenen Graphen besteht weiterhin die Vermutung (die wir hier nicht bewiesen haben), dass 4 Farben immer reichen.
b. Bei beliebigen Graphen kann es auch beliebig schlimm kommen: Der K_n braucht beispielsweise wirklich alle n Farben. Dafür lässt sich aber auch ein beliebiger Graph nicht mehr unbedingt überschneidungsfrei in der Ebene zeichnen.

Sie haben es während Ihrer letzten Überlegungen am K_4 und K_5 vielleicht schon bemerkt: Der K_5 scheint nicht ohne Überkreuzungen in die Ebene zu passen. Denn wenn man den K_5 in der Ebene zeichnen könnte, wäre auch die Vierfarbenvermutung falsch! Stellen Sie sich vor, sie hätten einen überkreuzungsfreien K_5 hinbekommen. Dann könnten Sie ja die Ecken als Hauptstädte auffassen und eine Landkarte darum fabrizieren (so wie das in Abbildung 9 für den K_4 dar-

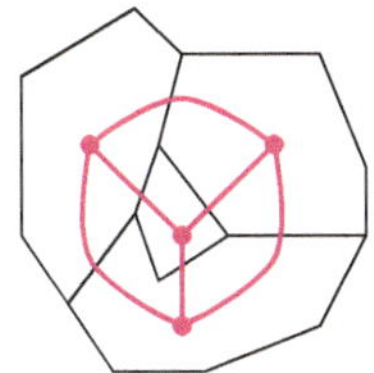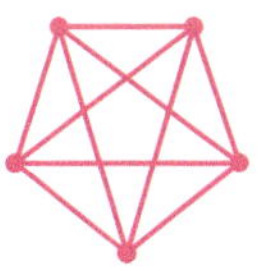

Abbildung 9. Die vollständigen Graphen K_4 und K_5

gestellt ist). Diese Landkarte hätte den K_5 als dualen Graphen und damit wären von den 5 Ländern alle paarweise benachbart. Das heißt aber, dass man für diese Landkarte wirklich 5 und keine Farbe weniger braucht.

Und so ist es auch: Graphen wie den K_5 kann man nicht mehr überkreuzungsfrei in der Ebene zeichnen. Probieren Sie es ruhig noch einmal und versuchen Sie einen Grund dafür zu finden, warum es tatsächlich nicht gehen kann. Auch der K_6 und alle anderen Graphen, die einen K_5 als Unterstruktur enthalten, sind keine ebenen Graphen.

Aber es gibt auch noch einen anderen »unplättbaren Übeltäter«. Er steckt hinter dem folgenden, auch weithin als Knobelaufgabe beliebten Problem:

- *Das Versorgungsproblem*
  Kann man drei Häuser, jedes einzeln, so an Gas, Wasser und Elektrizität anschließen, dass sich keine der Leitungen mit einer anderen überkreuzt? (siehe Abbildung 10)

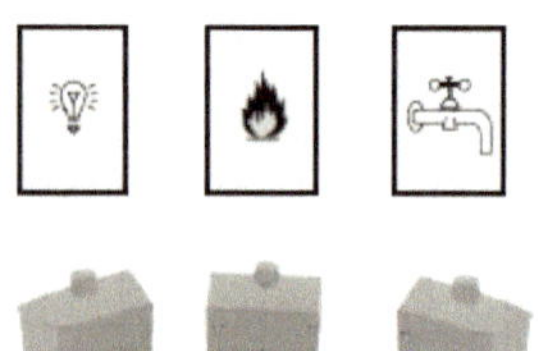

Abbildung 10. Das Versorgungsproblem

Bevor Sie weiter lesen und sich den Spaß verderben, probieren Sie es einmal aus.

Wenn Sie jetzt doch weiter lesen (letzte Chance zum Aufhören und Ausprobieren!), dann erfahren Sie die Auflösung: Diese Knobelaufgabe hat den unangenehmen Haken, dass sie keine Lösung besitzt! Aber auch, wenn Sie jetzt schon wissen, dass es nicht geht, lohnt es sich, es noch einmal weiter zu probieren. Auf diese Weise entdecken Sie vielleicht einen Weg, zu begründen, *warum* es nicht geht.

Den Graphen, der drei Ecken paarweise mit drei anderen Ecken verbindet, nennt man auch $K_{3,3}$ (siehe Abbildung 11). Sie haben wahrscheinlich, als sie versucht haben $K_{3,3}$ oder K_5 ohne Überkreuzungen zu zeichnen, manchen Fluch oder Seufzer (je nach Temperament) ausgestoßen. Aber wieso sollte das Unterfangen unmöglich sein, nur weil Sie es nach mehr oder weniger vielen Versuchen aufgegeben haben? Sie mögen die feste Überzeugung gewonnen haben, dass es nicht geht, aber völlig sicher können Sie sich nicht sein. Das wären Sie erst, wenn Sie es

Abbildung 11. Eine nicht-ebene Darstellung des $K_{3,3}$. Gibt es auch eine ebene Darstellung?

beweisen, also ganz unbezweifelbar auf sichere und akzeptierte Aussagen zurückführen könnten. Versuchen Sie diesen Beweis doch einmal, er liegt immerhin im Rahmen der Möglichkeiten elementarer Argumentation.

Die Frage, wann ein Graph plättbar ist, ist sowohl theoretisch als auch praktisch relevant (z. B. beim Planen von Leitungsbahnen auf Platinen). Da sie aber nicht im Zentrum dieses Kapitels steht, möchte ich Sie nicht wie ein Fisch auf dem Trockenen lassen. Über die Jahrhunderte hat sich ein besonders schöner und einfacher Beweis herauskristallisiert, von dem ich nicht annehme, dass Sie ohne Vorkenntnisse auf ihn verfallen wären. Dieser Beweis greift auf eine andere wichtige und schöne Aussage über ebene Graphen zurück, die ich Ihnen nicht vorenthalten möchte. Diese »schöne« Aussage ist die so genannte *Eulerformel*:

■■ *Satz (Eulerformel)*
Jeder ebene Graph, sofern er zusammenhängend ist, erfüllt die folgende Formel:

$$E - K + F = 2 \tag{5.3}$$

Hier bedeuten E, K und F die Anzahl der Ecken, Kanten und Flächen des Graphen. (Das E bezeichnet somit dasselbe wie das weiter oben verwendete $|V|$.) Gerne betrachtet man hier die Ecken, Kanten und Flächen von regelmäßigen Polyedern. Diese sind auch als ebene Graphen darstellbar, was man sich plausibel machen kann, indem man sich vorstellt, dass man ihnen eine Gummihaut überstülpt, die Kanten nachzeichnet und die Haut dann wieder abzieht (siehe Abbildung 12). Die äußere Fläche des ebenen Graphen entspricht dann einer Seitenfläche des Polyeders.

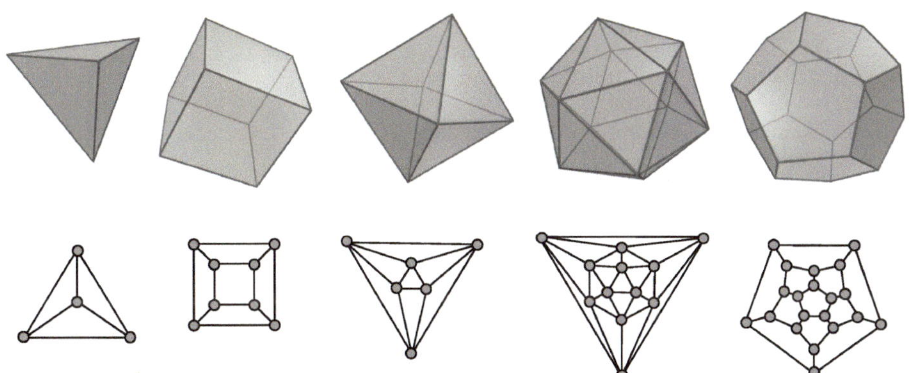

Abbildung 12. Die fünf regelmäßigen Polyeder (»platonische Körper«) und ihre ebene Darstellung

Sie sehen, für die Ecken, Kanten und Flächen dieser Polyeder gilt tatsächlich $E - K + F = 2$ und daher spricht man auch von der »Eulerschen Polyederformel«. Oder haben Sie vielleicht ein anderes Ergebnis – nicht 2 sondern 1 – herausbekommen? Das liegt daran, dass bei der Eulerformel das äußere, umgebende Land ebenfalls als Fläche gezählt wird. Wie man gleichsam entdeckend und Schritt für Schritt auf diese Formel und die Bedingungen ihrer Gültigkeit kommen kann, hat Lakatos [47] schön in Dialogform dargestellt und dabei einen wichtigen Beitrag zu der Frage geliefert, wie mathematische Entdeckungen bzw. Erfindungen entstehen. An dieser Stelle haben Sie nun zwei Möglichkeiten: Entweder Sie lesen weiter und finden dort eine schöne und plausible Beweisidee für die Eulersche Polyederformel, oder:

- Legen das Buch für einen Moment beiseite und suchen selbst nach einer Begründung für die Formel. Tipp: Probieren Sie zunächst einige einfache Beispiele durch.

Hier kommt nun der angekündigte Beweis: Stellen Sie sich vor, sie bauen den Graphen, für den Sie die Eulerformel zeigen möchten, Schritt für Schritt auf (siehe Abbildung 13). Zuerst zeichnen Sie eine einzelne Ecke. Dann ist $E = 1$ und $F = 1$, aber $K = 0$. Die Formel stimmt. Nun zeichnen Sie eine Kante, die an diese Ecke stößt, samt ihrer anderen zugehörigen Ecke. Dadurch bleibt die Zahl F der Flächen erhalten, aber sowohl E und K erhöhen sich um 1, $E - K + F$ bleibt in der Konsequenz gleich. Nun kann es aber auch sein, dass Sie eine Kante zeichnen, deren andere Ecke bereits gezeichnet ist. Dann bleibt E konstant und K wächst um 1. Allerdings wächst auch F um 1, denn diese Kante trennt ein neues Land ab. In der Bilanz bleibt auch $E - K + F$ gleich.

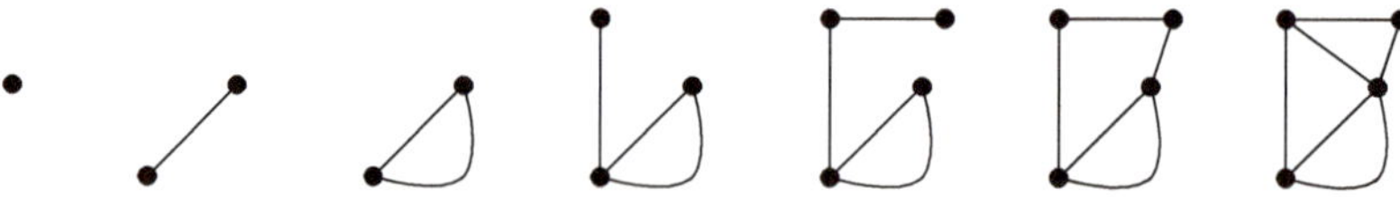

Abbildung 13. Kantenweises Aufbauen eines Graphen

Auf diese Weise können Sie den ganzen Graphen sukzessive aufbauen, wobei $E - K + F$ immer denselben Wert 2 hat. Sie müssen jetzt nur noch sicherstellen, dass *jeder* Graph auf diese Weise, d. h. nur mit diesen beiden Typen von Erweiterungen um »Kante plus Ecke« bzw. um »Kante zwischen 2 bestehenden Ecken«, aufzubauen ist. Wenn Sie das plausibel machen können, haben Sie die Eulerformel sozusagen mit vollständiger Induktion über die Kanten bewiesen. Einen etwas weiter ausgearbeiteten Beweis finden sie z. B. in [1], [15] oder sehr sauber und formal in [29]. Zum besseren Verständnis, lohnt es sich, über die folgende Aufgabe nachzudenken:

■ Zeichnen Sie Graphen, die nicht zusammenhängend sind und versuchen Sie zu verstehen, warum bei ihnen die Eulerformel und ihr Beweis nicht funktioniert. Können Sie die Formel »reparieren«?

Dieser kleine Abstecher von der Färbbarkeit zur Eulerformel (die ja auch schon für sich genommen ein schöner Zusammenhang ist) hatte im Rahmen dieses Kapitels zu Färbungen vor allem einen Zweck: Die Eulerformel dient als Rüstzeug, mit dem sich viele Einsichten gewinnen lassen. Insbesondere kann man mit ihrer Hilfe zeigen, dass der K_5 und der $K_{3,3}$ wirklich nicht als ebene Graphen gezeichnet werden können. Am K_5 soll das einmal explizit ausgeführt werden. Hierzu bedienen wir uns der Form eines Widerspruchsbeweises.

Nehmen wir also an, wir hätten den K_5 überschneidungsfrei gezeichnet, dann hätten wir eine Landkarte mit fünf Ecken ($E = 5$) und zehn Kanten ($K = 4 + 3 + 2 + 1 = 10$). Da es keine Doppelkanten zwischen zwei Ecken gibt, ist jede Fläche von mindestens drei Kanten begrenzt. Also kann es bei 10 Kanten höchstens 10/3 Flächen geben? Beinahe! Wir müssen noch berücksichtigen, dass jede Kante ja Grenze von zwei Flächen ist, also kann es höchstens 20/3 Flächen geben. Da die Zahl der Flächen ganzzahlig ist, können es natürlich nicht $20/3 = 6,66\ldots$, sondern bestenfalls 6 Flächen sein: $F \leq 6$. Wenn wir diese Kenntnisse in die Eulerformel einsetzen, die ja für alle ebenen Graphen gilt, erhalten wir

$$E - K + F \leq 5 - 10 + 6 = 1$$

Damit kann der Graph aber nicht mehr eben sein, denn sonst müsste er die Eulerformel $E - K + F = 2$ erfüllen. Der K_5 ist also kein »plättbarer« Graph, den man in der Ebene überschneidungsfrei zeichnen kann.

■ Zeigen Sie auf ähnliche Weise, dass auch der $K_{3,3}$ nicht plättbar ist. Dazu müssen Sie übrigens zusätzlich verwenden, dass beim $K_{3,3}$ jedes Land sogar mindestens vier Kanten haben muss – Warum ist das wohl so?

Natürlich gibt es viele weitere Graphen, die wie der K_5 und $K_{3,3}$ nicht überkreuzungsfrei in die Ebene passen, z. B. der K_6 der K_7 usw. K_5 und $K_{3,3}$ sind aber letztlich die Hauptschuldigen, denn sie stecken in jedem nicht-plättbaren Graphen. Diese Tatsache, die Kuratowski 1930 bewiesen hat, lässt sich folgendermaßen als Satz formulieren (einen Beweis finden Sie etwa in [29]):

■■ *Satz von Kuratowski*
Die nicht plättbaren Graphen sind genau die Graphen, die einen $K_{3,3}$ oder einen K_5 »enthalten«.

(Mit »enthalten« ist gemeint: Sie finden einen Untergraphen, bei dem Sie eventuell nur noch einige irrelevante Ecken mit Grad 2 entfernen müssen, um einen $K_{3,3}$ oder einen K_5 zu erhalten.)

Reichen vier Farben denn nun immer? Plättbarkeit und Färbbarkeit

Warum dieser Ausflug in die Plättbarkeit? Die Fragen der Plättbarkeit und Vierfärbbarkeit hängen eng zusammen. Das hat schon viele Mathematiker, die sich in den ersten 50 Jahren mit dem Problem beschäftigt haben, inspiriert, aber auch aufs Glatteis geführt. Mancher Vierfärber der allerersten Stunde hat nämlich geglaubt, dass mit der Nichtplättbarkeit des K_5 auch die Vierfärbbarkeit erledigt sei. Das (fehlerhafte) Argument lief in etwa so: »Eine Länderkonstellation, bei der jedes von 5 Ländern an die 4 anderen grenzt, ist unmöglich. Denn dann hätte man ja einen überschneidungsfreien K_5 zwischen den Hauptstädten. Diese Länderkonstellation würde 5 Farben nötig machen und, da es sie nicht gibt, reichen 4 Farben aus.«

■ Bevor Sie weiter lesen, überlegen Sie selbst: Wo steckt der Fehler in dieser Argumentation?

Hier wird offenbar etwas zu voreilig geschlossen: Es gibt zwar keine Konstellation von fünf Ländern, bei denen jedes zum anderen benachbart ist, bei der man also fünf Farben bräuchte. Aber wer sagt denn, dass man bei einer sehr großen Landkarte, wenn man mit der Färberei irgendwo anfängt, nicht irgendwann zu einem Land kommt, das bereits von vier verschiedenfarbigen Ländern umgeben ist? Auch wenn diese vier Länder nicht alle zueinander benachbart sind, brauchen sie aber vielleicht diese vier verschiedenen Farben, weil sie ja wieder an bestimmte andere Länder grenzen usw. Hier sieht man: Beim Vierfarbenproblem handelt es sich nicht um ein *lokales* Problem, sondern um ein *globales*, bei dem man die ganze Karte anschauen muss.

So einfach, wie beim eben beschriebenen »Kurzschluss« hat es sich der englische Mathematiker Alfred Bray Kempe nicht gemacht. Er hatte im Jahre 1879 ein paar gute Ideen, die er zu einem schlüssig erscheinenden Beweis der Vierfärbbarkeit ausbaute. Leider ist er nur »knapp« gescheitert. Sein Beweis enthielt ebenfalls einen Trugschluss, aber einen weniger offensichtlichen als den obigen, denn niemand erkannte ihn. Kempes Beweis war lange Jahre von vielen Mathematikern anerkannt. Erst elf Jahre später deckte Percy John Heawood den Fehler auf und es dauerte noch einige Zeit, bis sich herumsprach, dass das Vierfarbenproblem noch nicht gelöst sei. Dennoch blieben Kempes Ideen nicht fruchtlos. Sie bildeten die Grundlage für die viele Jahre dauernde weitere Arbeit am Vierfarbenproblem. Und obwohl man mit seinen Überlegungen nicht zeigen kann, dass *vier* Farben ausreichen, so lässt sich doch immerhin beweisen, dass in jedem Fall *fünf* Farben reichen. Ich möchte Ihnen hier nicht den fehlerhaften Beweis für die Vierfärbbarkeit vorführen, den finden Sie z. B. im Original in [19] oder [1]. Stattdessen sollen Sie Kempes schöne Ideen in einem Beweis der *Fünffärbarkeit* kennen lernen, so dass Sie wenigstens sicher von sich sagen können, sie wissen *dass* und auch *warum* jeder ebene Graph mit höchstens fünf Farben zu färben ist.

Beim Fünffärbbarkeitsbeweis kann man entweder die Länder von Landkarten färben oder alternativ die Ecken von ebenen Graphen verwenden. Für die jeweils andere Darstellung gilt die Fünffärbbarkeit dann mit, das erledigt die Dualität (vgl. S. 141). An dieser Stelle wollen wir das Problem nur aus der Sicht der Eckenfärbung betrachten.

Beim Beweis bedienen wir uns eines mathematischen Kniffs, der nicht so ganz auf der Hand liegt. Diesen Kniff bezeichnet man gerne mit dem recht brachialen Ratschlag: »Stürze dich auf den *kleinsten Übeltäter*«. Wie funktioniert die Methode »kleinster Übeltäter«? Wenn man zeigen will, dass *jeder* Graph fünffärbbar ist, hat man es mit einer sehr großen Zahl von Fällen zu tun. Deswegen nimmt man für einen Moment einmal an, man habe Unrecht, d. h. man glaubt provisorisch, dass die Fünffärbbarkeit *nicht* für alle Graphen gilt. Das bedeutet, dass es Graphen geben muss, für die fünf Farben nicht ausreichen und unter diesen stürzt man sich auf einen Kleinsten, d. h. in diesem Fall auf einen Graphen mit der geringsten Zahl von Ecken, der sechs oder mehr Farben braucht. Zwar kennt man ihn dann noch nicht persönlich, man weiß nicht einmal, ob es nicht vielleicht mehrere gibt, aber man hat es auf alle Fälle mit viel weniger Graphen zu tun. Und dann geschieht das zunächst Unglaubliche: Man versucht sich mit allen Mitteln selbst von seiner provisorischen Vermutung abzubringen. Wie geht man vor? Man sammelt so viel Information wie möglich über den kleinsten Übeltäter, so lange, bis man ihn so weit eingegrenzt hat, dass man merkt, dass es ihn gar nicht geben kann. Dies hat man erreicht, wenn die gesammelten Informationen zu einem Widerspruch führen, z. B. indem man feststellt, dass der angenommene kleinste Übeltäter doch fünffärbbar und damit gar kein Übeltäter ist. Oder man zeigt: Es gibt noch einen kleineren als den kleinsten! Wie auch immer: Die Annahme, es gebe überhaupt solche Übeltäter und damit auch einen kleinsten, ist ad absurdum geführt und man kann stolz behaupten: Es gibt überhaupt keine Übeltäter, alle Graphen sind »gut« und fünffärbbar.

Für die Fünffärbbarkeit heißt das konkret: Wenn sie *nicht* gelten würde, gäbe es einen kleinsten Graphen, der mindestens 6 Farben braucht – und auf den stürzen wir uns nun mit aller mathematischen Macht.

Zunächst suchen wir im Übeltätergraphen nach Ecken mit kleinem Grad, denn das sind die am leichtesten färbbaren Ecken. Wenn es z. B. eine Ecke mit Grad 1, 2, 3 oder 4 geben würde, könnte man sie in Gedanken samt der bei ihr einlaufenden Kanten aus dem Graphen entfernen (siehe Abbildung 14 links). Weil wir vom kleinsten Übeltäter ausgegangen sind, und der verbleibende Graph kleiner ist, kann dieser kein Übeltäter mehr sein und ist mithin fünffärbbar. Stellen wir ihn uns also mit fünf Farben gefärbt vor, dann erhalten die maximal vier Nachbarecken der entfernten Ecke höchstens vier Farben (in Abbildung 14 die vier Farben

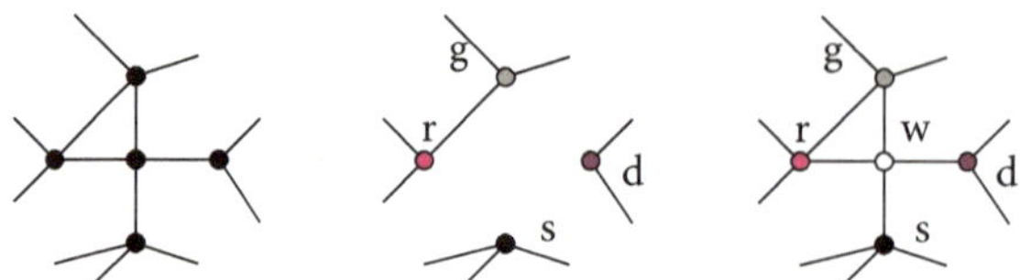

Abbildung 14. Eine Ecke mit Grad vier im kleinsten Übeltäter

rot, **g**rau, **d**unkelrot, **s**chwarz). Dann fügen wir die Ecke wieder hinzu. Da sie nur mit 1, 2, 3 oder 4 anderen Ecken verbunden ist, können wir sie problemlos mit der fünften Farbe färben (in Abbildung 14 mit **weiß**) und der Übeltäter ist als ein doch fünffärbarer entlarvt.

Wenn wir also zeigen können, dass ein ebener Graph immer mindestens eine solche Ecke mit Grad 1, 2, 3 oder 4 besitzt, dann haben wir gezeigt, dass es keine Übeltäter gibt und somit keine Graphen, die mit 5 Farben nicht auskommen. Also machen wir uns daran, nach dem kleinsten Eckengrad, von dem man sicher sein kann, dass er in jedem ebenen Graphen vorkommt, zu forschen. In nicht-ebenen Graphen würden wir wenig Erfolg haben, denn dann können in jeder Ecke ja beliebig viele Kanten einlaufen: man betrachte z. B. den K_n.

- Untersuchen Sie, ob es Graphen geben kann, die nur Ecken mit Grad 5 oder höher haben. Verwenden Sie dazu die Eulerformel, die ja für alle ebenen Graphen gilt und ähnliche Argumente, wie bei dem Beweis der Nichtplättbarkeit von K_5 (S. 147).

Hier kommt ein möglicher Beweis, der wahrscheinlich knapper ausfällt, als Ihre Überlegungen. (Das ist aber nicht verwunderlich, denn Beweise werden für ihre Veröffentlichung mehrfach »durchgeknetet« und optimiert.) Wenn jede Ecke den Grad 5 hat, so enthält der Graph mindestens fünfmal soviel Kantenenden wie Ecken. Jede Kante hat zwei Enden und somit gilt: $5E \leq 2K$. Außerdem ist jede Fläche mindestens von 3 Kanten umgeben, was zu der Ungleichung $3F \leq 2K$ führt. Für den kleinsten Übeltäter kann man diese Annahme zunächst einmal nicht so leicht machen, denn es könnten ja auch Länder mit nur zwei Kanten existieren oder Kanten, an denen nicht zwei verschiedene Länder angrenzen, sondern dasselbe Land an beiden Seiten. Überlegen Sie selbst, warum solche Länder aber keine kleinsten Übeltäter sein können, bzw. warum man solche Länder nicht betrachten muss.

Mit Hilfe der beiden gewonnenen Ungleichungen kann man in der Eulerformel die Variablen K und F eliminieren und erhält:

$$2 = E - K + F \leq E - K + \frac{2}{3}K = E - \frac{1}{3}K \leq E - \frac{5}{6}E = \frac{1}{6}E$$

Es gilt also: $E \geq 12$, d. h. ein solcher Graph, bei dem jede Ecke den Grad 5 oder größer hat, hat mindestens 12 Ecken. Schön wäre, wenn wir herausgefunden hätten, dass es ihn *gar nicht* gibt, aber leider müssen wir feststellen, dass es einen solchen Graphen mit genau 12 Ecken, die alle Grad 5 haben, tatsächlich gibt – den Dodekaedergraphen nämlich (S. 145).

Aber aufgeben sollte man deswegen noch lange nicht. Vielleicht kann man ja wenigstens beweisen, dass es keinen Graphen mit lauter Ecken mit Grad 6 oder mehr gibt. Oder gibt es einen solchen Graphen doch, wenn man nur mindestens z. B. 120 Ecken zur Verfügung hat?

■ Bestimmen Sie mit der Eulerformel, was Sie über die Eckenzahl eines Graphen sagen können, der nur Ecken mit Grad 6 oder mehr hat.

Wenn Sie ähnlich wie zuvor gearbeitet und argumentiert haben, werden Sie vielleicht früher oder später auf einen Widerspruch, d. h. auf eine unerfüllbare Gleichung (wie etwa $E \leq 0$ o. ä.) gestoßen sein. Das bedeutet, dass es in der Tat einen solchen Graphen nicht gibt und es steht fest:

▌▌ *Satz*
Jeder ebene Graph (ohne Mehrfachkanten) hat mindestens eine Ecke von Grad 5 oder kleiner. Für nicht-ebene Graphen kann man eine ähnliche Beschränkung nicht feststellen.

Diese Eigenschaft könnte beim Beweis der Fünffärbbarkeit eine große Hilfe sein, denn Ecken mit geringem Grad sind gute Kandidaten für das Färben mit wenigen Farben. Wir schauen uns also wieder den kleinsten Übeltäter an und bei ihm eine Ecke mit Grad 5. Eine Ecke mit Grad 1, 2, 3 oder 4 kann er schon nicht mehr haben, denn dann, so haben wir gezeigt, ist er kein Übeltäter mehr, man kann ihn fünffärben. Leider funktioniert dieses Argument nicht mehr für Ecken mit 5 Nachbarn (probieren Sie es aus!) und hier hilft die Idee von Kempe weiter.

Analog wie zuvor operiert man die Ecke mit Grad 5 (die es geben muss) heraus und färbt den Restgraphen. Das geht wieder wie vorher, denn der Restgraph ist ja kleiner als der kleinste Übeltäter und somit fünffärbbar. Wenn die 5 Nachbarn mit nur 4 verschiedenen Farben gefärbt sind, hat man für die mittlere Ecke wieder eine Farbe frei und somit eine Fünffärbung für den fälschlich angenommenen Übeltäter. Wenn die 5 Nachbarn jedoch 5 verschiedene Farben tragen, wird es schwieriger. Kempe betrachtete dazu ein Farbenpaar von zwei nicht benachbarten Ecken aus den fünfen, in Abbildung 15 sind das z. B. die Farben **rot** und **dunkelrot**. Zu diesem Farbenpaar kann man sich den Untergraphen anschauen, der nur aus Ecken mit diesen beiden Farben und den dazwischen verlaufenden Kanten besteht.

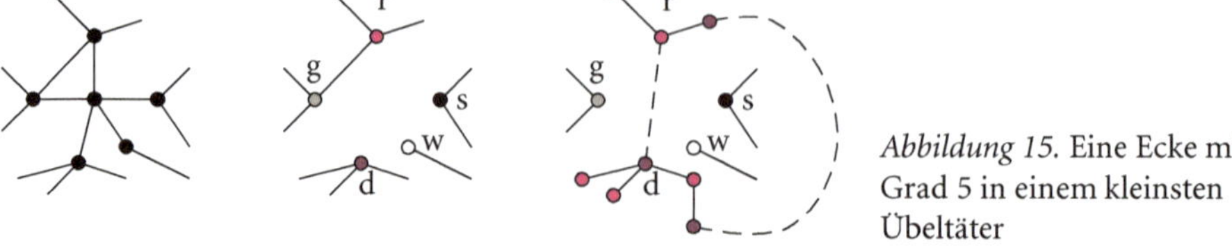

Abbildung 15. Eine Ecke mit Grad 5 in einem kleinsten Übeltäter

Solche zweifarbigen Untergraphen bezeichnet man Kempe zu Ehren auch als *Kempeketten*, hier also betrachtet man die **rd**-Kempekette. Nun können zwei verschiedene Fälle eintreten:

Fall 1: Die **rd**-Kempeketten, die von den Ecken **r** und **d** ausgehen, hängen nicht zusammen, d. h. eine Verbindung von abwechselnden **r**ot und **d**unkelrot, wie durch die geschwungene und gestrichelte Linie angedeutet existiert nicht. Dann kann man z. B. im oberen Teil umfärben: Alle **r**ot werden zu **d**unkelrot, alle **d**unkelrot werden zu **r**ot umgefärbt und es entsteht wieder eine gültige Färbung des Restgraphen – mit dem Unterschied, dass nun an der herausgeschnitten Ecke die Farbe **r**ot nicht mehr auftaucht. Man kann nach dem Umfärben diese Ecke also mit rot färben und erhält eine gültige Fünffärbung des Übeltäters.

Fall 2: Die **rd**-Kempeketten, die von den Ecken **r** und **d** ausgehen, hängen über eine abwechselnde **r**ote und **d**unkelrote Verbindung zusammen, wie durch die geschwungene und gestrichelte Linie angedeutet wird. Dann kann man durch Umfärben wie in Fall 1 nichts gewinnen, denn wenn man die oberen **r**ote Ecke umfärbt zu **d**unkelrot, so muss man in der Kette alle umfärben und damit auch den unteren **d**unkelroten zu **r**ot. Man hat weiterhin 5 verschiedene Farben um die herausgeschnittene Mittelecke. Dafür kann man sich nun aber an anderer Stelle freischwimmen: Wenn man auf dieselbe Weise den Untergraphen aller **g**rauen und **s**chwarze Ecken anschaut, so kann diesmal keine **gs**-Kempekette, also keine Verbindung zwischen der linken grauen und der rechten roten Ecke bestehen, denn diese müsste ja die **rd**-Kette irgendwo kreuzen. Das geht aber nicht, da die **rd**-Kempekette zusammen mit der herausgeschnittenen Mittelecke einen Kreis bildet, aus dem die schwarz-**g**raue Kette nicht hinauskommt! Also tauscht man, wie in Fall 1 nun die beiden Farben **s**chwarz und **g**rau aus und hat nur noch vier Farben an den fünf Nachbarecken der herausgeschnittenen Ecke verbraucht. Diese kann man wieder färben und hat eine Fünffärbung des Übeltäters.

Kurzum, wie man es auch dreht und wendet: Der kleinste Übeltäter lässt sich immer wieder mit fünf Farben färben und damit ist klar, dass es einen solchen, mit fünf Farben nicht färbbaren Übeltäter nicht geben kann. Man kann also sicher sagen:

▌▌ *Der Fünffarbensatz*

Jeder ebene Graph und jede Landkarte lassen sich mit höchstens 5 Farben färben.

Weiter hinten werden wir diese Idee dazu verwenden, um einen konkret durchführbaren Algorithmus zur Färbung von ebenen Graphen zu erstellen.

Wie sieht es aber nun mit 4 Farben aus?

Kempe hatte mit den Mitteln, die wir zum Beweis der Fünffärbbarkeit gebracht haben, auch geglaubt, die Vierfärbbarkeit beweisen zu können – und dabei leider einen Fehler begangen (vgl. S. 148).

Man könnte meinen, dass sich nach der Aufdeckung von Kempes Irrtum schnell ein Mathematiker fand, der den Beweis flicken konnte. Immerhin fand auch niemand ein Gegenbeispiel, also einen ebenen Graphen, der mit vier Farben nicht auskam. Das Problem erwies sich aber als hartnäckig, auch viele andere Ansätze scheiterten nur knapp (vgl. [1]). Manche Mathematiker glaubten schon nicht mehr daran, dass die Vierfarbenvermutung zu beweisen war. Sie vermuteten, dass es sich hier vielleicht um eine mathematische Aussage handelte, die weder zu beweisen noch zu widerlegen war. Dass solche Phänomene in der Mathematik prinzipiell möglich waren, hatte Kurt Gödel bewiesen. Es dauerte noch einmal hundert Jahre, bis der gordische Knoten durchschlagen war: Im Jahre 1976 konnten Kenneth Appel und Wolfgang Haken die Vierfarbenvermutung beweisen. Sie brauchten allerdings die Hilfe von Hunderten von Computerstunden, um Tausende von Konfigurationen durchzurechnen. Noch dazu muss man Hunderte von Beweisseiten lesen, in denen gezeigt wird, warum es reicht, nur diese Konfigurationen zu berechnen. *Alle* Konfigurationen kann schließlich kein Computer ausrechnen, denn jeder Computer ist eine »endliche Maschine« und kann immer nur endlich viele Rechnungen durchführen. Damit können wir seit 1976 sagen: Wir wissen nun, dass die Vierfarbenvermutung wahr ist, und sprechen daher auch vom *Vierfarbensatz*.

▌▌ *Vierfarbensatz*
Die Ecken eines jeden ebenen Graphen (ohne Schlingen) sind so mit vier Farben färbbar, dass benachbarte Ecken stets verschiedene Farben tragen.

Aber so schön ist die Situation gar nicht: Denn erstens kann kein einzelner Mathematiker den Beweis allein überprüfen und zweitens zeigt er nur, *dass* vier Farben reichen, aber nicht, *warum* dies so ist. Ist die Vierfarbenvermutung also wirklich bewiesen? Hierüber gibt es einen spannenden Streit zwischen den »Computermathematikern« und den »traditionellen Mathematikern«. Wer sich in die spannende und verzweigte Geschichte des Vierfarbensatzes und in die Diskussionen, die er losgetreten hat, einlesen möchte, dem sei die gut lesbare Darstellung in [19] empfohlen.

Haben Sie das Gefühl, in den letzten beiden Abschnitten einen Überblick über die Zusammenhänge zwischen Färbbarkeit und Plättbarkeit bekommen zu haben?

Stellen Sie sich auf die Probe, indem sie die folgende kritische Nachfrage untersuchen:

- Beim Handyproblem zeichnet man doch auch so etwas Ähnliches wie einen dualen Graphen zu einer Karte. Warum kann es dort passieren, dass ein nicht plättbarer herauskommt?

3 Wie knackt man die Färbungsprobleme praktisch?

Vielleicht haben Sie die vier speziellen Probleme vom Anfang des Kapitels nur teilweise gelöst oder sind sich noch nicht sicher, ob Sie eine Lösung gefunden haben. Die Ideen, die zur Lösung der Probleme im zweiten Teil dieses Kapitels entwickelt wurden, werfen nun ein ganz neues Licht auf die Ausgangsprobleme. Es lohnt sich, nun mit geschärftem Blick, zurückzublättern und die Probleme noch einmal anzuschauen.

Sie sehen jetzt deutlich, dass hinter den Problemen jeweils dieselbe Frage steckt und dass man sie daher mit demselben Modell – mit Graphen – beschreiben und mit demselben Ansatz – der Suche nach zulässigen Färbungen – behandeln kann. Wir haben auch mit Formel (5.1) und (5.2) schon (sehr schwache) Obergrenzen für die Anzahl der benötigten Farben gefunden. Aussage (5.2) sagt z. B.: Wenn jedes Sendegebiet immer nur mit höchstens 3 anderen überlappt, braucht man nicht mehr als 4 Farben.

Mit dem neu gewonnenen begrifflichen Fundament fühlen Sie sich hoffentlich gestärkt, die Probleme vom Anfang noch einmal konkret anzugehen: Wenn vier Farben bei einer Landkarte immer reichen (manchmal sogar weniger), wie findet man bei einem gegebenen Graphen eine solche Färbung? Die Telefongesellschaft will ja nicht nur wissen, *dass* eine sparsame Frequenzverteilung existiert, sie braucht eine ganz konkrete Lösung. Sie sehen: Es geht um das Durcharbeiten von konkreten Fällen und das Finden von besten Lösungen, also die Kernaufgabe der kombinatorischen (oder auch: diskreten) Optimierung. Wir wollen also auf die Suche gehen nach praktisch durchführbaren Optimierungsalgorithmen und dabei die erarbeiteten allgemeinen Kenntnisse über Graphen anwenden und vermehren.

Fingerübungen

Um ein Gefühl dafür zu bekommen, wie man einen beliebigen (also auch schwierigen) Graphen günstig färbt, sollten Sie einmal umgekehrt fragen: Welchen Graphen sieht man die optimale Färbung bereits an? Um auf den Geschmack zu kommen, sucht man sich zunächst die Nüsse, die leicht zu knacken sind. Die hier vorgeschlagenen Probleme sind nur eine Auswahl für diesen Zweck. Daneben sollten

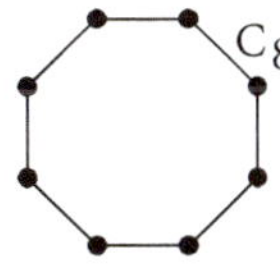

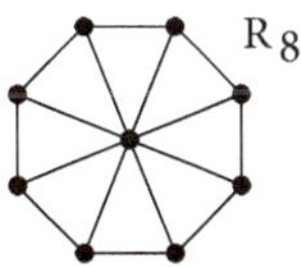

Abbildung 16. Beispiele für einen Kreis und ein Rad

Sie auch auf die Suche nach Färbungen von anderen Graphentypen gehen. Versuchen Sie, wann immer möglich, ihre Vermutungen zu begründen (vgl. auch die Aufgaben im Graphenlabor in Kapitel 1).

- Wie viele Farben benötigen Kreise C_n und Räder R_n? (siehe Abbildung 16)
- Wie viele Farben benötigen Bäume, also zusammenhängende Graphen ohne Kreise?
- Wie viele Farben benötigen Graphen ohne Dreiecke? (Hier reicht es, wenn Sie eine Vermutung finden, ein Beweis ist nicht leicht)

Nun noch einmal anders herum gefragt:

- Wie sehen Graphen aus, bei denen zwei Farben ausreichen?
- Wie sehen Graphen aus, bei denen drei Farben ausreichen?

Die nächste Frage geht noch einmal auf die Färbung von Ländern statt von Ecken zurück. Sie kann schon von Grundschülern bearbeitet werden und führt zudem zu Bildern mit ästhetischem Wert.

- Zeichnen Sie eine Landkarte, indem Sie eine durchgehende, sich selbst überkreuzende Linie ziehen, die sich am Ende wieder schließt (Abbildung 17). Mit wie vielen Farben kann man die Länder färben? Warum?

Bei der Suche nach einer Begründung kann es hilfreich sein, wenn Sie zu der dualen Darstellung übergehen (vgl. S. 141):

- Wie sehen die dualen Graphen zu den »Einliniengraphen« aus? Woran kann man hier erkennen, wie viele Farben ausreichen?

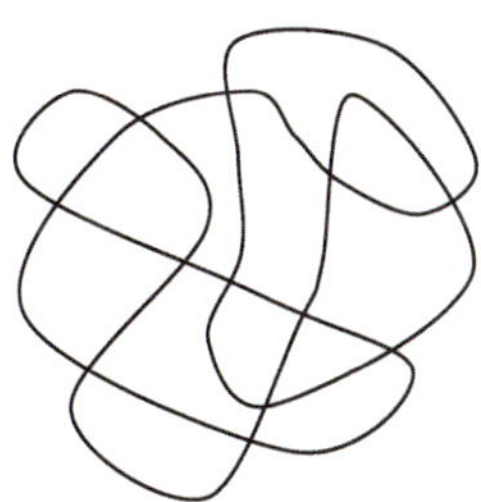

Abbildung 17. Eine Landkarte in einem Federstrich

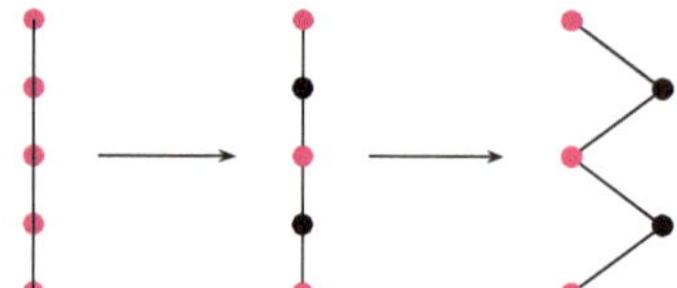

Abbildung 18. Ein bipartiter Graph

Schauen Sie sich noch einmal die soeben untersuchten Graphen an, deren Ecken mit zwei Farben zu färben sind. Sie können erkennen, dass sich die beiden Eckensorten, nennen wir sie einmal die roten und schwarzen Ecken (oder welche Farben Sie auch immer genommen haben) immer schön abwechseln. Will man die Ecken etwas sortieren, so könnte man die eine Sorte nach links, die andere nach rechts schieben (vergleiche Abbildung 18) und sieht:

▌▌ *Definition*
Bei zweifärbbaren Graphen zerfällt die Eckenmenge in zwei Teilmengen. Es sind immer nur Ecken aus einem Teil mit Ecken aus dem anderen verbunden, niemals Ecken innerhalb einer Teilmenge. Für solche Graphen verwendet man auch die Bezeichnung *bipartit.*

Der Graph $K_{3,3}$, der in diesem Kapitel schon aufgetaucht ist, ist auch so ein bipartiter Graph. Die beiden tiefer gestellten Zahlen bezeichnen jeweils die Größe der beiden Eckenmengen und das K steht hier wieder für »komplett«, also dafür, dass *alle* Ecken der einen Eckenmenge vollständig mit denen der anderen verbunden sind. Man nennt sie daher auch *vollständige bipartite* Graphen (siehe Abbildung 19).

- Sie können sich nun überlegen, wann man einen Graphen *tripartit* nennt, und was ein *vollständiger tripartiter* Graph ist.

Wenn man sich vor der Aufgabe sieht, einen Graphen zu färben, von dem bekannt ist, dass er bipartit (also zweifärbbar) ist, kann man beim Färben eigentlich nichts falsch machen. Wenn man immer eine schon gefärbte Ecke wählt und dann für alle Nachbarn die jeweils andere Farbe verwendet, hat man irgendwann alle Ecken eingefärbt. Das ist bei tripartiten Graphen schon schwieriger, da man immer wieder eine Entscheidung treffen muss: Soll man die beiden Nachbarn einer Ecke – sofern das zulässig ist – gleich oder verschieden färben? Je nachdem, was man tut,

Abbildung 19. Der vollständige bipartite Graph $K_{3,2}$

kann man später in eine Sackgasse geraten. Das Färben mit drei oder mehr Farben ist tatsächlich kein Zuckerschlecken mehr, und darum wollen wir uns ihm mit gebührendem Respekt nähern.

Jetzt wird es handgreiflicher: Färbealgorithmen

Nehmen Sie sich den in Abbildung 20 gezeigten Kandidaten vor, um Ihre Kräfte zu erproben, und versuchen Sie, ihn auf verschiedene Weisen einzufärben.

- Gehen Sie zunächst ganz ohne Bedacht heran und färben Sie, wie es gerade kommt – nur zulässig sollte die Färbung immer sein. Wie viele Farben haben Sie gebraucht? Wenn es gut geklappt hat, versuchen Sie es mit einer anderen Reihenfolge der Ecken und beobachten Sie, was dann passiert.
- Jetzt schauen Sie sich den Graphen erneut und in Ruhe an: Wo wäre es geschickt anzufangen? Welche Ecken machen besondere Schwierigkeiten? Suchen Sie möglichst kleine Färbungen und beobachten Sie, nach welchen Kriterien Sie die jeweils nächsten Ecken wählen.
- Nun legen Sie einmal Ihren Scharfsinn wieder ab und streifen sich die Haut eines Computers über. Computer sehen nicht die Gestalt des Graphen, sie haben keine Intuition. Computer legen nach einem bestimmten Verfahren los und ziehen dies bis zum Ende durch. Wie könnte solch ein Verfahren aussehen? Versuchen Sie eine Vorschrift zu formulieren, nach der ein Computer oder ein in Graphen unerfahrenes Mitglied aus Ihrer Familie oder aus ihrem Freundeskreis vorgehen soll.

Praktisch ist es, wenn Sie dazu die Abbildung des Graphen gleich mehrfach kopieren und dann hineinmalen. Sie können aber auch die Ecken nummerieren und die Farben in eine Tabelle eintragen.

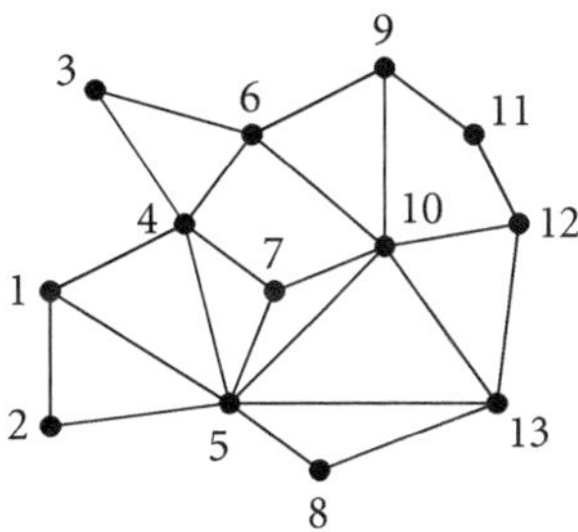

Abbildung 20. Testgraph

Eine Bemerkung zum Graphenfärben in der Schule: Ebenso konkret – je nach Alter sprachlich etwas vereinfacht – können Sie die obigen Aufgaben auch Schülerinnen und Schülern stellen. Wenn Sie allerdings den Färbevorgang an der Tafel unter Beteiligung möglichst aller Schüler durchgehen, haben Sie zwar sicher gestellt, dass die Anleitung und die Fragen verstanden wurde. Leider normieren und kanalisieren Sie dabei auch die möglichen Ideen der Schülerinnen und Schüler. Deswegen ist es wohl am günstigsten, die Schülerinnen und Schüler in Paaren oder Kleingruppen erst einmal längere Zeit selbstständig arbeiten zu lassen. Dann ist die Chance am größten, dass sie untereinander kommunizieren und argumentieren. Das Ergebnis der Gruppenarbeit ist dann zum ersten ein gefärbter Graph und man kann anhand der Ergebnisse fragen: »Wer hat die wenigsten Farben verbraucht? Worin unterscheiden sich die Lösungen? Was ist allen gemeinsam?« Zum zweiten sollten Sie aber auch eine (ggf. schriftliche) Beschreibung der Vorgehensweisen einfordern: »Welche Strategien wurden verfolgt? Welche erweisen sich als günstig/welche als ungünstig?« Durch diese explizite Reflexion treten die Grundideen der Vorgehensweisen besser heraus und es entstehen womöglich bereits Ansätze für einen oder mehrere Färbealgorithmen.

Was haben Sie selbst bei der Suche nach einer konkreten Färbung erlebt? Vielleicht finden Sie in der folgenden Schilderung viele Ihrer Ideen wieder:

Zu Anfang sind Sie sicherlich einfach alle Ecken durchgegangen, so wie sie Ihnen in den Weg gekommen sind. Jede Ecke bekommt dann, wann immer es noch möglich ist, eine schon benutzte Farbe. Wählt man statt Farbnamen Zahlen, so kann man jeweils die kleinste jeweils verfügbare und erlaubte Zahl vergeben: Ecke 1 bekommt die erste Farbe 1, Ecke 2 muss eine neue Farbe bekommen, also 2, Ecke 3 ist nicht Nachbar von 1 oder 2, also kann sie wieder eine 1 bekommen usw. (Die Ecken werden im Folgenden mit v_1, v_2 usw. bezeichnet)

Ecke	v_1	v_2	v_3	v_4	v_5	v_6	v_7	v_8	v_9	v_{10}	v_{11}	v_{12}	v_{13}
Farbe	1	2	1	2	3	3	1	1	1	2	2	1	4

Bei der letzten Ecke blieb uns nichts übrig, als eine Farbe 4 einzuführen, 13 ist ja zu 5, 8, 10 und 12 benachbart. Einerseits kann man nun zufrieden sein: Der Graph ist ein ebener Graph und daher reichen nach dem Vierfarbensatz 4 Farben aus. Aber: hätte man es bei diesem speziellen Graphen nicht auch mit drei Farben schaffen können? Immerhin würde das den Bau eines Aquariums, die Vergabe einer neuen Sendefrequenz oder einen weiteren Gesprächstermin unter Diplomaten einsparen.

Das Verfahren, das hier angewendet wurde, wird auch als *Greedy-Verfahren* bezeichnet, denn man verschlingt gierig (»greedy«) Ecke für Ecke, wie sie gerade kommen. Greedy-Algorithmen leben von der Hand in den Mund, sie machen gerade das nächstbeste und hoffen, dass insgesamt schon etwas Gutes herauskommen muss.

■ *Greedy-Verfahren für die Eckenfärbung* ■
Eingabe: ein Graph
Ausgabe: ein mit höchstens $\max\limits_{v \in V} \mathrm{grad}(v) + 1$ Farben gefärbter Graph

1. Wähle eine (beliebige) noch ungefärbte Ecke
2. Gib ihr unter allen möglichen Farben die mit der geringsten Nummer
3. Wiederhole 1 und 2 bis alle Ecken gefärbt sind

In Kapitel 2 haben Sie Greedy-Algorithmen kennengelernt, die mit traumwandlerischer Sicherheit das Optimum gefunden haben. Angewandt auf Graphenfärbungen erscheint es nicht so sicher, dass dieses Verfahren immer funktioniert. Beim sturen Färben nach der Reihenfolge der Ecken konnte man sich des Gefühls nicht erwehren, dass es sinnvoll ist, auf einige Besonderheiten des Graphen Rücksicht zu nehmen und dabei vielleicht Farben zu sparen. Es scheint doch ein wenig kurzsichtig, an verschiedenen Stellen einfach eine lokal passende Farbe zu wählen und dann abzuwarten, was beim weiteren Färben passiert. Sie werden möglicherweise beim zweiten Anlauf eine der folgenden Überlegungen angestellt haben:

(i) Wenn man am Schluss eine Ecke färben muss, die viele Nachbarn hat, besteht ein großes Risiko, eine neue Farbe zu verbrauchen: Also kann es sinnvoll sein, sich die Ecken mit geringerem Grad für das Ende aufzusparen, bzw. die Ecken mit hohem Grad möglichst früh zu färben.
(ii) Es kann auch günstig sein, möglichst früh diejenigen Ecken zu färben, bei denen schon durch ihre gefärbten Nachbarn Farben ausgeschlossen sind. Je länger man damit wartet, diese Ecken zu färben, desto höher scheint die Gefahr, dass alle Farben vergeben sind und man eine neue Farbe auspacken muss.

Von diesen Überlegungen, so plausibel sie sind, lassen sich gewiss keine Wunder erwarten. Es handelt sich hier nicht um einen *sicheren* Weg zur minimalen Färbung, sondern »nur« um lokale Entscheidungshilfen. Man nennt solche Verfahren auch *Heuristiken* und eigentlich müsste auch das Greedy-Verfahren für das Graphenfärben besser »Greedy-Heuristik« heißen, denn es kommt ja auch nicht sicher zum optimalen Ziel. Die Stärke von Heuristiken ist schwer einzuschätzen, wenn man sie nicht ausprobiert. Hier also ein Verfahren, das die Heuristik (i) berücksichtigt:

(i) Man geht das Problem von hinten an und fragt: Welche Ecke sollte man als letzte färben? Hier wählt man eine Ecke mit dem kleinsten verfügbaren Grad. Da diese Ecke die zuletzt zu färbende ist, soll sie in unserem Beispiel mit 13 Ecken die Nummer 13 erhalten. Welches soll nun Ecke v_{12} werden? Da man bei der vorletzten Ecke noch nicht die Färbung der letzten Ecke beachten muss, kann man die letzte Ecke einmal in Gedanken vom Graphen abtrennen und nun wieder die Ecke mit kleinstem verfügbaren Grad wählen (s. Abbildung 21)

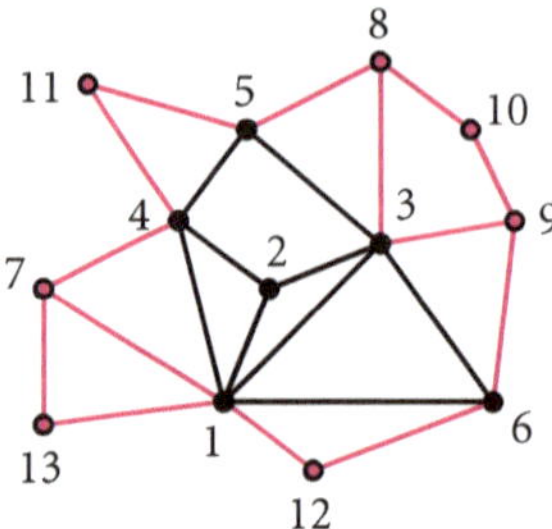

Abbildung 21. Testgraph mit neuer Nummerierung der Ecken

Während man so weiter Ecken von hinten abtrennt, nehmen auch die Eckengrade der anderen Ecken ab und das ist sehr erwünscht: Denn während man zum Färben einer Ecke vom Grad 6 schlimmstenfalls eine siebte Farbe bräuchte, ist für eine Ecke vom Grad zwei höchstens eine dritte Farbe von Nöten. Die Ecke v_5 hat z. B. nach Abbau der Ecken v_6 bis v_{13} nur noch den Grad 2 und nicht mehr 4.

▌ *Definitionen*

Den Grad einer Ecke v_i nach Entfernen aller Ecken $v_{i+1,\dots}$ bezeichnet man auch als den *Restgrad der Ecke v_i im Restgraphen* $G_i = G[v_1,\dots,v_i]$. Der *Restgraph* $G[v_1,\dots,v_i]$ ist der Teilgraph, der übrig bleibt, wenn man von G nur die Ecken v_1 bis v_i mit ihren Kanten übrig lässt. Der Restgrad der Ecke kann somit kleiner werden als der ursprüngliche Grad der Ecke:

$$\operatorname{grad}_{G_i}(v_i) \leq \operatorname{grad}_G(v_i)$$

Nach diesem sukzessiven Abbauen des Graphen erhält man also die Reihenfolge der Ecken wie in der Abbildung 21 angedeutet. Nun kehrt man den Prozess um, fügt schrittweise die Ecken wieder hinzu und färbt sie. Dabei kann bei einem Restgrad von $\operatorname{grad}_{G_i}(v_i)$ schlimmstenfalls die Farbe $\operatorname{grad}_{G_i}(v_i) + 1$ hinzukommen.

Ecke	v_1	v_2	v_3	v_4	v_5	v_6	v_7	v_8	v_9	v_{10}	v_{11}	v_{12}	v_{13}
Grad in G	7	3	6	5	4	4	3	3	3	2	2	2	2
Restgrad in G_i	0	1	2	2	2	2	2	2	2	2	2	2	2
Farbe	1	2	3	3	1	2	2	2	1	3	2	3	3

Mit der Betrachtung der Restgrade statt der ursprünglichen Eckengrade verbindet sich die Absicht, dass man den Graphen so abbaut, dass der Restgrad immer möglichst klein bleibt. In dem soeben vorgestellten konkreten Fall war der höchste

Restgrad immer nur höchstens 2, so dann man schon vor der konkreten Färbung erkennen konnte, dass immer nur höchstens eine dritte Farbe benötigt wird, nie aber eine vierte.

Die damit beschriebene Heuristik findet man u. a. unter der sehr einsichtigen Bezeichnung »Smallest-Last-Heuristik«.

■ *Smallest-Last-Heuristik für die Eckenfärbung* ■
Eingabe: ein Graph
Ausgabe: eine Färbung mit höchstens $\max_i \mathrm{grad}_{G_i}(v_i) + 1$ Farben, wobei die G_i die Teilgraphen in der gewählten Reihenfolge der Ecken bedeuten.

1. Wähle eine Ecke mit kleinstem Grad und entferne sie aus dem Graphen.
2. Wiederhole 1, bis der Graph vollständig abgebaut ist.
3. Färbe die Ecken in umgekehrter Reihenfolge mit dem Greedy-Algorithmus

Für einen Graphen G kann man also eine Färbereihenfolge $v_1, \ldots, v_n$ auswählen und erhält als Obergrenze für die chromatische Zahl:

$$\chi(G) \leq \max_i \mathrm{grad}_{G_i}(v_i) + 1 \tag{5.4}$$

und das ist schon etwas besser als die grobe Abschätzung (5.2), bei der einfach nur der größte ursprüngliche Eckengrad $\max \mathrm{grad}_G(v_i) + 1$ als Schranke diente. Es ist aber keineswegs gesagt, dass mit diesem Verfahren bereits die minimale Farbenzahl gefunden wird.

Nun könnte man sicher noch versuchen, die Heuristik zu verbessern, indem man dort, wo man die Wahl zwischen verschiedenen Ecken gleichen Restgrades hat, die Eckenreihenfolge möglichst günstig wählt. Kann man dadurch vielleicht die Zahl der Farben von 3 auf 2 reduzieren? Bei dem konkreten Beispielgraphen kann man bei genauerem Hinsehen erkennen, dass dieses Vorgehen keine Verbesserung auf 2 Farben bringen kann (warum eigentlich?). In diesem Beispiel hat man mit der Heuristik offensichtlich die kleinste Zahl von Farben gefunden.

Es gibt aber Graphen, bei denen diese Heuristik versagt, und bei denen man mehr Farben verwendet als nötig. Hier kann vielleicht eine verbesserte Heuristik weiter helfen, die die weiter oben beschriebene Idee (ii) berücksichtigt.

(ii) Bei der soeben beschriebenen Smallest-Last-Heuristik legt man die Reihenfolge der zu färbenden Ecken fest, noch bevor das Färben losgeht. Wenn man aber noch während des Färbens die Reihenfolge verändern darf, so könnte es günstig sein, wie oben beschrieben, bevorzugt diejenigen Ecken zu färben, bei denen durch vorausgehende Färbungen von Nachbarn schon einige Farben unzulässig sind. Diese Heuristik sieht im konkreten Fall also wie folgt aus:

Die Nummerierung der Ecken des Graphen wie Abbildung 22 dargestellt ist nun egal, da die Reihenfolge nicht vorweg festgelegt, sondern in jedem Schritt aus

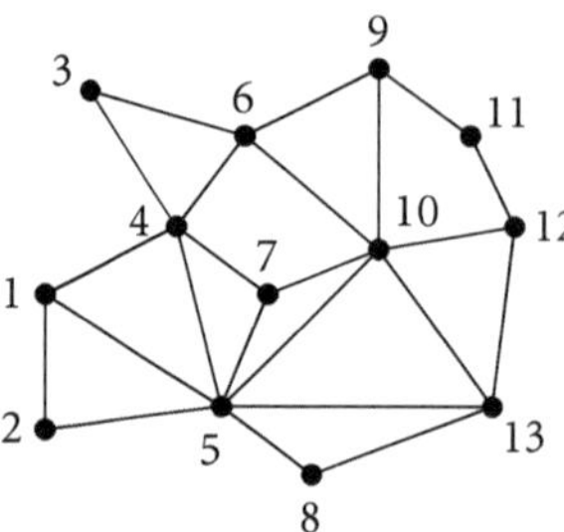

Abbildung 22. Testgraph 3

allen verbleibenden Ecken eine neue ausgesucht wird. Wieder empfiehlt es sich, mit einer Ecke mit dem höchsten Grad anzufangen, also der Ecke v_5 mit Grad 7, und färbt sie mit der ersten Farbe. Damit ist aber die Farbe 1 für die Nachbarecken v_1, v_2, v_4, v_7, v_8, v_{10} und v_{13} gesperrt. Das kann man in einer Tabelle vermerken.

1. Schritt

Ecke	v_1	v_2	v_3	v_4	v_5	v_6	v_7	v_8	v_9	v_{10}	v_{11}	v_{12}	v_{13}
Grad in G	3	2	2	5	7	4	3	2	3	6	2	3	4
Farbe					1								
gesperrt	1	1		1			1	1		1			1

Diese Ecken sind nun eine Gefahr für das Farbensparen, ganz besonders diejenigen, bei denen eine Farbe schon gesperrt ist und die noch viele Nachbarn haben. Daher wählen wir als nächstes unter den einfach gesperrten Ecken diejenige Ecke mit den meisten Nachbarn aus, das ist v_{10} mit 6 Nachbarn. Sie muss mit Farbe 2 gefärbt werden, und für ihre Nachbarn v_5, v_6, v_7, v_9, v_{12}, v_{13} ist damit auch Farbe 2 tabu. Auch diese Sperrung kann man wieder vermerken.

2. Schritt

Ecke	v_1	v_2	v_3	v_4	v_5	v_6	v_7	v_8	v_9	v_{10}	v_{11}	v_{12}	v_{13}
Grad in G	3	2	2	5	7	4	3	2	3	6	2	3	4
Farbe					1					2			
gesperrt	1	1		1	2	2	1,2	1	2	1		2	1,2

Nächster Kandidat ist nun v_{13} mit zwei Sperrungen und 4 Kanten, und so geht es weiter mit v_7 (alternativ ginge auch v_{12}), und mit v_4

3. bis 5. Schritt

Ecke	v_1	v_2	v_3	v_4	v_5	v_6	v_7	v_8	v_9	v_{10}	v_{11}	v_{12}	v_{13}
Grad in G	3	2	2	5	7	4	3	2	3	6	2	3	4
Farbe				2	1		3			2			3
gesperrt	1,2	1	2	1,3	2,3	2	1,2	1,3	2	1,3		2,3	1,2

bis schließlich alle Ecken gefärbt sind:

6. bis 13. Schritt

Ecke	v_1	v_2	v_3	v_4	v_5	v_6	v_7	v_8	v_9	v_{10}	v_{11}	v_{12}	v_{13}
Grad in G	3	2	2	5	7	4	3	2	3	6	2	3	4
Farbe	3	2	1	2	1	1	3	2	1	2	2	1	3
gesperrt	1,2	1,3	2	1,3	2,3	2	1,2	1,3	2	1,3	1	2,3	1,2

Auch bei diesem Vorgehen hat man nur 3 Farben benötigt. Anders als bei der Smallest-Last-Heuristik kann man dies vor Ausführung des Algorithmus nicht wissen, weil man die Ecken erst im Laufe der Färbung, man sagt auch »dynamisch« wählt. Die soeben beschriebene Heuristik findet man daher auch unter dem – nun verständlichen – Namen *Saturation-Largest-First-Heuristik* oder auch *Brelaz-Algorithmus*. Die Bezeichnung »Saturation«, also »Sättigung« bezieht sich auf das Bevorzugen von schon durch Nachbarn beschränkten Ecken.

■ *Saturation-Largest-First-Heuristik für die Eckenfärbung* ■
Eingabe: ein Graph und eine vorher (beliebig) festgelegte Eckenreihenfolge.
Ausgabe: ein mit höchstens $\max_{v \in V} \mathrm{grad}(v) + 1$ Farben gefärbter Graph
1. Wähle unter den bislang ungefärbten Ecken eine mit höchster Anzahl von schon gefärbten Nachbarecken aus.
2. Gib ihr unter allen möglichen Farben, die mit der geringsten Nummer und sperre diese Farbe bei allen Nachbarecken dieser Ecke.
3. Wiederhole 1 und 2, bis der Graph vollständig gefärbt ist.

Hier noch zwei Aufgaben, mit denen Sie Ihr Verständnis des Verfahrens prüfen und vertiefen können:

- Warum färbt die Saturation-Largest-First-Heuristik immer nur solche Ecken, die Nachbarn von schon gefärbten Ecken sind?
- Versuchen Sie, einen Graphen zu konstruieren, bei dem die Saturation-Largest-First-Heuristik tatsächlich eine Verminderung der Farbenzahl gegenüber der Smallest-Last-Heuristik bringt.

Mit den hier beschriebenen Verfahren (Greedy, Smallest-Last, Saturation-Largest-First) erschöpfen sich die Möglichkeiten der intelligenten Färbemethoden keineswegs. Auch kann man, wenn von einem Graphen bestimmte Eigenschaften bekannt sind, Heuristiken erfinden, die auf diese Eigenschaften besonders zugeschnitten sind. Allerdings sei noch einmal betont: Die beschriebenen Heuristiken können zu einer minimalen Färbung führen, jedoch gibt es keine Garantie hierfür. Oft ergeben sich zumindest »gute« Ergebnisse, aber es gibt immer auch Graphen, bei denen die Heuristiken sehr schlecht funktionieren.

Von der Heuristik zum Algorithmus

Auch bei größeren Graphen, wie sie ja bei Problemen wie den anfangs geschilderten durchaus auftreten können, möchte man sicher gehen, wirklich die beste Lösung, also die kleinste Farbenzahl zu finden. Dann kann man sich nicht darauf verlassen, dass die Heuristiken eine vernünftige Reihenfolge der Ecken liefern. Man kann allerdings auf einen »absolut sicheren« Algorithmus zurückgreifen: Man probiert einfach alle möglichen Reihenfolgen der Ecken v_1 bis v_n durch und wendet jeweils die Greedy-Heuristik an. Das führt auf jeden Fall zum Ziel, wie das folgende Gedankenspiel zeigt.

- Nehmen Sie an, sie hätten, z. B. durch Probieren oder durch systematische Überlegungen am speziellen Graphen, eine Färbung mit der kleinsten Zahl von Farben schon gefunden. Ordnen Sie dann die Ecken $v_1, \ldots, v_n$ so an, dass zuerst alle Ecken mit Farbe 1 kommen, dann mit Farbe 2 usw. Vergewissern Sie sich (am Beispiel oder allgemein), dass sie dann mit der Greedy-Heuristik tatsächlich nicht mehr Farben als nötig verbrauchen.

Das Durchprobieren der Greedy-Methode mit *allen* Eckenreihenfolgen (*Greedy-Enumeration*) führt also sicher zur minimalen Färbung. Man hat damit nicht nur eine Heuristik, sondern einen sicheren Algorithmus.

■ *Greedy-Enumeration-Algorithmus für die Eckenfärbung* ■
Eingabe: ein Graph
Ausgabe: eine Färbung mit minimaler Farbenzahl
1. Führe für alle möglichen Eckenreihenfolgen die Greedy-Heuristik aus
2. Wähle die Färbung mit geringster Farbenzahl

Dieses Vorgehen hat allerdings einen Pferdefuß: Es gibt *sehr viele* Eckenreihenfolgen. Besitzt der Graph n Ecken, so kann man sie auf $n! = n \cdot (n-1)(n-2) \ldots \cdot 2 \cdot 1$ verschiedene Weisen anordnen. Wenn der Computer in jeder Sekunde 1000 Anordnungen durchrechnen kann, so braucht er bei 10 Ecken gerade mal eine Stunde, bei 15 Ecken aber schon 41 Jahre! Dieses Verfahren, die kleinste Färbung zu finden, leidet also an der *kombinatorischen Explosion,* seine Komplexität wächst exponentiell mit der Graphengröße (vgl. Kapitel 1, S. 5).

Die schlechte Nachricht: Das liegt nicht nur an der schlecht gewählten Methode. Man weiß inzwischen, dass es für das Auffinden einer minimalen Farbenzahl für einen Graphen wohl *prinzipiell* keine schnelleren und zugleich sicheren Lösungsverfahren gibt. Das Färbeproblem gehört in die berühmte Klasse der so genannten »NP-vollständigen Probleme«, so wie auch das des Handlungsreisenden aus Kapitel 4. Man konnte zwar bisher nicht nachweisen, dass es für diese Klasse von Problemen wirklich keine schnelleren Lösungsverfahren als exponentiell explodierende gibt, man weiß aber: Wenn man für nur *eines* dieser NP-vollständigen Probleme ein Verfahren hätte, gäbe es auch für alle anderen eines. Alle Fachleute sind sich heutzutage einig, dass das wahrscheinlich nicht passieren wird. Zu erdrückend ist die große Zahl von NP-vollständigen Problemen, die sich inzwischen angesammelt haben und bei denen man bisher für keines einen effizienteren Algorithmus gefunden hat.

Man muss sich also bei der Färbung von Graphen damit abfinden: Entweder man sucht alle Möglichkeiten durch und stößt damit an die Grenzen der Rechenleistung (auch wenn diese jährlich wächst) oder man begnügt sich mit Heuristiken, die nicht zuverlässig aber doch für den praktischen Zweck meist eine »gute«, wenn auch nicht immer eine optimale Lösung liefern.

»Vorwärts, und nicht vergessen!«

So lautet der Anfang eines berühmten Brechtliedes. Es könnte aber auch den Slogan abgeben für einen weiteren Algorithmus, den Sie im Folgenden kennen lernen können. Jetzt, da Sie wissen, dass bei Landkarten bzw. ebenen Graphen vier Farben immer ausreichen, können Sie sich einmal an richtig schwierige Graphen heranwagen. Also z. B. an ebene Graphen, bei denen nicht schon direkt ersichtlich ist, ob nicht 2 oder 3 Farben ausreichen und bei denen auch nicht sofort erkennbar ist, *wie* die vier Farben verteilt werden sollen.

Das Problem der bisherigen Ansätze beim Färben mit vier Farben sieht ja so aus: Geht man nach einer Heuristik vor, so kann man nicht sicher sein, dass man wirklich die optimale Lösung findet. Probiert man alle Reihenfolgen durch, so ist man zeitlich schon bei Graphen mit gar nicht so vielen Ländern schnell am Ende. Aber irgendwie muss man ja doch praktisch mit dem Färben anfangen, wenn man ein konkretes Problem lösen will. Probieren Sie also einmal aus, mit dem Kopf durch die Wand zu gehen. Das heißt: Entwickeln Sie einen Algorithmus, nach dem ein Computer systematisch Ecke um Ecke färbt und den er auch bei beliebig großen Graphen anwenden kann.

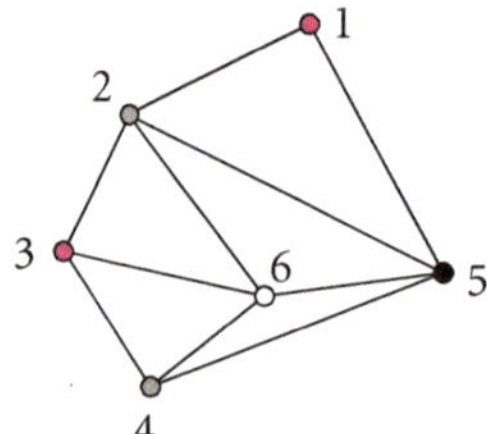

Abbildung 23. Handygraph

■ Als Beispiel können Sie einen der Graphen aus Problem 1 bis 4 wählen, z. B. den Graphen des Handyproblems (siehe Abbildung 23). Sie wissen, dass dieser Graph höchstens 4 Farben braucht, da er eben ist. Aber wie finden Sie eine Färbung? Wie findet man eventuell sogar eine Färbung mit nur 3 oder 2 Farben? Gehen Sie zunächst gierig vor, und überlegen Sie, was Sie tun können, wenn sie irgendwann auf dem Weg die fünfte (bzw. die vierte oder dritte) Farbe aus dem Malkasten holen müssten. Entwickeln Sie eine systematische Strategie, wenn möglich auch eine Notation für Ihr Vorgehen.

Beachten Sie: Wenn Ihr Verfahren für einen Computer geeignet sein soll, so sollte es immer nur eine Ecke nach der anderen (und deren unmittelbare Nachbarn) fokussieren. (vgl. Kapitel 1, S. 18)

Wenn Sie geradewegs an die Färbung der Ecken herangegangen sind und dazu die Reihenfolge verwendet haben, wie die Nummerierung oben andeutet, so haben Sie sicherlich nach dem Greedy-Verfahren sofort eine Färbung mit vier Farben erreicht (die Abbildung deutet das bereits an). Wie bereits bemerkt, hätte diese Vorgehensweise bei komplizierteren Graphen, wie sie echten Handynetzen zugrunde liegen, durchaus schief gehen können.

Was passieren kann, lässt sich nachvollziehen, wenn Sie nach demselben Greedy-Verfahren versucht hätten, eine Färbung mit drei Farben zu erreichen. Schrittweise hätten sie versucht, immer erst rot, wenn das nicht möglich ist, grau, und erst dann schwarz zu wählen. Bei der letzten Ecke wären Sie auch damit gescheitert. Diese sukzessive Wahl von Farben könnte man z. B. in einem Graphen wie in Abbildung 24, einem »Baum«, darstellen.

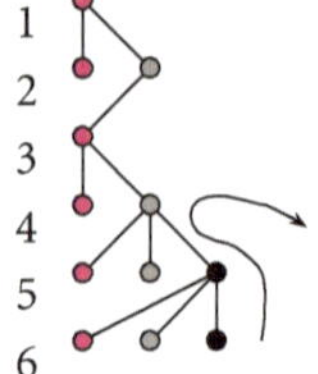

Abbildung 24. Die sukzessive Farbwahl als Baum dargestellt

Aber es hätte ja sein können, dass weiter oben bei der Wahl der Farben, z. B. bei der Färbung von Ecke 4 es günstiger gewesen wäre, schwarz und nicht grau zu wählen. Sie können also den »Färbeweg« rückverfolgen bis zur letzten Stelle, an der Sie noch eine andere Wahl hatten, und dann in diese Wahl verzweigen. Dies deutet der Pfeil in der Abbildung 24 an.

Abbildung 25. Labyrinth

Vielleicht fühlen Sie sich ein bisschen wie Theseus, der im Labyrinth von Knossos zunächst nach dem Minotaurus sucht (vgl. Abbildung 25 und Kapitel 2, Seite 58). Ihnen fehlt dann nur der Ariadnefaden, der Ihnen sagt, wie Sie auf ihrem Weg wieder ein Stück zurückgehen können, wenn Sie sich einmal in ein System von Sackgassen begeben haben. Von diesen Rückkehrbewegungen entlehnt der Algorithmus, der sich hier entfaltet, auch seinen Namen: *Backtracking-Algorithmus* (siehe auch Kapitel 2). Im Handygraphen hieße das etwa, nach der vergeblichen Färbung von Ecke 6 zurückzukehren, zu sehen, dass für Ecke 5 auch keine andere Farbe mehr übrig bleibt und dann zu Ecke 4 zurückzukehren. Dort kann man noch einmal ein schwarz probieren, läuft aber wieder in eine Sackgasse und kehrt weiter zurück. Im Bild sieht das dann aus wie in Abbildung 26.

Bei diesem Algorithmus kann nun zweierlei passieren. Entweder Sie kommen bis zur letzten Ecke durch und haben eine Färbung. Oder sie kehren schließlich verzweifelt ganz zum Anfang zurück: Dann wissen Sie aber auch sicher, dass es keine 3-Färbung gibt! Etwas kondensierter aufgeschrieben sieht der Algorithmus dann aus wie auf der folgenden Seite.

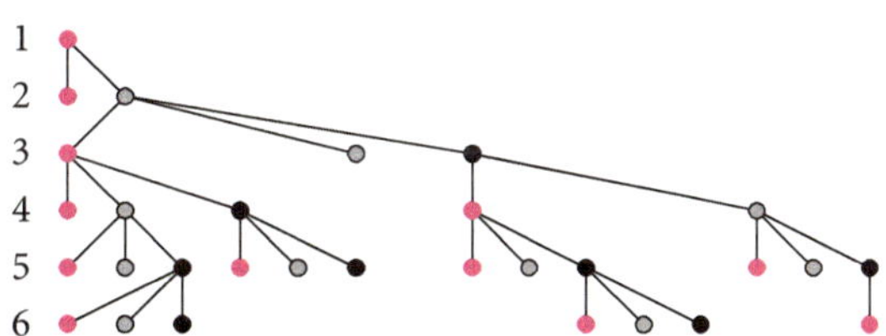

Abbildung 26

■ *Backtracking-Algorithmus für die Eckenfärbung* ■

Eingabe: ein Graph und eine maximale Farbenzahl m

Ausgabe: eine Färbung mit höchstens m Farben, ggf. die Meldung, dass eine solche Färbung nicht existiert.

1. Nummeriere die Ecken durch. Beginne mit Ecke 1.
2. Gib der aktuellen Ecke die kleinstmögliche erlaubte, d. h. bei dieser Ecke noch nicht probierte Farbe (z. B. rot=1, grau=2, usw. bis m).
3. Sind alle Farben der aktuellen Ecke erfolglos durchprobiert, so gibt es zwei Fälle:
    a. Steht man bei Ecke 1 endet der Algorithmus: Eine m-Färbung existiert nicht.
    b. Sonst: Gehe eine Ecke im Baum zurück und kennzeichne deren Farbe als erfolglos. Gehe zu 2.
4. Ist die Ecke die letzte, so endet der Algorithmus mit einer m-Färbung, sonst gehe zu 2.

Das *Backtracking* ist also narrensicher, aber leider kann es auch sehr lange dauern. Unter `www.matheprisma.de/Module/4FP/index.htm` können Sie sehen, wie lange es dauern kann, bis der Algorithmus eine Färbung gefunden hat.

Der Algorithmus hat leider noch ein weiteres Defizit. Sie können mit ihm nicht einfach die geringste Farbenzahl herausfinden, sondern müssen die chromatische Zahl des Graphen als Hypothese voraussetzen. Wenn sie glauben, dass drei Farben reichen, so können Sie den Algorithmus starten und immer dann umkehren lassen, wenn er eine vierte Farbe braucht. Am Schluss wissen Sie dann ob drei Farben reichen oder nicht. Aber Sie wissen nicht, ob vielleicht auch zwei gereicht hätten oder im Falle eines negativen Ergebnisses, ob wenigstens vier ausreichen. Der einzige Ausweg ist, den Backtracking-Algorithmus mehrmals laufen zu lassen, beginnend mit 2 Farben, dann 3 Farben usw.

Wie aus einem Beweis ein Algorithmus wird

Die bisher beschriebenen Algorithmen haben alle eine Tücke: Die *Heuristiken* (Greedy, Smallest-Last, Saturation-Largest-First) liefern nicht sicher die optimale Farbenzahl. Man kann sogar zeigen, dass es »gemeine« Graphen gibt, die zu beliebig schlechten Resultaten führen. Die *Algorithmen* hingegen (Greedy-Enumeration, Backtracking) enden zwar sicher und liefern eine Aussage über die Färbbarkeit, sie brauchen aber im schlimmsten Fall sehr lange. Auch hier kann man zeigen, dass der Backtracking-Algorithmus bei manchen Graphen kaum effizienter als das schiere Durchzählen ist.

Diese Probleme lassen sich auch nicht so leicht beheben, denn beliebige Graphen können eben beliebig komplex ausfallen. Die Färbbarkeit von Graphen gehört – wie oben bereits gesagt – in der Tat zu den »schweren« Problemen der Informatik, d. h. zu den so genannten NP-vollständigen. Für ebene Graphen jedoch haben wir mit dem Vierfarbensatz ja das Resultat, dass vier Farben in jedem Fall ausreichen. Es besteht jedoch wenig Hoffnung, aus einem so komplizierten Beweis auch ein Verfahren für die Vierfärbung zu destillieren. Der Beweis für die Fünffärbbarkeit, der den Ideen Kempes folgte, war aber bei weitem nicht so kompliziert. Er hat sogar einen besonderen Vorzug, den durchaus nicht alle Beweise haben: Er zeigt nicht nur die Existenz einer Fünffärbung, sondern enthält auch ein konkretes Verfahren, wie man diese finden kann.

■	Bevor Sie den folgenden Algorithmus lesen, versuchen Sie selbst, diesen Algorithmus aufzustellen. Tipp: Sie können die Idee mit den Kempeketten und die Smallest-Last Heuristik geschickt verbinden.

■ *Algorithmus zur Fünffärbung ebener Graphen* ■

Eingabe: ein Graph

Ausgabe: eine Färbung mit maximal 5 verschiedenen Farben

1. Wähle eine Ecke mit kleinstem Grad und entferne sie aus dem Graphen.
2. Wiederhole 1, bis der Graph vollständig abgebaut ist.
3. Färbe die Ecken in umgekehrter Reihenfolge. Die hinzukommende Ecke hat den Grad d.

	Fall 1 $d = 1, 2, 3, 4$:

		Man hat eine der 5 Farben zur Verfügung

	Fall 2 $d = 5$, und nur 4 Farben an den Nachbarecken der hinzukommenden Ecke wurden verbraucht:

		Man hat die fünfte Farbe zur Verfügung

	Fall 3 $d = 5$, und die Nachbarecken der hinzukommenden Ecke haben 5 verschiedene Farben:

		Man bildet mit vier Farben »überkreuz« Kempeketten. Eine dieser Ketten schließt nicht und man färbt diese um. Man hat nun die fünfte Farbe zur Verfügung.

Da bei ebenen Graphen der jeweils kleinste Eckengrad des verbleibenden Graphen, wie gezeigt, niemals größer als 5 ist, sind mit Fall 1 bis 3 tatsächliche alle möglichen Fälle ausgeschöpft.

Eine Abschlussbemerkung zum Beweisen

Beweise können, das zeigte sich in diesem Kapitel, verschiedene Qualitäten haben:
– Zunächst sollte ein Beweis auf jeden Fall zeigen, dass eine Aussage wahr (oder falsch) ist. Der komplexe Beweis des Vierfarbensatzes hat das getan.

– Schöner ist aber auch noch, wenn man dem Beweis ansehen kann, *warum* eine Aussage wahr ist. Der Beweis der Eulerschen Polyederformel hat dies geleistet.
– Besonders praktisch ist ein Beweis dann noch, wenn er sogar zeigt, wie man eine Sache, deren Existenz er behauptet, konkret auffinden oder herstellen kann. Diese Sorte von Beweisen nennt man *konstruktive Beweise*. Der Kempe-Beweis der Fünffärbbarkeit hat diese Eigenschaft, denn man kann, wie gesehen, aus ihm auch einen Algorithmus gewinnen, der ebene Landkarten mit höchstens 5 Farben färbt. Das Beispiel zeigt aber auch, dass der konstruktive Charakter eines Beweises nicht immer offen zu Tage tritt, denn der Beweisweg über den kleinsten Übeltäter macht zunächst den Eindruck eines abstrakten Widerspruchsbeweises.

Eine Abschlussbemerkung zu den gefundenen Färbealgorithmen

Graphen Färben ist offensichtlich nicht nur ein Zeitvertreib, sondern ein handfestes Optimierungsproblem. Daher gibt es ein starkes Interesse an guten, d. h. insbesondere schnellen und sicheren Algorithmen. Die Beispiele haben gezeigt, dass die mathematische Graphentheorie und die theoretische Informatik über die Jahre hinweg ein ganzes Repertoire von Verfahren entwickelt haben. Je unbedarfter ein Verfahren zu Werke geht, desto uneffizienter ist es und desto schlechter das potentielle Ergebnis. Während man es bei beliebigen Graphen auch beliebig schwer haben kann, ist bei ebenen Graphen eine 6-Färbung leicht zu bekommen, eine 5-Färbung braucht schon gute Ideen und wenn wir einen effizienten Weg für eine 4-Färbung hätten, läge damit auch ein einfacher und vielleicht verständlicher Beweis für den berühmten Vierfarbensatz vor. Auf solche Weise hängen in der Graphentheorie theoretische Grundlagenprobleme mit handfesten Anwendungsfragen zusammen – mit ein Grund warum die kombinatorische Optimierung ein so spannendes Gebiet ist.

6
Mit Mathematik spielend gewinnen: Kombinatorische Spiele

Stephan Hußmann

1 Mit Mathematik spielend gewinnen

Spiele begegnen uns im Leben immer wieder und üben auf viele Menschen eine große Anziehungskraft aus. Manche Spiele lassen sich allein mit Glück bewältigen, für andere bedarf es geeigneter Gewinnstrategien. Ein gewisses Maß an mathematischen Kenntnissen erweist sich häufig als hilfreich, um sich in die jeweilige Spielstruktur hineinzudenken. Bei reinen Strategiespielen – dort also, wo dem Zufall kein Einfluss gewährt wird – kann Mathematik sogar helfen, gute oder sogar optimale Gewinnstrategien zu entwickeln und anzuwenden. In diesem Kapitel beschäftigen wir uns mit solchen reinen Strategiespielen: Bridg-It, Shannon-Switching-Game, Trianguli und Hex. Die Spiele sind alle Zwei-Personen-Spiele, die zueinander in Beziehung stehen. Bridg-It ist das einfachste Spiel und von ähnlichem Typ wie Hex. Hex wiederum ist ein Spezialfall von Trianguli, während das Shannon-Switching-Spiel als Verallgemeinerung der anderen drei Spiele gesehen werden kann.

Spiel 1 – Bridg-It

Bridg-It wird auf einem quadratischen Spielbrett gespielt. Gegenüberliegende Spielfeldseiten haben jeweils dieselbe Farbe, in unserem Fall rot und schwarz (vgl. Abbildung 1). Demgemäß nennen wir die beiden Spieler auch »Rot« und »Schwarz«. Das Standardbrett besitzt jeweils elf rote und schwarze Knoten am Rand. Abgebildet sehen Sie ein Brett mit jeweils fünf Knoten.

Die beiden Spieler verbinden abwechselnd zwei ihrer Knoten mit einer Kante. Der »schwarze« Spieler macht dies vertikal und die »rote« Spielerin horizontal.

Spieler Schwarz

Abbildung 1. Bridg-It

Ziel des Spiels ist es, einen durchgehenden Weg zur gegenüberliegenden Spielfeldseite zu erzeugen. Dabei ist lediglich zu beachten, dass die eingetragenen Kanten sich nicht schneiden. Der Spieler, der seine beiden Spielfeldseiten zuerst verbindet, gewinnt.

Spiel 2 – Shannon-Switching-Game

Das Shannon-Switching-Game kann schon mit einfachen Mitteln gespielt werden, und zwar mit einem Blatt Papier und zwei Stiften. Dazu wird entweder ein vorgefertigtes Spielfeld verwendet (vgl. beispielsweise Abbildung 2) oder man erzeugt sich sein eigenes Spielfeld auf einem Blatt Papier. Auf diesem trägt man eine beliebige Menge Punkte (Knoten) ein, die durch Strecken (Kanten) verbunden werden, so dass jeder Punkt von jedem anderen auf einem durchgehenden Weg erreicht werden kann.

Im Verlauf des Spiels werden abwechselnd Kanten markiert und entfernt. Ein Spieler (Mr. Short) versucht einen Weg von x nach y zu gehen. Dazu wählt er bei jedem Spielzug eine Kante aus und »sichert« diese ab, indem er sie markiert. Die andere Spielerin (Mrs. Cut) versucht Mr. Short daran zu hindern, einen durchgehenden Weg zu markieren. Dazu entfernt sie nicht-markierte Kanten, indem sie

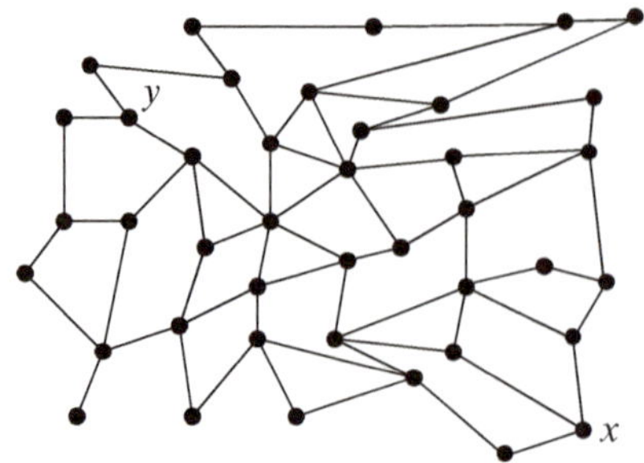

Abbildung 2. Auf diesem Spielfeld kann das Shannon-Switching-Game gespielt werden

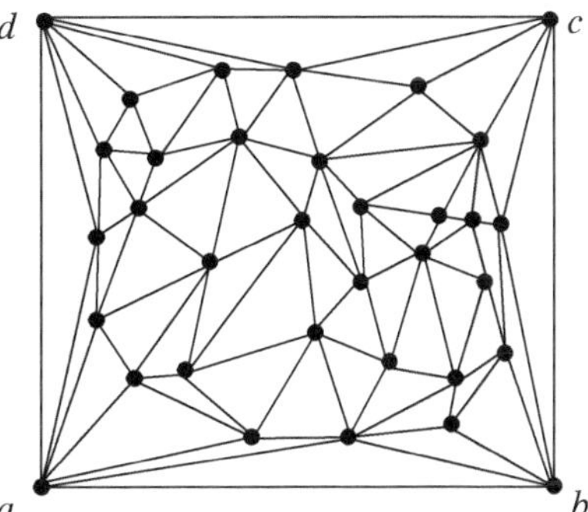

Abbildung 3. Ein unbespieltes Trianguli-Spielbrett

diese durchstreicht (oder in einer anderen Farbe markiert). Gelingt ihr dies so, dass Mr. Short keine Verbindung zwischen x und y mehr aufbauen kann, so hat sie gewonnen. Falls Mr. Short x und y jedoch durch einen geschlossenen Kantenzug verbindet, gewinnt dieser.

Spiel 3 – Trianguli

Auch das Spielfeld von Trianguli lässt sich mit einfachen Mitteln selbst erzeugen. Man zeichnet einen Graphen mit vier Eckknoten, welche man mit a, b, c und d bezeichnen kann (vgl. Abbildung 3). Diese vier Knoten werden miteinander verbunden. Die Fläche innerhalb dieses Vierecks wird mit beliebig vielen Knoten gefüllt. Diese werden so miteinander verbunden, dass sich keine Kanten kreuzen und keine weitere Kante gesetzt werden kann.

Zwei Spieler, Rot und Schwarz, färben abwechselnd Knoten ihrer Wahl mit ihrer Farbe ein. Ziel ist es, einen durchgehenden Weg von a nach c (für Spieler Rot) bzw. von b nach d (für Spielerin Schwarz) zu färben. Der Spieler, dem dies zuerst gelingt, gewinnt das Spiel.

Spiel 4 – Hex

Hex ist ebenfalls ein Zwei-Personen-Spiel, das auf einem rautenförmigen, in reguläre Sechsecke eingeteilten Brett gespielt wird. Die Standardgröße besteht aus 11 mal 11 Sechsecken. Es ist aber auch denkbar, in jeder anderen Größe zu spielen. Die beteiligten Spieler nennen wir Rot und Schwarz. Jedem gehören jeweils die zwei gegenüberliegenden Ränder des Spielfeldes. Neben dem Spielbrett besitzt jeder Spieler eine ausreichend Anzahl von Spielsteinen in seiner Farbe. Die Regeln sind einfach:

1. Jeder Spieler platziert abwechselnd einen Spielstein seiner Farbe auf einem unbesetzten Spielfeld.

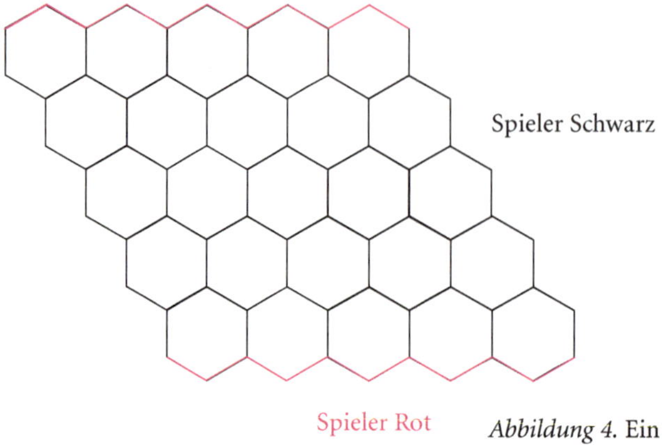

Spieler Schwarz

Spieler Rot

Abbildung 4. Ein 5 × 5-Hex-Spielbrett

2. Das Spiel ist beendet, wenn einer der Spieler einen durchgehenden Weg mit seiner Spielfarbe aufgebaut hat, welcher die beiden gegenüberliegenden Seiten verbindet.

Bevor Sie weiterlesen, bearbeiten Sie die folgenden Arbeitsaufträge. Sie können dabei mit jedem der vier Spiele beginnen. Es kann auch hilfreich sein, erst einmal jedes der Spiele zu spielen. Auf diese Weise bekommen Sie nicht nur einen Eindruck von den einzelnen Spielen, sondern auch von Unterschieden und Gemeinsamkeiten der Spiele.

- Spielen Sie die Spiele und dokumentieren Sie ihre Erfahrungen, die Sie während des Spieles machen.
- Gibt es jeweils eine geeignete Gewinnstrategie? Falls ja, formulieren Sie diese.
- Welcher Spieler ist jeweils im Vorteil?
- Kann eines der Spiele jemals unentschieden enden?

2 Spiele mit mathematischer Strategie gewinnen

Die produktive Verbindung von Spiel und diskreter Mathematik folgt aus der Nähe der Gestaltung der Spielbretter und deren Modellierung durch Graphen. Dieser Zusammenhang wird an allen vier Spielen deutlich, bei dem Shannon-Switching-Game, Trianguli und bei Bridg-It etwas deutlicher, bei Hex muss man schon etwas überlegen.

Um die Spiele spielen zu können, müssen ganz selbstverständlich Graphen eingezeichnet werden. Auf diese Weise befindet man sich direkt in der mathematischen Welt, ohne dass dafür im Unterricht besondere Anstrengungen aufgebracht werden müssen. Die Spielstrategien, die dann während des Spiels entwickelt und verwendet werden, basieren auf mathematischen Gesetzmäßigkeiten, sie werden in der Regel jedoch erst einmal intuitiv entwickelt.

So schön diese intuitive Verwendung von Mathematik jedoch auch ist, so deutlich zeigt sich häufig während des Spielens, dass diese Strategien im Eifer des Spieles nur selten in einer angemessenen Tiefe reflektiert und genutzt werden. Es sind vielmehr heuristische Strategien, die zumeist emotional gefärbt, mal verwendet werden und mal nicht. Emotionale Befindlichkeiten wie die Verlockung des nahen Sieges oder die Enttäuschung über einen schlechten Start fördern die Suche nach geeigneten Gewinnstrategien gleichermaßen wie sie den Blick auf diese verstellen. Demzufolge besitzen Spiele zwar ein hohes Motivationspotenzial, solange die Strategie nicht soweit bekannt ist, dass sie den Spielverlauf vollständig determiniert, sie führen aber nicht zwangsläufig zu einer fundierten Entwicklung der zugrunde liegenden mathematischen Theorie.

Aus diesem Grund sollten Sie den Lernenden nicht nur ausreichend Zeit zum Spielen lassen, sondern Ihnen gleichermaßen – sozusagen von Beginn an – empfehlen, ihr Handeln zu reflektieren und entsprechend zu dokumentieren. Dies erlaubt den Lernenden erste Strategien und Muster zu erkennen. Einige Schülerinnen und Schüler werden in dieser Phase schon Vermutungen zu einzelnen Aspekten aufstellen, andere werden erst einmal spielen und lediglich immanent über mögliche Gewinnstrategien nachdenken. Beides ist jedoch im Sinne eines handlungsorientierten Zuganges, der vom konkreten Hantieren mit dem konkreten Objekt langsam aufsteigt zu den abstrakten Begriffen.

Bridg-It – Zugänge zur Graphentheorie

Bridg-It ist ein Spiel, das mit entsprechenden Aufgabenstellungen schon ab der sechsten Klasse eingesetzt werden kann. Natürlich sollte man in diesem Alter noch nicht die explizite Benennung von Gewinnstrategien verlangen. Es empfiehlt sich gleichermaßen, die Größe der Spielbretter entsprechend anzupassen. Insbesondere die Schülerinnen und Schüler der unteren Jahrgangsstufen sollten ausschließlich auf kleinen Brettern spielen, wobei ein solcher Zugang – gerade zu Beginn – auch für höhere Jahrgangsstufen empfehlenswert ist.

Aus der ersten Auseinandersetzung mit dem Spiel können intuitive Spielstrategien, Vermutungen und Fragen bei den Lernenden erwachsen, die gegebenenfalls auch als konkrete Arbeitsaufträge mit kleineren Spielbrettern zur Verfügung gestellt werden können, z. B.:

- Kann das Spiel jemals unentschieden enden?
- Ist es besser, als erster das Spiel zu beginnen oder sollte man lieber als zweiter starten?
- Wie spiele ich am geschicktesten, um zu gewinnen?

Insbesondere die Reduktion auf kleinere Spielfelder regt die Lernenden an, Vermutungen erst einmal für Spezialfälle zu untersuchen und später auf komplexe Situationen zu übertragen und zu verallgemeinern.

Abbildung 5. Bridg-It 3 × 3

In dieser ersten Spielphase werden nicht nur Fragen generiert, sondern es können auch erste Hinweise zu deren Beantwortung entdeckt werden. Zum Beispiel kann beim Spielen beobachtet werden, dass ein Spiel niemals unentschieden endet. Ebenfalls ist es denkbar, dass die Schüler und Schülerinnen sehen, dass – auch ohne eine explizite Gewinnstrategie zu besitzen – der Startspieler viel häufiger gewinnt als der zweite Spieler. Schon am 3×3-Brett lassen sich tragfähige Argumente entwickeln, die eine Beantwortung dieser Fragen gestatten.

Kann das Spiel jemals unentschieden enden?

Unentschieden kann zweierlei bedeuten:

a. Beide Spieler haben jeweils einen zusammenhängenden Weg gebildet oder

b. beide haben keine Möglichkeit mehr, einen zusammenhängenden Weg aufzubauen.

Ein Unentschieden der Version a ist nicht möglich, da nicht beide gleichzeitig ihre Wege vervollständigen können. Ein Unentschieden der Version b bedeutet, dass es für beide Spielerinnen und Spieler keine Möglichkeit mehr gibt zu setzen, d. h. es lässt sich keine Kante mehr einzeichnen. Ein 2 × 2-Brett beispielsweise ist voll besetzt, wenn 5 Kanten markiert sind, bei einem 3 × 3-Brett sind es schon 13 und bei einem $n \times n$-Brett sind es $n^2 + (n - 1)^2$ Kanten. Die Bestimmung dieser allgemeinen Kantenanzahl ist eine schöne mathematische Forschungsaufgabe für die Lernenden, die aus der Auseinandersetzung mit dem Spiel erwächst.

Wenn ein Spieler keinen durchgehenden Weg bilden konnte und keine weitere Kante setzen kann, spricht vieles dafür, dass an der Stelle, an der der Weg unterbrochen ist, gerade die andere Spielerin einen durchgehenden Weg gebaut hat. Doch welche Argumente lassen sich für diese Hypothese finden?

Angenommen, Schwarz hat keinen durchgehenden Weg, dann wird dieser Weg an mindestens einer Stelle von einer Kante von Rot unterbrochen. Doch möglicherweise ist an einer anderen Stelle ein Weg von Rot durch eine schwarze Kante unterbrochen, so dass beide Spieler keinen zusammenhängenden Weg besitzen. Wie kann man hier Sicherheit gewinnen? Im Rahmen dieser Auseinandersetzung bauen die Schülerinnen und Schüler verschiedene mathematische Kompetenzen auf. Sie lernen u. a. Techniken des mathematischen Argumentierens, zum Beispiel

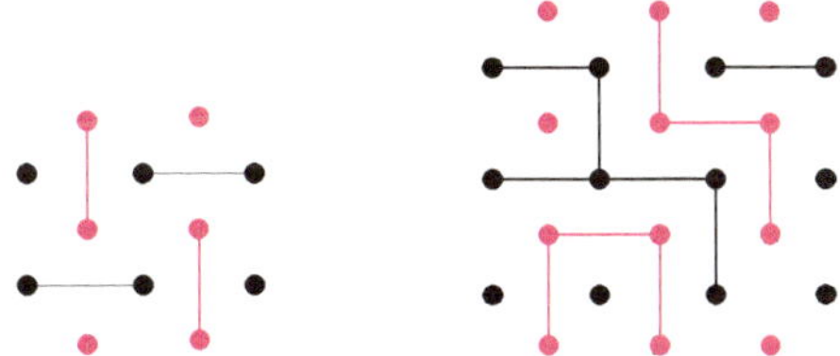

Abbildung 6. Letzter Zug gewinnt

hinsichtlich der Unabhängigkeit der Auswahl. Dazu ziehen sie Symmetriegründe hinzu und argumentieren mit ihnen.

Werfen wir zur Vereinfachung einen Blick auf die Situation, in der nur noch ein Zug aussteht. Rot ist am Zug. Stimmt die Hypothese, hat Rot mit dem nächsten Zug gewonnen. Doch muss das immer so sein? Ist wirklich keine Konstellation denkbar, in der kein Gewinnzug mehr möglich ist?

Angenommen, Rot könnte keinen Gewinnzug mehr machen. Das würde bedeuten, dass seine Kantenmenge aufteilbar wäre in mindestens zwei Kantenmengen, die nicht zusammenhängen. Diese sind getrennt durch mindestens eine schwarze Kante. Hier steht man vor der Schwierigkeit, dass die Kantenmengen von Schwarz und Rot keine gemeinsamen Kanten besitzen. Es müssen sozusagen immer zwei Graphen betrachtet werden: einer mit schwarzen und einer mit roten Kanten. Dies könnte sicher auch eine Schwierigkeit für Ihre Schülerinnen und Schüler darstellen, das Problem in den Griff zu bekommen. Daraus erwächst möglicherweise das Bedürfnis, einen Graph zu finden, auf dem beide Spieler agieren. Wie kann das gelingen? Oder finden Sie eine Möglichkeit auf dem vorliegenden Graphen?

■   Wie lässt sich das Spielbrett von Bridg-It gestalten, so dass beide Spieler mit denselben Knoten und Kanten spielen?

Hilfe kann die folgende Idee bringen. Statt zwei Kantenmengen für zwei Spieler nimmt man nun nur eine Kantenmenge und zwar die Kantenmenge eines Spielers, sagen wir Rot. Überlegen Sie einmal, welche Bedeutung die Kanten von Schwarz in diesem Graphen besitzen.

In Abbildung 7 ist ein 3×3-Spielbrett auf einen solchen Graphen mit nur einer Kantenmenge übertragen. Die Notwendigkeit dieser Idee, den Graphen anders

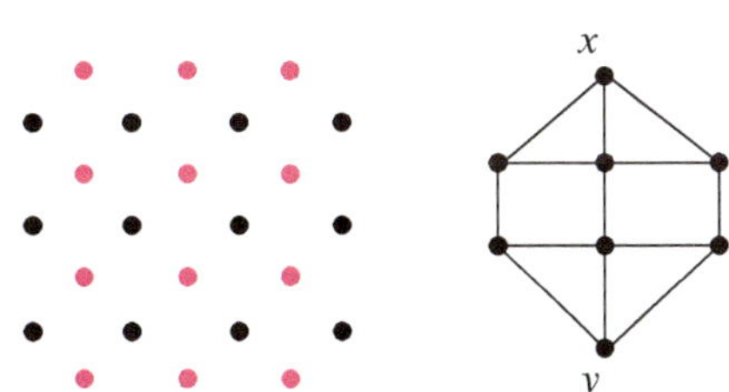

Abbildung 7. Zwei Graphen eines 3×3-Brettes

darzustellen, kann aufgrund der Knoten- und Kantendisjunktheit von den Lernenden selbst erkannt werden.

Es gilt für einen Spieler, sagen wir Spieler Rot, im 3×3-Bridg-It x und y zu verbinden. Statt x oder y hätte man auch alle drei Randknoten einzeln nehmen können. Rot muss jedoch auf beiden Seiten mindestens einen der Randpunkte besetzen und da es keinen Mehrwert bringt, die Randpunkte untereinander zu verbinden, lässt sich – der Einfachheit halber – der Rand auch als ein Knoten betrachten. Spieler Schwarz, der bislang auf anderen Knoten gespielt hat als Rot, markiert nun nicht mehr seine eigenen Kanten, sondern streicht die Kanten des Graphen so, dass es Rot nicht gelingen kann, x und y durch einen zusammenhängenden Weg zu verbinden. Natürlich kann Schwarz nur Kanten löschen, die von Rot noch nicht markiert wurden. Rot hat gewonnen, wenn es ihm gelingt einen Weg aufzubauen, und Schwarz gewinnt, wenn er dies verhindert.

- Spielen Sie einmal ein Spiel parallel auf beiden Graphen durch.

An den Graphen in Abbildung 8 können sie gut die parallele Spielentwicklung ablesen: Mit jeder Kantenfärbung von Schwarz im Graphen auf der linken Seite verliert Rot eine Färbemöglichkeit. Demgemäß kann Rot in den Graphen auf der rechten Seite keine Kante mehr markieren, wenn Schwarz die entsprechende Kante entfernt hat.

Zielperspektive für Spieler Schwarz ist es nun nicht mehr, einen zusammenhängenden Weg zu markieren, sondern den Graphen in zwei nicht zusammenhängende Teilgraphen zu trennen, so dass es für Rot keine Möglichkeit mehr gibt, einen zusammenhängenden Weg zu erzeugen. In den rechten Graphen gibt es somit nur zwei Zustände: zusammenhängend oder nicht zusammenhängend. Somit kann Bridg-It tatsächlich niemals unentschieden enden.

Dennoch, es ist klar, dass Rot sicher nicht gewonnen hat, wenn es Schwarz gelungen ist, den Graphen zu teilen. Aber hat denn dann Schwarz sicher gewonnen? Schwarz hat doch nur Kanten gelöscht. Entsprechen diese gelöschten Kanten einem zusammenhängenden Weg in dem Graphen der linken Seite? Nach Abbildung 8 scheint es so zu sein, doch gilt dies wirklich immer?

- Welche Kanten werden im linken Graphen gelöscht, wenn auf der rechten Seite der Graph in zwei Teilgraphen geteilt ist? Konstruieren Sie zuerst den einfachsten Fall und gehen von diesem auf die komplexeren Varianten über.

Der einfachste Fall einer Trennung ist wohl die Entnahme aller parallelen Kanten einer »Zeile« (vgl. Abbildung 9). In diesem Fall hätte Schwarz eine direkte Verbindung gefunden. Sollte jedoch eine der parallelen Kanten schon gefärbt und damit nicht löschbar sein, so benötigt man eine andere Kante über oder unter dieser Kante (gestrichelte Kanten in Abbildung 10). Ist diese gelöscht, muss man nur

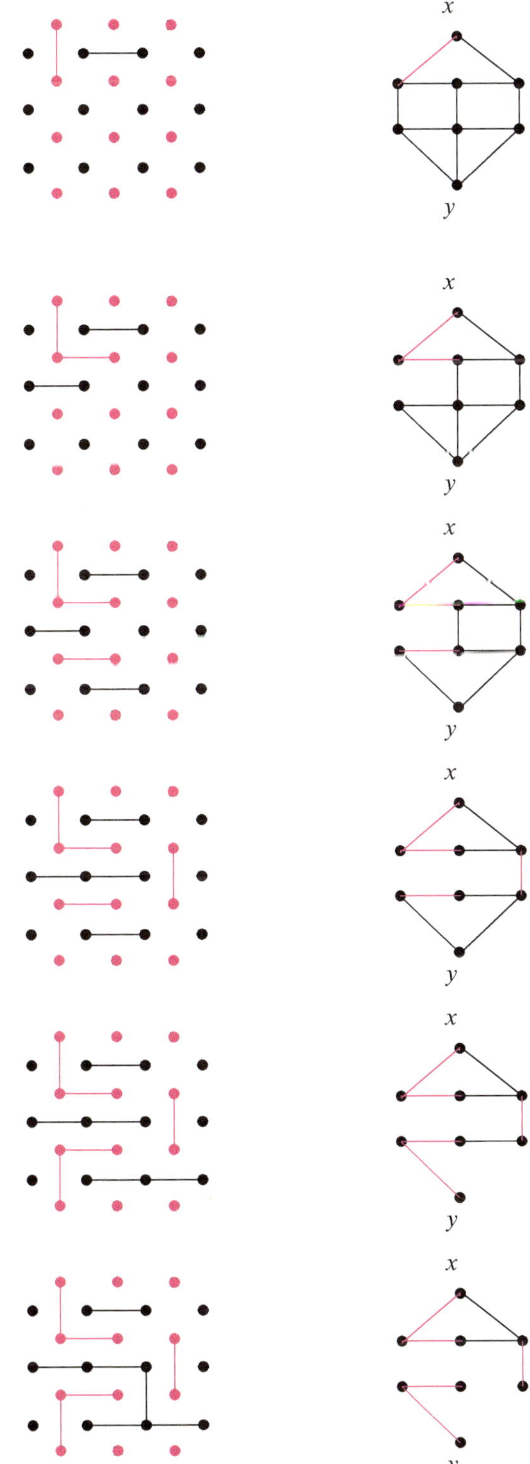

Abbildung 8. Ein Spielverlauf von Bridg-It auf zwei Graphen

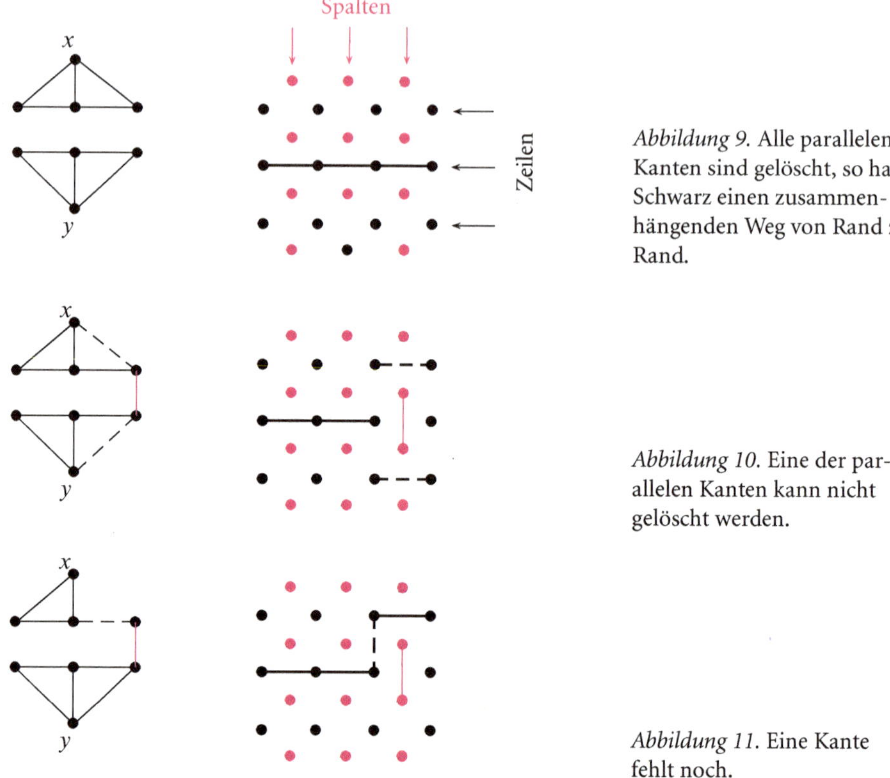

Abbildung 9. Alle parallelen Kanten sind gelöscht, so hat Schwarz einen zusammenhängenden Weg von Rand zu Rand.

Abbildung 10. Eine der parallelen Kanten kann nicht gelöscht werden.

Abbildung 11. Eine Kante fehlt noch.

noch die entsprechenden horizontalen Kanten zwischen diesen beiden gelöschten Kanten entfernen (gestrichelte Kanten in Abbildung 11). Je weiter die gelöschten Kanten auseinander liegen, desto mehr Kanten müssen entfernt werden. Damit ist alles gezeigt: Ein Unentschieden kann es nicht geben.

Und, was meinen Sie: Wäre es auch ohne diese Hilfskonstruktion gegangen?

Wie kann eine geeignete Gewinnstrategie aussehen?

Wenn man ein Spiel die ersten Male spielt, kann man normalerweise viele sinnvolle Spielzüge von seinem Gegner abgucken. Eine schöne Strategie, um nicht direkt haushoch zu verlieren, besteht darin, einfach die Spielzüge des Gegners zu kopieren. Wenn man als zweiter an der Reihe ist, führt diese Strategie nicht unbedingt zum Sieg, man stellt sein Gegenüber jedoch schon vor einige kleinere und wohlmöglich auch größere Probleme.

Dieses Vorgehen des Strategie-Klaus lässt sich auch bei diesem Spiel nutzen. Um jedoch eine Chance auf den Sieg zu wahren, sollte Rot mit dem ersten Zug beginnen, denn angenommen Schwarz hätte eine geeignete Gewinnstrategie, und

Rot würde versuchen diese Strategie zu kopieren, dann wäre er immer einen Zug im Nachteil und würde zum Schluss verlieren.

Also muss Rot starten, wobei wir annehmen, dass Schwarz weiterhin eine Gewinnstrategie besitzt. Als ersten Zug setzt er lediglich irgendeine Kante und im Weiteren kopiert er die Züge von Schwarz. Dies ist möglich, da das Brett symmetrisch ist. Falls während des Spiels die schon im ersten Zug platzierte Kante von Rot gesetzt werden muss, spielt Rot wiederum eine beliebige Kante. Insofern besitzt Rot eine Gewinnstrategie, was ein Widerspruch zu der Annahme ist, dass Schwarz eine Gewinnstrategie besitzt, denn nur einer von beiden kann gewinnen.

Wer beginnt, der gewinnt

Doch gibt es eine konkrete Strategie? Die kann natürlich nicht nur daraus bestehen, Züge zu kopieren. Jede Reaktion auf die Züge von Schwarz muss genau überlegt werden.

- Entwickeln Sie eine geeignete Gewinnstrategie und nehmen Sie an, dass Sie die Rolle von Rot übernehmen und der Startspieler sind. Eine gute Strategie kann zum Beispiel darin bestehen, sich für jeden Zug von Schwarz einen geeigneten Gegenzug zu überlegen.

Als Gegenspieler von Schwarz muss Rot einen zusammenhängenden schwarzen Kantenzug von der einen zur anderen Seite verhindern. Gleichermaßen muss Rot im eigenen Interesse seine beiden Ränder miteinander verbinden. Dazu muss in jeder Zeile mindestens eine vertikale Kante von Rot stehen, sonst lassen sich die beiden Seiten nicht verbinden. Liegen die Kanten alle in einer Spalte, hat Rot einen zusammenhängenden Weg erzeugt. Andernfalls muss für jede Spaltenverschiebung die entsprechende Anzahl an horizontalen Kanten eingebaut werden. Derartige Verschiebungen werden natürlich von Schwarz beeinflusst und Rot muss entsprechend darauf reagieren.

Rot setzt die erste Barriere gegen Schwarz und damit die erste Brücke in Richtung seines Weges in die erste Spalte und Zeile $(1, 1)$ (vgl. Abbildung 12). Versperrt

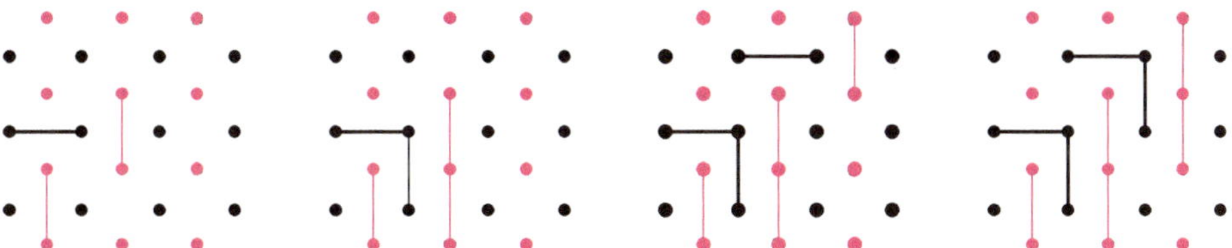

Abbildung 12. Rot gewinnt durch geplantes Reagieren

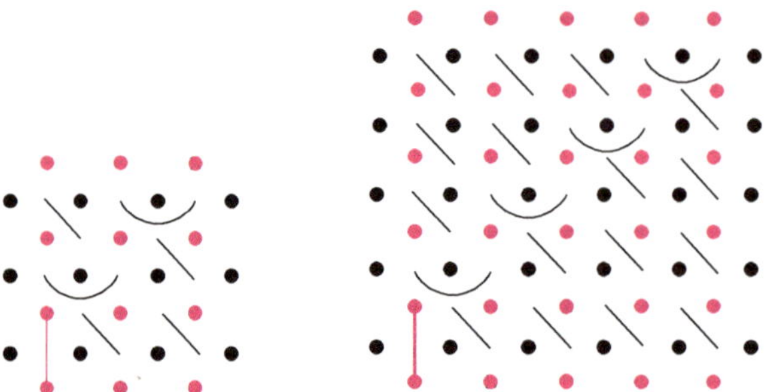

Abbildung 13. Gewinnstrategie auf 3 × 3 und 5 × 5-Graphen

Schwarz nun mit einer Kante den Weg von Rot, sollte Rot direkt daneben eine Kante setzen, so dass die Brücken in jeder Zeile nicht zu weit voneinander entfernt stehen.

Entsprechend gibt es für jeden anderen Zug von Schwarz einen reaktiven Zug von Rot. Somit wird Rot über kurz oder lang gewinnen, da Rot eine Kante mehr auf dem Feld hat, wie an dem Spielverlauf in Abbildung 12 sichtbar wird. Setzt Schwarz eine horizontale Kante, setzt Rot eine vertikale Kante daneben. Setzt Schwarz eine vertikale Kante, reagiert Rot mit einer um eine Spalte versetzten vertikalen Kante. Auf diese Weise versperrt Rot nicht nur Entwicklungsmöglichkeiten von Schwarz, sondern kann gleichermaßen Brücken und Verbindungen zwischen seinen eigenen Kanten aufbauen.

Verallgemeinert man das Verfahren nun, so lassen sich die Reaktionen von Rot wie folgt darstellen (vgl. Abbildung 13): Setzt Schwarz eine Kante in ein beliebiges Feld zwischen vier Knoten, so setzt Rot seine Kante in ein benachbartes Feld, so dass beide Kanten durch die eingezeichneten Linien verbunden sind. Die gebogenen Linien haben zur Folge, dass in jeder Zeile mindestens eine vertikale Kante von Rot enthalten ist. Die geraden Linien haben hingegen zwei Funktionen: Setzt Schwarz eine horizontale Kante, setzt Rot eine Zeile tiefer ebenfalls eine horizontale Kante; setzt Schwarz eine vertikale Kante, so setzt Rot in der Spalte links davon ebenfalls eine vertikale Kante. Auf diese Weise gelingt es Rot entweder seine schon existierenden vertikalen Kanten miteinander zu verbinden oder – sollte das nicht möglich sein – einen neuen vertikalen Kantenzug zu entwickeln (vgl. auch Abbildung 12).

Abbildung 14 zeigt die dieser Strategie zugehörigen Kantenverknüpfungen bei dem entsprechenden transformierten Graphen. Damit ist gezeigt, dass derjenige Spieler, der beginnt, immer gewinnen kann – natürlich nur dann, wenn er diese schöne Strategie kennt.

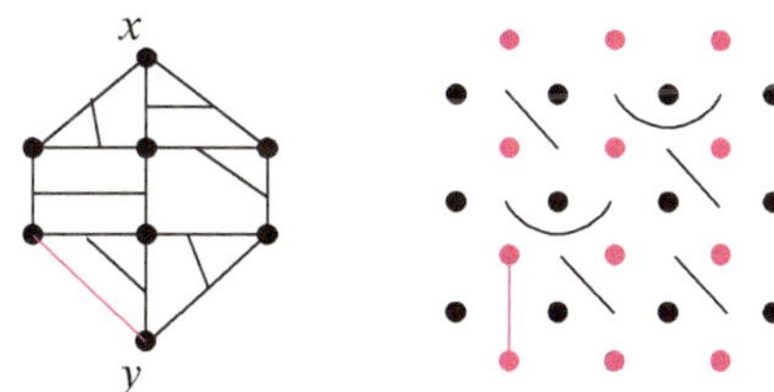

Abbildung 14. Die Gewinnstrategie lässt sich auf dem tranformierten Graphen darstellen

3 Shannon-Switching-Game

Für das Shannon-Switching-Game benötigt man lediglich ein Blatt Papier und zwei Farbstifte. Entweder spielt man auf einem gegebenen Spielfeld (vgl. beispielsweise Abbildung 15) oder man erzeugt sich sein eigenes Spielfeld. Dazu trägt man eine beliebige Anzahl Knoten ein und verbindet diese mit Kanten, so dass jeder Knoten mit jedem anderen Knoten über eine oder mehrere Kanten zusammenhängt.

▌▌ *Definition*
Einen Graphen nennt man *zusammenhängend,* wenn von jedem Knoten des Graphen ein Weg zu jedem anderen Knoten existiert.

Zwei Knoten werden besonders ausgezeichnet, z. B. mit x und y, und dann kann es schon losgehen. Mr. Short und Mrs. Cut markieren abwechselnd Kanten. Mr. Short hat das Ziel, x und y durch einen zusammenhängenden Weg zu verbinden. Mrs. Cut will dies verhindern, indem sie Kanten aus dem Graphen entfernt.

Wenn Ihre Schülerinnen und Schüler das Spiel das erste Mal spielen, geben Sie ihnen erst einmal einen vorgefertigten Spielplan. Dies erleichtert den Einstieg, da man sich nicht damit beschäftigen muss, wie man einen geeigneten Spielplan zeichnet, sondern sich vorrangig auf das Spiel konzentrieren kann. Die Zeit zum

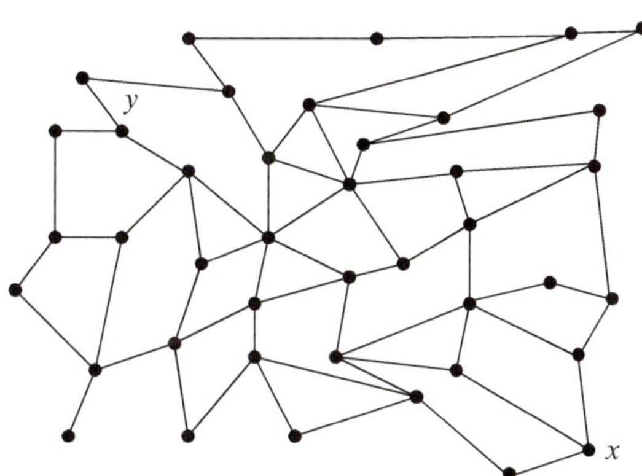

Abbildung 15. Ein Graph des Shannon-Switching-Game

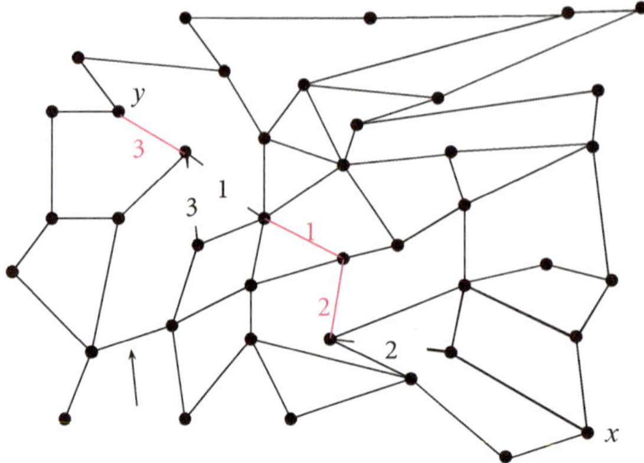

Abbildung 16. Der Graph nach drei Zügen

reinen Spielen sollte ausreichend lang sein. Dabei können die Schülerinnen und Schüler selbst Fragen entwickeln und deren Lösung nachgehen. Fordern Sie Ihre Schüler und Schülerinnen ruhig explizit auf, Fragen zu formulieren und diese schriftlich festzuhalten. Es kann sich als Hilfe erweisen, wenn auch erste Ideen und Lösungswege schriftlich fixiert werden. Ansonsten gehen möglicherweise viele schöne Ideen verloren. Alternativ können Sie Ihren Schülerinnen und Schülern auch die nachfolgenden Arbeitsaufträge geben. Es zeigt sich aber häufig, dass sie diese Fragen selbst formulieren:

- Wie lautet eine geeignete Gewinnstrategie?
- Welcher Spieler ist im Vorteil?
- Kann das Spiel unentschieden enden?

Ein denkbares Anfangsszenario für den Spielgraphen ist in Abbildung 16 dargestellt. Short (rot) beginnt und versucht eine Verbindung zwischen x und y aufzubauen. Nach je drei Zügen könnte der Graph wie in Abbildung 16 aussehen.

Short versucht offensichtlich einen möglichst kurzen Weg zwischen x und y zu markieren. Cut reagiert jeweils so, dass sie Kanten dieses »kurzen« Weges löscht, so dass die direkte Verbindung zwischen der roten Kante 3 und der roten Kante 1 unterbrochen ist. Short muss nun von y aus »unten« herum oder »oben« herum laufen. »Unten« herum verspricht anscheinend nicht viel Erfolg, da die Verbindung zum rechten Teil des Graphen an nur einer Kante hängt (siehe Pfeil Abbildung 16), es sei denn, Short markiert zuerst genau diese Kante. Bei derartig komplexen Spielsituationen muss man das Spielgeschehen sozusagen gleichzeitig an verschiedenen Stellen im Auge behalten. Dazu sollten die Schülerinnen und Schüler in der ersten Phase des reinen Spiels auch unbedingt Gelegenheit erhalten. Zum Auffinden einer geeigneten Gewinnstrategie bietet es sich jedoch an, die Aufmerksamkeit beider Spieler erst einmal auf einen kleinen Ausschnitt des Graphen zu

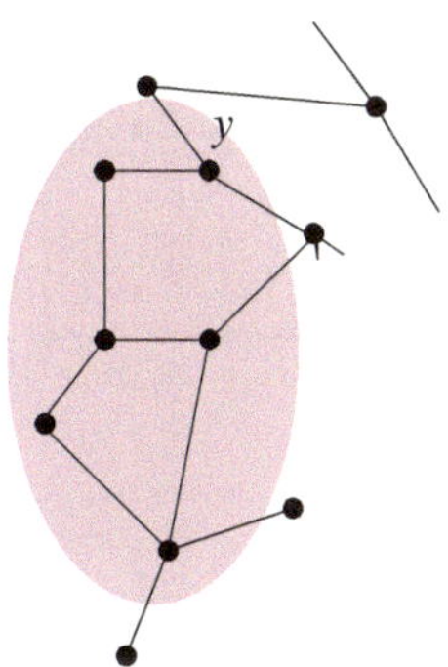

Abbildung 17. Ein Ausschnitt aus dem Gesamtgraphen

konzentrieren (vgl. Abbildung 17). In diesem lokalen Ausschnitt spiegelt sich die Problematik des Auffindens einer geeigneten Gewinnstrategie des Gesamtgraphen wider. Die Reduktion eines komplexen Problems auf einen lokalen Bereich ist eine typische mathematische Problemlösestrategie, die für die Schüler und Schülerinnen insbesondere im spielerischen Umgang mit der diskreten Mathematik erfahrbar wird. Für die Umsetzung im Unterricht bieten sich verschiedene Wege an. Wenn die Lernenden ihren Fokus selbst nicht auf einen Ausschnitt reduzieren, kann man ihnen entsprechende Hinweise geben oder Arbeitsblätter vorbereiten, die schon Teilgraphen des Gesamtspiels enthalten mit dem Auftrag, für die gegebenen Ausschnitte Gewinnstrategien zu entwickeln.

- Wählen Sie selbst einen überschaubaren Ausschnitt des Graphen und entwickeln Sie für diesen Teilgraphen eine Gewinnstrategie. Sie können beispielsweise den in Abbildung 17 markierten Teil untersuchen.

Für weitere Überlegungen wird der Ausschnitt aus Abbildung 17 bzw. 18 zugrunde gelegt. Die untere Kante mit Endknoten t spielt für eine Gewinnstrategie keine Rolle. Auch die Knoten y und s werden nicht beide benötigt, da ihre Verbindungskante schon markiert ist. Insofern lässt sich der Graph hinsichtlich seiner wesentli-

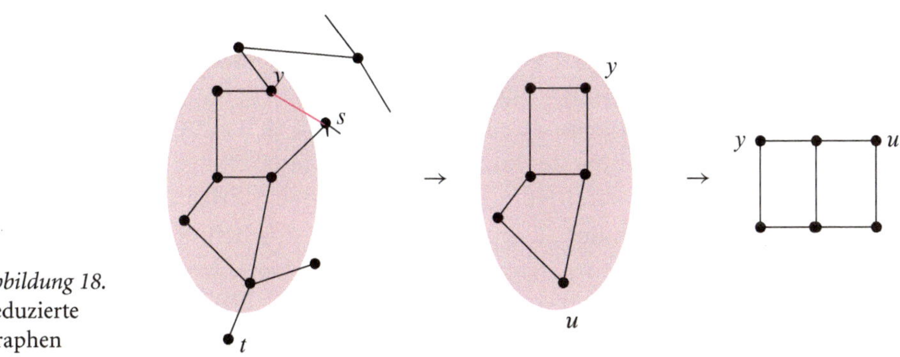

Abbildung 18.
Reduzierte
Graphen

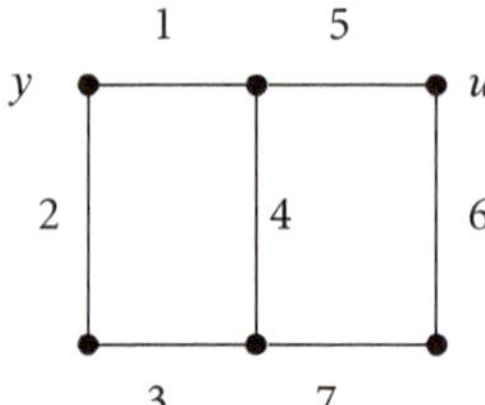

Abbildung 19. Der Graph als Rechteck

chen Aspekte reduzieren, d. h. *y* und *s* werden miteinander vereint, die Kante zwischen ihnen gestrichen, ebenso die besagte Kante an *t*. Die Veränderung der Darstellung bei Erhaltung der Strukturelemente des Graphen ist eine weitere wichtige mathematische Erfahrung, die die Lernenden während ihres Erkundungsprozesses machen können. Doch auch hier ist nicht gesagt, dass alle Schülerinnen und Schüler den Weg allein beschreiten können. Hilfreich sind neben verbalen Tipps, kurze Einschübe gemeinsamen Unterrichtsgesprächs oder die Integration solcher Darstellungswechsel auf dem oben genannten Arbeitsblatt. Auf diese Weise könnten in einem Arbeitsblatt beide Graphen aus den Abbildungen 18 (links) und 19 gegenüber gestellt werden mit dem Auftrag, die Gleichwertigkeit der Graphen zu untersuchen bzw. weitere isomorphe Graphen zu erzeugen (vgl. Kapitel 1).

Das soll aber nicht von dem eigentlichen Ziel ablenken: Es muss ein Weg zwischen *y* und *u* gefunden werden. Der Graph wurde in eine rechteckige Version transponiert und mit Zahlen versehen, so dass man leichter über die einzelnen Strategien sprechen kann (vgl. Abbildung 19).

Ziel von Cut ist es, den Graphen so in zwei getrennte Graphen zu zerschneiden, dass die beiden Knoten *y* und *u* in unterschiedlichen Teilgraphen liegen. Short hingegen will einen zusammenhängenden Weg zwischen den beiden Knoten erzeugen.

- Sie haben sicher festgestellt, dass die Aufgabe von Cut eine gewisse Ähnlichkeit mit der von Schwarz im Spiel Bridg-It aufweist. Aber sind es tatsächlich identische Fragestellungen? Beschreiben Sie Ähnlichkeiten und Unterschiede zwischen diesen beiden Aufgaben.

Die Schüler und Schülerinnen erkunden selbsttätig in kleinen Gruppen oder in Partnerarbeit die verschiedenen Spielverläufe. Das schafft Raum Argumente auszutauschen, Ideen und Ergebnisse zu vergleichen und sich auf gemeinsame Argumentationen zu einigen. Eine denkbare Argumentationskette ist die folgende: Cut ist am Zug. Sie könnte zuerst einfach eine der Kanten 1 oder 2 zerstören, sagen wir 1. Hier lernen die Schüler zu argumentieren hinsichtlich der Unabhängigkeit der Auswahl. Sie ziehen Symmetriegründe hinzu und benennen diese. Mit diesem Schritt hätte Mrs. Cut den kürzesten Weg unmöglich gemacht. Doch ist es eine geeignete Gewinnstrategie, immer die kürzesten Wege zu zerstören?

Eine andere lohnenswerte Strategie für beide Spieler könnte die Berücksichtigung aller möglichen Wege sein. Mit dieser Kenntnis könnte man so genannte *virtuelle* Wegstücke bestimmen, die bei allen oder zumindest sehr vielen Wegen benötigt werden und diese entsprechend aus dem Graphen entfernen. Diese Vorausschau auf die nächsten denkbaren Züge ist auch bei Spielen dieser Art wie Schach oder Go eine nützliche Strategie.

■ Überprüfen Sie den Graphen in Abbildung 19. Wer kann gewinnen: Cut oder Short?

Die virtuellen Wege in unserem Beispiel sind $(1, 5)$, $(1, 4, 7, 6)$, $(2, 3, 7, 6)$, $(2, 3, 4, 5)$. Je unabhängiger unterschiedliche Wege voneinander sind, desto aussichtsreicher erscheint ein Erfolg für Short. Der Grad der »Unabhängigkeit« richtet sich nach der Anzahl der gemeinsamen Kanten in verschiedenen virtuellen Wegen. Denn es könnte sein, dass zwar sehr viele unterschiedliche virtuelle Wege existieren, jedoch alle eine Kante gemeinsam haben und Sieg oder Niederlage von der Färbung oder Löschung dieser einen Kante abhängen. So ist es für Short von großem Vorteil möglichst keine Kante mit einer solchen Eigenschaft zu besitzen. In allen vier Wegen erscheint jede Kante genau zweimal aber keine zwei Wege haben mehr als zwei Kanten gemeinsam. In diesem Fall bedeutet das, dass keine zwei Wege existieren, die aus ganz unterschiedlichen Kanten zusammengesetzt sind. Löscht Cut nun beispielsweise die Kante 1, so bleiben die Wege $(2, 3, 7, 6)$ und $(2, 3, 4, 5)$. Egal ob Short nun 2 oder 3 markiert, Cut kann immer die jeweils andere notwendige Kante löschen. Auch hier lässt sich die oben ausgewiesene Symmetrie erkennen. Löscht Cut die Kante 5, bleiben die Wege $(1, 4, 7, 6)$ und $(2, 3, 7, 6)$. Die Kanten 7 und 6 entsprechen nun den Kanten 2 und 3.

Damit wird der Weg »unten« herum nicht von Erfolg gekrönt sein für Short. Aber auch die Möglichkeit »oben« herum scheitert daran, dass die nächsten beiden Kanten auf dem von y ausgehenden Weg Teil nur eines einzigen virtuellen Weges sind (vgl. Abbildung 15). Cut kann somit den Gesamtgraphen in zwei nicht zusammenhängende Teilgraphen zerlegen, so dass x und y nicht zum selben Teilgraphen gehören.

Dieses Beispiel soll zeigen, was Schülerinnen und Schüler an dem gegebenen Graphen oder auch an selbst ausgedachten Spielplänen erforschen können und welche mathematischen Tätigkeiten dazu aktiviert werden. Die Erfahrung, dass in diesem konkreten Beispiel und nach den schon getätigten ersten drei Spielzügen Short keine Gewinnaussichten besitzt, löst bei einigen Schülerinnen und Schülern häufiger die Frage aus, wie denn ein Graph beschaffen sein muss, so dass Short gewinnen kann und welche Gewinnstrategie er dazu verwendet. Nach einer Sammlungsphase im Unterrichtsgespräch lassen sich diese Fragen gemeinsam mit den Lernenden entwickeln oder als weiterer Arbeitsauftrag für eine neue Forschungsphase stellen:

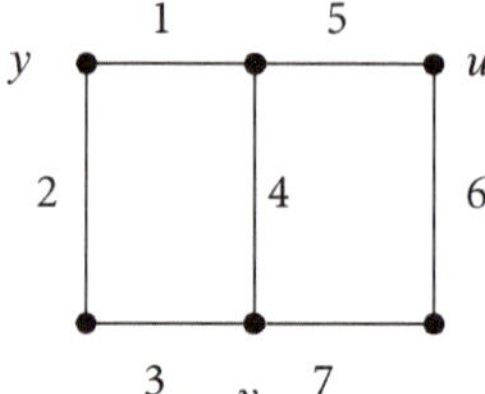

Abbildung 20. Erst einmal von y nach v

Auftrag

- Was lässt sich aus diesem konkreten Fall für beliebige Graphen schließen?
- Welche Graphen ermöglichen Cut einen Sieg, welche Short?
- Reichen für Short schon zwei Wege aus, die keine Kante gemeinsam haben?

Die im konkreten Fall erarbeitete Strategie, lokal zu arbeiten und virtuelle Wege zu untersuchen, hilft auch hier weiter. Dieser Prozess kann von der Lehrperson unterstützt werden, indem sie beispielsweise den Teilgraphen aus Abbildung 19 zur Verfügung stellt mit dem folgenden Arbeitsauftrag:

Auftrag

- Kann Short das Spiel gewinnen, wenn er selbst beginnt?
- Ergänze auf dem Spielplan Kanten und überlege dir eine geeignete Gewinnstrategie für Short.
- Erfinde selbst einfache Spielpläne und probiere deine Strategie aus.
- Wie viele Kanten benötigst du mindestens?

Reduziert man den Graphen weiter auf einen Graphen, der sich unter den genannten Fragestellungen als hinreichend interessant erweist, so scheiden Graphen mit ein, zwei oder drei Knoten aus. Ein Graph mit vier Knoten ist das erste Objekt, das bestimmte Variationsmöglichkeiten anbietet. Deswegen betrachten wir den Teilgraphen mit den Kanten 1, 2, 3 und 4 aus Abbildung 20 und die Knoten, die durch diese Kanten verbunden werden. Sei v der neue Zielpunkt. Die virtuellen Wege zwischen y und v sind $(1,4)$ und $(2,3)$. Markiert Short z. B. 1, löscht Cut die 4, markiert Short die 3, löscht Cut die 2. Schlimmer noch sieht es aus, wenn Cut beginnt. Damit ist die Antwort auf die Frage 1 schon gegeben. Offensichtlich gibt es in diesem Teilgraphen keine Gewinnstrategie für Short.

Dieses Beispiel zeigt aber auch Auswege aus dem Dilemma. Nehmen wir einmal mehr Kanten hinzu, am besten gleich alle möglichen Verbindungskanten, die es gibt. Bei n Ecken sind dies gerade $n \cdot \frac{(n-1)}{2}$, in unserem Fall gerade 6 (vgl. Handshaking-Lemma, Kapitel 3). Auf diese Weise wird ein *vollständiger Graph* erzeugt, der zu einer gegebenen Knotenmenge alle Verbindungskanten enthält.

Ein geeigneter Graph für Short kann derart aussehen, dass dieser Short zu jedem Zeitpunkt – egal welche Kante Cut wegnimmt – immer die Auswahl von

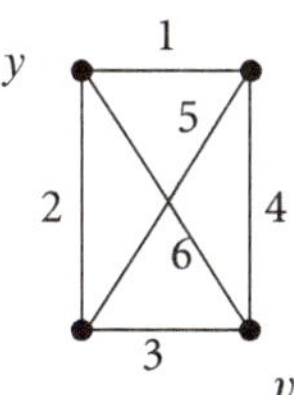

Abbildung 21. Vollständiger Graph mit 4 Knoten

mindestens einer anderen Kante gestattet. Demgemäß benötigt er so etwas wie
einen doppelten Kantensatz. Nun könnte man einwenden, dass es auch schon in
dem Graphen mit vier Knoten und vier Kanten zwei Wege von y nach v gab.
Jedoch fehlt diesen beiden Wegen eine wichtige Eigenschaft eines Kantensatzes:
Die Kanten verbinden nicht jeden Knoten über einen zusammenhängenden Weg.

Ein Kantensatz, in dem jeder Knoten des Graphen mit jedem anderen über
einen zusammenhängenden Weg verbunden werden kann, so dass Short theoretisch über jeden Knoten laufen könnte, eröffnet ihm einen großen Bewegungs-
spielraum. Der zweite Kantensatz dient als Kantenersatzteillager und muss somit
dieselbe Eigenschaft besitzen. Da Short aber zu jeder Kante aus dem ersten Kantensatz eine Ersatzkante zur Verfügung haben muss, muss das Ersatzteillager andere
Kanten als der erste Kantensatz enthalten. Zwei Kantensätze, die alle Knoten eines Graphen verbinden, aber unterschiedliche Kanten dazu benötigen, nennt man
auch *kantendisjunkt*.

Ein erster Kantensatz wäre z. B. $(1, 2, 3, 4)$ (vgl. Abbildung 21). Jetzt verblei-
ben aber nicht genug Kanten für den zweiten Kantensatz. Denn mit $(5, 6)$ gelangen
wir nicht von v zu dem anderen unteren Knoten. Doch vielleicht benötigt man gar
nicht alle vier Kanten. Mit den Kanten $1, 2, 3$ oder $2, 3, 4$ oder $1, 5, 6$ gelangen wir
auch von jedem Knoten zu jedem anderen, zwar nicht immer auf dem kürzesten Weg, aber das ist vielleicht auch nicht notwendig. Bei vier Knoten benötigen
wir mindestens drei Kanten um von jedem Knoten zu jedem anderen zu gelangen
(»Liegt dem vielleicht ein allgemeiner Sachverhalt zugrunde?« ist eine interessante
Frage zur Vertiefung und zur Differenzierung). Das dahinter stehende mathematische Konstrukt eines zusammenhängenden Graphen, bei dem jeder Knoten von
jedem anderen Knoten auf nur einem Weg erreichbar ist, oder anders ausgedrückt,
bei dem es keine Kreise gibt, ist ein *aufspannender Baum* oder *Spannbaum* (vgl.
auch Kapitel 2).

❙❙ *Definitionen*
Ein *Baum* ist ein kreisfreier zusammenhängender Graph.

Ein Baum heißt eine Knotenmenge *aufspannend*, wenn jeder Knoten auf mindestens einer Kante liegt.

Abbildung 22. Graphen ohne und mit Kreis

Kreise in Graphen entstehen immer dann, wenn es mindestens zwei Wege von einem Knoten zu einem anderen Knoten gibt, oder anders ausgedrückt, wenn ein Rundweg durch einen Teilgraphen existiert (vgl. Abbildung 22).

- Hat der Graph in Abbildung 21 zwei kantendisjunkte Bäume?
- Wie viele Kanten und wie viele Knoten muss ein Graph besitzen, damit er mindestens zwei kantendisjunkte Bäume besitzt?

Diese Fragen werden in der Auseinandersetzung mit dem Problem fast zwangsläufig entstehen. Dies ist aber trotzdem eine Phase, in der man einzelne Schülerinnen und Schüler mit geeigneten Fragestellungen und Beispielen unterstützen muss. Der experimentelle Umgang mit den mathematischen Strukturen kann die Lernenden zu der Erkenntnis führen, dass sobald eine Kante von Cut gestrichen und damit ein virtueller Weg von Short zerstört wurde, eine Kante existieren muss, die die entstanden Lücke wieder füllt. Dass dies mit zwei Kantensätzen möglich ist, kann von den Lernenden entdeckt werden. Je nach Jahrgangsstufe wird man den exakten Beweis für diesen Zusammenhang schuldig blieben. Die entsprechende Heuristik ist aber schon in der Sekundarstufe I entwickelbar: Sobald Cut eine Kante entfernt, markiert Short eine Kante aus dem zweiten Spannbaum, die den zerstörten Spannbaum wieder repariert. Da beides Spannbäume sind, muss so eine Kante existieren. Daraus entsteht ein Teilgraph des ursprünglichen Graphen, der ebenfalls zwei Spannbäume besitzt, die jedoch nun eine, nämlich die markierte Kante gemeinsam haben.

Man nimmt beispielsweise die Kantensätze $(1, 2, 4)$ und $(3, 5, 6)$. Die Abbildung 23 zeigt eine entsprechende Zugfolge. Cut zerstört die Kante 6, damit Short nicht direkt y und v verbindet. Damit fehlt eine Kante aus dem gestrichelten Spannbaum und der Knoten y ist nicht mehr Teil des verbleibenden Baumes. Die Kanten 1 und 2 ermöglichen die Wiederherstellung des roten Baumes. Short markiert die Kante 2.

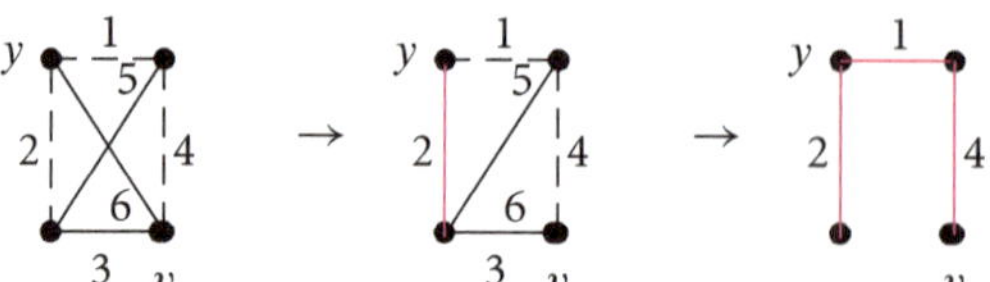

Abbildung 23. Gewinnstrategie

Für einen Sieg benötigt Short nun nur noch die Kante 3. Die wird natürlich von Cut gelöscht. Ersatz findet Short in der Kante 4. Die beiden markierten Kanten 2 und 4 können im nächsten Zug durch die Kanten 1 oder 5 zu einer gewinnbringenden Verbindung aufgefüllt werden. Da Cut in einem Zug nicht beide löschen kann, hat Short gewonnen.

Doch warum enthält dieser zweite Kantensatz immer die entsprechenden Kanten? Kann es nicht sein, dass Cut eine Kante löscht und sich kein Ersatz findet? Dies ist eine typische und naheliegende Frage, die die Beweisbedürftigkeit dieser Aussage herausstellt und die Schülerinnen und Schüler zu mathematischer Argumentation herausfordert.

In der Oberstufe lässt sich eine Beweisskizze erarbeiten, doch ist dieser Beweis ohne Induktion und einigen für Schüler und Schülerinnen schwierigen Beweisschritten nicht durchführbar.

4 Trianguli

Das Spielfeld von Trianguli besteht aus vielen kleinen Dreiecken. Daher hat das Spiel auch seinen Namen (vgl. Abbildung 3). Triangulierung in der Ebene beschreibt den Vorgang, ein Polygon in Dreiecke zu unterteilen. Spieler Rot muss die Knoten a und c mit einem durchgehenden Weg verbinden, Spielerin Schwarz muss b und d entsprechend verbinden. Dazu färben beide Spieler abwechselnd Knoten ihrer Wahl mit ihrer Farbe ein. Der Spieler, dem dies zuerst gelingt, gewinnt das Spiel. Die Knoten a, b, c und d als Start- und Endknoten sind schon gefärbt.

Wie schon bei den anderen Spielen stellen sich auch hier die Fragen:

- Gibt es eine geeignete Gewinnstrategie? Falls ja, formulieren Sie diese.
- Welcher Spieler ist im Vorteil?
- Kann Trianguli unentschieden enden?

Nehmen Sie sich die Zeit, das Spiel einige Male durchzuspielen, um ein Gefühl für die Beantwortung dieser Fragen zu bekommen. Gleichermaßen benötigen auch die Schüler und Schülerinnen Zeit, sich in die Grundideen von Trianguli einzuspielen. Nach dieser ersten Spielphase kann es sich als hilfreich erweisen, wenn Sie das Spielfeld erst einmal verkleinern. So können Sie insbesondere bzgl. der Gewinnstrategien und eines möglichen Spielervorteils erste Argumente entwickeln.

- Variieren Sie die Größe des Spielfeldes und entwickeln Sie geeignete Gewinnstrategien. Beobachten Sie dabei die Spielausgänge. Lässt sich etwas über die Gewinnwahrscheinlichkeiten von Startspieler und zweitem Spieler aussagen?

Bei der Variation der Größe des Spielfeldes haben Sie sicher gemerkt, dass je kleiner das Feld, desto einfacher ist es, eine Gewinnstrategie zu entwickeln. Aber wer von beiden Spielern hat die Gewinnstrategie? Ihre Erfahrungen auf kleinen Spielfeldern haben vermutlich eher für den Startspieler gesprochen, während sich die Gewinnwahrscheinlichkeiten mit Vergrößerung des Spielbrettes immer mehr angeglichen haben. Das spricht für eine Gewinnstrategie auf Seiten des Startspielers, denn mit Zunahme an Zugmöglichkeiten steigt auch die Fehlerquote beider Spieler, wodurch sich der Vorteil des Startspielers immer mehr amortisiert. Offensichtlich gilt auch hier die Argumentation des Strategie-Klaus – wie übrigens bei allen anderen symmetrischen Spielen.

Bei Bridg-It ließ sich eine solche Strategie konkret angeben, dies ist hier nicht mehr möglich, da die Zugvarianten zu vielfältig sind. Auf kleinen Feldern sind zwar Strategien bekannt, jedoch ist dies bei dem in Abbildung 3 dargestellten Feld schon sehr anspruchsvoll. Einige nette Ideen und Hinweise liefern die Literaturhinweise am Ende dieses Kapitels.

- Ist es nicht auch denkbar, dass nicht der erste Spieler, sondern dass keiner der Spieler gewinnt, wobei wir wiederum bei der dritten Frage sind: Kann Trianguli unentschieden enden? Was meinen Sie? Wie sind ihre Erfahrungen aus dem Spiel?

Hier kann ein interessanter mathematischer Sachverhalt helfen, der auch als das Lemma von Sperner bezeichnet wird. Lemmas sind kleine mathematische Sätze. Manchmal wird dieses Lemma auch zum Hilfssatz degradiert, was seine Bedeutung in diesem Zusammenhang aber nicht schmälern soll.

Ein Dreieck mit den Eckenbezeichnungen 1, 2 und 3 wird auf beliebige Weise in kleine Dreiecke unterteilt. Die Knoten auf der Dreieckskante zwischen 1 und 2 werden mit den Zahlen 1 oder 2 versehen, die Knoten auf der Kante zwischen 2 und 3 werden mit 2 oder 3 markiert, entsprechendes gilt für die dritte Kante. Die Knoten innerhalb des Dreiecks werden beliebig mit den Zahlen 1, 2 und 3 markiert (vgl. Abb. 24).

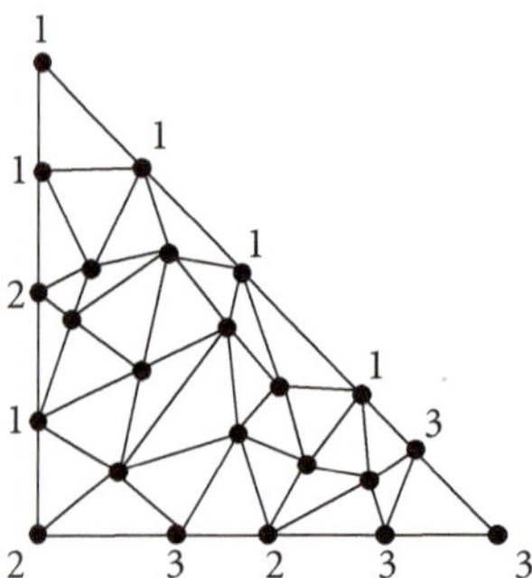
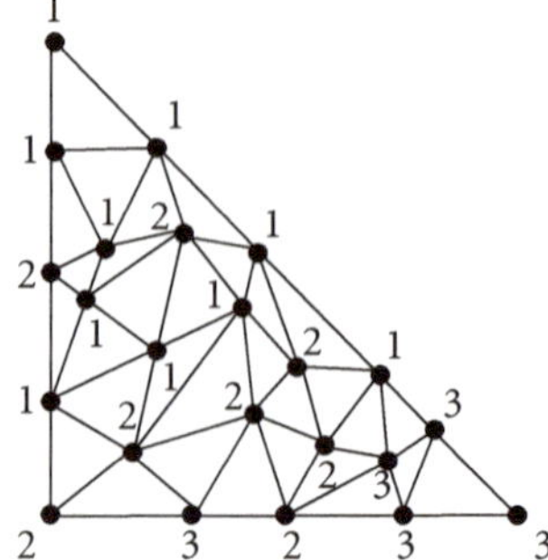

Abbildung 24. Ein Dreieck zum Lemma von Sperner

▌▌ *Lemma von Sperner*
In einem solchen Dreieck ist immer mindestens ein kleines Dreieck enthalten, dessen Ecken die Markierung 1, 2 und 3 trägt.

Die Suche nach diesem Dreieck lässt sich in Abbildung 24 noch erfolgreich realisieren, aber sobald das Dreieck größer ist, wird es schon deutlich schwieriger. Auch reicht das Auffinden *eines* Dreiecks nicht für einen allgemein tragfähigen Beweis dieses Lemmas.

■ Finden Sie ein Argument für die Richtigkeit dieses Lemmas.
Tipp: Einen erfolgversprechenden Ansatz kann das folgende Vorgehen liefern. Konstruieren Sie Wege durch das große Dreieck, die die »Mittelpunkte« der kleinen Dreiecke miteinander verbinden und nur Kanten mit den selben Knotenbezeichnungen überqueren, z. B. können einmal nur alle Kanten mit Endknoten 1 und 2 erlaubt sein oder in einem anderen Fall nimmt man nur Kanten mit Einsen an den Enden. Einschränkend gilt, dass man das Dreieck nicht über dieselben Kanten verlassen kann, über die man in das Dreieck gelangt ist. Um ein Dreieck 1, 2, 3 zu finden, bietet es sich an, strategisch vorzugehen. So kann man über bestimmte Wege im Graphen spazieren gehen, bis man ein Dreieck gefunden hat. Da man ein ganzes Dreieck sucht, ist es sinnvoll, nicht über die Kanten und Knoten, sondern über die Dreiecke selbst zu laufen. In diesem Fall laufen wir über die »Mittelpunkte« der Dreiecke.

Bei Ihren Untersuchungen haben Sie vielleicht beobachtet, dass die Wege sich nach bestimmten Eigenschaften sortieren lassen. Die Wege, die nur über Kanten mit den selben Knotenbezeichnungen verlaufen, also Kanten mit 1 und 1, 2 und 2 oder 3 und 3, sind in der Regel recht kurz und enden außerhalb des großen Dreiecks oder in Dreiecken, die aus zwei gleichen und einer anderen Zahl bestehen. (Oder haben Sie auch noch andere Phänomene gesichtet? Müssen diese Wege tatsächlich alle enden oder sind auch Kreise denkbar? Versuchen Sie einmal ein Dreieck zu konstruieren, in dem es einen entsprechenden Kreis gibt.) In jedem Fall erreichen wir auf diesen Wegen kein Dreieck 1, 2, 3.

Betrachten wir den anderen Wegetyp, also Wege über Kanten mit unterschiedlich bezifferten Endknoten. Was kann in diesem Fall passieren? Vorausgesetzt Sie starten in einem Dreieck, das nicht schon ein Dreieck mit Knoten 1, 2, 3 ist bzw. ein Dreieck ist, das überhaupt verlassen werden kann, so können folgende Situationen eintreten:

1. Der Weg endet außerhalb des großen Dreiecks
2. Der Weg endet in einem Dreieck 1, 2, 3

Ist das alles, was passieren kann? Sie werden es schon bemerkt haben:

3. Der Weg könnte auch im Kreis führen.

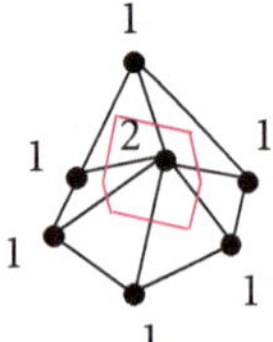

Abbildung 25. Oh je, ein Kreis!

Betrachten Sie den Graphen in Abbildung 24 genauer. Kann hier ein Kreis entstehen?

Tatsächlich: Abbildung 25 zeigt einen Ausschnitt aus dem Graphen in Abbildung 24, in dem ein Kreis entstehen könnte. Somit lässt sich auch kein Dreieck mit Knoten 1, 2, 3 finden. Wie lässt sich diese Situation verhindern? Überlegen Sie selbst einen Augenblick.

Sie müssen verhindern, dass Sie innerhalb dieses Bereiches Ihr Startdreieck wählen, denn dann können Sie gar nicht erst in einem der Dreiecke landen. Doch lässt sich das sicherstellen, insbesondere wenn Sie sich vorstellen, Sie können nur wie ein Computer agieren. In diesem Fall würden Sie die größere umgebende Situation gar nicht sehen (vgl. »Froschperspektive« in Kapitel 1). Einen Ausweg bietet die Möglichkeit, den Startpunkt außerhalb des großen Dreiecks zu wählen. Über eine der großen Kanten gelangen Sie in ein geeignetes Dreieck und stellen sicher, dass Sie nicht in einem Kreis enden. Versuchen Sie es einmal selbst.

Konstellation 2 – der Weg endet in einem Dreieck 1, 2, 3 – hingegen wäre eine wünschenswerte Zielsituation. Doch wie lässt sich die erste Konstellation – der Weg endet außerhalb – (vgl. Abbildung 26) verhindern? Das ist gar nicht schwer: Wir lassen einfach zu, dass der Weg von einem Knoten (sagen wir v) außerhalb des großen Dreiecks über eine andere Kante wieder in das große Dreieck gelangen kann.

Das hilft nur nicht viel, jetzt endet der Weg – zwar über Umwege – wiederum außerhalb (vgl. Abbildung 27).

Die Situation sieht anders aus, wenn wir – wie oben schon – direkt außerhalb beginnen. Dann könnte man in dem Dreieck, das zuvor Startdreieck war, den Weg

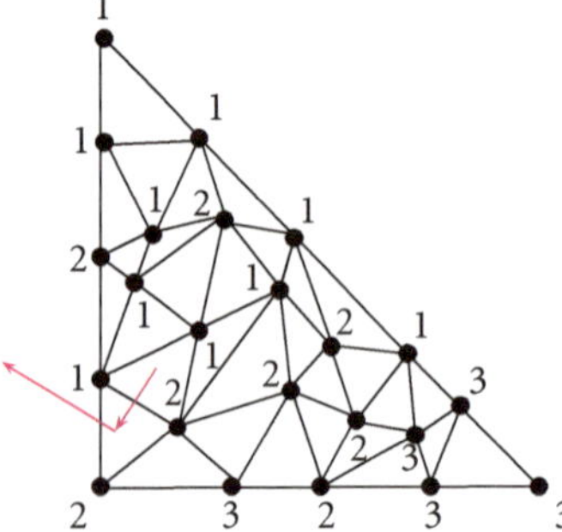

Abbildung 26. Der Weg endet außerhalb.

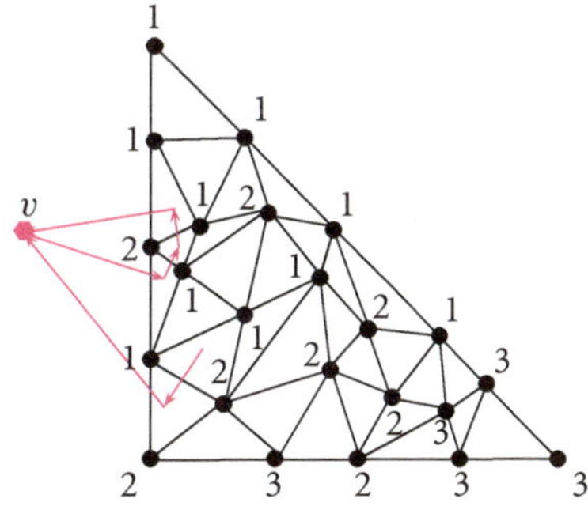

Abbildung 27. Schon wieder außerhalb gelandet. Was nun?

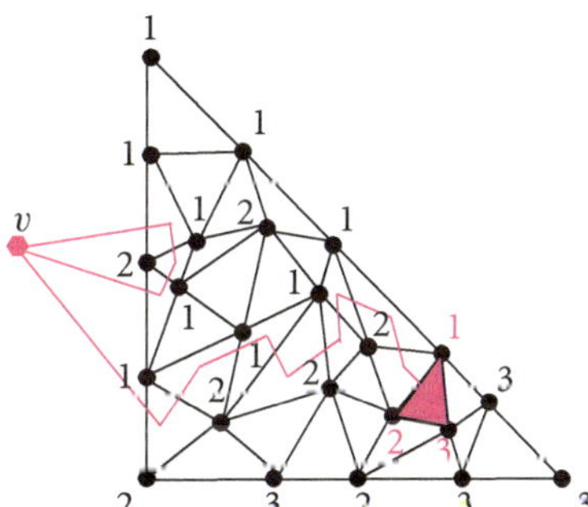

Abbildung 28. Ein Weg zum Dreieck 123

fortführen. Jetzt stellt sich die Frage: Kann der Weg immer noch in v enden? Was meinen Sie?

Wenn Sie verschiedene Graphen testen, können Sie erkennen, dass Ihr Weg tatsächlich niemals in v endet. Denn wenn Sie in v sind, gibt es immer noch eine Kante, die wieder in das große Dreieck führt. Das bedeutet, dass die Anzahl der Kanten mit den Endknoten 1 und 2 auf der großen Seite von 1 zu 2 des Dreiecks ungerade sein muss. Und das gilt immer, wenn wir auf einer Kante mit verschiedenen Endknotenbezeichnungen beliebig viele Knoten mit eben diesen beiden Bezeichnungen eintragen.

Sammeln wir bis hierhin die Ergebnisse:

1. Der Weg beginnt außerhalb des großen Dreiecks in v.
2. Der Weg kann nicht im Kreis verlaufen.

Damit muss der Weg in einem Knoten innerhalb eines Dreiecks enden. Dafür spricht auch der Umstand, dass ein Graph immer eine gerade Anzahl Knoten mit ungeradem Knotengrad besitzen muss (vgl. Kapitel 3).

Welcher Art ist dieses Zieldreieck nun? Zwei Knoten müssen schon einmal die 1 und die 2 sein, sonst hätte der Weg nicht in dieses Dreieck gefunden, der dritte fehlende Knoten kann jedoch nicht 1 oder 2 sein, denn sonst hätte der Weg hier nicht geendet. Folglich haben wir ein Dreieck 1, 2, 3 gefunden. Und damit ist das Lemma bewiesen.

Sie haben nun einen Beweis in seiner genetischen Entwicklung erlebt, verfolgen können, selbst entwickelt o. ä. Dieser Beweis in seiner fertigen Form hätte ungefähr folgendermaßen ausgesehen:

Gegeben ist ein Dreieck mit den oben genannten Bedingungen. Alle Innendreiecke werden in ihrem Innern mit Knoten versehen. Es wird ein Weg konstruiert, der in einem Knoten außerhalb des großen Dreiecks startet, über Kanten mit den Endknoten 1 und 2 führt und die Knoten in den Dreiecken verbindet. Der Knotengrad in v ist offensichtlich ungerade und wegen des Satzes über die Summe der Knotengrade in einem Graphen (vgl. Kapitel 3), muss der letzte Knoten des Weges im Innern des großen Dreiecks liegen und sein Grad muss ebenfalls ungerade sein. Das diesen Knoten umgebende Dreieck muss ein Dreieck mit den Knoten 1, 2 und 3 sein, womit das Lemma bewiesen ist.

Wenn Sie beide Beweise vergleichen, springen deren Vorteile jeweils ins Auge. Während der zweite Beweis knapp und präzise ist, wird im ersten Beweis menschlichen Denkprozessen nachgestiegen. Hypothesen, Irrungen, Bestätigungen haben in einem Prozess fortschreitender Präzisierung ihren wichtigen Stellenwert. Es tauchen aber auch Redundanzen auf und aus Sicht der Rückschau auf einen verstandenen Sachverhalt wirkt dies umständlich, aber aus der Sicht des unbedarften Beweisers expliziert dieser Beweis gerade viele der Schritte, die man zum Verstehen des zweiten Beweises sowieso gegangen wäre. Von nun an wird Ihnen aber der zweite Beweis wohl genügen. Oder nicht?

Jetzt können Sie sich wieder Trianguli zuwenden:

- Verwenden Sie das Lemma von Sperner um zu zeigen, dass Trianguli nicht unentschieden enden kann. Stellen Sie sich dafür vor, dass alle Felder besetzt sind, also kein Spieler mehr setzen kann, aber auch kein zusammenhängender Weg zwischen a und c oder b und d existiert. Sie müssen nun eine geeignete Interpretation für die Zahlen 1, 2 und 3 finden.

Die Annahme, dass kein Spieler mehr setzen kann, das Spiel aber noch nicht entschieden ist, ist die Basis eines Widerspruchsbeweises: Gezeigt werden muss das Gegenteil dieser Annahme.

Die 1 bezeichne alle Felder, die von a auf einem zusammenhängenden Weg erreichbar sind, die 2 leistet dies für alle Felder, die von b entsprechend erreichbar sind. Die 3 muss für den Rest herhalten, also für die Felder c und d. Nach dem Lemma von Sperner muss es ein Dreieck 1, 2, 3 geben. Was lässt sich über dieses Dreieck aussagen? Von der 1 in diesem Dreieck gibt es einen zusammenhängenden Weg zu a, von der 2 existiert ein Weg zu b und die 3 ist von einem der beiden Spieler besetzt, jedoch ohne ›Kontakt‹ zu a oder b. Das ist aber ein offensichtlicher Widerspruch. Damit kann Trianguli nicht unentschieden enden.

5 Hex

Hex wurde von Piet Hein, einem dänischen Mathematiker, 1942 und fünf Jahre später noch einmal und unabhängig von John Nash aufs Neue erfunden. Letzterer erhielt im Jahre 1994 den Nobelpreis in Wirtschaftswissenschaften für seine hervorragenden Resultate in der Spieltheorie.

Die Regeln von Hex hören sich recht einfach an, dennoch birgt Hex eine Menge Überraschungen. Erst einmal scheint Hex dem Spiel Bridg-It ähnlich. Auch hier versucht man gegenüberliegende Seiten miteinander zu verbinden. Bei Hex spielt man jedoch nicht auf einem Quadrat, sondern auf einer Raute. Dementsprechend werden nicht die Innenquadrate durch Färbungen miteinander verbunden, sondern die zu färbenden Figuren sind Sechsecke. Dennoch stellt sich die Frage:

- Handelt es sich bei Hex und Bridg-It um ähnliche oder um unterschiedliche Spiele? Welche Gemeinsamkeiten bzw. Unterschiede können Sie entdecken?

Zur Beantwortung der Frage können Sie auch einmal versuchen, das Hex-Spiel quadratisch darzustellen. Bridg-It ist sowieso schon ein Quadrat, es lässt sich aber

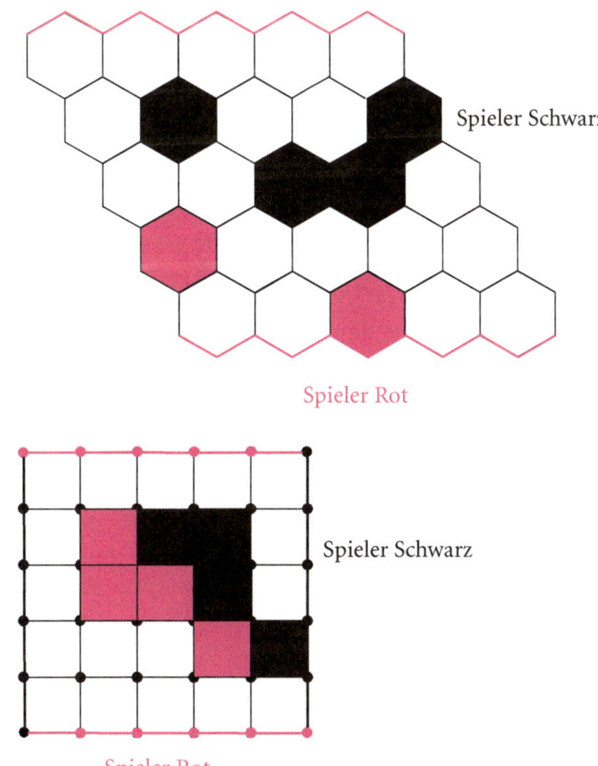

Abbildung 29. Hex und Bridg-It im Vergleich

auch so darstellen, dass die zu färbenden Flächen kleine Quadrate in einem großen Quadrat sind. An der in Abbildung 29 dargestellten Version lässt sich für jede Position schnell die Anzahl der Nachbarn ablesen. Eine quadratische Darstellung in diesem Sinne gibt es für das Spiel Hex nicht, da die Anzahl der Nachbarn der meisten Felder zu groß ist: Die Eckenfelder haben jeweils zwei oder drei Nachbarn, die anderen Randfelder haben fünf und jedes andere Feld hat sogar sechs Nachbarn. Damit lässt sich auch die Spielstrategie von Bridg-It nicht übertragen, denn die basierte gerade auf der relativ geringen Anzahl an Nachbarn. Insofern sind Hex und Bridg-It zwar ähnlichen Spieltyps, jedoch ist Hex eine ungleich komplexere Variante.

Der Vergleich dieser beiden Spiele kann jedoch dazu anregen, darüber nachzudenken, ob es möglicherweise noch andere Konstellationen gibt, die komplexer sind als Hex. Nehmen Sie beispielsweise die Länder auf einer Landkarte, z. B. die Staaten der USA, und spielen Sie Hex auf »amerikanisch«. Ein Spieler muss einen Weg durch die Länder der USA von Norden nach Süden und der andere von Osten nach Westen entwickeln. In einem solchen Fall kann die Anzahl der Nachbarn bei jedem Feld recht unterschiedlich sein. Wie schätzen Sie die Komplexität des »amerikanischen« Hex ein?

Auch wenn Hex komplexer ist als manch anderes vergleichbares Spiel, so ist es dennoch in endlich vielen Zügen beendet. Beim Standard-Brett sind dies 121 Züge. Dies lässt vermuten, dass spätestens mit dem letzten Zug ein Gewinner bzw. eine Gewinnerin fest stehen muss. Auch die anderen Fragen, die bei den vorangegangenen Spielen schon untersucht wurden, lassen sich für Hex ebenfalls stellen:

- Gibt es eine geeignete Gewinnstrategie?
- Welcher Spieler ist dabei im Vorteil?
- Kann das Spiel jemals unentschieden enden?

Zuerst zu den letzten beiden Fragen. Nach dem Studium der letzten drei Spiele, werden Sie vielleicht gedacht haben, nicht schon wieder diese Frage. Natürlich haben Sie recht. Auch Hex ist ein symmetrisches Zwei-Personen-Spiel, bei dem der Strategie-Klau wieder möglich ist und sich auch hier anbietet. Um diesen Vorteil entgegenzuwirken, wird häufig noch eine Sonderregel eingeführt, die gleichermaßen auch für die anderen hier genannten Spiele gelten kann: Der Spieler, der als zweiter am Zug ist, kann – statt zu ziehen – die Farben wechseln.

Wie sieht es mit dem Spielausgang aus: Kann es ein Unentschieden geben? Eine andere Darstellung von Hex kann hier helfen. Versuchen Sie es zunächst selbst und berücksichtigen Sie vielleicht Ihr Wissen aus der Auseinandersetzung mit den anderen Spielen.

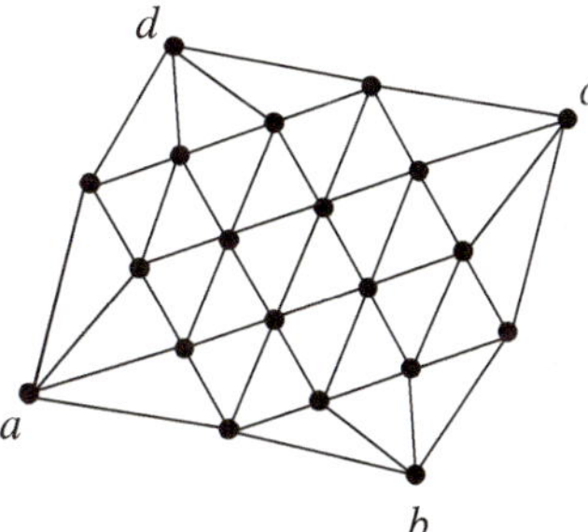

Abbildung 30. Ein 4 × 4-Hex-Spielfeld in neuer Gestalt

Betrachtet man die Sechsecke als Knoten und die Nachbarschaft von zwei Sechsecken als Kanten, so lässt sich Hex als Graph darstellen, in dem Knoten gefärbt werden müssen (vgl. Abbildung 30).

Die Endknoten der Wege der Spieler Schwarz und Rot werden mit a und b bzw. c und d bezeichnet, welche natürlich schon als gefärbt angenommen werden können. Nun gilt es einen zusammenhängenden Weg über die Knoten des Graphen zu finden. Und Sie sehen: Hex ist ein Spezialfall von Trianguli. Somit kann Hex auch nicmals unentschieden enden.

Die Existenz einer geeigneten Gewinnstrategie hängt nicht nur vom ersten oder zweiten Spieler ab, sondern auch von der Größe des Brettes. Mittlerweile gibt es geeignete Strategien für Spielfeldgrößen bis 9×9, die aber schon sehr anspruchsvoll sind. Eine Übersicht finden Sie bspw. unter `http://www.cs.unimass.cl/icga/games/hex`. Trotz mannigfaltiger Strategien gibt es aber einige wichtige Regeln und Strategien, die man eigentlich immer – unabhängig von der Größe – verwenden kann und die schon auf kleinen Brettern gut darstellbar sind. Mehr als die Darstellung dieser »ersten« Strategien würde den Rahmen dieses Buches sprengen.

Die wichtigsten Regeln sind sicher:

- Habe alle potenziellen Spielvarianten im Auge.
- Deine Strategie ist so gut wie deine schwächste Stelle.

Um alle potenziellen Spielzüge zu berücksichtigen, muss man alle denkbaren Wege kennen und nicht aus den Augen verlieren. Dabei ist es wichtig, dass die anvisierte Verbindung zweier Felder niemals nur von einem Feld bzw. einer Verbindung abhängt. Dies ist auch die Aussage der zweiten Regel. Kennt man zwar alle Spielverläufe und besitzt viele Wege zum Ziel, hängen jedoch alle Wege allein nur von einer Verbindung bzw. einem Feld ab, braucht der Gegner nur dieses eine Feld zu besetzen und schon ist das Spiel verloren. Das einfachste Beispiel hierfür sind die so genannten Brücken. Eine *Brücke* vermag zwei nah beieinanderliegende Felder durch zwei Möglichkeiten zu verbinden. In Abbildung 31 hat Schwarz eine Brücke,

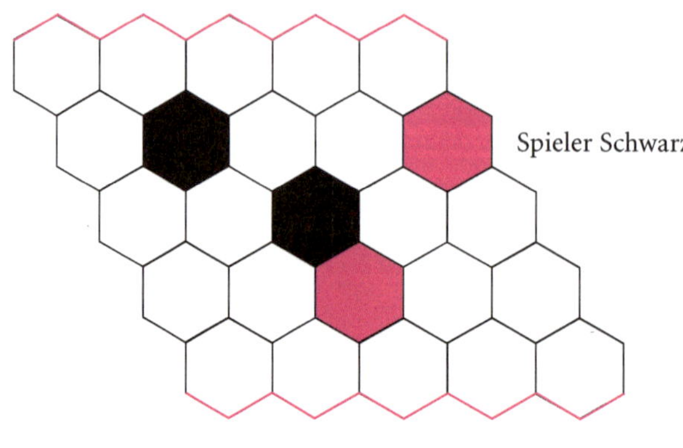

Abbildung 31. Schwarz hat eine Brücke, Rot nicht

da egal welches der beiden Felder »zwischen« den beiden schwarzen Feldern von Rot besetzt wird, Schwarz hat immer noch eine andere Möglichkeit zu setzen. Rot hingegen hat keine Brücke, da Schwarz die Verbindung durch einen Zug zerstören kann. Eine sinnvolle Strategie kann darin bestehen, möglichst lange Ketten mit solchen Brücken zu bilden, denn Brücken gestatten, das Hex-Feld mit relativ großen Schritten zu überqueren.

Dies macht deutlich, dass die Felder auf den virtuellen Wegen mehrfach verbindbar sein müssen. In der Graphentheorie nennt man das auch mehrfach zusammenhängend. Dazu betrachtet man die Felder als Knoten in einem Graphen und die Nachbarschaftsbeziehung drückt sich in einer Kante aus.

❚❚ *Definition*
Ein zusammenhängender Graph heißt *k-fach kantenzusammenhängend*, falls nach Entfernen von beliebigen $k - 1$ Kanten der Graph immer noch zusammenhängend ist.

Ein Graph mit Brücken ist demgemäß 2-fach kantenzusammenhängend. Durch das Besetzen eines der beiden freien Felder zwischen den schwarzen Felder, kann die potenzielle Verbindung zwischen den beiden Feldern nicht genommen werden. Aber trotzdem ist eine Brücke auch nicht hundertprozentig sicher, denn sie setzt den Besitzer der Brücke in Zugzwang, sobald eines der beiden freien Felder vom Gegner besetzt wird. Dies kann dem Gegner an einer anderen Stelle des Spielfeldes einen Vorteil verschaffen. Insofern gilt hier: Eine tatsächliche Verbindung ist immer besser als eine gedachte.

Eine weitere Strategie besteht darin, eine virtuelle Verbindung zum Rand zu besitzen, derart, dass die Steine auf dem Spielfeld jederzeit mit dem Rand verbunden werden können. Dazu können so genannte Leitern verwendet werden. Eine *Leiter* ist eine Verbindung von benachbarten Feldern mit einer festen Richtung.

Abbildung 32. Wer baut die bessere Leiter? Upps, Rot hat nicht aufgepasst

Abbildung 32 zeigt, dass Rot zum unteren Rand erweitern wollte, Schwarz dies aber durch eine Leiter immer blockiert hat. Damit hat Schwarz so etwas wie eine Brücke zu seinem rechten Rand gewonnen. Sie sehen: Leiterbau ist sichtbar schwieriger als Brückenbau.

Der Aufbau einer Brücke zum Rand, also einer Verbindung aus der »zweiten« oder »dritten« Reihe zum Rand, ist ebenfalls eine wichtige Strategie. Von der dritten Reihe eine Verbindung zum Rand zu finden, hängt jedoch deutlich stärker von der Reaktion des Gegenspielers ab. Probieren Sie einmal die verschiedenen Szenarien durch.

In Abbildung 33 könnte Schwarz direkt unterhalb des roten Feldes eines der beiden Felder besetzen. Wenn Rot dann neben Schwarz setzt, hat Schwarz jedoch eine sichere Verbindung zum Rand, da auf diese Weise zwei Auswahlfelder zur Verfügung stehen (vgl. Abbildung 34).

Eine geschicktere Reaktion für Schwarz liegt aber sicher darin, Rot auf seinem Weg zum Rand möglichst viele Züge aufzudrängen. Dazu könnte Schwarz genau das Feld besetzen, das Rot bei beiden gerade genannten Lösungen benötigt. Damit muss Rot einen Umweg laufen, um sein Ziel zu erreichen (vgl. Abbildung 35).

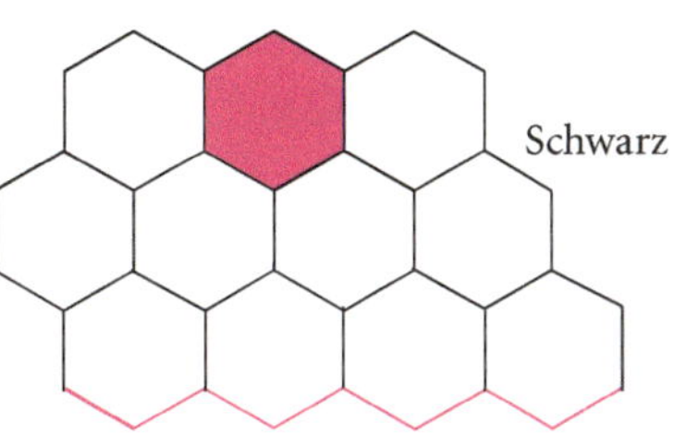

Abbildung 33. Wie kann Schwarz reagieren, dass Rot nicht zum unteren Rand verbindet?

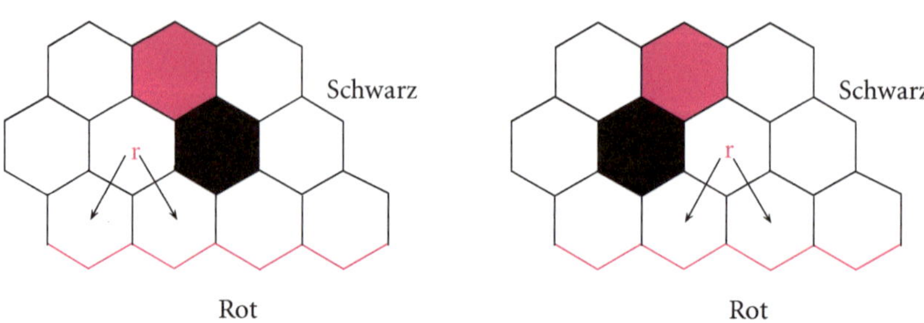

Abbildung 34. Zwei Möglichkeiten für Schwarz zu reagieren

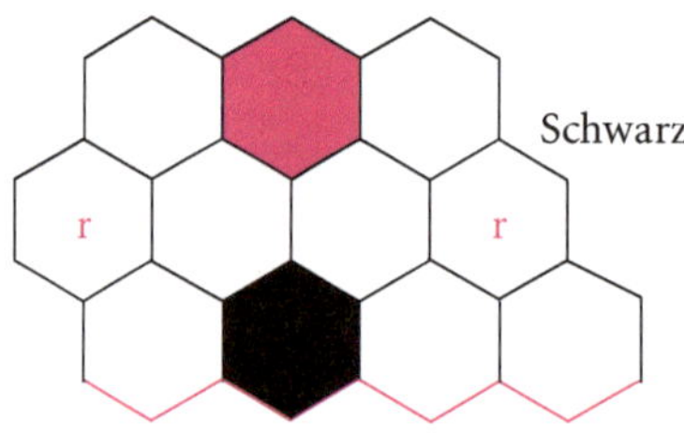

Abbildung 35. Nun muss Rot einen Umweg laufen

An diesem Beispiel sieht man, dass ein 4 × 4- aber auch ein 5 × 5-Spielfeld sehr schnell gefüllt ist und diese ersten Strategien schon ausreichen, eine Gewinnstrategie für kleine Felder zu bestimmen. Natürlich gibt es viele andere Strategien, diese hier jedoch alle zu beschreiben und zu entwickeln, würde den Rahmen des Buches sprengen. Deswegen sei hier auf [33] und [25] verwiesen. Dort finden Sie reichhaltige Informationen zu den verschiedenen Strategien.

7
Wer passt zu wem? Matchings

Stephan Hußmann

1 Jobs und Tanzkurse – immer eine Frage der richtigen Zuordnung

Wer passt zu wem? Diese Frage ist immer dann einfach zu beantworten, wenn sich nur ein Bewerber um ein offenes Angebot bemüht, oder wenn die große Liebe zwei Menschen in ihren Bann geschlagen hat. Bemühen sich jedoch schon zwei Bewerber um eine Wohnung, einen Job oder um den Geliebten, so wird es deutlich schwieriger. Gründe für die eine oder andere Verteilung liegen jedoch bei derart kleinen Zahlen im psychologischen Bereich oder sind anderswo zu finden. Mathematik kommt erst ins Spiel, wenn sich beispielsweise 100 Bewerber und Bewerberinnen um 100 Jobs bemühen. In diesem Fall lässt sich sicher eine Verteilung finden, so dass jeder einen Job erhält und jeder Job durch einen Bewerber ausgefüllt wird. Wir arbeiten einfach die Liste der Bewerber und Bewerberinnen von oben nach unten durch. Der erste Bewerber in der Liste bekommt den bestbezahltesten Job, die zweite Bewerberin bekommt den nächsten Job in der Rangliste, usw. Sehen Sie schon mögliche Schwierigkeiten? Nicht nur, dass die neuen Arbeitsplätze nicht sinnvoll ausgefüllt werden, auch die Zufriedenheit der Bewerber und Bewerberinnen ist nicht garantiert. Hier spielen Interessen, Eignungen und andere Aspekte eine Rolle. Solche Zuordnungsprobleme bedürfen zu ihrer Lösung besonderer Strategien. Mit dieser Art von Fragestellungen befasst sich dieses Kapitel.

Problem 1 – Jobverteilung

In einem Unternehmen werden zwölf Stellen ausgeschrieben, die in ihrem Profil zum Teil recht ähnlich sind. Nach der ersten Durchsicht der Bewerbungen kommen 14 Bewerber und Bewerberinnen in die engere Wahl. In Vorgesprächen wird deutlich, dass nicht jeder Bewerber für jede Stelle die entsprechende Eignung bzw. das notwendige Interesse mitbringt. Eine Staffelung nach Eignung oder Interesse ist der Kommission zur Besetzung der Stellen jedoch nicht möglich. Damit die Kommission die Stellen geeignet und vollständig besetzen kann, möchte sie sich vor der zweiten Gesprächsrunde einen Überblick über die möglichen Verteilungen verschaffen. Die Daten liegen bislang tabellarisch vor:

B/J	1	2	3	4	5	6	7	8	9	10	11	12	13	14
1	0	0	0	0	0	0	0	0	0	1	0	0	1	0
2	0	0	0	0	0	0	1	0	0	0	0	0	0	1
3	0	0	0	0	1	0	0	1	1	0	0	0	0	0
4	0	0	1	0	0	1	0	0	0	0	0	1	0	0
5	0	0	0	0	0	0	1	0	0	0	0	0	0	1
6	0	0	0	0	0	0	0	1	0	0	0	0	0	0
7	0	0	0	0	0	0	0	0	0	0	0	0	0	1
8	1	1	0	1	0	0	0	0	0	1	1	0	1	0
9	1	1	0	1	0	0	0	0	0	1	1	0	0	0
10	1	1	0	0	0	0	0	0	0	0	0	0	1	0
11	1	1	0	0	0	0	0	0	0	1	1	0	0	0
12	0	0	1	0	0	0	0	0	0	0	0	1	0	0

Eine 1 bedeutet, dass der Bewerber eine Eignung und Interesse an der jeweiligen Stelle mitbringt.

- Helfen Sie der Kommission und bestimmen Sie eine Zuordnung, bei der möglichst alle Stellen vergeben werden.
- Welche Darstellungsformen der Zuordnungen sind zur Lösung des Problems hilfreich?
- Sollten Ihnen 12 Stellen und 14 Bewerber und Bewerberinnen erst einmal zu komplex sein, so können Sie das Problem auch auf eine kleinere Anzahl Bewerber und Bewerberinnen oder Stellen reduzieren. Eine gute Übersicht lässt sich bei den Stellen S_2, S_4, S_5, S_7 und S_{12} gewinnen.
- Wie viele verschiedene maximale Zuordnungen gibt es? Welche Auswirkungen hat die Anzahl der Zuordnungen auf die Gesprächsführung und die Auswahl durch die Kommission?
- Welche Kriterien müssen erfüllt sein, damit alle Stellen besetzt werden können?
- Welche Strategien bzw. Algorithmen haben Sie verwendet, um das Problem zu lösen?

Problem 2 – Tanzkurs

Eine Clique, bestehend aus fünf Jungen und fünf Mädchen, will gemeinsam einen Tanzkurs besuchen. Da sich in der Gruppe keine festen Paare befinden, muss nun eine geeignete Zuteilung gefunden werden, so dass jeder und jede einen Tanzpartner hat.

Dafür werden Zettel verteilt und jeder muss Namen von drei Personen angeben, mit denen er oder sie am liebsten den Tanzkurs besuchen würde. Es gibt Erstwunsch, Zweitwunsch und Drittwunsch. Die Zuordnung sieht wie nachfolgend abgebildet aus:

Zuordnung der Tanzpaarungen

Name	1.	2.	3.
Tanja	Elias	Marc	Fabian
Marie	Marc	Chris	Elias
Laura	Elias	Hannes	Chris
Jule	Fabian	Marc	Hannes
Sina	Chris	Elias	Fabian
Marc	Sina	Marie	Tanja
Hannes	Laura	Jule	Marie
Chris	Tanja	Jule	Laura
Fabian	Jule	Sina	Laura
Elias	Marie	Laura	Tanja

- Wie viele Zuordnungen sind möglich?
- Welche Zuordnung ist die beste?
- Welche Strategien bzw. Algorithmen haben Sie verwendet, um das Problem zu lösen?

2 Eine Entdeckungsreise durch die Welt der Matchings

Zu einer authentischen Auseinandersetzung mit mathematischen Fragestellungen gehören Möglichkeiten des aktiven Austausches von Vermutungen, Resultaten und Erlebnissen. Dazu muss den Lernenden ausreichend Zeit zur Verfügung stehen. Nehmen Sie sich diese Zeit, verfolgen Sie eigene Wege, erfinden Sie eigene Begriffe. Sie werden sehen, viele Ihrer Ideen sind gar nicht weit entfernt von der hier beschriebenen Mathematik.

Für den Unterricht empfiehlt es sich, den Schülerinnen und Schülern die beiden Problemsituationen auf einmal zu geben und sie eine ganze Zeit in Kleingruppen ihre ersten Zugänge, Bearbeitungen und Lösungsideen erarbeiten zu lassen. Nach einer solchen Phase kann man auf Basis von Schülerpräsentationen die Arbeit aufteilen und das weitere Vorgehen planen. Während der gesamten Zeit ist es wichtig, dass die Lernenden immer wieder kleinere Beispiele selbst erzeugen, an denen sie verschiedene Verfahren und Vermutungen ausprobieren können. Ermutigen Sie die Schülerinnen und Schüler dazu und geben Sie Ihnen gegebenenfalls auch vorgefertigte Beispiele. Entsprechende Arbeitsaufträge und Beispiele finden Sie in diesem Kapitel. Die Auseinandersetzung mit den Problemen bedarf Zeit. Die Lernenden können einen Großteil der Mathematik jedoch selbst entwickeln. Deswegen bietet es sich an, die Ergebnisse erst recht spät in einem gemeinsamen Unterrichtsgespräch zu bündeln.

Auf welcher Seite stehst du? – Zweigeteilte Graphen

Dieses Kapitel beschäftigt sich mit Zuordnungsproblemen, bei denen die Elemente von zwei Mengen optimal aufeinander bezogen werden sollen. (Natürlich existieren auch Zuordnungsprobleme mit mehr als zwei Mengen. Diese werden hier jedoch nicht diskutiert.) Die Optimalität orientiert sich immer an den beschränkenden Bedingungen, beispielsweise: Gibt es ausreichend Jobs für alle Bewerber und Bewerberinnen? Wie sind die Vorlieben, Eignungen, Interessen des Einzelnen? Zugleich bezieht sich die Optimalität immer auf die Gesamtheit der Elemente. Nur wenn Elias bei der Partnerinnenwahl zum Tanzkurs optimal zugeordnet ist, bedeutet das ja noch nicht, dass alle anderen auch ihren optimalen Partner bzw. ihre optimale Partnerin gefunden haben. Genauso ist es denkbar, dass Elias seinen optimalen Partnerwunsch nicht erfüllt bekommt, die Zuordnung in ihrer Gesamtheit dennoch optimal ist.

Um einen ersten Zugriff auf die Probleme zu bekommen, kann eine geeignete Darstellung nützlich sein, mit der die für die Bearbeitung der Fragestellung zentralen Aspekte hervorgehoben werden können – ein so genanntes mathematisches Modell.

- Stellen Sie die in den Problemsituationen betrachteten Mengen auf unterschiedliche Arten dar.
- Welche mathematische Modelle kennen Sie, welche lassen sich für die einzelnen Situationen verwenden?

Hier stehen verschiedene Optionen zur Auswahl. Die Darstellungen als Tabelle oder Matrix – wie sie bei der Jobvermittlung gegeben sind – vermitteln eine Übersicht über die Struktur der Zuteilungen. In den Spalten sind die Bewerber und Bewerberinnen aufgeführt, in den Zeilen die zur Auswahl stehenden Stellen. Immer wenn ein Bewerber für eine Stelle geeignet ist, steht an der Schnittstelle zwischen der zugehörigen Spalte und Zeile eine 1, ansonsten eine 0.

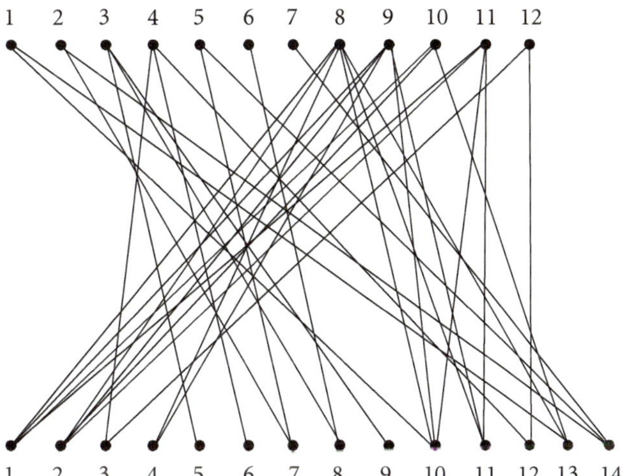

Abbildung 1. Welche Bewerberin ist für welche Stelle geeignet?

Es stehen aber auch noch andere Darstellungsmöglichkeiten zur Verfügung. Die Bewerber und Bewerberinnen und die Stellen könnte man als Punkte bzw. als Knoten darstellen und eine Zuordnung zwischen einer Stelle und einem Bewerber als eine Kante zwischen den jeweiligen Knoten. Das daraus entstehende Objekt nennt man auch einen Graphen. Ein *Graph* ist eine mathematische Struktur bestehend aus einer Knotenmenge V (V für vertices) und einer Kantenmenge E (für edges) zwischen diesen Knoten (vgl. Kapitel 1).

Da kein Knoten zugleich einen Bewerber und eine Stelle darstellen kann, können wir die Knotenmenge in zwei disjunkte Mengen unterteilen. Disjunkte Mengen haben die Eigenschaft, dass es kein Element gibt, das in beiden Mengen zugleich enthalten ist. Zur besseren Visualisierung wird die eine Menge auf der einen Seite, oben oder unten, links oder rechts, und die andere Menge auf der jeweils anderen Seite angeordnet. Wegen der großen Anzahl an Knoten bietet sich beim Jobproblem eine Darstellung an, bei der die Stellen oben und die Bewerberinnen und Bewerber unten dargestellt sind. Die Beziehungen zwischen den Stellen und den Bewerbern und Bewerberinnen werden durch Kanten visualisiert. Nur wenn ein Bewerber für eine Stelle geeignet ist, wird eine Kante eingezeichnet. Verbindungen von Knoten untereinander auf der einen oder der anderen Seite werden nicht benötigt, da Verbindungen von Stelle zu Stelle oder Bewerber zu Bewerberin in diesem Kontext keinen Sinn ergeben.

■ Bei der Partnerwahl zum Tanzkurs liegt eine vergleichbare Situation vor. Bevor Sie weiter lesen, versuchen Sie für dieses Problem erst selber einen geeigneten Graph zu erstellen.

Die Mädchen wählen nur Jungen und die Jungen wählen nur Mädchen, so dass hier eine Aufteilung in einen Teil Mädchen und einen Teil Jungen nützlich er-

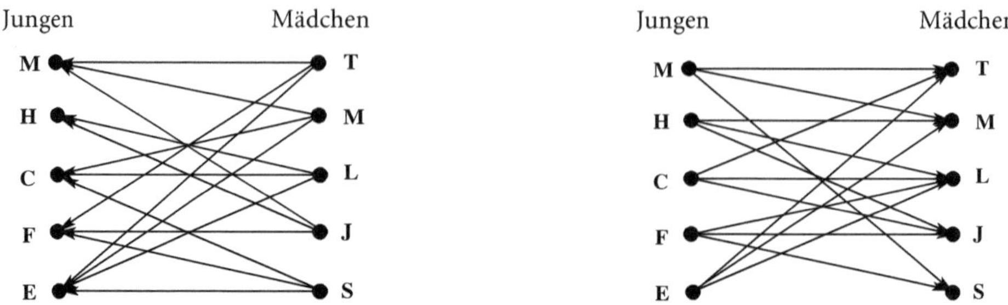

Abbildung 2. Wer tanzt mit wem? Mädchen wählen Jungen und Jungen wählen Mädchen.

scheint. Jedoch kommt man bei dieser Unterteilung mit einem Graphen nicht aus, denn die Vorlieben beruhen nicht immer auf Gegenseitigkeit. Es wird ein Graph für die Vorlieben der Jungen und ein Graph für die Vorlieben der Mädchen benötigt.

Welches Vorgehen ist nun sinnvoll? Man könnte auf beiden Graphen getrennt arbeiten und hoffen, dass das Resultat übereinstimmt. Damit ist man dem Zufall ausgeliefert. Denn, auch wenn es in dieser Situation passen sollte, muss es nicht in jeder anderen Situation funktionieren. Geeigneter scheint eine Zusammenführung in einen Graphen zu sein. Doch wie lässt sich aus zwei Graphen ein einziger erzeugen? Was meinen Sie?

Wir könnten in beiden Graphen die Kanten, die nur in eine Richtung weisen, entfernen (vgl. Abbildung 3). Bei Beachtung nur gegenseitiger Sympathiebekundungen bleiben jedoch einseitige Vorlieben unberücksichtigt. So könnte es passieren, dass ein Mädchen und ein Junge, die sich beide auf den dritten Rang positioniert haben, zusammenfinden (Beispiel 1). Die Kombination, dass das Mädchen den Jungen auf den ersten Platz setzt, der Junge das Mädchen aber nicht wählt, würde nicht berücksichtigt (Beispiel 2). Insofern liegen hier schon zwei unterschiedliche Interpretationsmodelle vor: das erste nennen wir das Modell »Gegenseitigkeit« und das zweite »Alles zählt«.

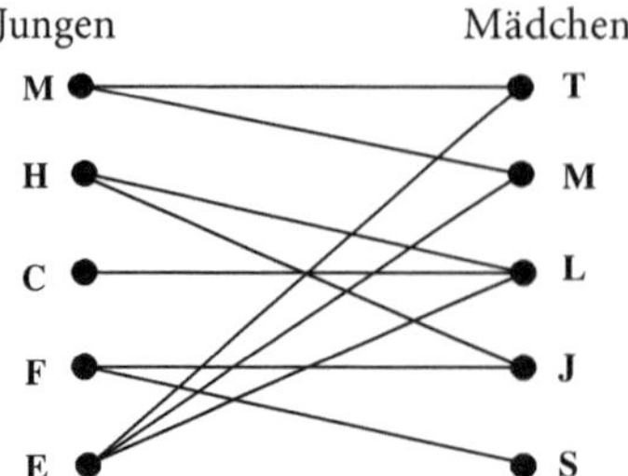

Abbildung 3. Gegenseitige Sympathiebekundungen

In beiden Modellen wird den Rängen ein bestimmter Wert zugeordnet. Man könnte z. B. die Werte 3, 2, 1 und 0 auf die Ränge 1., 2., 3. und keinen Rang verteilen. Im Modell »Gegenseitigkeit« werden Sympathiebekundungen mit dem Wert Null nicht zugelassen, im Modell »Alles zählt« hingegen doch. Danach hätten der Junge und das Mädchen im ersten Modell zusammen 2 Punkte (Beispiel 1), das Mädchen und der Junge im zweiten Modell dagegen 3 Punkte (Beispiel 2).

Dahinter steht die Vorstellung, dass die Abstände zwischen den Rängen und vor allen Dingen zwischen dem letzten Rang und keiner Wahl gleich groß sind. Es ist in der Realität jedoch davon auszugehen, dass diese Abstände sehr unterschiedlich bewertet werden. Wenn die wählende Person nur einen Lieblingstanzpartner besitzt, weist der erste Rang für diese Person einen besonders großen Abstand zu den anderen Rängen auf. Wenn ein Mädchen sich jedoch auch vorstellen kann, mit allen Jungen gleichermaßen den Tanzkurs zu besuchen, so könnte man theoretisch allen Rängen auch denselben Wert zuweisen.

Die beiden Modelle besitzen natürlich auch unterschiedliche Graphen. Zur Erstellung kann man wie folgt vorgehen. Zuerst trägt man die Jungen und die Mädchen auf verschiedenen Seiten als Knoten ein. Dann zeichnet man die Kanten ein, auf die man sich je nach Modell geeinigt hat. An dem einen Ende der Kante, z. B. auf der ›Jungenseite‹, wird die Bewertung des Jungen eingetragen, an das andere Ende die analoge Bewertung durch das Mädchen. (In Abbildung 4 ist das Vorgehen für das erste Modell abgebildet.) Im Anschluss werden die Werte auf den Kantenenden addiert und an der Kante als so genannte *Kantengewichte* notiert.

Die Werte an den Kanten sind nur Teil eines Modells, das auf einer möglichen Interpretation der vorliegenden Informationen fußt. Sie werden aber auch im Unterricht vielfältige Interpretationen und auch die Entwicklung von unterschiedlichen Modelle bei Ihren Schülerinnen und Schülern beobachten können. Dadurch gewinnen sie reichhaltiges Material, die mathematischen Methoden anzuwenden und zu testen. Daher empfiehlt es sich, den Lernenden den Freiraum zu lassen, die Kanten entsprechend unterschiedlich zu bewerten. Ein Vergleich der Resultate

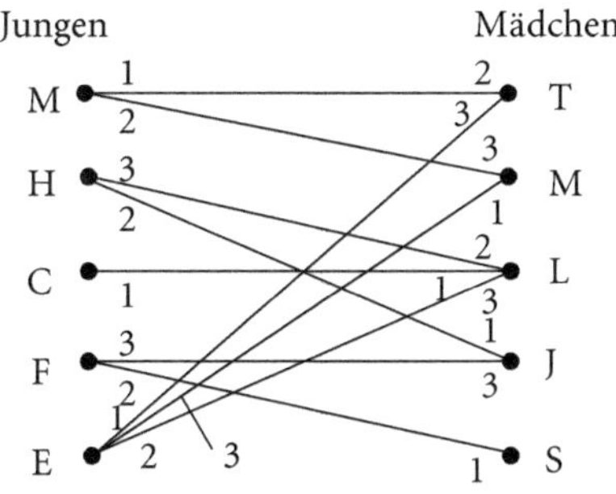
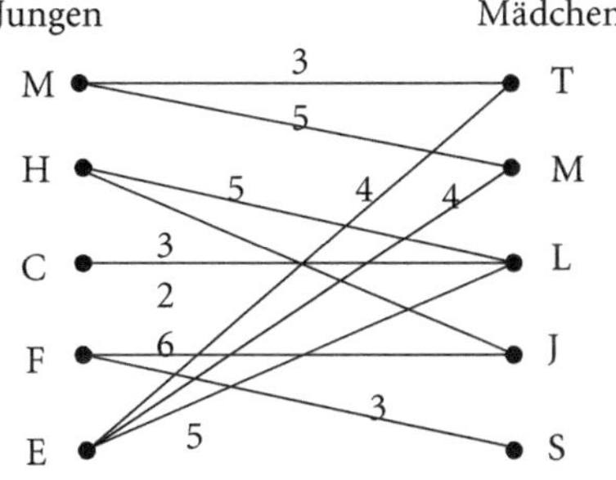

Abbildung 4. Wer mag wen wie stark?

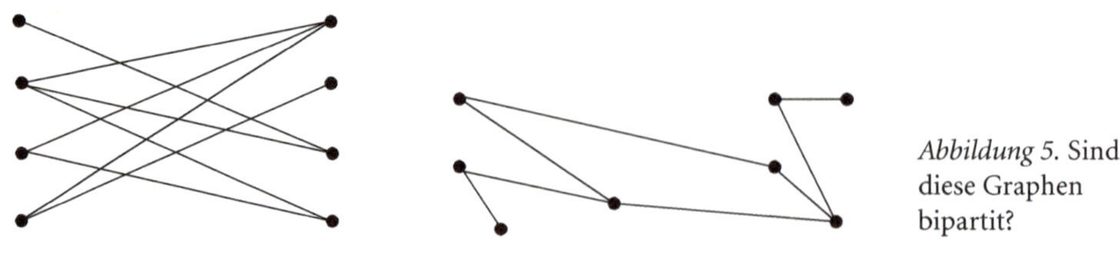

Abbildung 5. Sind diese Graphen bipartit?

führt zu einem Modellvergleich, bei dem die unterschiedlichen Modellannahmen wieder in Frage gestellt werden können. Es kann recht interessant sein, direkt mit zwei Modellen zu arbeiten, insbesondere wenn die zugrunde liegenden Annahmen sich schlüssig begründen lassen wie in den gerade beschriebenen Modellen. Versuchen Sie doch selbst auch immer wieder, mit mehr als einem Modell zu arbeiten.

Bei den gerade diskutierten Graphen besteht die Knotenmenge immer aus zwei disjunkten Teilmengen, kein Knoten ist in beiden Mengen zugleich enthalten. Solche Graphen nennt man auch *zweigeteilt* oder *bipartit*.

▐▐ *Definition*

Einen Graphen $G(V, E)$ nennt man *bipartit*, wenn sich seine Knotenmenge in zwei disjunkte Teilmengen V_1 und V_2 zerlegen lässt und jede Kante ein Ende in V_1 und ein Ende in V_2 hat. Man schreibt dann auch $G(V_1 + V_2, E)$.

Man erkennt die Zweigeteiltheit häufig recht schnell daran, dass die Knoten in V_1 bzw. V_2 keine Verbindung untereinander haben. Leider funktioniert dies aber nicht immer (vgl. auch Kapitel 5). Schauen Sie sich die beiden Graphen in Abbildung 5 genauer an. Eine kurze Frage zur Einstimmung: Welcher Graph hat mehr Kanten? Und dann: Welcher Graph ist tatsächlich bipartit?

- Zeichnen Sie sich Beispielgraphen, bei denen man auf den ersten Blick nicht erkennt, ob sie birpartit sind.
- Betrachten Sie Ihre Graphen genauer und finden Sie Kriterien, mit denen man ›auf den zweiten Blick‹ dann doch recht schnell erkennt, ob ein Graph bipartit ist oder nicht.
- Schreiben Sie einen Algorithmus, so dass auch ein Computer auf Anhieb bipartite von nicht bipartiten Graphen unterscheiden kann.
- Jetzt formulieren Sie einmal eine Definition für *tripartite* Graphen und überprüfen Sie Ihr gerade entwickeltes Verfahren.

3 Stellen und Bewerber

In den folgenden Abschnitten steht die Problemsituation zur Jobvermittlung im Zentrum. Viele der Vorgehensweisen können Sie aber auch auf andere Fragestellungen übertragen.

Ziel der Kommission zur Vergabe der Stellen ist es, eine optimale Verteilung der Bewerber und Bewerberinnen auf die Stellen zu finden. Die Kommission hat natürlich stärker die Besetzung aller Stellen im Auge als die Situation der Bewerberinnen und Bewerber. Lässt man die unterschiedlichen Eignungen erst einmal unberücksichtigt – so wie es in der Problemsituation auch geschehen ist –, reduziert sich die Aufgabe der Kommission darauf, überhaupt eine Verteilung zu finden, bei der alle Jobs besetzt werden können.

- Welche Einträge muss die Tabelle besitzen, so dass eine eindeutige Zuordnung von Stellen zu Bewerberinnen und Bewerbern erkennbar ist? Versuchen Sie mit Hilfe der Tabelle eine solche Zuordnung zu finden. Wie gehen Sie vor?
- Könnten Sie Ihr Vorgehen so beschreiben, dass ein Computer Ihr Verfahren umsetzen kann? Lässt sich Ihr Vorgehen auch auf einen Graphen übertragen?

Eine solche Verteilung ist erreicht, wenn in jeder Zeile und jeder Spalte der Tabelle nur noch eine 1 steht. Es stehen 14 Bewerber und Bewerberinnen zur Auswahl, aber nur 12 Stellen können vergeben werden. Damit lassen sich höchstens 12 Einsen in der Tabelle verteilen. Im bipartiten Graphen sind dies maximal 12 Kanten, so dass von jedem Stellenknoten maximal eine Kante ausgeht und in den Knoten von maximal zwölf Bewerbern und Bewerberinnen genau eine Kante ankommt. Damit entsprechen die Einsen in der Tabelle den Kanten zwischen Knoten von S und Knoten von B, so dass jeder Knoten nur maximal eine Kante besitzt. Die so entstehende Kantenmenge hat einen besonderen Namen, da sie nicht nur innermathematisch interessant ist, sondern sich mit ihr viele realitätsorientierte Fragestellungen modellieren lassen. Diese Kantenmenge nennt man *Matching* (vgl. auch Kapitel 3).

▌▌ *Definition*
Ein *Matching* in einem bipartiten Graphen verbindet je einen Knoten der einen Menge mit je einem Knoten der anderen Menge mit höchstens einer Kante.

Damit können zwei Kanten von M niemals benachbart sein. Anderenfalls wäre es möglich, einem Knoten mehrere Nachbarn zuzuordnen, oder konkret, einem Job mehrere Bewerber oder einem Jungen mehrere Tanzpartnerinnen. Insofern lässt sich ein Matching auch als eine Teilmenge der Kantenmenge E bezeichnen, in der keine zwei Kanten benachbart oder anders ausgedrückt *inzident* sind.

Die Frage, die hier im Zentrum des Interesses steht, lautet: Wie lässt sich ein *maximales Matching* finden?

▌▌ *Definition*
Ein *maximales bipartites Matching* ist ein Matching, bei dem eine maximale Anzahl an Knoten beider Knotenmengen miteinander verbunden ist.

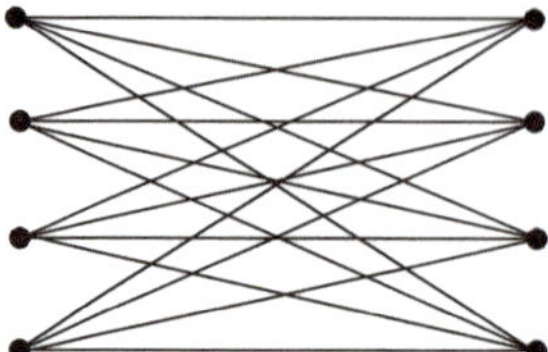

Abbildung 6. $K_{4,4}$

Man könnte einfach alle Matchings bestimmen und dann das größte auswählen.

Überlegen Sie einmal, wie viele unterschiedliche Matchings es in dem Graphen zum Jobproblem gibt. Oder vielleicht erst einmal überschaubarer: Wie viele unterschiedliche Matchings gibt es im $K_{4,4}$? Der $K_{4,4}$ ist ein vollständiger bipartiter Graph mit jeweils 4 Knoten in beiden Knotenmengen. *Vollständig* bedeutet hier, dass der Graph alle Kanten enthält, die die beiden Knotenmengen miteinander verbinden (vgl. Abbildung 6).

Im $K_{4,4}$ gibt es allein schon 4·4 Kanten. Die Anzahl aller Kantenteilmengen ist damit 2^{16}. Das ist für eine so geringe Knotenzahl schon ganz schön viel Schweiß, den man investieren muss. Sie sehen, allein die Matchings zum Jobproblem zu bestimmen, führt zu einer kombinatorischen Explosion an Möglichkeiten (vgl. Kapitel 1). Bei dieser Zählart muss man keine besondere Strategie beim Zählen der Matchings besitzen. Man zählt einfach alle. Zum Schluss wird nur noch die Größe der Matchings verglichen. Das bedeutet, hier zählt nicht das Denken, sondern das Zählen.

Jetzt einmal gierig!

Scheuen Sie das Nachdenken jedoch nicht, so bieten sich möglicherweise auch andere ›einfache‹ Verfahren an. Für Ihre Suche kann es helfen, die Suche erst einmal auf einen Teilgraphen zu reduzieren. Der Graph mit den Stellen S_2, S_4, S_5, S_7 und S_{12} samt den zugeordneten Bewerbern und Bewerberinnen bietet sich als ein geeigneter Kandidat für weitere Überlegungen an, da dieser Graph mit zehn Knoten in sich abgeschlossen ist, d. h. die Knoten dieses Teilgraphen sind nur mit Knoten aus eben diesem Graphen verbunden und es existiert keine Kante zu einem der anderen Knoten. Damit ist die Lösung auf diesem Teilgraphen auch für die Lösung auf dem Gesamtgraphen verwendbar. Zwar kann der Gesamtgraph noch beliebig viele Schwierigkeiten bereit halten, doch lassen sich auf diesem übersichtlichen Graphen die ersten Gehversuche hinsichtlich des Auffindens eines geeigneten Matchings deutlich besser bewältigen.

- Entwickeln Sie Verfahren zur Konstruktion von maximalen Matchings auf diesem Teilgraphen (vgl. Abbildung 7).

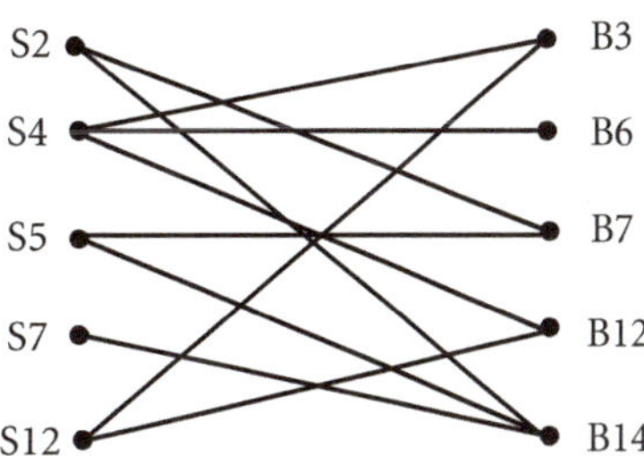

Abbildung 7. Weniger Stellen, weniger Bewerber

Auch auf dem Teilgraphen stellt sich die Frage nach einem geeigneten Verfahren. Wir könnten ›klein‹ beginnen und erst einmal zwei Knoten auswählen, die durch eine Kante verbunden sind. Die Kante wird markiert und mit der Markierung gehört sie zum Matching. Dann werden zwei andere Knoten ausgewählt, die ebenfalls verbunden sind und die Kante wird entsprechend markiert. Das macht man solange, bis keine neuen Knoten mehr existieren, die weder durch eine markierte Kante noch durch eine andere Kante mit einem Knoten der anderen Menge verbunden sind. Alle markierten Kanten bilden zusammen ein Matching. Dieses Matching nennt man häufig auch *Greedy (gieriges) Matching*. Greedy deswegen, weil einfach ausgewählt wird, ohne auf die Konsequenzen zu achten. Wenn wir Glück haben, finden wir so ein maximales Matching. Probieren Sie es aus.

Zuerst kann man die Kante zwischen S_2 und B_7 markieren, dann die Kante zwischen S_4 und B_3, dann die zwischen S_5 und B_{14} und was bleibt, ist die Kante zwischen S_{12} und B_{12}. Das sind insgesamt vier Kanten. Möglich wären jedoch fünf, oder? Vielleicht ist dieses Matching auch schon das größte Matching? Vielleicht auch nicht? Haben Sie ein größeres Matching gefunden? Falls nicht, haben Sie möglicherweise einfach nur ungünstig gewählt? Man hätte ja auch zu Beginn direkt S_2 und B_{14} verbinden können.

- Denken Sie sich selbst Beispielgraphen aus und testen Sie das gierige Verfahren. Finden Sie immer das maximale Matching?
- Was können Sie beobachten? Zählen Sie beispielsweise die Anzahl der durch das Matching getroffenen Knoten. Gibt es eine Mindestanzahl an Knoten, die immer getroffen wird. Versuchen Sie Ihre Beobachtungen zu begründen.

Perfekt matchen

Möglicherweise gibt es bessere Wege, das maximale Matching zu finden. Man könnte sich an der Leistungsfähigkeit der Bewerber und Bewerberinnen orientieren. Beispielsweise: Der Bewerber, der die wenigsten Stellen ausfüllen kann, wird zuerst verteilt. Im Beispiel ist dies B_6, der nur die vierte Stelle angemessen besetzen könnte. Zwei Stellen kommen jeweils für die Bewerber B_3, B_7, B_{12} und drei Stellen kommen für B_{14} in Frage. Damit lässt sich B_{14} am besten verteilen und

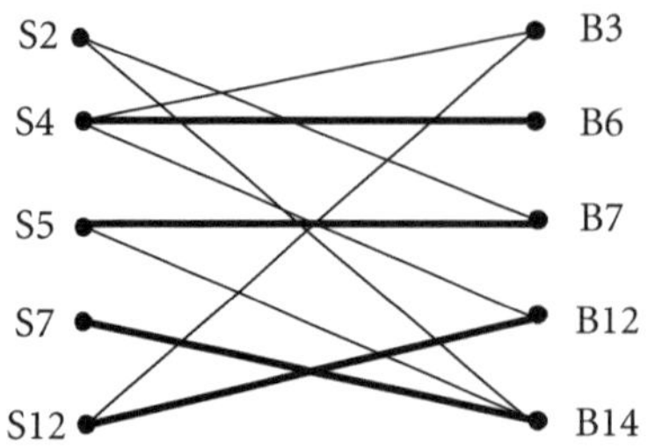 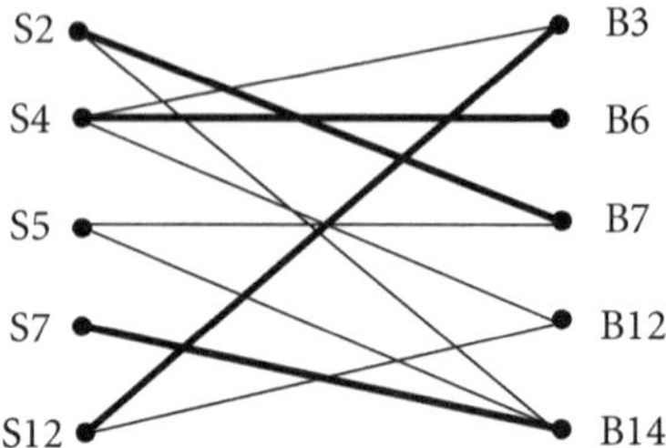

Abbildung 8. Maximale Matchings?

kommt als letzter an die Reihe. B_3 geht auf S_{12}, B_7 auf S_2. Da bleibt für B_{12} keine Stelle mehr. Möchte man B_{12} aber eine Stelle geben, geht B_3 leer aus. Beide Versuche, ein maximales Matching zu finden, führen auf vier Kanten (vgl. Abbildung 8). Da es fünf Stellen und fünf Bewerber und Bewerberinnen gibt, könnte es ein *perfektes* bipartites Matching geben, das ist ein Matching, bei dem alle Knoten der linken Seite allen Knoten der rechten Seite zugeordnet werden können, in diesem Fall mit fünf Kanten.

Eine genauere Betrachtung der Zuordnungen weist möglicherweise auf die problematische Stelle. Die Auswahlmöglichkeiten für B_3, B_6 und B_{12} beziehen sich auf nur zwei Stellen. Insofern steht eine Stelle weniger als Bewerber und Bewerberinnen zur Verfügung. Dies bedeutet, dass einer der Bewerber keine Anstellung findet. Wen würden Sie wählen? Vielleicht B_6, weil er nur das Profil für eine Stelle besitzt und daher innerhalb der Firma nicht flexibel einsetzbar ist. Aber ist das ein Kriterium? Sie wissen vielleicht, das Unwort des Jahrs 2004 war das Wort »Humankapital«.

Aber aufgepasst! Für die drei Stellen S_2, S_5 und S_7 sind auch nur zwei Bewerber geeignet. Egal wie wir das Matching nun wählen, eine von drei Stellen kann nicht verteilt werden. Es bleibt also auch eine Stelle übrig. Können Sie daraus eine allgemeine Aussage ableiten über die Existenz oder die Nichtexistenz eines perfekten Matchings? Mit dieser Problematik beschäftigen sich die nächsten Abschnitte.

Gute Nachbarschaftsverhältnisse

S_2 hat die beiden Nachbarn B_7 und B_{14}. *Nachbarn* sind die Knoten, die über eine Kante miteinander verbunden sind. S_5 hat dieselben Nachbarn wie S_2, während S_7 nur B_{14} als Nachbarn besitzt. Das bedeutet, immer wenn zu einer beliebigen Menge Knoten nicht ausreichend viele Nachbarn existieren, lässt sich nicht jeder Knoten zuordnen. Damit hat man auch kein perfektes Matching. Natürlich muss dann auch ein Bewerber ungematcht bleiben, sonst wäre die Anzahl der gematchten Stellen kleiner als die Anzahl der gematchten Bewerber und Bewerberinnen, was natürlich nicht geht, da keine Stelle für mehr als einen Bewerber vorgesehen ist.

Um die Situation für die Kommission zu entspannen, würde es schon ausreichen, einen Bewerber zu finden, der auf eine der Stellen S_2 oder S_5 passt. Wir könnten B_{12} für die Stelle auswählen, aber das ist in der realen Welt kein geeignetes Vorgehen, da damit eine Stelle unbesetzt bliebe. Stattdessen geht man in der Regel so vor, dass man die Stelle erneut ausschreibt und einen passenden Bewerber auf dem Arbeitsmarkt findet. Insofern sind wir in guter Gesellschaft, wenn wir den fiktiven Kanditaten B_{15}, der möglicherweise auf dem Stellenmarkt noch existiert, ergänzen und ihm die Stelle S_2 zuordnen. Mit dieser Ergänzung hat die Nachbarmenge der drei Stellen gerade die geeignete Größe. In diesem Fall scheint eine erfolgreiche vollständige Stellenverteilung zu gelingen.

- Überprüfen Sie, ob dieser Zusammenhang auch für alle anderen Stellenkombinationen gilt.
- Formulieren Sie für dieses Verhältnis zwischen den beiden Knotenmenge einen Satz, der für jeden bipartiten Graphen gilt, und überprüfen Sie dessen Richtigkeit.

Tatsächlich: Für jede mögliche Stellenkombination stehen ausreichend viele Bewerber und Bewerberinnen zur Verfügung. Allgemeiner formuliert, lautet die Bedingung wie folgt. Da sie etwas über die Anzahl von Nachbarn sagt, nennt man sie auch

▮▮ *Nachbarschaftsbedingung*

Wenn es in einem bipartiten Graphen $G(V_1 + V_2, E)$ ein perfektes Matching gibt, so ist jede Teilmenge von V_1 nicht größer als ihre jeweilige Nachbarmenge.

Gilt diese Bedingung tatsächlich notwendig immer, wenn ein perfektes Matching existiert? Dies lässt sich beispielsweise mit einem Widerspruch-Beweis zeigen: Angenommen wir hätten ein perfektes Matching, aber es gäbe mindestens eine Teilmenge A von V_1 – mehr brauchen wir auch nicht –, deren Nachbarmenge $N(A)$ weniger Elemente enthält als sie selbst. Dann gäbe es nicht für alle Elemente aus A ausreichend viele Nachbarn in $N(A)$ und damit auch kein perfektes Matching. Auf diese Weise haben wir aus der Existenz eines perfekten Matchings über die Widerspruchsannahme geschlossen, dass es kein perfektes Matching geben kann. Das kann aber nicht sein, dass etwas gilt und gleichzeitig auch wieder nicht. Somit haben wir ein Indiz dafür, dass unsere Annahme gilt.

Eine Aussage (2), die zwangsläufig aus einer anderen Aussage (1) folgt, nennt man auch eine notwendige Bedingung für die Aussage (1). Das bedeutet, diese Aussage (2) gilt immer dann automatisch, wenn Aussage (1) gilt. Jetzt stellt sich die

Frage, ob diese notwendige Bedingung für die Existenz eines perfekten Matchings auch hinreichend ist, d. h. ob aus der Tatsache, dass die Nachbarbedingung erfüllt ist, auch direkt die Existenz eines perfekten Matchings folgt.

Dies lässt sich wiederum mit der Methode des indirekten Schließens zeigen. Dazu nimmt man an, dass ein perfektes Matching *nicht* existiert. Daraus müsste dann folgen, dass auch die Nachbarbedingung *nicht* erfüllt ist. Versuchen Sie dies an Beispielen zuerst einmal selbst. Nehmen Sie sich einen Graphen, in dem die Nachbarschaftsbedingung nicht erfüllt ist, was folgt dann für das Matching?

Jetzt wird geheiratet

Es ist kein perfektes Matching vorhanden, wenn mindestens ein Knoten aus S existiert, der nicht gematcht ist. Angenommen dieser Knoten ist S_1. Da S_1 mindestens einen Nachbarn B_1 besitzt (Nachbarschaftsbedingung!), könnte man S_1 vermutlich mit diesem verbinden. Dies kann aber nicht sein, da S_1 nach der Annahme ungematcht ist. B_1 ist also einer anderen Stelle S_2 zugeordnet und mit dieser ein Teil des Matchings (vgl. Abbildung 9). Die Nachbarmenge der beiden Stellen S_1 und S_2 muss mindestens zwei geeignete Bewerber und Bewerberinnen B_1 und B_2 beinhalten (Nachbarbedingung!). Davon ist B_1 schon verteilt. So käme für S_1 noch B_2 in Frage. Falls B_2 noch frei ist, kann die Kante zwischen B_2 und S_1 gematcht werden. Dies würde aber der zur Anfang aufgestellten Annahme widersprechen, dass S_1 ein ungematchter Knoten ist. Das heißt B_2 ist zu einer Stelle S_3 benachbart und zusammen mit ihr Teil des Matchings. Die Nachbarmenge von $\{S_1, S_2, S_3\}$ besitzt mindestens drei Elemente. Falls der hinzukommende Knoten B_3 noch nicht gematcht ist, so .... Die Argumentation wiederholt sich nun solange bis kein Knoten in S mehr zur Verfügung steht. Auf diese Weise erhalten wir einen Knoten aus B, der nicht gematcht ist: B_r. Dieser letzte Bewerber könnte nun mit S_1 gematcht werden. Dazu muss er aber Nachbar von S_1 sein. Da man davon nicht ausgehen kann, muss eine andere Lösung gefunden werden. Die durchgeführte Konstruktion legt eine solche Lösung nahe: Sie liefert einen zusammenhängenden Weg von S_1 nach B_r. Dieser Weg enthält abwechselnd eine Kante aus M und eine Kante, die nicht in M liegt. Die erste und letzte Kante sind nicht in M.

▌▌ *Definition*
Ein Weg in einem Graphen, in dem jede zweite Kante in einem Matching M enthalten ist und sowohl der erste wie auch der letzte Knoten des Weges nicht gematcht ist, nennt man M-*alternierend*.

Vertauschen wir nun die Zugehörigkeit der Kanten in M mit denen, die nicht in M liegen, erhalten wir ein Matching, das alle Knoten aus S trifft und eine Kante

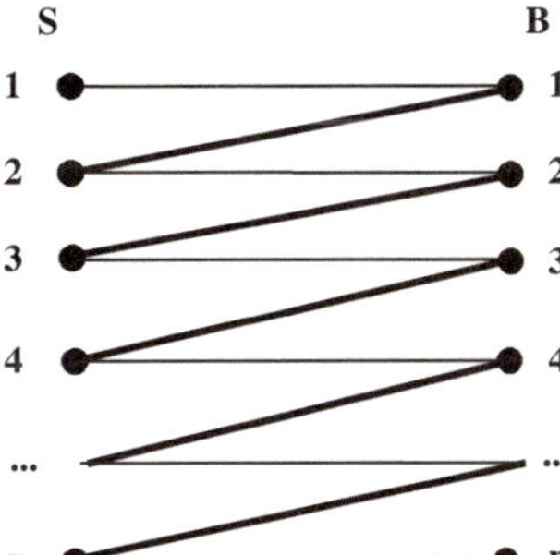

Abbildung 9. Die erste Stelle bleibt unbesetzt?!

mehr besitzt als das Ausgangsmatching. Damit ist der so genannte Heiratssatz auf bipartiten Graphen gezeigt.

▮▮ *Heiratssatz* (1. Fassung)
Ein Matching, das alle Knoten aus S trifft, existiert immer dann, wenn die Nachbarmenge für jede beliebige Knotenmenge aus S mindestens so viele Elemente enthält wie die Menge selbst.

Oder etwas formaler? Dazu wird die *Matching-Zahl* $m(G)$ von G definiert. Sie bezeichnet die Anzahl der Kanten eines maximal großen Matching von G. Des Weiteren benötigt man noch die Nachbarmenge einer beliebigen Teilmenge A der Knotenmenge V_1 in $G = (V_1 + V_2, E)$; das ist die Menge $N(A) := \{v \in V_2 : uv \in E$ für $u \in A\}$.

▮▮ *Heiratssatz* (2. Fassung)
Sei ein bipartiter Graph $G = (V_1 + V_2, E)$ gegeben. Dann ist $m(G) = |V_1|$, genau dann wenn $|A| \le |N(A)|$ für alle $A \in V_1$.

Ein solches maximales Matching ist in der Realität jedoch selten konstruierbar, da diese »Nachbar-Bedingung« eine sehr anspruchsvolle Bedingung ist, was an dem Jobzuteilungsproblem schon sichtbar wird. Überprüfen Sie den Zusammenhang einmal an den Zuordnungen zum Tanzkurs. Wie viele verschiedene Teilmengen müssen Sie untersuchen?

Auch wenn die tabellarische Zuordnungstabelle dies suggeriert, müssen Sie nicht für alle Teilmengen der zehn Jugendlichen die Nachbarmengen untersuchen, sondern nur für die fünf Mädchen oder nur für die fünf Jungen. Das sind aber auch noch immerhin 2^5 verschiedene Mengen. Einem Rechner wird diese Zahl nicht lange aufhalten. Aber müssen wirklich alle 2^5 Elemente der Potenzmenge untersucht werden?

Da jedes Mädchen und jeder Junge drei Auswahlmöglichkeiten genannt hat, ist der schlimmste Fall bei einer Menge mit zwei Mädchen, dass alle drei Jungen übereinstimmen. Das heißt, dass auch die drei-elementigen Mengen ausreichend viele Partner haben. Von den $\binom{5}{4}$ Mengen aus vier Mädchen ist ebenfalls keine kritisch, da keine der Auswahlen identisch ist und somit immer mindestens vier Jungen für vier Mädchen zur Verfügung stehen. Und da jeder Junge in mindestens einer Auswahl vorkommt, sind auch für fünf Mädchen genug Partner da.

- Wie steht die Chance für ein perfektes Matching, wenn jeder Knoten zwei Nachbarn besitzt? Was passiert, wenn es nur einer ist? Gibt es dann auch noch ein perfektes Matching?
- Für ein perfektes Matching benötigt man sicher schon einmal gleich viele Knoten auf beiden Seiten. Insofern könnte man noch allgemeiner fragen: Besitzt ein Graph mit gleich vielen Knoten in V_1 und V_2 und gleich vielen Kanten in jedem Knoten, automatisch ein perfektes Matching?

Zugegeben, diese letzte Frage ist eine ganz schön harte Nuss, aber lassen Sie sich nicht abschrecken.

Wie findet man nun ein maximales oder vielleicht sogar ein perfektes Matching? Denn es stellt sich die Frage, ob die Existenz eines perfektes Matchings schon etwas über dessen Realisierbarkeit aussagt. Es kann sich als äußerst mühselig erweisen, alle Teilmengen der Knotenmenge zu generieren und deren Nachbarn zu zählen. Hilfreich wäre hingegen ein Algorithmus, mit dem ein solches Matching sozusagen automatisch erzeugt werden könnte.

Immer abwechselnd

Mit einem M-alternierenden Weg ließ sich ein existierendes Matching erweitern (vgl. Beweis zum Heiratssatz). Vielleicht lässt sich auf dieser Methode auch ein Algorithmus gründen.

Stellt man den gerade diskutierten alternierenden Weg als »geraden« Weg dar (Abbildung 10), so tritt die hinter dieser Methode stehende Idee deutlicher hervor.

Der M-alternierende Weg P startet im freien Knoten 1 und endet im freien Knoten r. Damit gibt es eine ungerade Anzahl Kanten zwischen 1 und r. Die Kanten liegen abwechselnd in M und nicht in M (also in $E \setminus M$). Durch die Vertauschung dieser Mengenzugehörigkeit wird das vorliegende Matching M in ein Matching M' überführt, welches gerade eine Kante mehr besitzt. Der neue Weg

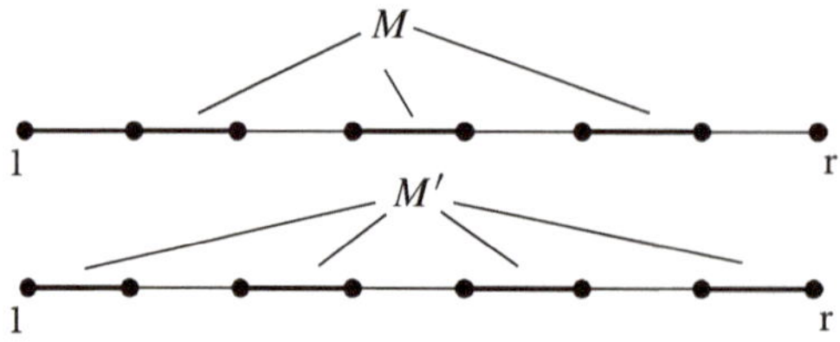

Abbildung 10. Alternierende Wege

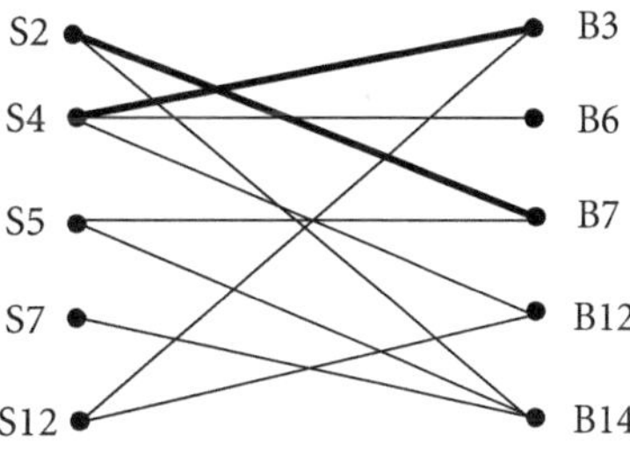

Abbildung 11. Zwei alternierende Wege mit jeweils
einer Kante werden gematcht

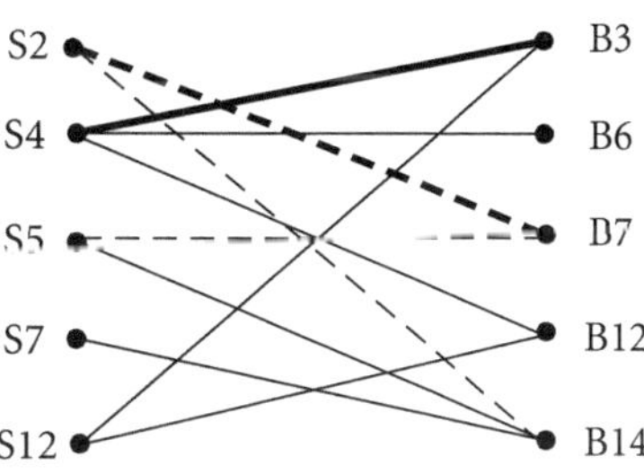

Abbildung 12. Ein alternierender Wege mit drei Kanten

enthält nun Kanten, die abwechselnd in M' und $E \setminus M'$ liegen. Es ist jedoch kein M'-alternierender Weg, da weder der erste noch der letzte Knoten frei ist.

Dieses Verfahren der Erweiterung von alternierenden Wegen lässt sich möglicherweise auf das Auffinden von Matchings in bipartiten Graphen übertragen. Dafür muss ein Knoten gefunden werden, der noch nicht gematcht ist, so dass dort ein alternierender Weg beginnen kann. Zum Startknoten in S wählt man einen Nachbarn in B. Dieser Nachbar kann (1) noch frei oder (2) schon gematcht sein.

(1) Ist dieser Nachbarknoten noch nicht gematcht, so hat man einen Weg von dem freien Startknoten in den freien Nachbarknoten. Dieser Weg, bestehend aus *einer* Kante, ist ein Extremfall eines alternierenden Weges. Folglich kann die Kante zwischen diesen beiden Knoten markiert werden, womit das bestehende Matching M um eine Kante vergrößert wird (z. B. (S_2, B_7) mit Startknoten S_2 und (S_4, B_3) mit Startknoten S_4 in Abbildung 11).

(2) Ist dieser Knoten aus B jedoch schon gematcht, wird die ungematchte Kante von dem Startknoten in S zu dem Knoten in B (S_5, B_7) um eine gematchte Kante erweitert (B_7, S_2) (Die gestrichelten Kanten in Abbildung 12 deuten an, dass diese Kanten gerade untersucht werden). Auf diese Weise gelangt man wieder zu einem Knoten aus S. Verlässt diesen Knoten wiederum eine Kante, die nicht gematcht ist (S_2, B_{14}), so erhält man einen alternierenden Weg mit drei Kanten.

In diesem Weg lassen sich die ungematchten Kanten gegen gematchte und die gematchte Kante gegen eine ungematchte Kante tauschen. So könnte das Matching

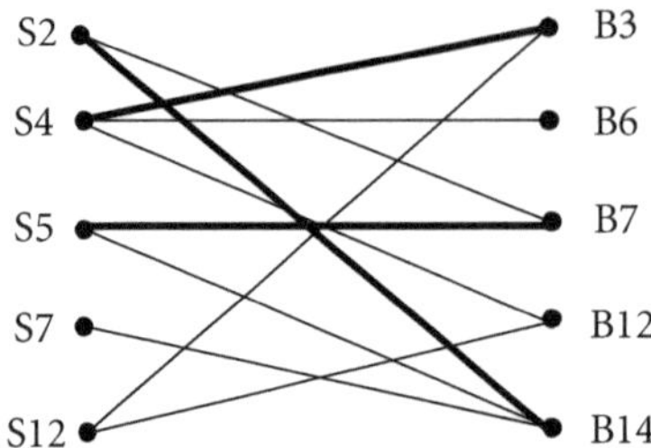

Abbildung 13. Und wieder eine Kante gewonnen

um eine Kante erweitert werden (vgl. Abbildung 13). Vielleicht existiert aber auch ein längerer alternierender Weg. Ein solcher Weg existiert jedoch nur dann, wenn der letzte Knoten wiederum gematcht ist und zu einem Knoten in S führt, den wieder eine Kante aus $E \setminus M$ verlässt.

Es muss natürlich immer darauf acht gegeben werden, dass bei der sukzessiven Erweiterung des Weges kein Knoten mehrfach gewählt wird. Der alternierende Weg über S_7, B_{14}, S_2, B_7, S_5, B_{14} verläuft zweimal über B_{14}, so dass hier keine Erweiterung möglich ist. Insofern lässt sich nur ein dreikantiger Weg für eine Erweiterung nutzen (vgl. Abbildung 13).

Auf diese Weise arbeitet man alle Knoten des Graphen ab. Ziel des Vorgehens ist die Abdeckung aller Knoten auf der linken Seite durch das Matching, denn es sollen ja alle Stellen besetzt werden. Damit man immer weiß, welche Knoten bearbeitet wurden, könnte man die Knoten entsprechend markieren. Probieren Sie die ersten Schritte an dem Teilgraphen des Jobverteilungsproblems einmal selbst aus. Starten Sie dafür vielleicht mit einem anderen Knoten als in Abbildung 11 dargestellt.

An zwei Stellen des gerade entwickelten Matchings wurde deutlich, dass die schon verwendeten Knoten gespeichert werden sollten. Einerseits möchte man wissen, welche Knoten aus S schon untersucht wurden, denn Ziel ist es, diese Knoten alle zu matchen. Das gelingt durch eine Markierung der Knoten aus S, sobald sie Teil der Untersuchung sind. Zum anderen möchte man gerne das Matching entlang eines alternierenden Weges vergrößern. Dazu ist es wichtig, den Verlauf des Weges nicht zu vergessen, und so etwas wie Ariadnes Faden hinter sich herzuziehen (vgl. Kapitel 2). Dazu markiert man die Knoten entlang des aktuell untersuchten Weges. Auf diese Weise merkt man sofort, wenn man im Kreis gelaufen ist. (Ein Kreis würde keinen Gewinn darstellen, da gleich viele Kanten ausgetauscht würden.) Wenn man alle Knoten auf dem Weg mit der Ziffer des davor besuchten Knotens markiert, kann man den Weg auch schnell zurückverfolgen und entsprechend die Kanten austauschen. Auf dieser Grundlage lässt sich der folgende Algorithmus zur Erzeugung eines maximalen Matchings formulieren. Da dieser Algorithmus nicht nur für Stellen und Bewerber und Bewerberinnen gilt, sondern für jeden bipartiten Graphen Gültigkeit besitzen soll, wird die Knotenmenge auf der linken Seite mit V_1 und die Knotenmenge auf der rechten Seite mit V_2 bezeichnet.

■ *Alternierende Wege-Algorithmus in bipartiten Graphen* ■
Markiere alle freien Knoten in V_1 mit $*$.

1. Wähle einen Knoten aus V_1 mit einem $*$, sagen wir den Knoten k. Lösche $*$. Gehe zu 2 (ii).
   Falls kein solcher Knoten existiert, ist die Suche beendet.

2. (i) Gibt es einen Weg mit einem mit k markierten Knoten, wähle einen der markierten Knoten k am Ende eines Weges aus.
   Sollte dieser Knoten aus V_1 sein, gehe zu 2 (ii).
   Sollte dieser Knoten aus V_2 sein, gehe zu 2 (iii).
   Gibt es einen solchen Weg nicht, so gehe zu 1.

   (ii) Markiere alle benachbarten Knoten von k in V_2, die noch nicht Teil eines markierten Weges sind, mit k. Gehe zu 2 (i).

   (iii) Falls der Knoten frei ist, gehe zu 3. Falls nicht, nimm die gematch te Kante, die den Knoten verlässt und markiere den entsprechenden anderen Knoten der Kante ebenfalls mit k. Gehe zu 2 (i).

3. Ein alternierender Weg ist gefunden. Starte am zuletzt markierten Knoten. Verwende die Markierung mit den Ziffern, um den Weg zurück zum Startknoten zu verfolgen. Tausche die Kanten aus: Alle Kanten, die auf diesem Weg zu M gehören, werden aus dem Matching entfernt. Alle anderen Kanten des Weges werden zum Matching hinzugenommen. Die Markierung entlang des Weges wird wieder entfernt. Gehe zu 1.

In Abbildung 14 wird dieser Algorithmus auf den Teilgraphen des Jobproblems angewendet. Da die »Nachbar-Bedingung« bekanntlich nicht erfüllt ist, existiert kein Matching mit $m(G) = |S|$.

Alternativ hätte man als ersten Teil des Algoroithmus auch den Greedy-Algorithmus verwenden können. Und zwar so lange bis das Matching nicht mehr erweitert werden kann. Im zweiten Teil wird dann der Alternierende-Wege-Algorithmus verwendet. Auf diese Weise ist man in der Regel schneller als bei der reinen Verwendung des Alternierende-Wege-Algorithmus. In Abbildung 15 wird ein Beispiel dargestellt, bei dem die ersten vier Kanten über Greedy gefunden wurden und erst dann der Knoten S_7 untersucht wird. Startet man jedoch im freien Knoten S_7, erhält man einen Kreis (vgl. rechter Graph in Abbildung 15). Somit ist anzunehmen, dass es kein größeres Matching gibt, doch ist das immer so?

Wie gut ist dieser Algorithmus über die alternierenden Wege wirklich? Nur weil es keinen alternierenden Weg mehr gibt, muss das doch nicht heißen, dass es kein größeres Matching gibt? Oder anders formuliert: Falls M nicht optimal ist, muss es dann einen alternierenden Weg geben?

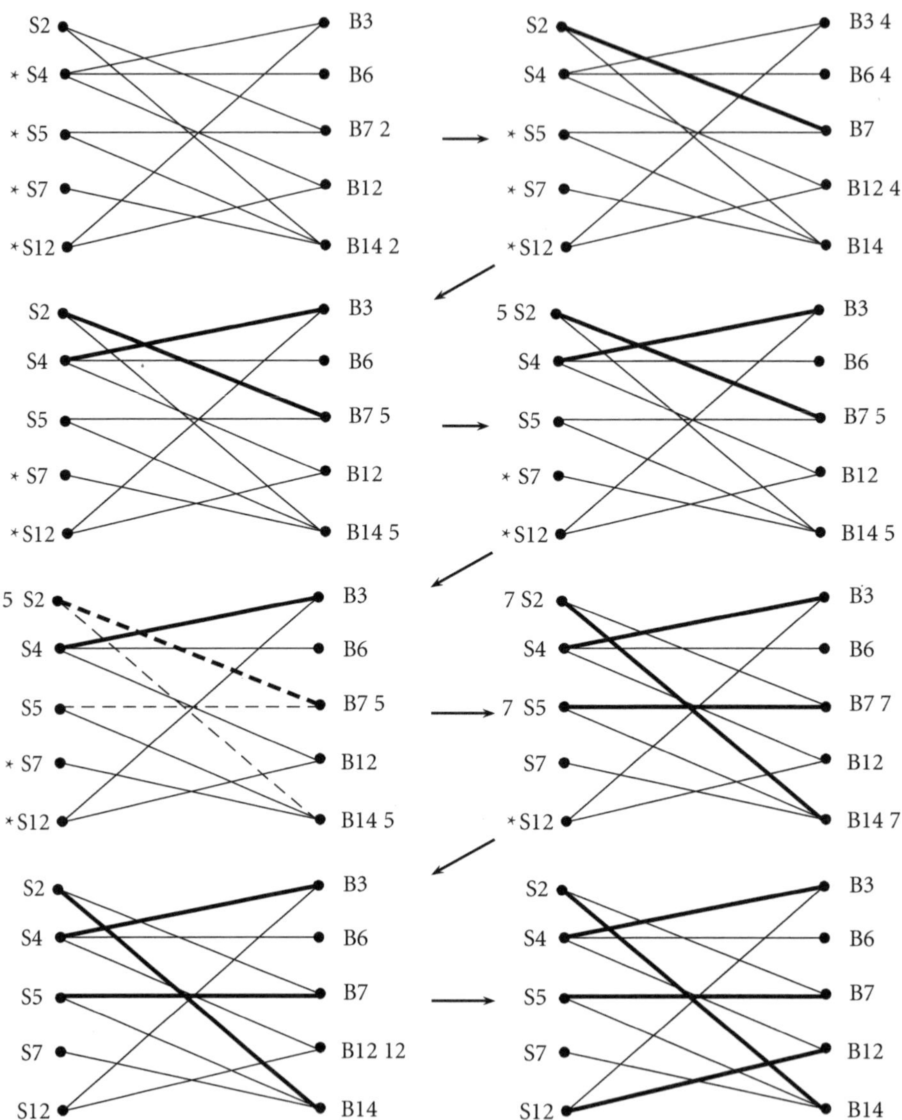

Abbildung 14. Maximales Matching erzeugt mit alternierenden Wegen

Da M nicht optimal ist, muss ein M' mit $|M'| > |M|$ existieren. Die zentrale Idee des Verfahrens der alternierenden Wege besteht darin, einen Weg zu finden, der mit einem ungematchten Knoten beginnt und mit einem ungematchten Knoten endet. Dazwischen befinden sich abwechselnd Kanten aus M und Kanten, die nicht in M liegen. Hat man einen solchen Weg gefunden, löscht man die Markierung bei allen Kanten aus M auf diesem Weg und markiert alle bislang un-

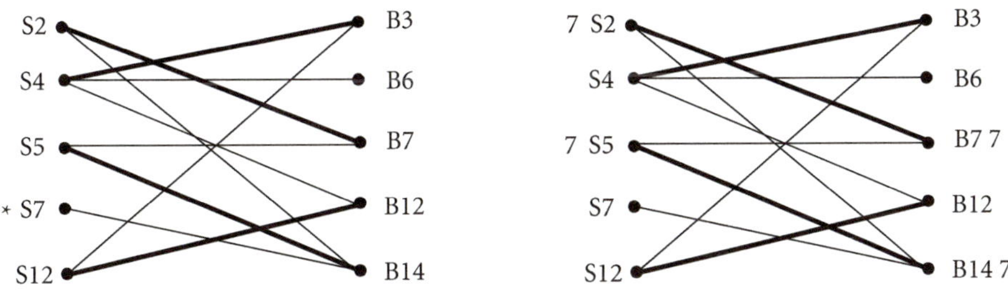

Abbildung 15. Zuerst einmal gierig vorgehen und dann mit Algorithmus arbeiten

gematchten Kanten auf dem Weg. Auf diese Weise erhält man eine Kante mehr. Nimmt man dann noch die schon gematchten Kanten hinzu, die nicht auf dem Weg liegen (z. B. die Kante zwischen S_4 und B_3 in Abbildung 13), erhält man ein Matching M', das um eine Kante größer ist als M.

Insofern sind für unsere Überlegungen nur die Kanten von Bedeutung, die Teil des aktuell untersuchten Weges sind, also gerade die Kanten, die nur in M und nur in M' liegen, nicht die Kanten, die sowohl zu M als auch zu M' gehören. Das sind gerade die Kanten $N := M \setminus M' \cup M' \setminus M$ (Die Menge N nennt man auch die *symmetrische Differenz* von M und M'). Durch (V, N) wird ein Graph aufgespannt, in dem alle Knoten aus G sind, jedoch nicht alle Kanten. Einige Knoten davon besitzen keine Kantenzugehörigkeit, da sie möglicherweise Teil von Kanten sind, die zugleich in M und M' liegen. Andere Knoten besitzen einen Knotengrad von 2, das sind gerade die Knoten, die eine M-Kante mit einer M'-Kante verbinden. Es gibt aber auch Knoten mit Knotengrad 1, und zwar die Knoten, die nur in einer Kante liegen. Das sind gerade die Anfangs- und Endknoten des Weges. Höhere Knotengrade sind nicht möglich, da dann zwei Kanten aus M oder aus M' benachbart wären, was durch die Definition eines Matchings ausgeschlossen ist. Das bedeutet, die zusammenhängenden Teile des Teilgraphen sind Wege, bei denen es genau eine Kante mehr aus M' als aus M gibt. Folglich existiert ein alternierender Weg bezüglich M.

Damit ist folgendes gezeigt: Falls es in einem Graphen keinen M-alternierenden Weg gibt, so lässt sich auch kein größeres Matching finden.

Vielleicht lässt sich die Implikation auch noch umdrehen und zeigen, dass aus der Existenz eines Maximums-Matching immer folgt, dass es keinen alternierenden Weg gibt. Doch das ist bereits bekannt: Immer wenn ein M-alternierender Weg existiert, lässt sich ein größeres Matching konstruieren. Damit ist der folgende Satz gezeigt:

▌▌ *Matchings und alternierende Wege*
Ein Matching M ist genau dann ein Maximum-Matching, wenn kein M-alternierender Weg existiert.

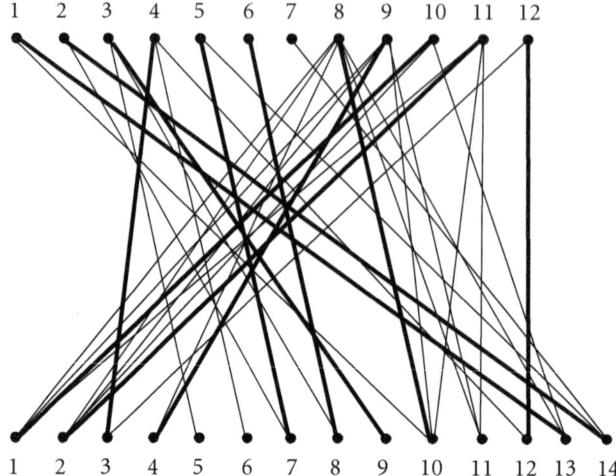

Abbildung 16. Ein maximales Matching für das Jobproblem

Nun lässt sich auch das maximale Matching für das gesamte Jobproblem bestimmen. Versuchen Sie es selbst. Der Graph in Abbildung 16 stellt zwar ein maximales Matching dar, jedoch nur eines von vielen.

Sie sehen, es fehlt wiederum nur eine Kante, sogar dieselbe wie im Teilgraphen. Das deutet darauf hin, dass alle anderen Knotenmengen ausreichend viele Nachbarn besitzen.

Knoten statt Kanten

Dieser Eindruck verstärkt sich noch, wenn man nicht auf die Kanten, sondern auf die Knoten schaut. Statt die Zuordnungen zu betrachten, kann man auch darauf acht geben, dass auf beiden Seiten möglichst viele Stellen und möglichst viele Bewerber und Bewerberinnen versorgt werden. Dazu wird untersucht, wie viele Knoten benötigt werden, um alle Kanten des Graphen zu überdecken.

▌▌ *Definitionen*
Eine Teilmenge T der Knotenmenge V des Graphen $G(V, E)$ nennt man *Kantenträger*, wenn jede Kante des Graphen mindestens einen Endknoten in dieser Teilmenge besitzt.

Den kleinsten aller Kantenträger nennt man *minimalen Kantenträger*.

Allein auf die Stellen 8 bis 11 konzentriert sich ein Großteil der Bewerber und Bewerberinnen. Von den 35 Zuordnungen werden schon 19 von diesen vier Stellen beansprucht. Streicht man die Verbindungen, die dort enden, so ergibt sich das erste Bild in Abbildung 17. Nach der Streichung sind S_3, S_4 und B_{14} die nächsten ›starken‹ Knoten, die jeweils drei Verbindungen abdecken.

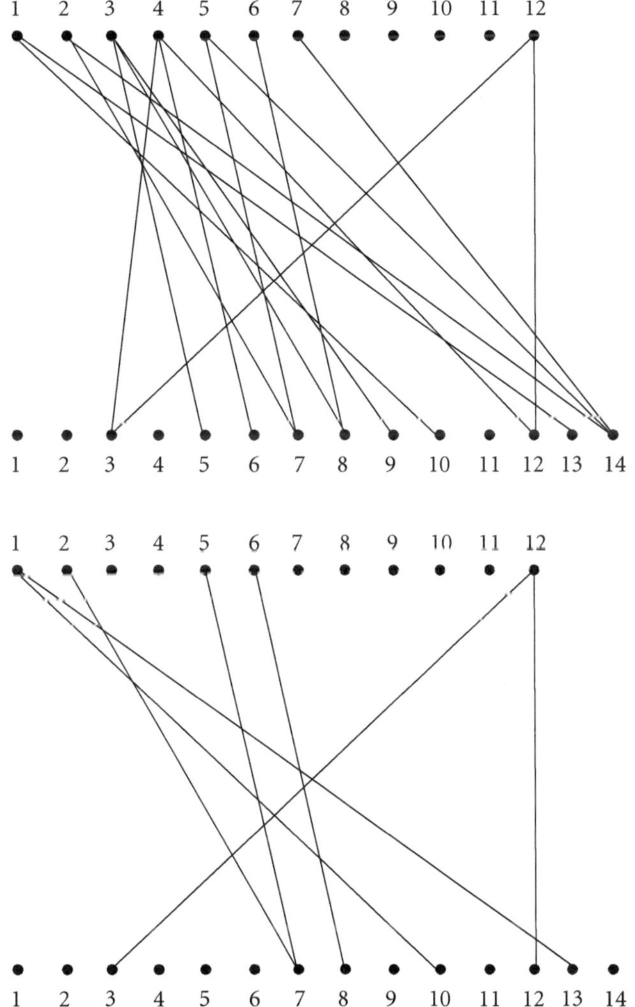

Abbildung 17. Auf der Suche nach einem Kantenträger

Löscht man auch noch die entsprechenden Verbindungen, so sind es nur noch sieben Kanten, die von den Knoten S_1, S_{12}, B_7 und S_6 abgedeckt werden (vgl. Abbildung 17). Das heißt die Knoten S_1, S_3, S_4, S_6, S_8, S_9, S_{10}, S_{11}, S_{12} und B_7, B_{14} decken alle Kanten ab. Das sind gerade genau so viele Knoten wie das maximale Matching Kanten besitzt. Ist das Zufall? Wie kann es sein, dass gerade die Knoten, die alle Kanten des Graphen auf sich vereinen, von ihrer Anzahl mit den Kanten in dem maximalen Matching übereinstimmen? Es hätten ja durchaus mehr Knoten gewählt werden können, die ebenfalls alle Kanten auf sich vereinen. Ist die Weise der Knotenauswahl möglicherweise dafür verantwortlich? Versuchen Sie einmal mit Hilfe der genannten Knoten ein maximales Matching zu finden.

Die Knoten B_7, B_{14} weisen bekanntermaßen nur Verbindungen zu den Knoten S_2, S_5 und S_7 auf. Das sind gerade die S-Knoten, die oben nicht aufgeführt sind. Diese drei S-Knoten besitzen zusammen nur zwei Nachbarn. Das war das Ausschlusskriterium für ein maximales Matching und damit für S_7. Ordnet man jedem der oben aufgeführten S-Knoten eine Kante zu, was unproblematisch ist, da die beiden Knoten aus B ja nicht in der Menge der Knotennachbarn dieser Mengen liegen und laut unserer Vorüberlegungen ein Matching mit der Matchingzahl $m(G) = 11$ existiert, erhält man durch diese Zuordnung ein maximales Matching.

Eine Decke voller Knoten

Dieses beim Jobproblem beobachtete Phänomen lenkt die Aufmerksamkeit auf einen möglicherweise allgemeinen Sachverhalt:

- Gilt diese Beziehung immer: Ist die Anzahl der Knoten eines minimalen Kantenträgers gerade gleich der Kantenanzahl in einem maximalen Matching?

An diese Frage schließen sich weitere Fragen an:

- Wodurch ist das maximale Matching nach oben beschränkt?
- Wodurch ist der minimale Kantenträger nach unten beschänkt?
- Erfinden Sie selbst Beispiele und untersuchen Sie den Zusammenhang zwischen minimalem Kantenträger und maximalem Matching. Welche Rollen spielen die Nachbarn?

Zuerst zur ersten Frage: Die Matchingzahl wird offensichtlich durch die Größe der jeweiligen Nachbarmengen beschränkt. Deswegen liegt die Frage nah, welcher Zusammenhang zwischen den fehlenden Nachbarn und der maximalen Matchingzahl existiert. In dem Beispiel von gerade hat die Menge $\{S_2, S_5, S_7\}$ zu wenig Nachbarn. Es ist ebenfalls bekannt, dass es keine andere Menge gibt, die auch zu wenig Nachbarn besitzt. In anderen Fällen kann es aber schon passieren, dass verschiedene – möglicherweise disjunkte – Mengen auch zu wenig Nachbarn haben. Vereint man diese Mengen, erzeugt man eine neue Menge, die zusammen weniger Nachbarn besitzt als die beiden Teilmengen. Es nützt auch nichts, Knoten mit vielen Nachbarn als Hilfe hinzu zu nehmen, da dadurch zwar die Nachbaranzahl der neuen Menge erhöht wird, die besagten Knoten der Teilmenge aber selbst keinen neuen Nachbarn hinzugewinnen. Insofern bietet es sich an, eine der Teilmengen zu nehmen, die *alle* Knotenmengen enthält, die nicht genug Nachbarn besitzen, wir nennen sie im Weiteren U. Die Anzahl fehlender Nachbarn bestimmt sich durch die Differenz zwischen der Anzahl der Elemente der Teilmenge und der Anzahl der Elemente in der Nachbarmenge.

Also kann das maximale Matching nicht größer werden als die Differenz der Knotenanzahl von V_1 und der Anzahl der fehlenden Nachbarn von U. Fügt man nun – wie eben in dem Beispiel zur Jobverteilung – für jeden ungematchten Knoten einen neuen Knoten auf der anderen Seite hinzu, so gelingt es, dass die Nachbarmenge von U genauso groß ist wie U selbst. Damit ist aber wieder die Nachbarbedingung für die ganze Menge V_1 erfüllt, und es existiert ein Matching mit $m(G) = |S|$. Löscht man nun die Kanten, die einen der zugefügten Knoten treffen, so erhält man ein Matching der Größe $m(G) = |V_1| - \max_{U \subseteq S}(|U| - |N(U)|)$. Damit ist der nachfolgende Satz bewiesen:

▌▌ *Matchings und Nachbarn*

In einem bipartiten Graphen $G(V_1 + V_2, E)$ gilt für die Kanten in einem maximalen Matching, dass die Differenz aus der Gesamtknotenzahl V_1 und dem größtmöglichen Unterschied zwischen einer Teilmenge U von V_1 und ihrer Nachbarnmenge $N(U)$ der Matchingzahl entspricht:

$$m(G) = |V_1| - \max_{U \subseteq V_1} (|U| - |N(U)|).$$

Damit ist klar, dass das maximale Matching durch eine Teilmenge U der Knotenmenge V_1 und seine Nachbarn beschränkt ist. Es gilt gerade $\max |M| = |V_1| - |U| + |N(U)| = |V_1 \setminus U| + |N(U)|$. Abbildung 18 illustriert, dass die Mengen $V_1 \setminus U$ und $N(U)$ gerade einen minimalen Kantenträger darstellen. Daraus folgt, dass der minimale Kantenträger höchstens so groß sein kann wie ein maximales Matching.

Dass diese Ungleichung auch umgekehrt gilt, liegt auf der Hand. Ein Kantenträger stützt alle Kanten und damit sicher die Kanten jedes Matchings. Insofern kann ein maximales Matching nicht größer werden als ein minimaler Kantenträger. Damit ist die Gleichheit von maximalem Matching und minimalem Kantenträger gezeigt.

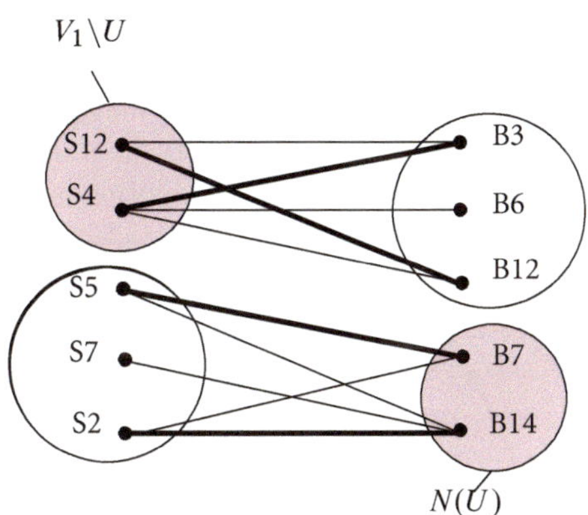

Abbildung 18. Ein Kantenträger

▌▌ *Matchings und Kantenträger* (Satz von König)

In einem bipartiten Graphen $G(V_1 + V_2, E)$ gilt

$$\max(|M|) = \min(|T|),$$

wobei M die Matchings und T die Kantenträger bezeichnen.

Somit lässt sich in einem bipartiten Graphen mit jedem Kantenträger ein maximales Matching nach oben abschätzen.

Leider lassen sich in vielen Problemsituationen die Mengen, deren Elemente einander zugeordnet werden sollen, nicht immer so leicht erkennen wie das in den genannten Beispielen der Fall ist. Das folgende Beispiel stellt einen solchen Fall dar. Dazu durchbrechen wie eine Konvention, die im realen Leben häufig nicht so einfach zu durchbrechen ist.

- Die befragten Jungen und Mädchen in der Problemsituation zum Tanzkurs können nun auch Personen ihres eigenen Geschlechtes wählen. Legen Sie selbst die Sympathiebekundungen fest. Gilt der Satz von König hier immer noch? Begründen Sie Ihre Beobachtungen.

Der Graph in Abbildung 19 zeigt ein solches Matching. Sie sehen, die Bedingung, dass zwei Kanten des Matchings nicht benachbart sein dürfen und jeder Knoten nur in einer Kante liegt, gilt auch hier. Ein weiteres Problem haben Sie in diesem Buch schon kennen gelernt: das Chinese-Postman-Problem (vgl. Kapitel 3). Auch hier untersucht man nicht mehr bipartite Graphen, sondern allgemeine Graphen.

4 Ein kurzer Ausblick: Matchings auf gewichteten Graphen

Ein Matching zu konstruieren dürfte Ihnen vermutlich nicht mehr viel Schwierigkeiten bereiten, jedoch können Sie dies bislang nur auf ungewichteten Graphen. Somit können Sie zwar das Jobproblem lösen, da dort weder ein Ranking der Bewerber und Bewerberinnen durchgeführt noch deren Eignung für die jeweiligen Stellen quantifiziert wurde. Sie können jedoch keine Matchings bestimmen, in denen die Kanten gewichtet sind. In der Regel ist es aber gerade sinnvoll, besonders gute von nicht so guten Bewerberinnen und Bewerbern zu unterscheiden. Etwas Vergleichbares ist in der Problemsituation des Tanzkurses geschehen.

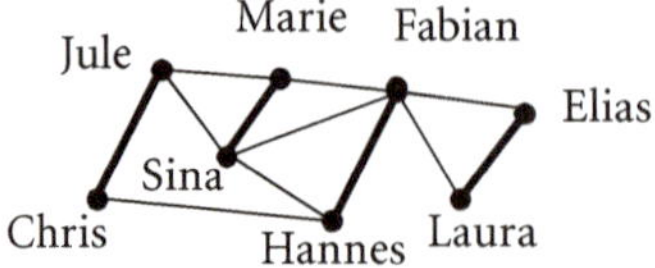

Abbildung 19. Ein Tanzkurs, einmal anders

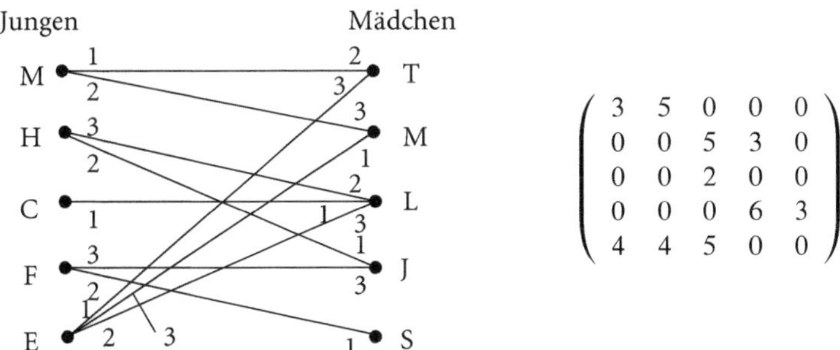

Abbildung 20. Ein gewichteter Graph (Modell »Gegenseitigkeit«) und die zugehörige Matrix

Wie können wir dort vorgehen? Zwei Wege bieten sich direkt an: Enumeration und Greedy. Enumeration lässt sich in diesem Beispiel noch durchführen, führt aber bei größeren Fallzahlen schnell zur kombinatorischen Explosion (vgl. Kapitel 1).

Was ist mit Greedy? Probieren Sie es für den Tanzkurs aus? Aber halt: Sie können zwei unterschiedliche Fälle beachten. Werfen Sie einen Blick auf Seite 209. Dort haben wir zwei Modelle unterschieden: Das Modell »Gegenseitigkeit« und das Modell »Alles zählt«. Im ersten Modell wurden nur die Sympathiebekundungen gezählt, bei denen beide dem jeweils anderen einen Wert größer als Null geben, beim zweiten Modell wurden auch die Nichtwahlen berücksichtigt.

Die bislang bekannten Algorithmen zum Auffinden von optimalen Matchings in gewichteten Graphen sind relativ schwer (vgl. die *ungarische Methode* in [27, S. 147]). Deswegen werden wir hier auch nicht tiefer auf diese Algorithmen eingehen. Um Ihnen dennoch den Weg für heuristische Verfahren zu öffnen, beleuchten wir noch mal eine andere Darstellungsform des Graphen: Die Matrix. Diese hilft in Fällen mit einer geringen Anzahl an Kanten, eine Lösung zu finden, oder wenigstens, ihr sehr nahe zu kommen.

Jede Zeile in der Matrix stellt die Bewertungen eines Jungen dar, jede Spalte die eines Mädchens, die Werte in den Zellen geben die Summe ihrer gegenseitigen Sympathiebekundungen an. Abbildung 20 zeigt einen direkten Vergleich von Graph und Matrix für das erste Modell. Sie können sich denken, warum wir nicht das zweite Modell »Alles zählt« abgebildet haben.

Der Graph mit 25 Kanten wäre sehr unübersichtlich geworden. Die entsprechende Matrix lautet

$$\begin{pmatrix} 3 & 5 & 0 & 2 & 3 \\ 0 & 1 & 5 & 3 & 0 \\ 3 & 2 & 2 & 2 & 3 \\ 1 & 0 & 1 & 6 & 3 \\ 4 & 4 & 5 & 0 & 2 \end{pmatrix}.$$

Sie haben sicher bemerkt, dass die Matrix nicht ganz dem Graphen entspricht. Der Graph besitzt nämlich keine Kanten mit Gewicht Null. Wir haben in der Matrix – einfach ohne es zu sagen – aus dem Graphen einen vollständigen Graphen gemacht und die wertlosen Kanten ergänzt.

Um zu verstehen, was die wesentlichen Vereinfachungen der Matrixdarstellung sind, ist es hilfreich, sich klar zu machen, inwieweit sich die bislang entwickelten Begriffe in dieser Darstellung wieder finden lassen.

- Wie wird ein Matching in der Matrixdarstellung kenntlich gemacht?
- Woran erkennt man ein maximales bzw. perfektes Matching?
- Wie findet man einen (minimalen) Kantenträger?

Eine charakteristische Eigenschaft eines Matchings besteht darin, dass niemals zwei Kanten benachbart sind. In der Matrix sind die Kanten die Zelleneinträge. Eine gematchte Kante kann somit durch markierte Zelleneinträge sichtbar gemacht werden. Sind in einer Zeile oder in einer Spalte zwei Einträge markiert, bedeutet das, dass ein Knoten zwei gematchte Kanten besitzt, was aber nicht möglich ist. Folglich darf in jeder Zeile und Spalte nur ein Wert berücksichtigt werden. Ein perfektes Matching ist eines, bei dem die Anzahl an markierten Elementen gerade so groß ist, wie die Zeilenanzahl der Matrix. Entsprechend ist ein maximales Matching eines mit möglichst vielen solchen Markierungen.

Ein Kantenträger ist demzufolge die Menge der Knoten, so dass jede Kante mindestens einen dieser Knoten als Endnoten besitzt. Da die Zeilen und Spalten die Knoten darstellen, ist ein Kantenträger gerade eine Menge aus Zeilen und Spalten, so dass alle Matrixeinträge ungleich 0 in diesen Zeilen und Spalten enthalten sind. Ein minimaler Kantenträger ist gerade jener Kantenträger, der dazu die wenigsten Zeilen und Kanten verwendet.

- Erfinden Sie selbst Beispiele für Matrizen mit minimalem Kantenträger, maximalem oder optimalem Matching. Verwenden Sie möglichst wenig Nullen.

In unserem Beispiel benötigen wir für ein perfektes Matching M fünf Zelleneinträge. Da diese zugleich auch optimal sein sollen, muss die Summe W dieser fünf Werte maximal werden. Zeigt die folgende Tabelle die richtige Lösung, was meinen Sie?

$$\begin{pmatrix} 3 & \boxed{5} & 0 & 0 & 0 \\ 0 & 0 & \boxed{5} & 3 & 0 \\ 0 & 0 & 2 & 0 & \boxed{0} \\ 0 & 0 & 0 & \boxed{6} & 3 \\ \boxed{4} & 4 & 5 & 0 & 0 \end{pmatrix}$$

Nun ist die Matrix für das andere Modell schon komplexer, doch es geht auch hier noch mit Probieren. Was halten Sie von der folgenden Lösung?

$$\begin{pmatrix} 3 & \boxed{5} & 0 & 2 & 3 \\ 0 & 1 & 5 & 3 & \boxed{0} \\ \boxed{3} & 2 & 2 & 2 & 3 \\ 1 & 0 & 1 & \boxed{6} & 3 \\ 4 & 4 & \boxed{5} & 0 & 2 \end{pmatrix}$$

Damit Sie nicht bei diesen überschaubaren 5×5 Matrizen stehen bleiben, können Sie Ihre Forschungen etwas vertiefen:

- Erzeugen Sie schrittweise kompliziertere Matrizen, sowohl bezüglich der Zahlen als auch bezüglich der Zellenanzahl. Entwickeln Sie dabei ein Verfahren, diese Matrizen so zu vereinfachen, dass sie ein Maximalwert bestimmen oder wenigstens schätzen können.
  Tipp: Welche Zeilen- und Spaltenumformungen können Sie vornehmen, ohne den Wert der Matrix hinsichtlich eines maximalen Matchings zu verändern?

Hier haben Sie ein vielfältiges Betätigungsfeld, womit sie schon so einige maximale Matchings finden können. Weitere hilfreiche Informationen finden Sie in [2].

Wenn Sie noch nicht genug von Matchings haben, dann lesen Sie doch gleich im Kapitel zu Netzwerken und Flüssen weiter. Dort kann Ihnen das hier erworbene Wissen an manchen Stellen gute Dienste erweisen.

8
Wie viel passt noch in die Leitung?
Flüsse und Netzwerke

Stephan Hußmann

1 Von Flüssen und Gewinnchancen

Wie schnell fließt der Verkehr? Wann entsteht ein Stau? Wie viel Wasser lässt sich von einem Wasserwerk zu einem Aufbereitungsbecken befördern? Wie viel Strom passt durch die Leitung?

Dies sind alles Fragestellungen, die sich darum drehen, wie man eine bestimmte Menge Flüssigkeit oder Gegenstände von einem Standort optimal zu einem Zielort befördern kann. Dabei steht einem meistens nicht nur ein Transportweg zur Verfügung, sondern ein Netzwerk aus verschiedenen Wegen.

Diese Fragen rund um Netzwerke und Flüsse nehmen in der kombinatorischen Optimierung eine zentrale Rolle ein. Dies liegt nicht allein an der Vielzahl von interessanten praktischen Anwendungen, sondern auch daran, dass die Methoden zur Lösung dieser Probleme ebenfalls zur Lösung scheinbar nicht verwandter Fragestellungen verwendet werden können.

Das erste der beiden Probleme (beide sind eng angelehnt an Altenhoven (2005)) ist ein typisches Problem im Bereich dieses Themenkreises, während an der zweiten Problemsituation die Übertragung der Methoden bzw. die entsprechende Modellierung der Situation sichtbar wird. Insofern bietet es sich an, die Bearbeitung mit dem ersten Problem zu beginnen. Beide Probleme sind so gestellt, dass sie die Generierung eigener Fragestellungen initiieren. Es lassen sich somit auch keine explizit formulierten Fragestellungen finden.

- Formulieren Sie zu den Problemsituationen eigene Fragestellungen, die Sie zur Grundlage Ihrer Auseinandersetzung mit den Problemen machen.

Problem 1 – Energietransport

Der Offshore-Windpark »Borkum-West« stellte 2007 mit insgesamt 208 Windenergieanlagen durchschnittlich 1000 MW an Leistung zur Verfügung. Der Verbrauch in den Haushalten variiert jedoch sehr stark. Insbesondere nachts wird deutlich weniger Energie benötigt als tagsüber. Um die nachts bereitgestellte Energie optimal zu nutzen, soll die Energie im Pumpspeicherkraftwerk in Happurg bei Nürnberg gespeichert werden.

Solche Pumpspeicherkraftwerke befinden sich in höher gelegenen Gebieten. Nachts wird Wasser – quasi als Energiespeicher – aus einem Staubecken in ein höher gelegenes Oberbecken gepumpt. Wird in Spitzenlastzeiten (mittags) kurzfristig sehr viel Energie benötigt, wird das gesammelte Wasser im Oberbecken durch zwischengelagerte Turbinen wieder ins Unterbecken abgelassen. Die durch die Turbinen erzeugte Energie wird dabei sofort wieder in das deutsche Verbundnetz eingespeist.

Die Betreibergesellschaft des Windparks möchte wissen, wie viel Energie maximal nach Happurg transportiert werden kann, um das Wasser in ein höher gelegene Staubecken zu pumpen.

Die Energie wird über das deutsche Verbundnetz (vgl. Abbildung 2) von Borkum nach Happurg übertragen. Es ist bekannt, dass die in Happurg zu lagernde Leistung von der »engsten Stelle« im deutschen Verbundsnetz abhängt. Abbildung 3 zeigt in einem Ausschnitt des deutschen Verbundnetzes zwischen Köln als Bereitsteller von Leistung und Schweinfurt als Zielort der zur Verfügung gestellten Leistung die zu einer »engsten Stelle« gehörigen Leitungen (schwarz gekennzeichnet).

Abbildung 1. Offshore-Windpark

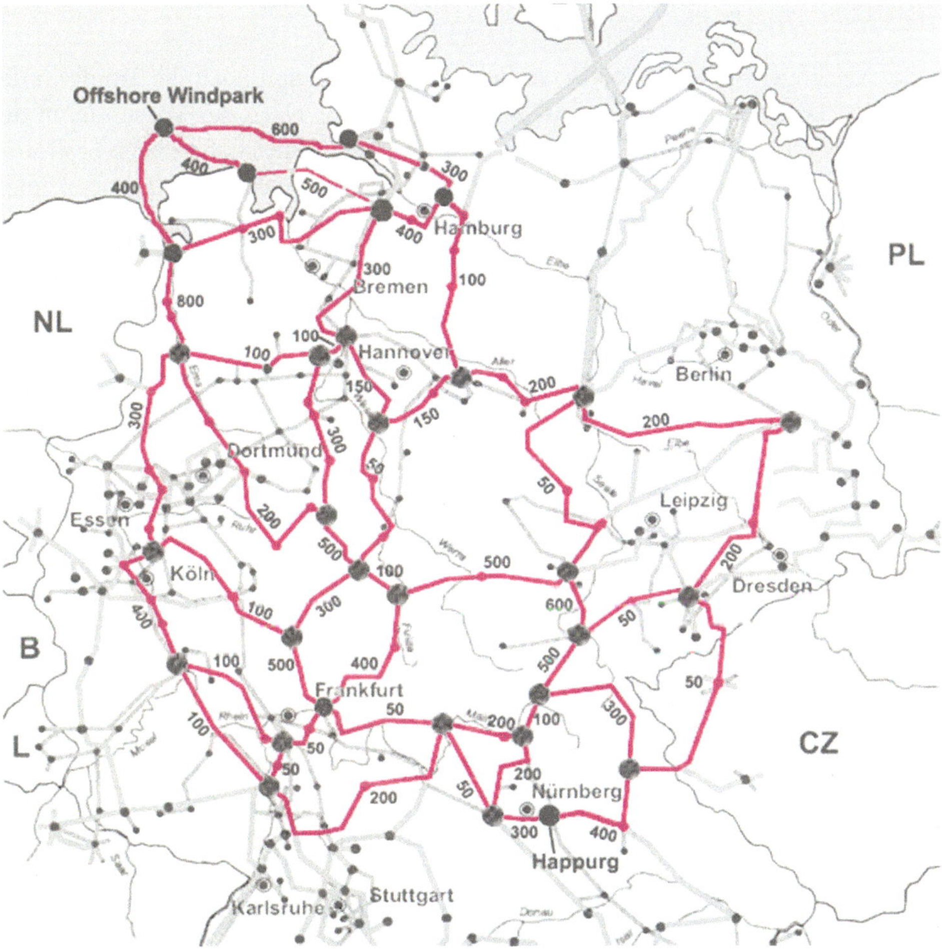

Abbildung 2. Auschnitt aus dem deutschen Verbundnetz für die PROKON Nord GmbH. Alle nutzbaren Leitungen sind dabei rot gekennzeichnet.

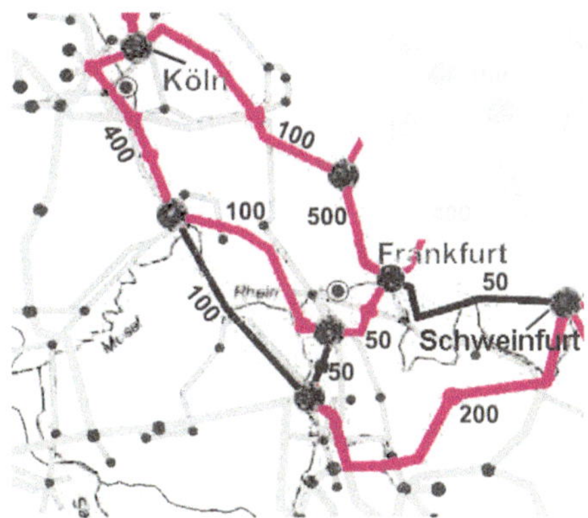

Abbildung 3. Eine »engste Stelle« (schwarz gekenn-zeichnet) zwischen Köln und Schweinfurt

Problem 2 – Handballmeisterschaft

»Der Merlinger SV wird Erster!« verkündete vor Monaten noch die Trainerin der Kreisliga Damen-Handballmannschaft Merlinger SV. Nach der Vorrunde, in der sich der Merlinger SV sehr stark zeigte, wurden die Mannschaften nach bestimmten Kriterien auf zwei Gruppen A und B aufgeteilt. In jeder dieser Gruppen spielt jede Mannschaft gegen jede andere. Wer nach allen Spielen die meisten Punkte hat, ist Gruppenerster. Die Gruppenersten beider Gruppen spielen dann gegeneinander um den Aufstieg in die höhere Klasse. Daher ist es für den Merlinger SV – wie für jede andere Mannschaft auch – besonders wichtig Gruppenerster zu werden.

In der letzten Saison hat der Merlinger SV so gut gespielt, dass die Situation zu Beginn dieser Saison durchaus als aussichtsreich beschrieben werden konnte. Doch nach gut der Hälfte der Spiele sieht es anders aus. Der Merlinger SV konnte die Erwartungen in keiner Weise erfüllen. Auf Grund der vollmundigen Versprechen zu Beginn der Saison muss die Trainerin in einem Gespräch mit dem Vereinsvorstand die Gründe für die Misere darlegen und Entwicklungspotenzial für die Zukunft aufzeigen. In einem Interview vor diesem Gespräch wird sie gefragt, mit welcher Strategie sie den Vorstand überzeugen will, dass ein erster Platz noch im Bereich des Möglichen liegt.

Sie sagt: »Die Regeln sind recht einfach: Bei jedem Spiel werden 2 Punkte vergeben. Gewinnt eine Mannschaft, bekommt sie beide Punkte. Geht das Spiel unentschieden aus, so erhalten beide Mannschaften je einen Punkt. Wir gewinnen natürlich die restlichen Spiele, sodass wir am Ende der Saison 13 Punkte unser Eigen nennen dürfen. Das bedeutet, keine der anderen Mannschaften darf und wird mehr als 12 Punkte erreichen.«

Wenn man einem Blick auf die bereits vom Merlinger SV erreichten Punkte wirft, scheint es eher unwahrscheinlich zu sein, dass die Hypothese der Trainerin in Erfüllung geht. Aber sie ist optimistisch. Wenn der Merlinger SV weitere zwei oder noch mehr Spiele verliert, verschlechtert sich die Lage um den Verein nur weiter. Die Trainerin ist aber der Ansicht, dass es selbst dann noch zu schaffen ist.

Aus Sicht der Trainerin sieht es im Augenblick noch so aus: Der Merlinger SV gewinnt alle seine nächsten Spiele. Damit streiten die anderen Mannschaften noch um insgesamt vierundzwanzig Punkte. Die werden auf die verbleibenden Spiele verteilt; die Punkte aus den Spielen werden – je nach Sieg, Niederlage oder Unentschieden – an die Mannschaften vergeben, aber die gegnerischen Mannschaften dürfen am Ende der Saison nicht mehr Punkte als der Merlinger SV haben. Die aktuelle Tabelle sieht wie folgt aus:

Platz	Verein	Spiele	Siege	Unentsch.	Niederl.	Tore	Punkte
1	1. FC Heimberg	4	3	0	1	117 : 73	6
2	FHC Kastfurt	4	3	0	1	115 : 105	6
3	BVB Rotmund	4	2	1	1	101 : 103	5
4	DJK Sarl	4	1	1	2	100 : 106	3
5	TSV Traldorf 04	4	1	1	2	95 : 105	3
6	Merlinger SV	4	0	1	3	72 : 108	1

Und die noch zu bestreitenden Spiele sind:

Datum	Zeit	Heim	Gast	Ergebnis
27.02.	16:00	FHC Kastfurt	BVB Rotmund	−:− (−:−)
27.02.	16:00	TSV Traldorf 04	1. FC Heimberg	−:− (−:−)
09.03.	16:00	FHC Kastfurt	1. FC Heimberg	−:− (−:−)
13.03.	16:00	TSV Traldorf 04	DJK Sarl	−:− (−:−)
19.03.	16:00	DJK Sarl	FHC Kastfurt	−:− (−:−)
30.03.	16:00	1. FC Heimberg	BVB Rotmund	−:− (−:−)
02.04.	16:00	BVB Rotmund	DJK Sarl	−:− (−:−)
03.04.	16:00	TSV Traldorf 04	FHC Kastfurt	−:− (−:−)
10.04.	16:00	DJK Sarl	1. FC Heimberg	−:− (−:−)
10.04.	16:00	TSV Traldorf 04	BVB Rotmund	−:− (−:−)
16.04.	16:00	BVB Rotmund	FHC Kastfurt	−:− (−:−)
16.04.	16:00	1. FC Heimberg	TSV Traldorf 04	−:− (−:−)

2 Wie viel Wasser passt in den Fluss?

Zur Problemsituation ›Energietransport‹ haben Sie schon Fragestellungen formuliert. Dabei steht sicher auch die Frage »Wie groß ist die maximale Menge Energie, die von Borkum nach Happurg transportiert werden kann?« im Zentrum Ihrer Überlegungen. Im Umfeld dieser Fragen lassen sich weitere Aspekte untersuchen, von denen sicher auch einige in Ihrem Fragenkatalog in ähnlicher Weise enthalten sind.

- Wie hängt die maximal zu transportierende Energie von der Kapazität der einzelnen Leitungen ab?
- Wie lässt sich die »engste Stelle« im Verbundnetz finden?
- In welche Richtung fließt die Energie?

Wenn Sie andere oder weitere Fragen formuliert haben, scheuen Sie sich nicht, diese weiter zu verfolgen. Im Rahmen des Mediums Buch ist es leider nicht mög-

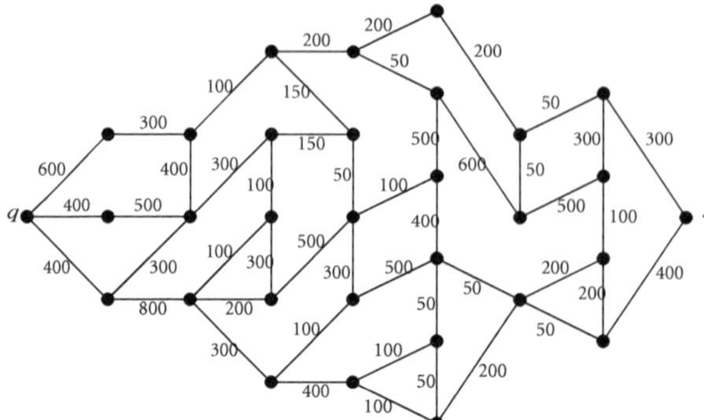

Abbildung 4. Modellierung des Verbundnetzes

lich, Sie in der Bearbeitung aller Ihrer individuellen Fragen zu unterstützen. Als Alternative wird hier ein möglicher Weg der Problembearbeitung beschritten. Das soll Sie jedoch nicht davon abhalten, Ihren Schülern und Schülerinnen in dieser Weise Hilfestellung anzubieten.

Zielsetzung des Problems zum Energietransport besteht darin, eine Verbindung zwischen Borkum und Happurg zu finden, so dass die transportierte Energie maximal wird. Leider gibt es jedoch sehr viele Wege dorthin. Eine strukturierte Übersicht über diese Wege erscheint recht schwierig, da die Anzahl der Wege sich fast an jedem Knoten vervielfacht.

Es wird jedoch etwas übersichtlicher, wenn man das Netzwerk auf die wesentlichen Informationen reduziert. So muss man nicht wissen, wo die Elbe fließt oder wo sich die Niederlande befinden. Stattdessen benötigt man alle Knoten, alle Verbindungen zwischen den Knoten und deren Gewichte; das sind die Angaben über die Kapazität der jeweiligen Leitungen. Mit dieser Modellierung der Karte des Verbundnetzes erhält man einen *Graphen* (vgl. auch S. 7).

Eine sinnvolle Anordnung der Knoten lässt sich beispielsweise dadurch erreichen, dass man den Ausgangsknoten, die so genannte *Quelle*, auf der linken Seite und den Zielknoten, die so genannte *Senke*, auf der gegenüberliegenden Seite positioniert. Es ist aber genauso denkbar, dass die Quelle oben und die Senke unten liegt.

■ Die Energie fließt von Borkum in Richtung Happurg. Wie lässt sich dies im Graphen sichtbar machen?

Durch die Anordnung der Quelle auf der einen Seite und der Senke auf der anderen Seite wird es nicht nur »ordentlicher«, sondern es wird gleichermaßen kenntlich gemacht, dass der Strom in eine bestimmte Richtung fließt. In unserem Fall ist das die Richtung von links nach rechts. Aus zwei Gründen empfiehlt es sich jedoch, die Richtung im Graphen auch noch anders kenntlich zu machen. Zum einen kann es passieren, dass Energie von einem Knoten weiter rechts im Graphen zu einem Knoten weiter links »zurück« transportiert wird, möglicherweise kann sogar ein Kreis entstehen. Ein solcher Kreis zerstört die gerade mühsam aufgebaute Ordnung. Der zweite Grund ist noch bedeutsamer: Der Graph muss nicht so aussehen, wie er hier abgebildet ist, denn ein Graph ist lediglich dadurch charakterisiert, dass er Knoten, Kanten und gegebenenfalls Gewichte auf diesen Kanten besitzt. Wie diese zueinander liegen müssen, ist nicht gesagt. Aus diesem Grund kann man Graphen auch recht unterschiedlich zu Papier bringen. Wichtig ist nur, dass die Beziehung zwischen den Knoten und Kanten immer dieselbe ist, das heißt, dass man weiß, welche Knoten durch welche Kanten miteinander verbunden sind. Diese wichtige Eigenschaft soll hier auch nicht aufgegeben werden (vgl. auch Graphenisomorphie in Kapitel 1).

Die Problemsituation bringt eine weitere Hürde mit sich: Die Energie fließt in nur eine bestimmte Richtung. Insofern lässt sich eine Leitung auch nur in eine Richtung nutzen, außer man besitzt jeweils eine separate Rückleitung. Die Richtung des Energieflusses lässt sich im Graphen sichtbar machen, indem man den Kanten eine Richtung gibt und damit einen so genannten *gerichteten Graphen* (vgl. Kapitel 2, S. 75) erzeugt. Gerichtete Kanten werden häufig auch als Bögen bezeichnet. Da in diesem Kapitel nur gerichtete Kanten vorkommen, ist eine Verwechslung nicht zu befürchten. Deswegen wird weiter die Bezeichnung *Kanten* verwendet.

Die Richtung der Energie ist in Abbildung 2 nicht angegeben. Insofern wäre es denkbar, dass der Strom sowohl in die eine, als auch in die andere Richtung fließen könnte, natürlich nicht gleichzeitig. Das würde den Zugang zu der Problemstellung deutlich erschweren. Der Einfachheit halber nehmen wir deswegen an, dass der Strom von Nord nach Süd fließt, bzw. im Graphen von links nach rechts. Für die jeweilige Kante bedeutet das, dass der Knoten, der nördlicher liegt, der Ausflussknoten ist und der jeweils andere Knoten die Energie empfängt. Damit legen wir für die weiteren Überlegungen den Graphen in Abbildung 5 zugrunde.

Für die Behandlung im Unterricht sollten Sie den Schülerinnen und Schülern viel Zeit für Erkundungen lassen. Viele der in diesem Kapitel beschriebenen Wege

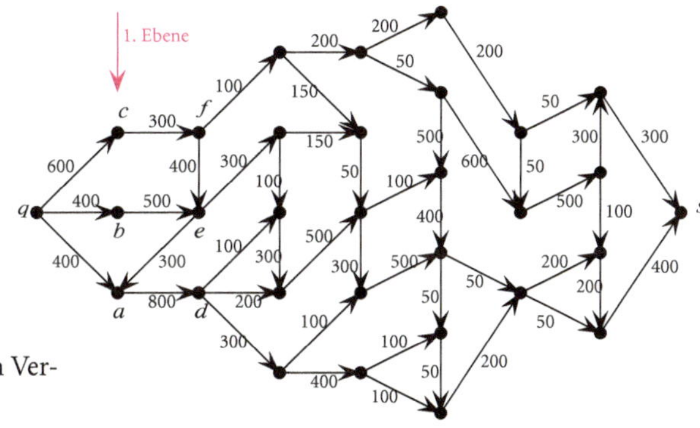

Abbildung 5. Gerichteter Graph zum Verbundsnetz

werden sie alleine beschreiten und sicher eine Vielfalt von Ideen entwickeln, die hier nicht alle abgebildet werden können. Hinsichtlich der Kantenrichtung kann es sinnvoll sein, den Lernenden bei Schwierigkeiten recht früh Hinweise zur Orientierung der Kanten zu geben. Da es für die Problembearbeitung jedoch nicht entscheidend ist, in welche Richtung die jeweilige Kante zeigt, können Sie ihnen auch die Entscheidung überlassen, in welche Richtung die jeweilige Kante zeigen soll. Das hat sogar den Reiz, dass die verschiedenen Lösungen hinsichtlich verschiedener Richtungen optimiert werden können.

Viele Wege führen zum Ziel

- Auf wie vielen unterschiedlichen Wegen gelangt die Energie von Borkum nach Happurg?
- Wie viel Energie passt eigentlich in das jeweilige Leitungsstück?
- Durch welche Leitungen fließt die meiste Energie?

Von Borkum, der Quelle, führen drei Wege zu den Knoten der nächsten Ebene. Diese erste Ebene ist dadurch gekennzeichnet, dass sie gerade die Knoten enthält, die eine Kante von der Quelle entfernt liegen. Die zweite Ebene enthält entsprechend die Knoten, die zwei Kanten von der Quelle entfert sind. Es gibt aber auch Knoten, die über mehrere Wege mit der Quelle verbunden sind, die jeweils unterschiedlich viele Kanten besitzen. In einem solchen Fall gilt der kürzeste Abstand. Demgemäß sind die Ebenen gerade die in Abbildung 5 auf einer Geraden übereinander liegenden Knoten. In der ersten Ebene liegen beispielsweise drei Knoten, die eine Kante von der Quelle entfernt sind, in der dritten Ebene liegen fünf Knoten, die drei Kanten von der Quelle entfernt sind.

Im Graphen in Abbildung 5 lässt sich erkennen, dass zwei Knoten der ersten Ebene durch jeweils eine Kante mit der nächsthöheren Ebene verbunden sind und ein Knoten mit genau zwei Kanten. Diese Kanten sind jedoch unterschiedlicher Natur. Während die eine Kante aus dem Knoten hinausführt, zeigt die andere an, dass Energie hineinfließt, eine so genannte *Rückwärtskante*. Aus den drei Knoten der zweiten Ebene führen sieben Kanten hinaus, fünf davon in die dritte Ebene, eine verbleibt in der Ebene und eine führt zurück in die erste Ebene. Damit ist man schon bei einer Anzahl von 15 möglichen Wegen von der Quelle zu Knoten der dritten Ebene.

Von den drei Kanten zwischen Quelle und erster Ebene ist die Kante zu c die beste, mit einer Kapazität von 600 Einheiten, wobei die *Kapazität* einer Kante den Wert für die Energiemenge angibt, die maximal durch diese Leitung transportiert werden kann. Bei der Erweiterung zur zweiten Ebene nimmt der Weg mit dieser »besten« Kante starke Einbußen hin. Von den vormals 600 Einheiten passen nur noch 300 Einheiten in die nächste Leitung nach f. Insofern macht es auch keinen

Sinn, an der Quelle mehr als diese 300 Einheiten in die Leitung einzuspeisen. Der Weg über den Knoten b mit 400 Einheiten kann auch entlang der Kante zu e den Wert von 400 Einheiten beibehalten. Nun könnte man meinen, eine Kapazität von 800 Einheiten auf der Kante zwischen a und d wären nutzlos, da nur 400 Einheiten von q nach a fließen können, doch die Rückwärtskante von e nach a steuert noch mal eine Kapazität von 300 Einheiten bei, so dass die Kante zwischen a und d maximal 700 Einheiten transportieren könnte. Das bedeutet, dass – obwohl die Kante 800 Einheiten Energie verkraften könnte – nur 700 Einheiten hindurch fließen können.

Fluss und Kapazität

Dies verdeutlicht den zentralen Unterschied zwischen Fluss und Kapazität. Die Kapazität gibt an, wie viel von einer bestimmten Menge maximal durch eine Leitung transportiert werden kann. Der Fluss hingegen ist das, was tatsächlich durch die Leitung fließt. Die Leitung kann vollständig vom Fluss ausgeschöpft werden, es kann keinen Fluss geben oder der Fluss kann nur einen Teil der Leitung füllen.

Mit der Frage nach dem maximalen Fluss, der durch ein Netzwerk transportiert werden kann, stößt man möglicherweise auf ein weiteres Verständnisproblem des Begriffes Fluss. Metaphorisch gesprochen ist es ja vorstellbar, dass man in Happurg an der Quelle steht und Energie in das Netzwerk einspeist. Die Energie macht sich sofort auf den Weg, so dass wieder Platz für neue Energie ist. So schüttet und schüttet man Energie in die Leitung und kann so unendlich lange fortfahren. Begreift man Fluss in dieser Art als die Menge Energie, die in Happurg in das Netzwerk gespeist wird, so stellt sich einem die Frage nach dem maximalen Fluss gar nicht, denn die hineinfüllbare Menge ist unbeschränkt. Fluss meint jedoch die Menge, die gleichzeitig – also nicht nacheinander – durch das Netz transportiert werden kann.

Dies wird vielleicht durch den Vekehrsfluss deutlicher. Es können sich zwar unbeschränkt viele Autos durch das Straßennetz Deutschlands bewegen, jedoch nicht gleichzeitig. Das lässt die Kapazität der einzelnen Straßen nicht zu, nach der nur eine bestimmte Menge Autos pro Zeiteinheit einen bestimmten Wegabschnitt passieren können. Andernfalls gäbe es keine Probleme mehr mit Staus. Da die Wegabschnitte unterschiedlich viele Autos vertragen können, wirkt sich ein schmaler Abschnitt direkt auf die davor befindlichen größeren Straßenabschnitte aus.

An diesen ersten Überlegungen wird ersichtlich, dass der Fluss sich nicht nur über sehr viele Wege von der Quelle zur Senke seinen Weg bahnen kann, sondern gleichermaßen, dass die Suche nach dem maximalen Fluss kein lokales Problem ist. Ein lokales Problem würde sich auf einen kleinen Ausschnitt des Graphen reduzieren. Stattdessen müssen bei jeder Erweiterung der Wege die Kapazitäten aller

Abbildung 6. Verkehrsfluss

schon behandelten Kanten des Graphen Berücksichtigung finden. Insbesondere beim letzten Schritt zur Senke hin, scheinen alle Kanten des Graphen eine Rolle zu spielen.

- Wie lässt sich dieses Zusammenspiel von lokalen und globalen Beobachtungen verknüpfen?

Nun könnte man so vorgehen, dass man den maximalen Fluss über einen Vergleich aller möglichen Wege bestimmt. In unserem Beispiel ist dies vermutlich noch möglich, doch stellen Sie sich vor, Sie wollen diesen Vergleich für das vollständige Verbundnetz mit allen Städten und Gemeinden Deutschlands durchführen, oder sie suchen den maximalen Fluss für das Autobahnnetz Europas. Beides würde zu einer kombinatorischen Explosion führen (vgl. Kapitel 1). Es muss also einen besseren Weg geben.

Sie werden sicher gesehen haben, dass es nicht ganz so einfach ist, ein geeignetes Verfahren zu entwickeln. Vielleicht sollten wir uns erst einmal darüber Gedanken machen, welche Eigenschaften so ein Engergiefluss überhaupt besitzt.

- Finden Sie möglichst gute Kriterien zur Charakterisierung des Flusses.

Im Weiteren wird der Fluss mit f bezeichnet. Auf Kanten bezogen, gibt der Fluss an, wie viele Einheiten durch die jeweilige Kante fließen. Auf Knoten bezogen, muss man zwischen dem Fluss unterscheiden, der in einen Knoten v hineinfließt, $f^-(v)$, und dem Fluss, der diesen Knoten wieder verlässt, $f^+(v)$.

1. Erst einmal sollte der Fluss auf allen Kanten nicht-negativ sein: $0 \leq f(e)$ für alle $e \in E$.
2. Des Weiteren sollte der Fluss, der in einen Knoten hinein fließt, auch denselben wieder verlassen, ›in Form‹ gebracht: $f^+(v) = f^-(v)$ für alle $v \in V$.

Dieser so genannte *Erhaltungssatz* sorgt dafür, dass der Fluss, der die Quelle verlässt, vollständig in die Senke mündet. Diese Aussage scheint auf der Hand zu liegen. Doch kann nicht trotzdem irgendwo ein Teil des Flusses versickern, z. B. wenn ein Teil des Flusses in entgegengesetzter Richtung zurückfließt? Summiert man den gesamten Fluss, der aus allen Knoten hinausfließt, so muss man lediglich die Gewichte aller Kanten summieren, denn jede Kante hat genau einen Anfangsknoten. Und da jede Kante auch nur eine Endknoten besitzt, erhalten wir den Gesamtfluss, der in alle Knoten hineinfließt, ebenfalls durch die Summe aller Kantengewichte. Da der Fluss in jedem Knoten – außer Quelle und Senke – erhalten wird (Erhaltungssatz!), ist die Gesamtsumme »Einfluss« und die Gesamtsumme »Ausfluss« gleich. Folglich muss der Fluss, der aus der Quelle hinausfließt, vollständig zur Senke gelangen. Damit wird der *Wert* des Flusses durch den Fluss bestimmt, der die Quelle verlässt. Aber aufgepasst! Es gibt eine Einschränkung: Es kann auch Fluss *in* die Quelle existieren. In dem Fall wird der Wert des Flusses durch die Nettomenge bestimmt, die aus der Quelle q hinausfließt, das ist die Menge, die hinausfließt ohne den Anteil, der hineinfließt: $f^+(q) - f^-(q)$.

Was noch fehlt ist – wie oben gesehen – die Beschränkung des Flusses durch die Kapazität:

3. Beim Energietransport – wie in vielen anderen realen Situationen – ist der Fluss durch die Kapazität der jeweiligen Leitung bzw. der jeweiligen Kante beschränkt: $f(e) \le c(e)$ für alle $e \in E$ (c steht für die Kapazität).

Diese Bedingung wird auch *Kapazitätsbeschränkung* genannt. $c(e)$ gibt die Kapazität an, die in realen Situationen nur Werte aus den nicht negativen rationalen Zahlen annimmt. Die Kapazitäten sind natürlich nicht negativ. Wenn etwas fließt, kann es nur positiv sein. Insofern ist der kleinste Wert, den die Kapazität sinnvollerweise annehmen kann, der Wert Null.

Fasst man die gewonnenen Erkenntnisse in formalisierter Form zusammen, so erhält man:

▌▌ *Eigenschaften eines Flusses*
1. $0 \le f(e)$ für alle $e \in E$.   (Nichtnegativität)
2. $f^+(v) = f^-(v)$ für alle $v \in V$.   (Erhaltungssatz)
3. $f(e) \le c(e)$ für alle $e \in E$.   (Kapazitätsbeschränkung)

Wie lässt sich das Problem nun in den Griff bekommen? Es bietet sich an, erst einmal einen überschaubaren Ausschnitt des Graphen zu betrachten.

Nehmen Sie sich den Ausschnitt zwischen Köln und Schweinfurt (vgl. Abbildung 3) vor, um erste Ideen zu sammeln. Die Verbindungen zu Knoten außerhalb des Graphen können Sie an dieser Stelle erst einmal unberücksichtigt lassen.

Sie wissen, es handelt sich um ein globales Problem, das bedeutet, Sie dürfen sich nicht ausschließlich auf einzelne Knoten oder Kanten konzentrieren. Wie würden Sie vorgehen?

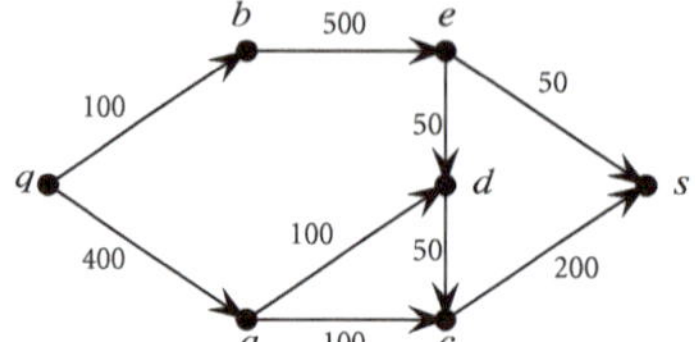

Abbildung 7. Modellierung des Ausschnittes zwischen Köln und Schweinfurt

- Sammeln Sie erst einmal intuitiv Strategien, um den maximalen Fluss zu bestimmen.
- Dann schauen Sie sich den Graphen genauer an: Wie könnte man beginnen? Welche Stellen im Graphen machen besondere Schwierigkeiten? Versuchen Sie einen möglichst großen Fluss zu finden und beobachten Sie, nach welchen Kriterien Sie die Wege wählen.
- Stellen Sie sich vor, Sie wären auf die Möglichkeiten eines Computers eingeschränkt. Dieser kann nur nach fest vorgegebenen Regeln Wege finden. Wie würden Sie diese Regeln formulieren, so dass ein Computer diesen Regeln blind folgen könnte und dennoch den maximalen Fluss findet?
- Überprüfen Sie Ihre Vermutungen und Ergebnisse an selbst erstellten Graphen.

Diese Arbeitsaufträge eignen sich ebenfalls gut für die Arbeit von Schülerinnen und Schülern an diesem Problem. Da es sich um Erkundungsprozesse handelt, in denen viele kreative Ideen gefordert sind, ist es wohl am besten, die Schülerinnen und Schüler in Kleingruppen arbeiten zu lassen. In einer Sammelphase hat man als Lehrperson dann die Möglichkeit, die verschiedenen Ansätze gegenüber zu stellen, um auf diese Weise sinnvolle Kriterien und Verfahren abzuleiten. Die nachfolgend aufgeführten Strategien können hierbei als Ergebnisse der einzelnen Lerngruppen zu Tage treten.

Welche Wege gibt es überhaupt?

Möchte man sich zuerst einen Überblick verschaffen über die möglichen Wege von der Quelle zur Senke, so kann man insgesamt vier Wege ausmachen. Die Kapazität des Weges

1. (q, b, e, s) beträgt 50
2. (q, b, e, d, c, s) beträgt 50
3. (q, a, c, s) beträgt 100
4. (q, a, d, c, s) beträgt 50

Der dritte Weg scheint der wichtigste von den vieren zu sein, da er die größte Kapazität besitzt. Doch gibt es weitere Wege? Gibt es Verbindungen zwischen den Wegen oder gar einzelne Kanten, die von mehreren Wegen verwendet werden?

Der erste Weg benötigt keine Kante des dritten Weges. Also können wir den Fluss über diese beiden Wege transportieren mit einem Gesamtfluss von 100 + 50 = 150.

Sie werden sicher schon laut »Halt!« gerufen haben. Zwar verliert man beim ersten Weg auf der letzten Kante von der zur Verfügung stehenden Kapazität sehr viel, doch lassen sich von den 100 Einheiten auf (q, e) 50 Einheiten über d und c weiter transportieren, wodurch sich der Fluss des dritten Weges um weitere 50 Einheiten erhöht. Das macht jetzt schon 200 Einheiten. Und, geht noch mehr?

Eine andere Herangehensweise eröffnet vielleicht weitere Optimierungsmöglichkeiten. Der maximale Fluss entlang eines Weges ist immer durch die kleinste Kapazität beschränkt. Insofern bietet es sich an, bei Wegen ohne Verzweigungen, die Kantengewichte auf das kleinste Gewicht (die kleinste Kapazität) entlang des Weges abzuändern und die Kantenfolge durch eine Kante mit diesem kleinsten Gewicht zu ersetzen. In dem Beispiel wird der Weg von q nach e über b durch eine Kante mit Gewicht 100 ersetzt (vgl. Abbildung 8).

Nach dem Erhaltungssatz ist der einfließende und ausfließende Fluss in jedem Knoten gleich. Aus dem Grund lässt sich das Kantengewicht der Kante zwischen c und s auf 150 reduzieren. Entsprechend können maximal 50 Einheiten von a nach d fließen, da zwischen d und c nicht mehr als 50 Einheiten verarbeitet werden können. Dies hat wiederum Auswirkungen auf das Gewicht zwischen q und a (vgl. Abbildung 9).

Jetzt wird schon deutlicher, dass mehr als 200 Einheiten wohl nicht in die Leitung passen. Dafür sind im Wesentlichen die Beschränkungen der Kanten zwischen d und c, a und c und zwischen e und s verantwortlich, deren Summe gerade 200 ist.

Aber ist das nicht erstaunlich? Selbst im Graphen in Abbildung 9 fließen noch 250 Einheiten aus der Quelle, aber nur 200 Einheiten zurück in Senke. Wo gehen die 50 Einheiten verloren? Verantwortlich dafür ist die Doppelbelegung der Kante zwischen d und c, die nur einmal 50 Einheiten transportieren kann.

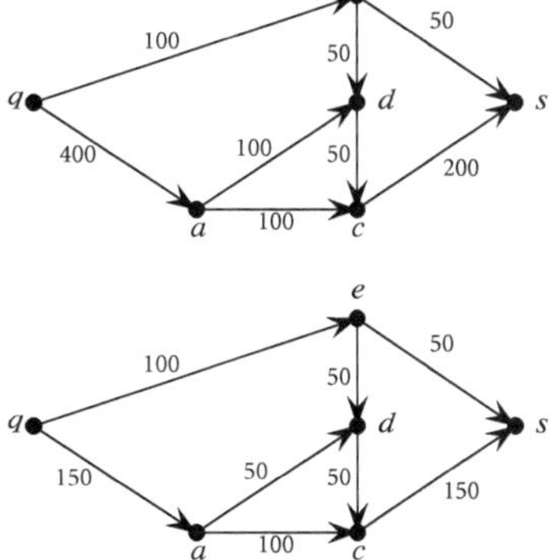

Abbildung 8. Vereinfachung des Graphen aus Abbildung 7

Abbildung 9. Vereinfachung des Graphen aus Abbildung 8

Von verschiedenen Standorten auf das Problem schauen

Sie sehen, der Vergleich aller Wege ist schon bei einer Anzahl von 4 Wegen ein sehr komplexes Unterfangen. Ändern wir deswegen noch einmal die Perspektive und wenden uns wieder dem Graphen in Abbildung 7 zu.

Vielleicht hilft der Vergleich der Kanten zwischen den Ebenen. Die Kanten zwischen Ebene 1 und Ebene 2 haben insgesamt 500 Einheiten Gesamtkantenkapazität, die Kanten zwischen der zweiten und dritten Ebene haben 700 Einheiten und die Kanten der letzten Ebene haben 250 Einheiten zu bieten. Jetzt fehlen noch die Kanten, die ganz in einer Ebene enthalten sind und wie oben schon deutlich wurde, besitzt eine von den beiden einen nicht unerheblichen Einfluss auf die Lösung.

- Haben Sie schon eine Idee, wie Sie die Kanten in einer Ebene berücksichtigen können? Welche anderen als die vertikalen Ebenen lassen sich noch erkennen und für die Fragestellung nutzbar machen?

Verändern sie noch ein weiteres Mal die Perspektive auf die Fragestellung. Statt darüber zu grübeln, wie sich der maximale Fluss konstruieren lässt, können Sie einmal umgekehrt fragen: Wie lässt sich der Fluss so blockieren, dass nichts mehr an der Senke ankommt? Es lässt sich annehmen, dass der Aufwand, eine solche Blockade aufzubauen, von der Größe der zu blockierende Energie abhängt. Oder anders ausgedrückt: Wenn man weiß, wie sich der Fluss mit möglichst geringem Aufwand blockieren lässt, dann müsste man auch wissen, wie groß der maximale Fluss ist.

Alltagserfahrungen nutzbar machen

Versetzen Sie sich einmal zurück in die Zeiten, in denen sie mit viel Eifer bemüht waren, den Wasserfluss in kleinen Bächen mit Staumauern aus Ästen und Steinen zu stoppen. Sie erinnern sich vielleicht daran, dass dies gar nicht so leicht war. Wohlmöglich hielt ein Teil der Staumauer, links und rechts von ihr zerstörte das Wasser jedoch immer wieder Ihre ausgeklügelten Konstruktionen. Vielleicht mussten Sie sogar verschiedene »Flussarme« gleichzeitig blockieren?

Nun sind Sie hier nicht in der Situation, im Wasser herum zu waten, um mit Steinen und Ästen den Wasserfluss zu behindern. In einem abstrakten Graphen ist dies auch deutlich einfacher. Dennoch können Überlegungen zum Bau von Staudämmen vielleicht nützlich sein. Stellen Sie sich vor, an den Stellen, an denen sie eine Blockade positionieren, fließt kein Wasser bzw. keine Energie mehr.

- Welche Kanten müssen sie blockieren, damit keine Energie mehr in Schweinfurt ankommt? Setzen Sie erst einmal ohne weitere Überlegungen Blockaden an verschiedene Stellen des Netzwerkes, so dass kein Fluss mehr in Schweinfurt ankommt.

Abbildung 10. Fleißige Dammbauer

- Wie gelingt dies mit dem geringsten Aufwand? Nun entfernen Sie Blockaden so, dass keine Energie nach Schweinfurt gelangt. Falls dies nicht möglich ist, tauschen Sie Kanten aus, so dass Kanten mit weniger Kapazität blockiert werden. Merken Sie sich, an welchen Stellen Sie die besten Staudämme bauen.
- Nun versuchen Sie Ihr Vorgehen zu systematisieren. Was müssen Sie alles beachten? Überlegen Sie auch, wie ein Computer vorgehen würde.

Netzwerkschnitte

Es reicht in der Regel nicht, nur eine Kante zu blockieren, da es – außer der Senke und der Quelle – keinen Knoten in dem Graphen gibt, in dem die gesamte Energie gebündelt wird (vgl. Abbildung 7). Sie müssen folglich solange Kanten blockieren, bis die Blockaden den Graphen in zwei Teile zerschnitten haben.

- In der Abbildung 11 sind zwei Möglichkeiten für Schnitte dargestellt. Im linken Bild werden Kanten mit einer größeren Gesamtkapazität zerschnitten als im rechten Bild. Welcher der beiden Schnitte ist nun der bessere?

Jetzt lassen sich die verschiedenen, gerade entwickelten Ideen produktiv einsetzen. Im ersten Ansatz wurden die Kantengewichte reduziert, da der Fluss nicht größer sein kann als die kleinste Kapazität auf diesem Weg. Denn es passt nur soviel Fluss

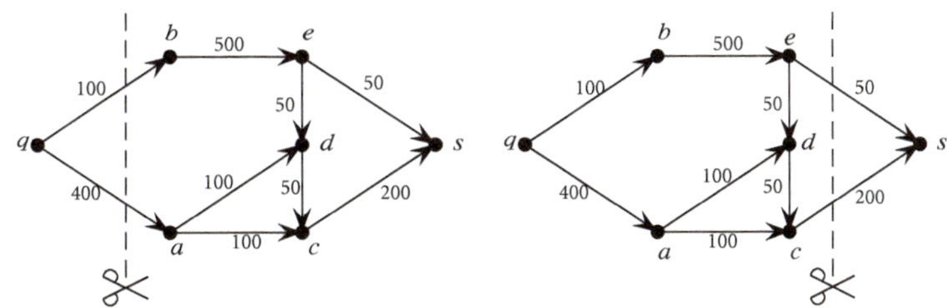

Abbildung 11. Vertikale Schnitte durch das Netzwerk

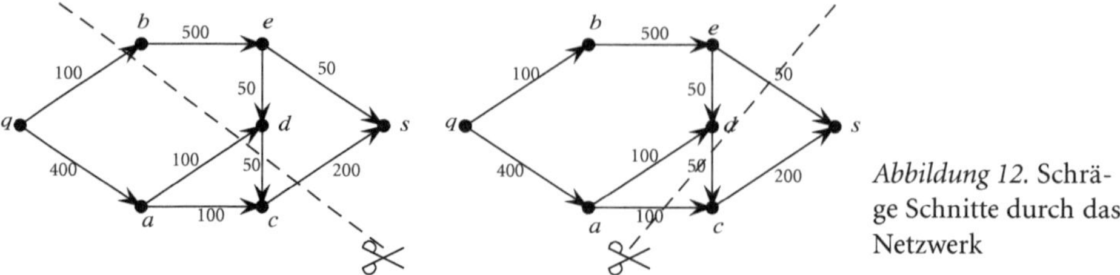

Abbildung 12. Schräge Schnitte durch das Netzwerk

durch das Netzwerk wie der kleinste Schnitt es zulässt. Damit ist der Schnitt im zweiten Bild der bessere. Da der Gesamtfluss die beiden Kanten des Schnitts (e, s) und (c, s) passieren muss, kann es keinen größeren Fluss als 250 geben. Hinter diesem Vorgehen steht auch der Gedanke, die Kanten zwischen den einzelnen Ebenen gemeinsam zu betrachten. Dies geschieht gerade durch die vertikalen Schnitte.

Nun lässt sich die Idee der Schnitte aber noch verallgemeinern. Nicht nur die vertikalen Schnitte führen zu Kantenmengen, die überbrückt werden müssen, sondern jeder andere Schnitt, der den Graphen zweiteilt, erzeugt Kanten, die vom Gesamtfluss überbrückt werden müssen. Abbildung 12 zeigt zwei Möglichkeiten.

Im linken Schnitt erhält man eine Summe von 400 Einheiten für die Gesamtkapazität, im rechten Bild sind es 200 Einheiten. Sie fragen sich sicher, wie der erste Wert von 400 Einheiten zustande kommt. Müssten es nicht 450 oder gar nur 350 Einheiten sein?

Bei einem Schnitt muss die Richtung des Schnitts berücksichtigt werden, da – wie im ersten Bild – Kanten auch in die andere Richtung weisen können. Im linken Bild von Abbildung 12 ist die Kante zwischen d und c eine solche Kante, da aus d 50 Einheiten zurück auf die Seite der Quelle fließen. Ingesamt fließen 150 Einheiten in d hinein, davon 100 über die Schnittkante (a, d). Damit gehen die ganzen 100 Einheiten aus a »verloren«. Aber das liegt nicht allein an der Rückwärtskante, sondern auch daran, dass aus d keine Energie in Richtung Senke hinausfließen kann. Doch dies muss nicht immer so sein.

Vorwärts oder Rückwärts

■ Betrachten Sie das Netzwerk in Abbildung 13. Bestimmen Sie einen geeigneten Schnitt.

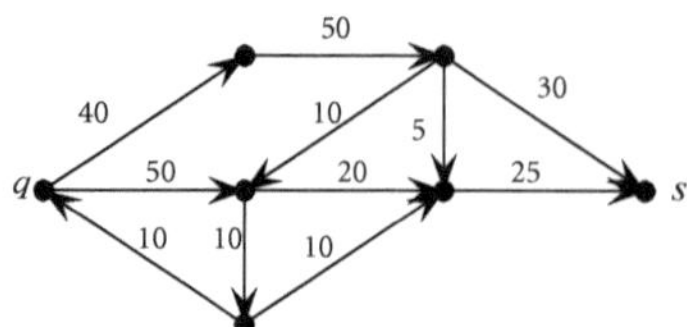

Abbildung 13. Wo ist der beste Schnitt?

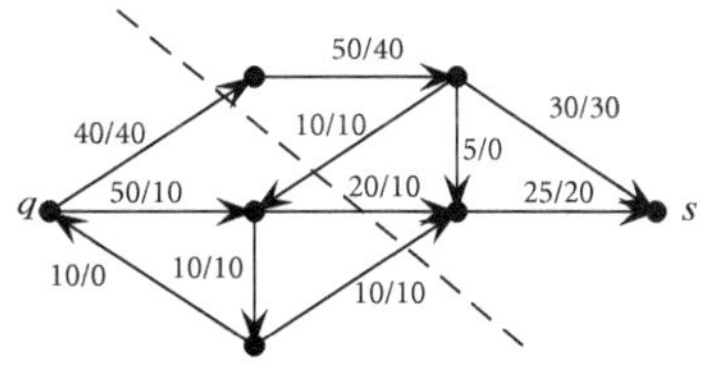

Abbildung 14. Schnitt mit Rückwärtskante

Zum besseren Vergleich von Fluss und Kapazität sind ab Abbildung 14 die Kapazitäten und die Flüsse nebeneinander aufgeführt: Kapazität/Fluss. Der Schnitt hat drei Vorwärtskanten und eine Rückwärtskante. Die Kapazität der drei Vorwärtskanten wird vom Fluss vollständig in Richtung Senke ausgenutzt. Es ist in dieser Konstellation sogar so, dass die 10 Einheiten der Rückwärtskante benötigt werden, um die mittlere bzw. die untere Vorwärtskante in ihrer Kapazität voll auszuschöpfen. 10 Einheiten kommen dafür von der mittleren von q ausgehenden Kante.

Mit diesem Beispiel wird deutlich, dass zur Bestimmung der Kapazität in einem Schnitt nur die Vorwärtskanten berücksichtigt werden sollten, da in ihnen das Potential für den maximalen Fluss enthalten ist.

Was aber an diesem Beispiel ebenfalls sichtbar wird: Anders als die Kapazität, muss der Wert des Flusses an allen Knoten – außer der Quelle und der Senke – dem Erhaltungssatz genügen: Alles, was in einen Knoten hineinfließt, muss aus ihm auch wieder hinausfließen. Und man kann noch mehr sehen. Der Nettofluss in der Quelle beträgt 50 Einheiten. Nimmt man eine beliebige Knotenmenge, z. B. die drei Knoten der ersten Ebene, so besitzen diese einen Gesamtnettofluss von 0 Einheiten. Alles, was in die Knoten hineinfließt, fließt auch wieder raus. Sobald man die Quelle hinzunimmt, beträgt der Nettofluss wiederum 50 Einheiten. Daher lässt sich der Wert des Flusses nicht nur als Nettofluss der Quelle begreifen, sondern gleichermaßen als Nettofluss jeglicher Knotenmenge, die die Quelle aber nicht die Senke enthält.

Ob eine Kante Vorwärts- oder Rückwärtskante ist, hängt von der »Richtung« des Schnitts bzw. von der Lage der Quelle ab. Um zukünftig die Richtung eines Schnitts schnell erkennen zu können und die Überlegungen auch formal greifbar und zugänglich zu machen, werden die nachfolgenden Bezeichnungen eingeführt. Sei X die Menge der Knoten, die auf der einen Seite des Schnitts liegen und die Quelle enthalten, dann beinhaltet das Komplement $\overline{X}$ von X gerade alle anderen Knoten, inklusive der Senke. Ein *Schnitt* soll dann durch die Menge der Kanten $(X, \overline{X})$ bezeichnet werden. Die *Kapazität* $c(X, \overline{X})$ des Schnitts ist gegeben durch die Summe der Kapazitäten aller Kanten, die aus der Menge X in die Menge $\overline{X}$ verlaufen:

$$c(X, \overline{X}) = \sum_{e \in (X, \overline{X})} c(e)$$

Betrachtet man die Kapazitäten im Schnitt des rechten Bildes in Abbildung 12 als tatsächlichen Fluss, der durch diese Kanten fließt, erhält man offenbar den maximalen Fluss. Zugleich beinhaltet der Schnitt die zuvor als wesentlich erkannten Kanten $((a, c), (d, c), (e, s))$. Um sicher zu gehen, dass dies tatsächlich die optimale Lösung ist, müssen alle anderen Schnitte betrachtet werden. In diesem Graphen ist das sicher eine lösbare Aufgabe.

- Vergleichen Sie die Schnitte und entsprechenden Kapazitäten miteinander. Verschieben Sie dazu die Schnittgerade und beobachten Sie jeweils die Auswirkungen auf die Kapazitätssumme.

Stellen wir drei der eben gemachten Erkenntnisse noch einmal heraus:

1. Der Wert des Gesamtflusses ist gleich dem Nettofluss über die Knoten eines Schnitts:
$$w_f = f^+(X) - f^-(X).$$
2. Der Wert des Gesamtflusses ist gleich dem Nettofluss über die Kanten des Schnitts:
$$w_f = f(X, \overline{X}) - f(\overline{X}, X).$$
3. Der Wert des Gesamtflusses über die Kanten eines Schnitts ist kleiner als die Kapazität des Schnitts.

Dies bildet die Grundlage für die Gültigkeit der folgenden zentralen Aussage:

▌▌ *Beschränktheit des Flusses*
Der Wert des maximalen Flusses in einem Netzwerk ist höchstens so groß wie die Kapazität des minimalen Schnitts, bzw. formal ausgedrückt:
$$\max(w_f) \leq \min\left(c(X, \overline{X})\right)$$

Wenn jeder Fluss kleiner ist als jeder Schnitt, ist natürlich auch der maximale Fluss kleiner als der minimale Schnitt. In dem Teilgraphen des Energietransportproblems war der maximale Fluss sogar gleich dem minimalen Schnitt. Das lag daran, dass es über die Schnittkanten keinen Rückfluss gab und die Kapazitäten der Schnittkanten vom Fluss vollständig ausgenutzt wurden. Doch ist das immer so?

Bislang haben Sie versucht, den maximalen Fluss über die Konstruktion von Schnitten zu gewinnen. Vielleicht ist es auch möglich, aus einem gegebenen Fluss einen maximalen Fluss zu erzeugen.

- Nehmen Sie sich noch einmal den Ausschnitt Köln–Schweinfurt vor. Erzeugen Sie dort einen beliebigen, am besten aber noch nicht maximalen Fluss, und versuchen Sie den Wert des Flusses sukzessive zu erhöhen.
  Was müssen Sie dabei beachten? Welche Werte des Graphen sind für Sie wichtig? Wie erkennen Sie, wann Sie fertig sind?

- Erfinden Sie selbst Graphen und probieren ihre Technik aus. Unterscheiden Sie zu Beginn zwischen Graphen mit Rückwärtskanten und Graphen ohne Rückwärtskanten.
- Wenn Sie eine tragfähige Strategie gefunden haben, formulieren Sie diese als Algorithmus.

Wie lässt sich ein Fluss maximieren?

In dem letzten Beispiel haben Sie vielleicht bemerkt, dass eine Erweiterung eines nicht maximalen Flusses dann möglich ist, wenn es einen Weg gibt, der an keiner Kante des Weges die volle Kapazität ausgenutzt hat. Die Wege in den nachfolgenden Abbildungen sind Ausschnitte aus dem in Abbildung 15 dargestellten Netzwerk.

- Suchen Sie die in Abbildung 16 und 17 dargestellten Wege im Netzwerk in Abbildung 15. Lässt sich der Wert des Flusses jeweils noch erhöhen? Warum gilt der Erhaltungssatz in diesen Ausschnitten nicht?

Der Fluss in Abbildung 16 könnte um 10 Einheiten erhöht werden, da die Differenz zur kleinsten Kantenkapazität gerade 10 Einheiten beträgt (vgl. Abbildung 18). Bei der Erweiterung der Flüsse müssen natürlich alle miteinander vernetzten Kantenflüsse verändert werden, sonst gilt der Erhaltungssatz in den einzelnen Knoten des gesamten Netzwerkes nicht mehr; lediglich in der Senke und der Quelle muss nicht erhalten, sondern vergrößert werden.

Eine weitere Störgröße sind die Rückflüsse, das sind Rückwärtskanten auf einem Weg von q nach s (vgl. Abbildung 17). Die Tilgung dieser Werte müsste ebenfalls positiven Einfluss auf die Steigerung des maximalen Flusses besitzen (vgl. Abbildung 19).

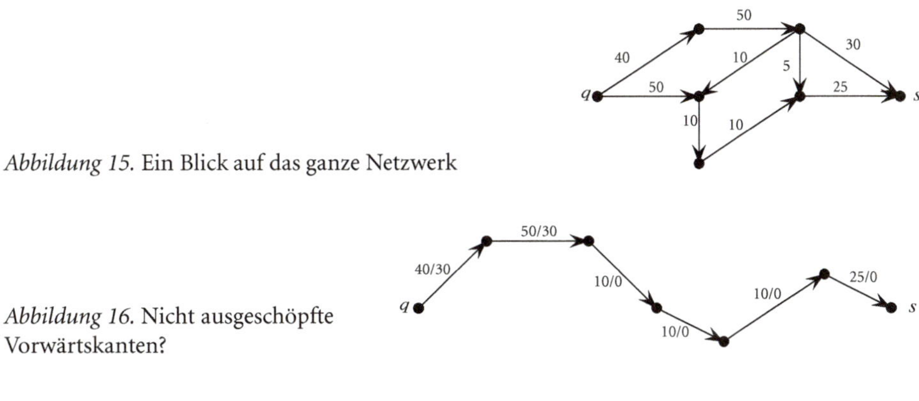

Abbildung 15. Ein Blick auf das ganze Netzwerk

Abbildung 16. Nicht ausgeschöpfte Vorwärtskanten?

Abbildung 17. Nicht ausgeschöpfte Rückwärtskanten?

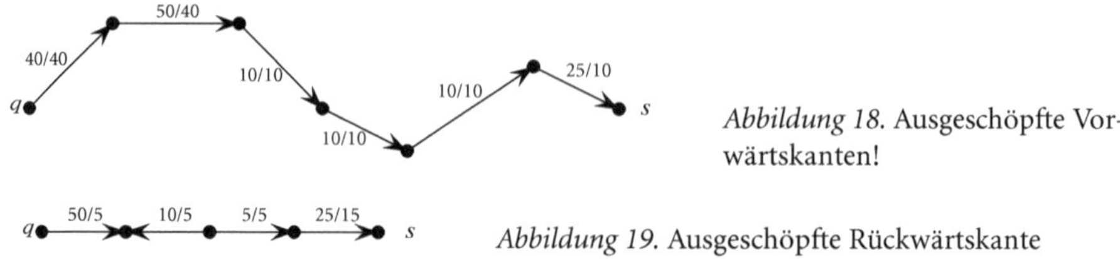

Abbildung 18. Ausgeschöpfte Vorwärtskanten!

Abbildung 19. Ausgeschöpfte Rückwärtskante

Der Fluss über die Rückwärtskante mit der Kapazität von 10 Einheiten wird
um 5 Einheiten vermindert. Im Sinne des Erhaltungssatzes erhöht sich der Fluss
auf allen Vorwärtskanten des Weges von q nach s. Eine Verminderung um die
ganzen 10 Einheiten ist nicht möglich, da sonst die Kapazität auf der benachbarten
Vorwärtskante überschritten würde.

Doch wo fließen die 5 Einheiten, um die der Fluss gerade erhöht wurde, nun
eigentlich her? Der Fluss auf den Kanten aus der Quelle und in die Senke ist um
jeweils 5 Einheiten erhöht worden, diese 5 Einheiten können aber nicht über die
Rückwärtskante von der Quelle zur Senke fließen. Zudem ist es sehr überraschend,
dass die Rückwärtskante über positiven Fluss verfügt. Folglich muss sie im Laufe
des Prozesses einen Beitrag zur Flusserhöhung geleistet haben. Ein Blick auf das
gesamte Netzwerk kann hier helfen.

Im linken Bild der Abbildung 20 ist die Situation aus Abbildung 16 dargestellt
und im mittleren Bild die Situationen aus den Abbildungen 17 und 18. Nun fällt
die Beantwortung der letzten Frage leicht. Im ersten Bild ist die entscheidende
Kante noch eine Vorwärtskante und im zweiten Bild ist sie dann eine Rückwärtskante. Damit ist klar, dass die Charakterisierung als Rückwärts- oder Vorwärtskante nicht für alle Zeiten als feststehend angesehen werden kann, sondern immer
von dem jeweiligen Weg, in dem die Kante sich befindet, abhängt.

Auch die Frage danach, an welchen Stellen der Fluss sich erhöht, wenn der
Fluss an einer Rückwärtskante vermindert wird, kann beantwortet werden. In
Bild 2 liefen noch 10 Einheiten in die »Rückwärtskante«. Durch die Verminde-
rung um 5 Einheiten an dieser Kante, müssen diese 5 Einheiten jetzt anders ihren
Weg zur Senke finden. Eine entsprechende Möglichkeit liefert die vertikal nach
unten laufende Kante mit einer Kapazität von 5. Diese Kante lässt sich nur des-

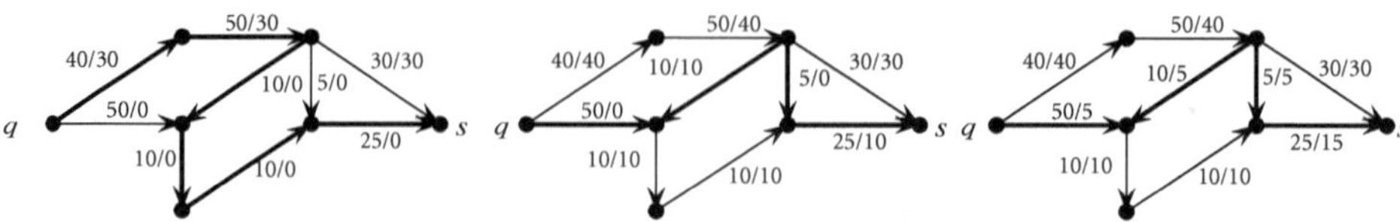

Abbildung 20. Die Rückwärtskante im gesamten Netzwerk

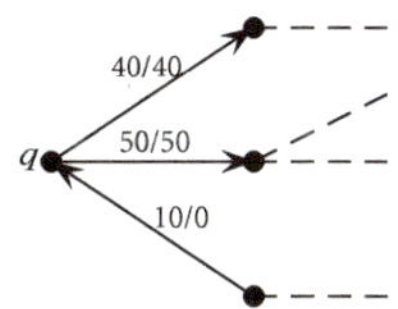

Abbildung 21. Eine ungesättigte Rückwärtskante

wegen nutzen, da sie Teil eines erweiterbaren Weges ist, ein so genannter *ungesättigter Weg*. Da nun aber am Ende der »Rückwärtskante« 5 Einheiten weniger ankommen, müssen die von einer anderen Kante wieder aufgefüllt werden. Das übernimmt die untere Kante zur ersten Ebene, die von ihren 50 Einheiten 5 dazusteuert, damit der Weg »unten« keine Verluste hinnehmen muss.

■ ■ *Erweiterung von ungesättigten Wegen*
Ein ungesättigter Weg lässt sich erweitern, wenn zwei Bedingungen erfüllt sind:
1. Der Wert des Flusses jeder Vorwärtskante auf einem Weg von der Quelle zur Senke ist kleiner als ihre Kapazität.
2. Der Wert des Flusses jeder Rückwärtskante auf einem Weg von der Quelle zur Senke ist positiv.

Zur Erzeugung eines maximalen Flusses bietet sich somit an, von der Quelle ausgehend ungesättigte Wege zur Senke zu suchen und diese zu erweitern. Angenommen, es gibt dann irgendwann keinen ungesättigten Weg mehr von q nach s, hat man dann den maximalen Fluss gefunden? Zumindest müsste es mindestens einen Schnitt geben, bei dem der Fluss auf jeder Vorwärtskante die volle Kapazität nutzt und auf den Rückwärtskanten kein Fluss vorhanden ist. Dies müsste der max. Fluss sein. Das hört sich plausibel an, doch ist es tatsächlich so?

■ Versuchen Sie eine schlüssige Argumentation zu finden, und testen Sie sie an verschiedenen Beispielen.

Kleinster Schnitt trifft größten Fluss

Sie haben bei Ihren Beispielen vermutlich damit begonnen, den maximalen Fluss zu suchen, indem sie Schritt für Schritt die Flüsse erhöht haben, bis sie keinen Weg mehr mit ungesättigten Kanten finden konnten. An dieser Stelle setzt unsere Argumentation ein.

Nehmen wir also an, dass kein ungesättigter Weg mehr existiert. Zur Erzeugung eines maximalen Flusses ist es sinnvoll, an der Quelle zu starten, und nur Wege zu verfolgen, die noch ungesättigt sind. Wenn Sie direkt zu Beginn bei der Untersuchung der Kanten auf der ersten Ebene keine ungesättigte Kante mehr finden können, haben Sie schon einen Schnitt gefunden, bei dem die Summe der Kapazitäten dem maximalen Fluss entspricht (in Abbildung 21 ist eine Kante noch ungesättigt).

Ansonsten werden Sie bei jedem Weg früher oder später auf eine gesättigte Kante stoßen, da es ja keinen ungesättigten Weg von der Quelle zur Senke gibt. Die Menge aller von der Senke aus über ungesättigte Wege erreichbaren Knoten bildet die Menge X. Damit ist $(X, \overline{X})$ ein Schnitt, da in X die Quelle aber nicht die Senke enthalten ist. Mit dieser Konstruktion von X ist klar, dass jede Kante des Schnitts gesättigt ist, da andernfalls der Endknoten der Kante, die aus X »herausschaut«, ja auch zu X gehören müsste. Dies gilt gleichermaßen für die Rückwärtskanten des Schnitts. Wenn diese einen positiven Fluss besäßen, könnten sie nicht Teil des definierten Schnitts sein.

Damit ist der Wert des Flusses gleich der Summe der Kapazitäten des Schnitts. Das muss dann der maximale Fluss sein. Dies zeigt die zentrale Aussage dieses Kapitels:

▌ *MaxFlow-MinCut-Satz*
Der maximale Fluss in einem Netzwerk ist gleich der Kapazität des minimalen Schnitts: $\max w_f = \min(c(X, \overline{X}))$.

Auf der Suche nach einem Algorithmus

Die Konstruktion der Menge X, die zu diesem schönen Satz geführt hat, liefert zugleich die Grundlage, ein Verfahren zur Erzeugung eines maximalen Flusses zu generieren. Versuchen Sie einmal Ihr Glück an dem Graphen in Abbildung 22. Beginnen Sie so, dass Sie den Startfluss gleich Null setzen.

Im ersten Bild kann der Fluss auf dem Weg (q, b, e, s) um 50 Einheiten erhöht werden. Das entspricht der kleinsten Differenz zwischen Kapazität und Fluss auf diesem Weg. Der Weg wird markiert und die 50 Einheiten werden ergänzt, wodurch man einen gesättigten Weg erhält (vgl. Abbildung 23). Eine Veränderung des Flusses muss natürlich entlang des ganzen Weges vorgenommen werden, da andernfalls dem Erhaltungssatz widersprochen wird.

Der Fluss lässt sich ebenfalls über den Weg entlang (q, a, c, s) erhöhen. Die kleinste Differenz beträgt auf diesem Weg 100 Einheiten.

Um in größeren Graphen nicht die Übersicht zu verlieren, sollte man wesentliche Aspekte des Verfahrens dokumentieren. Es werden Wege von der Quelle zur Senke gesucht, die die beiden oben genannten Bedingungen erfüllen. Das bedeutet, der Weg muss immer an der Quelle beginnen und er lässt sich nicht fortfüh-

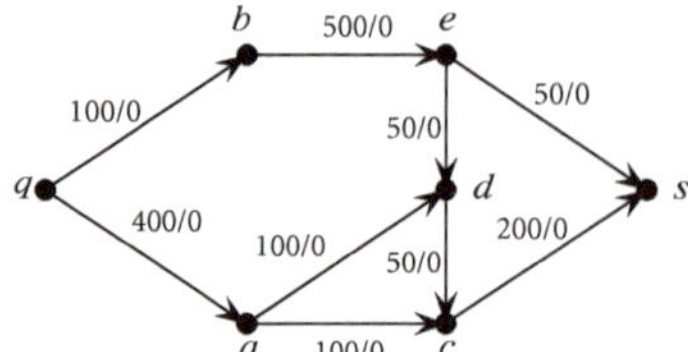

Abbildung 22. Wie groß ist der maximale Fluss?

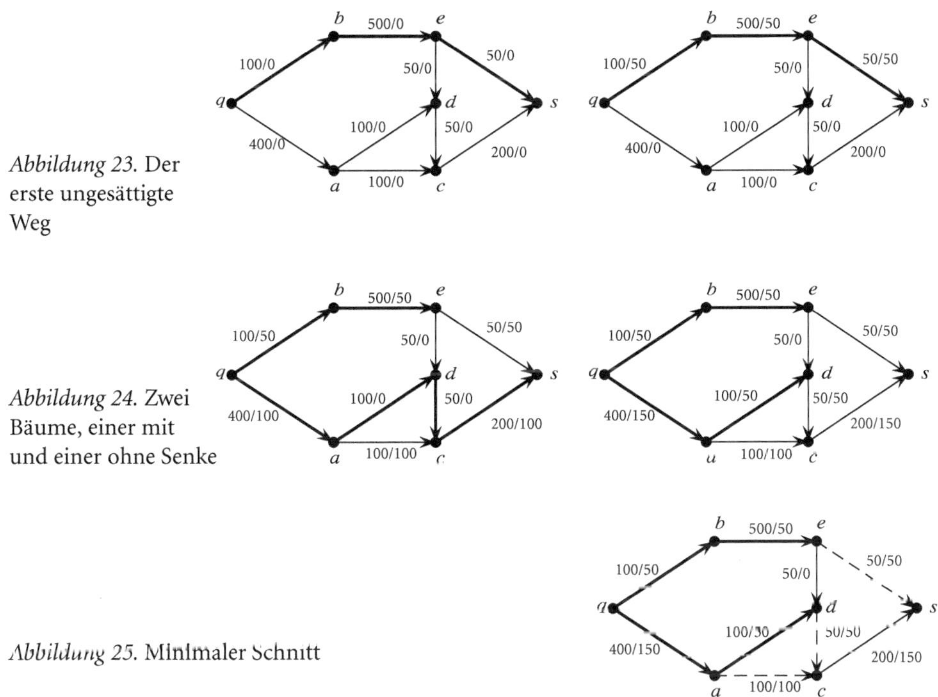

Abbildung 23. Der erste ungesättigte Weg

Abbildung 24. Zwei Bäume, einer mit und einer ohne Senke

Abbildung 25. Minimaler Schnitt

ren, wenn er entlang von Kanten verläuft, die gesättigt sind oder keinen Rückfluss besitzen. Insofern bietet es sich an, einen Baum mit ungesättigten Wegen zu konstruieren, der keine Verbindung mehr zur Senke besitzt. Ein Baum ist ein zusammenhängender Graph ohne Kreise (vgl. Kapitel 3). Der Baum nach Erzeugung der ersten beiden Wege ist im linken Bild von Abbildung 24 dargestellt.

Der Weg über die oberen Kanten stoppt bei e, da die Kante zwischen e und s schon gesättigt ist. Eine Verlängerung wäre denkbar gewesen über die Kanten nach d, c und s. Jedoch wird die Kante zwischen d und c schon von dem anderen fett gekennzeichneten Weg beansprucht, der über diese Kante 50 Einheiten transportiert. Der daraus entstehende neue Baum ist ebenfalls in Abbildung 24 abgebildet. Nun ist kein ungesättigter Weg mehr erzeugbar. Der maximale Fluss hat somit einen Wert von 200 Einheiten.

Dies lässt sich an dem Flusswert der Kanten ablesen, die in die Senke fließen, aber auch an den Kanten, die direkt an den Knoten des Baumes anschließen und in Richtung der Senke weisen. Diese Kanten sind gesättigt und damit auch Kandidaten für einen minimalen Schnitt (vgl. punktierte Kanten in Abbildung 25).

Dies ist tatsächlich ein minimaler Schnitt, da die Kanten in ihrer Summe die zur Verfügung stehende Kapazität ausnutzen und damit den Wert für den maximalen Fluss liefern. Die Kante (d, e) wird nicht dazu gezählt, da sie den Baum zu einem Kreis schließen würde und insofern keinen Beitrag auf dem Weg zur Senke liefert.

Dieses Verfahren führt immer zu einem maximalen Fluss, da die Kapazitäten nur Werte in den rationalen Zahlen besitzen und das Verfahren der Flusserweiterung irgendwann abbrechen muss.

Als Abrundung lässt sich nun der entsprechende Algorithmus formulieren.

▌▌ *Algorithmus zur Erzeugung eines maximalen Flusses und des entsprechenden minimalen Schnitts (Ford und Fulkerson)*

1. Schritt Erzeuge einen Baum aus ungesättigten Wegen. Alle Wege starten bei q und weisen in Richtung s. Existiert in diesem Baum kein ungesättigter Weg zwischen Quelle und Senke, so gehe zu Schritt 4. Ansonsten gehe zu Schritt 2.

2. Schritt Bestimme entlang eines ungesättigten Weges die kleinste Differenz zwischen Kapazität und Fluss aller Vorwärtskanten. Bestimme für alle Rückwärtskanten den Fluss. Wähle die kleinste dieser Zahlen.

3. Schritt Addiere den Fluss jeder Vorwärtskante dieses Weges mit dem im 2. Schritt bestimmten Wert und ziehe diesen Wert bei jeder Rückwärtskante ab. Gehe zum ersten Schritt.

4. Schritt Markiere alle Kanten, die einen gemeinsamen Knoten mit dem Baum besitzen, nicht zum Baum gehören und vom Baum weg in Richtung Senke weisen. Diese Kanten ergeben den minimalen Schnitt. Stopp!

- Wenden Sie den Algorithmus auf den Graphen aus Abbildung 14 an. Den Graph kennen Sie in Teilen ja schon.

- Wenn Sie fertig sind, variieren Sie Ihr Vorgehen, indem Sie als Startweg einen anderen ungesättigten Weg nehmen, aber achten Sie dabei auf Rückwärtskanten.

Zuerst wird ein Baum von q nach s über die oberen Knoten erzeugt. Die kleinste Differenz beträgt 30, so dass der Fluss um 30 Einheiten erhöht wird (vgl. Abbildung 26).

Dann wird ein zweiter Baum mit einem recht langen ungesättigten Weg erzeugt und der Fluss entsprechend um zehn Einheiten erhöht, da die dritte, vierte

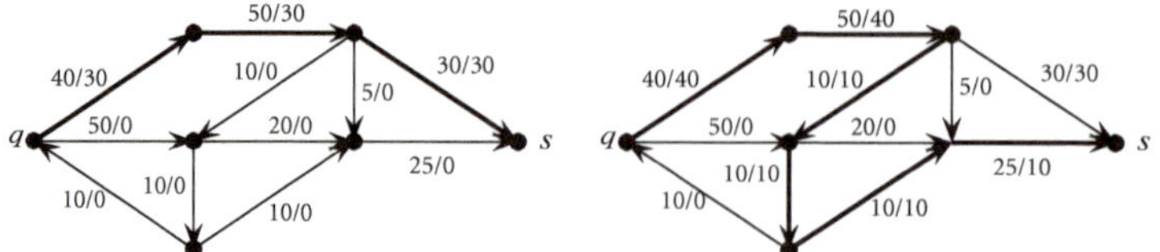

Abbildung 26

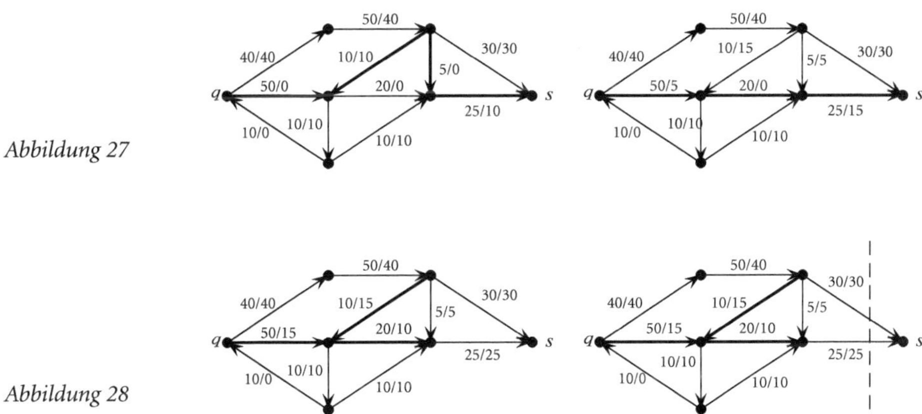

Abbildung 27

Abbildung 28

und fünfte Kante jeweils nur Kapazitäten von 10 Einheiten besitzen und die erste Kante auch nur noch 10 Einheiten übrig hat (vgl. Abbildung 26).

Der nun zu konstruierende Baum besitzt eine Rückwärtskante, deren Fluss um 5 verkleinert wird, da in der sich anschließenden Kante eine Flusssteigerung von 5 Einheiten möglich ist (vgl. Abbildung 27).

Jetzt hat man noch die Möglichkeit, den geraden Weg von q nach s zu sättigen, indem man die fehlenden 10 Einheiten der letzten Kante ergänzt (vgl. Abbildung 27).

Schlussendlich erhält man einen Baum, der keinen ungesättigten Weg mehr enthält und ist somit bei Schritt 4 des Algorithmus angelangt (vgl. Abbildung 28). Was noch fehlt, ist die Kennzeichnung des Schnitts, der nur aus Kanten der letzten Ebene besteht und auf einen maximalen Fluss der Stärke von 55 Einheiten weist.

Nun besitzen Sie alle Werkzeuge, den Fluss zur Problemsituation des Energietransportes zu bestimmen. Zur Kontrolle sei Ihnen verraten, dass der minimale Schnitt eine Kapazität von 600 MW besitzt.

3 Wer wird erster?

Diese Problemstellung wirkt erst einmal gar nicht so, als wäre sie mit den gerade entwickelten Methoden bearbeitbar. Es scheint sich keine Möglichkeit zu offenbaren, Ereignisse oder Beziehungen in der Handballtabelle als Fluss zu interpretieren.

Die Fragestellung besteht darin, die Punkte aus den einzelnen Spielen so zu verteilen, dass keine der beteiligten Mannschaften mehr als 12 Punkte erhält. In einem solchen Fall ist der Merlinger SV, der nach Ansicht der Trainerin alle verbleibenden Spiele gewinnt, Gruppensieger. Ein Blick auf die Tabelle (vgl. S. 237) zeigt, dass Mannschaften wie Heimberg, Kastfurt oder auch Rotmund weniger Spiele als die anderen Mannschaften gewinnen dürfen. Schon drei Siege und ein Unentschieden würden einer der drei Mannschaften reichen, um den Merlinger SV aussichtslos aus dem Rennen zu schmeißen. Da es noch vier Spiele zwischen diesen Mannschaften gibt, an denen der BVB Rotmund und der FHC Kastfurt jeweils dreimal beteiligt sind, stehen ingesamt acht Punkte für alle drei bzw. sechs Punkte für zwei Mannschaften zur Verfügung, die ganz sicher an diese Mannschaften verteilt werden. Insofern scheint hier ein Zuordnungsproblem von Spielpunkten auf Mannschaften vorzuliegen. Damit fällt dieses Problem möglicherweise in den Bereich der Matching-Probleme auf bipartiten Graphen (vgl. S. 203).

Spiele und Mannschaften

Ein *bipartiter Graph* ist – wie das Wort schon sagt – ein Graph, der aus zwei Teilen oder genauer aus zwei Knotenmengen besteht. Zwischen den Knoten innerhalb *einer* Menge existiert keine Zuordnung, also keine Kanten, nur zwischen den Knoten von verschiedenen Mengen gibt es entsprechende Verbindungen. Bei Matching-Problemen auf bipartiten Graphen versucht man die Elemente zweier Mengen so zuzuordnen, dass niemals zwei Kanten in ein und demselben Knoten münden. Das bedeutet, dass es keinen Knoten mit mehr als einem Nachbarn gibt. *Nachbarn* sind gerade die Knoten, die gemeinsam die Endknoten *einer* Kante sind. Um ein möglichst gutes Matchings zu realisieren, muss diese Zuordnung optimal gestaltet werden, das heißt im besten Fall, dass alle Knoten zugeordnet sind und dabei die Gewichte auf den Kanten möglichst gut ausgenutzt werden. *Gewichte* geben den Wert der Kanten an.

- Überlegen Sie, welche beiden Mengen man hier bilden könnte. Wie lässt sich ein entsprechendes Matching-Problem formulieren?

Wenn man die Mannschaften als Elemente beider Mengen zugrunde legt und die Spiele als Kanten zwischen ihnen betrachtet, so ließen sich die Kantengewichte gerade als die erzielten Punkte in einem Spiel interpretieren. Ein Matching zu finden, macht hier wenig Sinn, da auf diese Weise jede Mannschaft im »optimalen« Fall nur ein Spiel absolvieren muss. Zudem ließen sich die maximal zu erzielenden Punktezahlen pro Mannschaft in dieses Modell nicht sinnvoll integrieren.

Ordnet man stattdessen die Spiele den Mannschaften zu, so sind die Kantengewichte ebenfalls die Punkte pro Spiel. Da ein Spiel aber auch unentschieden enden kann und somit beide Mannschaften Punkte bekommen können, gehen von den Spielen zwei Kanten aus. Die kann man nicht unter den Tisch fallen lassen, da auf diese Weise wichtige Punkte für die Endabrechnung verloren gehen.

Insgesamt existieren mehr Spiele als Mannschaften und zudem beziehen die Mannschaften aus mehr als einem Spiel Punkte. Daher handelt es sich hier an-

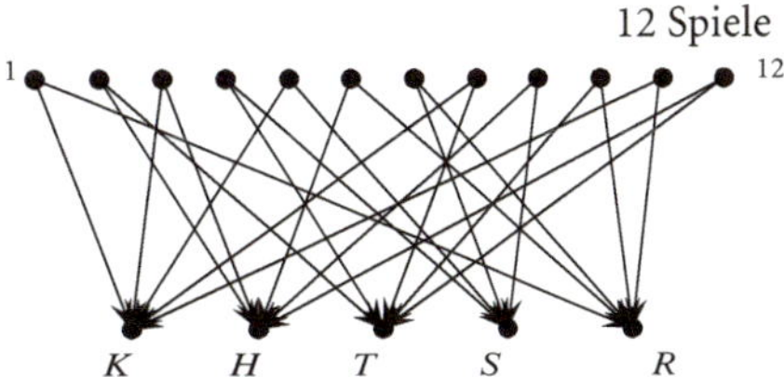

Abbildung 29. Spiele und Mannschaften

scheinend doch nicht um ein Matching-Problem. Oder haben Sie eine andere Möglichkeit einer vernünftigen Modellierung gefunden?

Eine Schwierigkeit, die in beiden Ansätzen zu Tage tritt, ist die fehlende Einbindung der Beschränktheit der zu erzielenden Punkte. In der Theorie der Flüsse und Netzwerke scheinen diese Grenzen die Kapazitätsbeschränkungen zu sein. Die Zuordnung Spiele zu Mannschaften suggeriert zudem, dass die Punkte von den Spielen zu den Mannschaften fließen.

- Versuchen Sie, die Zuordnung Spiele zu Mannschaften mit den gerade getroffenen Interpretationen zu einem Netzwerk zu erweitern. Welche Funktionen übernehmen die beiden Knoten Quelle und Senke?

Die Spielpunkte fließen von den Spielen zu den Mannschaften. Doch woher kommen die Punkte zu den Spielen? Eine Formulierung in der Problemstellung kann hier helfen: » Der Merlinger SV gewinnt alle seine nächsten Spiele. Damit streiten die anderen Mannschaften noch um insgesamt vierundzwanzig Punkte. Die werden auf die verbleibenden Spiele verteilt; die Punkte aus den Spielen werden – je nach Sieg, Niederlage oder Unentschieden – an die Mannschaften vergeben, aber die gegnerischen Mannschaften dürfen am Ende der Saison nicht mehr Punkte als der Merlinger SV haben.«

Es fließen also 24 Punkte zu den Spielen und von den Spielen fließen wiederum Punkte in die Gesamtwertung. Dann ist die Quelle der Ausgangspunkt für die 24 Punkte *vor* den Spielen, die mit einer Kapazität von 2 Einheiten auf die Spiele verteilt werden und die Senke repräsentiert die Gesamtsumme der Punkte *nach* den Spielen, die in die Tabelle »fließen«. Und hier kommen die Punktebeschränkungen der Vereine ins Spiel. Auf den Kanten zur Senke dürfen bestimmte Kapazitäten nicht überschritten werden. So darf beispielsweise der 1. FC Heimberg oder der FHC Kastfurt nicht mehr als 6 Punkte bekommen.

Die Gesamtkapazität der Kanten auf der letzten Ebene beträgt 37 Punkte. Das sind 13 Punkte mehr als aus der Quelle fließen. Das sieht recht erfolgversprechend aus für die Trainerin des Merlinger SV, da durch den Überschuss von 13 Punkten die 24 Punkte vermutlich auf die Vereine so verteilt werden können, dass bei keinem Verein die Kapazität überschritten wird.

Zu bestimmen ist jetzt der maximale Fluss, jedoch nicht im Sinne des »Energietransports«, denn es ist ja schon bekannt, wie groß der maximale Fluss ist. Es

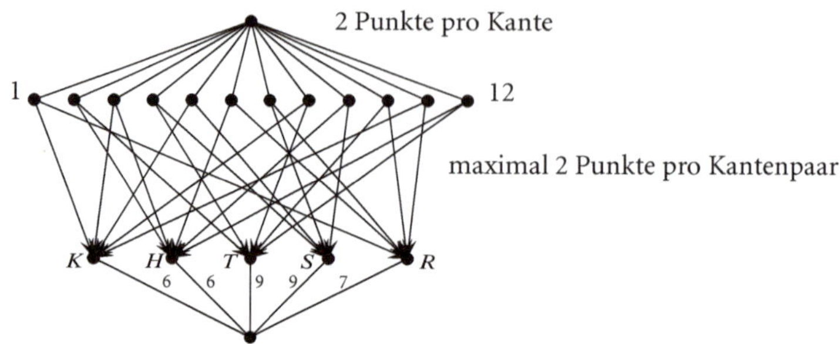

Abbildung 30. 24 Punkte müssen verteilt werden.

müssen genau 24 Punkte in die Senke transportiert werden. Andernfalls wären nicht alle 12 Spiele absolviert und dann ist davon auszugehen, dass der Merlinger SV nicht mehr den ersten Platz bekommt.

Nun lässt sich der Algorithmus von Ford und Fulkerson anwenden. Am besten nehmen Sie ein Blatt, zeichnen das Netzwerk auf und erhöhen Schritt für Schritt den Fluss entlang der einzelnen ungesättigten Wege. Mitterweile sind Sie sicher so geübt, dass Sie auch schon parallel mehrere ungesättigte Wege bearbeiten können. Doch es ist zu befürchten, dass Ihre Zeichnung sehr schnell unübersichtlich wird. Gerade zwischen der zweiten und dritten Ebene sind sehr viele Kanten, so dass es schwierig ist, den Fluss einzutragen, geschweige denn diesen fortwährend zu ändern.

An dieser Stelle kann es für Sie und auch für Ihre Schülerinnen und Schüler im Unterricht nützlich sein, sich einer Tabelle zu bedienen. Gerade der Darstellungswechsel kann zu neuen Einsichten verhelfen, und ein kompetenter Umgang mit verschiedenen Darstellungsformen fördert Kompetenzen wie Modellieren, Argumentieren und auch Problemlösen. Dafür müssen Sie jedoch nicht nur die Graphenstruktur in die Tabelle übernehmen, sondern Sie müssen in der Tabelle auch den Algorithmus von Ford und Fulkerson anwenden können.

- Erstellen Sie eine Tabelle, die zweierlei leistet:

  1. Die Tabelle bildet die Graphenstruktur ab.
  2. In der Tabelle lässt sich der Algorithmus von Ford und Fulkerson durchführen.

- Wenden Sie den Algorithmus an.

Die Tabelle könnte wie folgt aussehen. Andere Realisierungen sind natürlich auch denkbar. Studieren Sie die Tabelle erst einmal in Ruhe und lesen die Erklärung unter der Tabelle erst im Anschluss durch.

M\S	1	2	3	4	5	6	7	8	9	10	11	12	F/KdM
K	0/2	0	0/2	0	0/2	0	0	0/2	0	0	0/2	0	0/6
H	0	0/2	0/2	0	0	0/2	0	0	0/2	0	0	0/2	0/6
T	0	0/2	0	0/2	0	0	0	0/2	0	0/2	0	0/2	0/9
S	0	0	0	0/2	0/2	0	0/2	0	0/2	0	0	0	0/9
R	0/2	0	0	0	0	0/2	0/2	0	0	0/2	0/2	0	0/7
													0/37
F/KdS	0/2	0/2	0/2	0/2	0/2	0/2	0/2	0/2	0/2	0/2	0/2	0/2	0/24

In den Spalten stehen die Spiele, in den Zeilen die Mannschaften. Der Fluss und die Kapazität sind als Paare in der Form 0/2 in den jeweiligen Zellen angegeben. Das heißt, die Kante zwischen dem Spiel und der Mannschaft hat die Kapazität 2 (für die maximal erreichbare Punktzahl) und die 0 stellt den Fluss dar. Die 0 bedeutet, dass das Spiel der jeweiligen Mannschaft verloren oder noch gar nicht ausgetragen wurde. Im ersten Fall muss die andere beteiligte Mannschaft eine 2 für den Sieg erhalten. Damit immer richtig abgerechnet wird, wird am Ende der Spalte die Summe über die erreichten Punkte gebildet. Die Kapazität der Spiele (KdS) in dieser letzten Zeile ist natürlich uberall nur 2, da mehr als 2 Punkte pro Spiel nicht verteilt werden können.

In der letzten Spalte sind die Summen der Flüsse der einzelnen Zeilen aufgeführt. Auch hier werden die erzielten Punkte und die zugehörige Kapazität der Mannschaften (KdM) als Summen dargestellt. Dadurch wird sichtbar, dass die Summe der in den Spielen zu erreichenden Punkte durch die Punktzahl beschränkt ist, die die einzelnen Mannschaften nur erreichen dürfen, so dass der Merlinger SV noch Meister werden kann. Insofern finden sich in den Zellen im Innern der Tabelle die Kanten zwischen der ersten und zweiten Ebene wieder. In der letzten Zeile stehen die Kanten zur ersten Ebene, und die letzte Spalte stellt die Kanten der letzten Ebene dar. Damit der Flusserhaltungssatz immer stimmt, müssen die Summen des Flusses in den Zeilen und den Spalten immer identisch sein, insbesondere müssen die Werte in der Zelle rechts unten übereinstimmen. Die Gleichheit zwischen dem Nettoausfluss aus der Quelle und dem Nettoeinfluss in die Senke ist ein geeignetes Kontrollinstrument.

Im ersten Schritt des Ford und Fulkerson-Algorithmus wird ein ungesättigter Baum gesucht. Beginnt man auf der linken Seite des Netzwerkes, so geht man – bzgl. des Graphen gesprochen – von der Quelle zu Spiel 1 und von dort zu K oder R und dann zur Senke. In der Tabelle ist das die zweite Spalte. Da in dem Spiel nicht weniger als 2 Punkte verteilt werden können, wird der Fluss der ersten Kante zur ersten Ebene um zwei erhöht. Das entspricht der Erhöhung des Flusses in der Zelle der letzten Zeile und zweiten Spalte. Angenommen Kastfurt gewinnt gegen Rotmund das erste Spiel, wird der Fluss in der Zelle Kastfurt/Spiel1 um 2 erhöht und die Kante zwischen dem ersten Spiel und Rotmund bleibt unverändert.

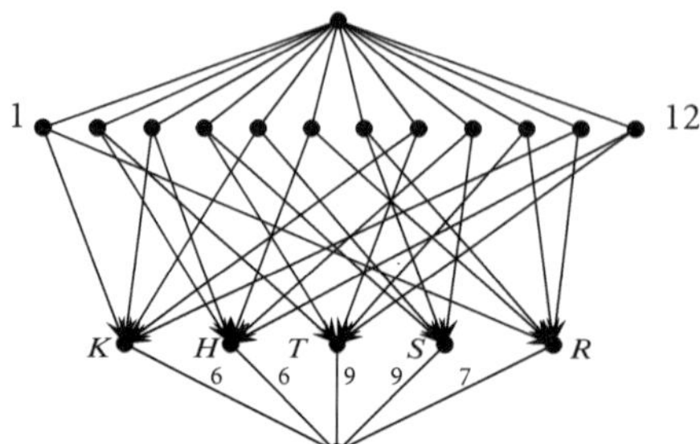

Abbildung 31

Damit hat Kastfurt 2 Punkte zum Gesamtpunktstand in der Tabelle beigetragen, der Fluss wird somit um 2 Punkte in der letzten Spalte erhöht. Die Summen in der letzten Zeile sind gleich. Die Hervorhebung der Zahlen in der Tabelle entspricht der Hervorhebung der Kanten im Netzwerk (vgl. Abbildung 31).

M \ S	1	2	3	4	5	6	7	8	9	10	11	12	KvM
K	2/2	0	0/2	0	0/2	0	0	0/2	0	0	0/2	0	2/6
H	0	0/2	0/2	0	0	0/2	0	0	0/2	0	0	0/2	0/6
T	0	0/2	0	0/2	0	0	0	0/2	0	0/2	0	0/2	0/9
S	0	0	0	0/2	0/2	0	0/2	0	0/2	0	0	0	0/9
R	0/2	0	0	0	0	0/2	0/2	0	0	0/2	0/2	0	0/7
													2/37
KvS	2/2	0/2	0/2	0/2	0/2	0/2	0/2	0/2	0/2	0/2	0/2	0/2	2/24

Jetzt werden mehrere Spiele gleichzeitig fett unterlegt. Das ist möglich, da es zur zweiten Ebene mehrere parallele ungesättigte Wege im Netzwerk gibt. Auf der dritten Ebene muss erst einmal nur geschaut werden, dass die Kapazität nicht überschritten wird. Es werden die ersten neun Spiele hervorgehoben.

M \ S	1	2	3	4	5	6	7	8	9	10	11	12	KvM
K	2/2	0	1/2	0	2/2	0	0	1/2	0	0	0/2	0	6/6
H	0	1/2	1/2	0	0	2/2	0	0	2/2	0	0	0/2	6/6
T	0	1/2	0	0/2	0	0	0	1/2	0	0/2	0	0/2	2/9
S	0	0	0	2/2	0/2	0	2/2	0	0/2	0	0	0	4/9
R	0/2	0	0	0	0	0/2	0/2	0	0	0/2	0/2	0	0/7
													18/37
KvS	2/2	2/2	2/2	2/2	2/2	2/2	2/2	2/2	2/2	0/2	0/2	0/2	18/24

Es stehen noch drei Spiele aus. Kastfurt und Heimberg haben die maximale Kapazität schon erreicht und dürfen in ihrem jeweils letzten Spiel nur noch verlieren. Das ist unproblematisch, da sie nur gegen Gegner spielen, die – aus Sicht des Merlinger SV – noch genug Punkte erreichen dürfen.

M \ S	1	2	3	4	5	6	7	8	9	10	11	12	KvM
K	2/2	0	1/2	0	2/2	0	0	1/2	0	0	0/2	0	6/6
H	0	1/2	1/2	0	0	2/2	0	0	2/2	0	0	0/2	6/6
T	0	1/2	0	0/2	0	0	0	1/2	0	0/2	0	2/2	4/9
S	0	0	0	2/2	0/2	0	2/2	0	0/2	0	0	0	4/9
R	0/2	0	0	0	0	0/2	0/2	0	0	2/2	2/2	0	4/7
													24/37
KvS	2/2	2/2	2/2	2/2	2/2	2/2	2/2	2/2	2/2	2/2	2/2	2/2	24/24

Obwohl bei der Verteilung der Punkte nicht viele Gedanken an die besondere Situation des Merlinger SV verschwendet wurden, wurde ein maximaler Fluss gefunden. Die Vereine Kastfurt und Rotmund, die in der Tabelle recht weit oben standen, erhielten sogar besonders viele Punkte, so dass die Situation des Merlinger SV aus mathematischer Sicht nicht kritisch zu sehen ist.

Im Unterricht kann dies dazu führen, dass die Schülerinnen und Schüler einen Fall konstruieren, in dem der Merlinger SV Meister wird, und sich dann zufrieden von der Problemsituation abwenden. Die Fälle, in denen die Differenz zwischen den zu verteilenden Spielpunkten und den Punkten, die die Mannschaften im schlimmsten Fall noch bekommen dürfen, geringer ist, sind jedoch ebenfalls interessant. Insofern sollten Sie die Lernenden anhalten, hier weitere Untersuchungen anzustellen. Je nach Lerngruppe können Sie sogar direkt mit einer »knapperen« Konstellation beginnen.

Ein Hinweis findet sich auch im Aufgabentext. Dort hat die Trainerin angedeutet, dass auch nach zwei bis drei Spieltagen immer noch nicht alles verloren wäre. Es ist sicher eine interessante Aufgabe, der Rechtmäßigkeit dieser Aussage einmal nachzuspüren. Als Arbeitsauftrag für Ihre Schüler und Schülerinnen und für Sie könnte das wie folgt aussehen.

- Was aber wäre, wenn die Saison zwei Spieltage älter wäre. Der Merlinger SV hat zwei Unentschieden gegen Rotmund und gegen Sarl eingespielt. Damit haben der DJK Sarl und der BVB Rotmund jeweils einen Punkt mehr. FHC Kastfurt hat gegen Rotmund und gegen Heimberg unentschieden gespielt. Traldorf hat gegen Sarl und gegen Heimberg gewonnen. Wie sieht dann die Situation für den Merlinger SV aus, selbst wenn er alle weiteren Spiele gewinnen würde?

Die Tabelle könnte dann folgendermaßen aussehen. Die genaue Torverteilung wird nicht berücksichtigt.

Platz	Verein	Spiele	Siege	Unentsch.	Niederl.	Tore	Punkte
1	FHC Kastfurt	6	3	2	1	151 : 140	8
2	1. FC Heimberg	6	2	3	1	144 : 128	7
3	BVB Rotmund	6	3	1	1	140 : 129	7
4	TSV Traldorf 04	6	3	1	2	126 : 126	7
5	DJK Sarl	6	1	2	2	127 : 152	4
6	Merlinger SV	6	0	3	3	131 : 144	3

Damit verändert sich die Situation wie folgt:

M \ S	5	6	7	8	9	10	11	12	KvM
K	0/2	0	0	0/2	0	0	0/2	0	0/2
H	0	0/2	0	0	0/2	0	0	0/2	0/3
T	0	0	0	0/2	0	0/2	0	0/2	0/3
S	0/2	0	0/2	0	0/2	0	0	0	0/3
R	0	0/2	0/2	0	0	0/2	0/2	0	0/6
									0/17
KvS	**0/2**	**0/2**	**0/2**	**0/2**	**0/2**	**0/2**	**0/2**	**0/2**	**0/16**

Wegen des Erhaltungssatzes ist die Tabellenführung für den Merlinger SV tatsächlich noch erreichbar. Erst wenn die Summe der Spielkapazitäten größer ist als die Summe der Punkte, die die Vereine noch gewinnen dürfen, also die Summe der Kapazitäten in der letzten Zeile größer ist als die Summe der Kapazitäten in der letzten Spalte, hat der Merlinger SV keine Chance mehr. Dies ist ebenfalls mit dem Erhaltungssatz begründbar, denn die entsprechenden Flüsse zu diesen Kapazitäten müssen immer gleich groß sein. Und da alle Spiele gespielt werden müssen, ist der Fluss bzgl. der Spielekapazität irgendwann größer als der Fluss, der in der letzten Spalte überhaupt zu erreichen ist. Hätte der Merlinger SV beispielsweise ein Unentschieden weniger gehabt, so hätten den anderen Mannschaften auch schon 10 Punkte zum Sieg gereicht. Das bedeutet, bei allen vier anderen Mannschaften wäre die Kapaziät jeweils um einen Punkt gestiegen und wegen des fehlenden Unentschiedens wäre der Unterschied noch einmal um zwei größer. Die Kapazität wäre demnach auf der linken Seiten von 17 auf 11 gefallen. Und damit hätte der Merlinger SV nicht mehr antreten müssen. Hier gibt es zahlreiche Szenarien, die die Schülerinnen und Schüler entwickeln können, um zu zeigen, wann der Merlinger SV keine Gewinnchance mehr besitzt. Insofern bietet es sich an – und das hängt sicher auch von Ihrer Lerngruppe ab – den letzten Auftrag freier zu stellen, denn gerade der Vergleich vieler verschiedener Ansätze und Argumentationen fördert einen produktiven Unterricht.

Zurück zu der gegebenen Konstellation. Was geht jetzt noch für den Merlinger SV? Probieren Sie es aus! Ich garantiere Ihnen, der Merlinger SV kann den Aufstieg noch schaffen.

9
Das Problem mit der Komplexität: $\mathcal{P} = \mathcal{NP}$?

Martin Grötschel

Was Komplexität ist, weiß niemand so richtig. In vielen Wissenschaftsgebieten wird der Begriff Komplexität verwendet, überall mit etwas anderer Bedeutung. Mathematik und Informatik haben eine eigene Theorie hierzu entwickelt: die Komplexitätstheorie. Sie stellt zwar grundlegende Begriffe bereit, aber leider sind die meisten wichtigen Fragestellungen noch ungelöst. Diese kurze Einführung konzentriert sich auf einen speziellen, aber bedeutenden Aspekt der Theorie: Lösbarkeit von Problemen in deterministischer und nichtdeterministischer polynomialer Zeit.

Hinter der für Uneingeweihte etwas kryptischen Frage »$\mathcal{P} = \mathcal{NP}$?« verbirgt sich das derzeit wichtigste Problem der Komplexitätstheorie. Anhand dieser Fragestellung erläutert dieses Kapitel einige Aspekte der Theorie und erklärt informell, was »$\mathcal{P} = \mathcal{NP}$?« bedeutet. Es geht nicht nur um komplizierte algorithmische Mathematik und Informatik, sondern um grundsätzliche Fragen unserer Lebenswelt. Kann man vielleicht beweisen, dass es für viele Probleme unseres Alltags keine effizienten Lösungsmethoden gibt?

Die Witzboldlösung

Wir können $\mathcal{N}$ und $\mathcal{P}$ als Variable interpretieren, wie das Witzbolde schon gemacht haben; $\mathcal{P} = \mathcal{NP}$ gilt dann offensichtlich, wenn $\mathcal{P} = 0$ oder $\mathcal{N} = 1$ ist. $\mathcal{P}$ (deswegen meistens in $\mathcal{SCRIPT}$ geschrieben) ist jedoch keine Variable; $\mathcal{P}$ steht für die Klasse aller Entscheidungsprobleme, die auf einer Turing-Maschine mit einem Algorithmus in polynomialer Laufzeit gelöst werden können. Man kommt von der Klasse $\mathcal{P}$ zur Klasse $\mathcal{NP}$, wenn man *polynomial* durch *nichtdeterministisch-polynomial* ersetzt. Wer so etwas Abschreckendes am Anfang eines Kapitels liest, hört meistens sofort auf. Es ist aber nicht so schlimm. Und deswegen beginnen wir von neuem.

Was ist ein schneller Algorithmus?

Ein zentraler Begriff der Komplexitätstheorie ist der *schnelle Algorithmus*, man sagt auch *guter* oder *effizienter* Algorithmus. Jeder hat eine intuitive Vorstellung von »schnell«. Hier ist mein Beispiel. Wenn ich mit dem Auto fahren will und die beste Wegstrecke nicht kenne, dann rufe ich im Internet einen der vielen Routenplaner auf, gebe Start- und Zielort ein und lasse die kürzeste oder schnellste Fahrtstrecke berechnen. Die Eingabe der Ortsdaten benötigt in der Regel (zumindest, wenn ich tippe) mehr Zeit als die Berechnung der Route. Das empfinde ich als schnell.

Eines Tages musste ich von Berlin-Hohengatow nach Erkner fahren. Die kilometermäßig kürzeste Strecke führt mitten durch Berlin (52 km, 1:46 h laut Routenplaner); im morgendlichen Berufsverkehr ist das kein guter Weg, wenn man einen Termin hat. Die zeitlich schnellste Strecke verläuft über den nordöstlichen Autobahnring (99 km, 1:28 h). Ein Kollege warnte mich vor Baustellen auf dieser Strecke. Durch Eingabe verschiedener Zwischenpunkte und wiederholten Aufruf des Programms habe ich eine mir »vernünftig« erscheinende Route gefunden. Dies ist eine typische Situation bei Anwendungen der Mathematik. Ein Problem wird nicht nur einmal gelöst. Man zieht zusätzliche Erwägungen in Betracht, wiederholt den Lösungsvorgang mehrfach und wählt unter vielen Lösungen unter Berücksichtigung weiterer Überlegungen (Verzögerung durch Baustellen) eine »akzeptable« Lösung aus. Man wendet also einen Algorithmus (hier ein Verfahren zur Berechnung kürzester Wege) mehrfach an, und man wird das nur dann tun, wenn der Rechner in Sekundenschnelle antwortet.

Das Problem des kürzesten Weges: Eine Variante

Bei der Bestimmung eines akzeptablen Weges von Hohengatow nach Erkner rief ich das Kürzeste-Wege-Programm unter Angabe von Zwischenstationen Z_1, Z_2, ... Z_k auf. Das Programm berechnet den kürzesten Weg von Hohengatow nach Z_1, von Z_1 nach Z_2, usw. Die Reihenfolge der Zwischenstationen wird wie gewünscht berücksichtigt. Hätte ich einen Ausflug machen und Sehenswürdigkeiten in $Z_1, \ldots Z_k$ anschauen wollen, wäre mir die Reihenfolge gleichgültig gewesen. Jetzt kommt die Überraschung. Niemand kennt einen Algorithmus, der diese »kleine Variante« garantiert in Sekundenschnelle optimal lösen kann. Hat man Pech, dauert die Routenberechnung länger als der Ausflug. Wie kommt das? Genau dies ist der Kern der Frage »$\mathcal{P} = \mathcal{NP}$?«.

Die Laufzeit eines Algorithmus

Zur Erklärung der »$\mathcal{P} = \mathcal{NP}$?«-Frage müssen wir etwas formaler werden und einige Grundbegriffe der Komplexitätstheorie erläutern. Um über Algorithmen sprechen zu können, braucht man ein *Rechnermodell*. In der Theorie betrachtet man so genannte Turing-Maschinen. Für die Zwecke dieses Artikels reicht es, sich einen PC vorzustellen. Ein *Algorithmus* ist ein Programm, das auf einem PC abläuft. Die Schnelligkeit eines Programms bestimmen wir in der Praxis durch Messung der Ausführungszeit. In der Theorie müssen wir vorsichtiger sein, denn uns interessiert die Qualität des Programms, nicht die des PC. Deswegen wird die Laufzeit rechnerunabhängig definiert. Man zerlegt dazu die Ausführung eines Programms in einzelne, so genannte *elementare Rechenschritte*. Elementare Rechenschritte sind zum Beispiel die Addition zweier Zahlen oder das Schreiben auf einen Speicherplatz. Die *Laufzeit* eines Algorithmus ist bei dieser Sichtweise die Anzahl der ausgeführten elementaren Rechenschritte. Dies ist ein theoretisch brauchbares Maß, das auch die Praxis (wenn man z. B. die Zykluszeiten eines PC kennt) gut wiedergibt.

Es ist klar, dass die Laufzeit eines Algorithmus von den Input-Daten abhängt. Zur Berechnung eines kürzesten Weges von Hohengatow nach Erkner braucht man nur die Straßendaten von Berlin und Brandenburg. Die Bestimmung der besten Route von Moskau nach Madrid benötigt größere Datenmengen und mehr Rechenzeit. Analoges gilt auch für das Rechnen mit Zahlen. Einstellige Zahlen können wir im Kopf multiplizieren. Der Rechner macht das in einem elementaren Schritt. Für die Multiplikation zweier hundertstelliger Zahlen muss der Rechner (genauso wie wir) rund zehntausend elementare Multiplikationen mit einstelligen Zahlen und etwa ebenso viele Additionen durchführen. Formal ausgedrückt, die Multiplikation zweier k-stelliger Zahlen benötigt rund k^2 elementare Rechenschritte.

Zur präzisen Definition der Laufzeit eines Algorithmus müssen wir noch genauer werden. Wir legen fest, welche Inputs erlaubt sind und wie die Input-Daten kodiert werden. Das Übliche in Theorie und Praxis ist die Binärkodierung, also die Darstellung von Zahlen als Folge von Nullen und Einsen. Die Zahl -100 wird dann binär als -1100100 dargestellt, benötigt also inklusive Vorzeichen acht Bits Kodierungslänge. Analog wird festgelegt, wie man mit den Buchstaben eines Alphabets oder den Knoten und Kanten eines Graphen verfährt.

Man definiert dann: Die *Laufzeit* $l_A(n)$ eines Algorithmus A auf Inputs der Kodierungslänge n ist die maximale Anzahl elementarer Rechenoperationen, die der Algorithmus A ausführt, wenn er mit Inputs der Kodierungslänge höchstens n aufgerufen wird. Es ist klar, dass man $l_A(n)$ nicht wirklich berechnen kann. Man spricht von einer *polynomialen Laufzeit*, wenn $l_A(n)$ durch ein Polynom in n abgeschätzt werden kann. Gilt zum Beispiel

$$l_A(n) \leq an^2 + bn + c$$

für alle möglichen Inputlängen n (a, b, c sind Konstanten), so sagt man, dass der Algorithmus A eine quadratische Laufzeit hat.

Mathematisch schnelle Algorithmen

Es hat sich eingebürgert, Algorithmen mit polynomialer Laufzeit *schnell* zu nennen, auch wenn jedem bewusst ist, dass eine Laufzeit von n^{1000} hoffnungslos ist. Hier geht es nur um eine grobe Rasterung des Laufzeitverhaltens. Ein n^{10}-Algorithmus ist praktisch nicht verwendbar, aber er ist immerhin für alle $n \geq 10$ erheblich schneller als ein n^n-Algorithmus.

Es mag überraschend erscheinen, aber der gegenwärtige Wissensstand ist, dass für viele interessante Probleme der Theorie und der industriellen Praxis keine polynomialen Algorithmen bekannt sind, nicht einmal Algorithmen mit Laufzeit $n^{1000^{1000}}$.

Die Klasse $\mathcal{P}$

Wir machen noch eine Vereinfachung. Statt mathematische Probleme allgemeiner Art zuzulassen, beschränken wir uns ab jetzt auf *Entscheidungsprobleme*. Das sind solche Probleme, bei denen nur eine *Ja-* oder *Nein*-Antwort gegeben werden muss. Beispiele hierfür sind:

– Ist eine gegebene natürliche Zahl Summe von zwei Quadratzahlen?
– Besitzt ein gegebener Graph einen hamiltonschen Weg?

Ein *hamiltonscher Weg* ist ein Weg, der in einem beliebigen Knoten beginnt, in einem beliebigen anderen Knoten endet, der über alle übrigen Knoten genau einmal führt und dabei nur Kanten aus dem Graphen benutzt.

■ Versuchen Sie, einen hamiltonschen Weg im Graphen in Abbildung 1 zu finden!

Optimierungsprobleme kann man in Entscheidungsprobleme verwandeln. Statt einen kürzesten Weg von Hohengatow nach Erkner zu suchen, fragt man beispielsweise, ob es einen Weg mit höchstens 53 km Länge gibt.

Die Klasse $\mathcal{P}$, so die formale Definition, besteht aus allen Entscheidungsproblemen, für die es einen Algorithmus gibt, der in polynomialer Laufzeit eine *Ja-* oder *Nein*-Antwort liefert. Entscheidungsprobleme aus der Klasse $\mathcal{P}$ sind zum Beispiel:

– Gibt es in einem Graphen einen Weg von A nach B mit Länge höchstens c?
– Ist eine gegebene $n \times n$-Matrix invertierbar?
– Ist ein gegebener Graph zusammenhängend?

Die Klasse $\mathcal{NP}$

Vom hamiltonschen Wegeproblem und den folgenden drei Entscheidungsproblemen weiß man nicht, ob sie zur Klasse $\mathcal{P}$ gehören:

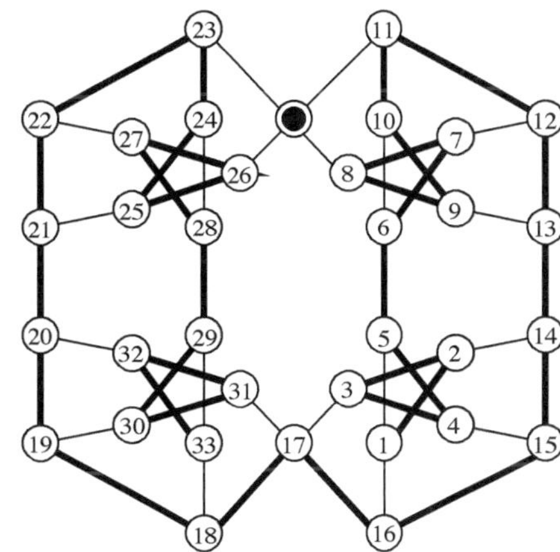

Abbildung 1. Gibt es einen hamiltonschen Weg in diesem Graphen?

- Gegeben sei ein Graph G. Kann man die Knoten von G mit höchstens k Farben so färben, dass je zwei benachbarte Knoten verschieden gefärbt sind?
- Gegeben ist eine Menge M von ganzen Zahlen. Gibt es eine Teilmenge von M, deren Summe Null ist?
- Ist eine gegebene Position des Spiels »Minesweeper« konsistent?

Diese Probleme haben eine besondere Eigenschaft. Falls die Antwort *Ja* lautet, kann man einen schnell überprüfbaren Beweis der Korrektheit der *Ja*-Antwort liefern.

Betrachten wir den Graphen G aus Abbildung 1. Entfernen wir den fetten Knoten aus G und alle Kanten, die mit diesem Knoten inzidieren, enthält der so entstehende Graph G' einen hamiltonschen Weg. Dieser ist fett eingezeichnet und läuft von 1 über 2, 3, ... bis zum Knoten 33. Dass dies ein hamiltonscher Weg ist, ist einfach zu überprüfen.

Ist ein Graph mit höchstens k Farben färbbar, so kann man eine Färbung liefern und mühelos feststellen, ob alle Kanten verschieden gefärbte Endknoten haben.

Ist M eine Menge von ganzen Zahlen, sagen wir $M = \{-7, 3, 15, 21, -12, 34, -17\}$, die eine Teilmenge N hat, deren Summe Null ergibt, wie zum Beispiel $N = \{-7, 15, 21, -12, -17\}$, so ist es natürlich trivial zu prüfen, ob die Summe der Elemente in N wirklich Null ist, falls man die Menge N kennt. In der englischsprachigen Literatur wird diese Fragestellung gelegentlich als Variante des *Subset-Sum-Problems* bezeichnet.

»Minesweeper« benötigt Erklärung. Dies ist ein Spiel, das beim Kauf des Betriebssystems Windows automatisch mitgeliefert wird. Jeder PC-Besitzer wird Minesweeper schon einmal ausprobiert haben. Man kann es auf einem beliebig großen rechteckigen »Brett« spielen, auf dem eine gewisse Anzahl von Minen versteckt ist. Alle Felder des Bretts sind am Anfang verdeckt. Man kann Felder durch

Abbildung 2. Eine Position des Spieles »Minesweeper«

Klicken öffnen oder sie als Minenfeld markieren. Klickt man auf ein Feld, das eine Mine enthält, ist das Spiel beendet. Enthält ein angeklicktes Feld keine Mine, so gibt dieses Feld beim Öffnen die Anzahl der benachbarten Felder an, die eine Mine enthalten. Man kann in gewissen Fällen daraus schließen, dass andere Felder eine Mine enthalten oder nicht und diese entsprechend markieren. Ziel ist es, den Zustand aller Felder des Bretts zu ermitteln, ohne »auf eine Mine zu treten«.

Abbildung 2 zeigt eine Spielsituation (auch *Position* genannt). Einige Felder sind noch unmarkiert, einige mit dem Minenzeichen markiert, andere nennen die Anzahl der verminten Nachbarfelder. Die für uns relevante Frage lautet: Ist diese Position logisch konsistent?

Die logische Konsistenz eines Brettes ohne ungeöffnete Felder zu ermitteln, ist trivial. Man prüft für jedes Feld, das eine Zahl enthält, ob die Anzahl der benachbarten verminten Felder gleich dieser Zahl ist. Um über die logische Konsistenz einer beliebigen Position zu entscheiden, muss man zunächst prüfen, ob für alle Felder, die eine Zahl enthalten, die Anzahl der verminten Nachbarfelder höchstens so groß wie diese Zahl ist. Und dann – jetzt kommt der harte Teil – muss man eine Verteilung von Minen auf die noch ungeöffneten Felder finden, so dass das Gesamtbrett logisch konsistent ist. Gibt es so eine Minenverteilung und hat man sie gefunden, so ist die Konsistenz der Position einfach nachweisbar, vgl. oben.

Wir führen nun die Klasse $\mathcal{NP}$ ein. Ein Entscheidungsproblem gehört zur Klasse $\mathcal{NP}$, wenn es folgende Eigenschaften besitzt:

a. Lautet für einen gegebenen Input die Antwort auf die Frage *Ja*, gibt es ein Zertifikat, mit dessen Hilfe die Korrektheit der *Ja*-Antwort überprüfbar ist.

b. Es gibt einen Algorithmus (genannt *Prüfalgorithmus*), der die normale Input-sequenz und das Zertifikat als Input akzeptiert und der in einer Laufzeit, die polynomial in der Kodierungslänge des normalen Inputs ist, überprüft, ob das Zertifikat ein Beweis für die Korrektheit der *Ja*-Antwort ist.

Das hört sich kompliziert an, ist aber verständlicher als es scheint. Für das hamiltonsche Wegeproblem besteht der normale Input aus dem Bitstring, der den gegebenen Graphen repräsentiert. Das Zertifikat ist im obigen Beispiel die binär kodierte Knotenfolge 1, 2, 3, …, 33. Unser Prüfalgorithmus liest erst den Graphen (dies definiert die Kodierungslänge) und dann die Knotenfolge. Danach prüft er, ob die Knotenfolge einen hamiltonschen Weg repräsentiert oder nicht. Diese Überprüfung muss in einer Laufzeit erfolgen, die polynomial in der Kodierungslänge des Graphen ist.

Beim Subset-Sum-Problem besteht der Input aus der Menge M und das Zertifikat aus der Teilmenge N, wobei alle Zahlen binär codiert sind. Der Test, dass die Summe der Elemente von N Null ergibt, benötigt lediglich $|N| - 1$ Additionen.

Die Klasse co-$\mathcal{NP}$

Eine Besonderheit der Definition von $\mathcal{NP}$ ist die Unsymmetrie in *Ja* und *Nein*. Das Problem »Enthält ein Graph G einen hamiltonschen Weg?« ist in $\mathcal{NP}$. Müsste dann nicht auch das Problem »Enthält G keinen hamiltonschen Weg?« in $\mathcal{NP}$ sein? Niemand weiß derzeit, wie man hierfür ein Zertifikat angeben kann, das in polynomialer Zeit überprüfbar ist.

In der Tat erscheinen *Probleme der Nichtexistenz* »irgendwie« noch schwieriger. Schauen Sie sich noch einmal den Graphen G in Abbildung 1 an und versuchen Sie nachzuweisen, dass er keinen hamiltonschen Weg enthält. Dies ist mühselig!

Man bezeichnet die Klasse der Entscheidungsprobleme, die komplementär (Vertauschung von *Ja* und *Nein*) zu Problemen in $\mathcal{NP}$ sind, mit co-$\mathcal{NP}$. »Enthält G keinen hamiltonschen Weg?« ist also ein Problem der Klasse co-$\mathcal{NP}$.

$\mathcal{P}$ und $\mathcal{NP}$

Alle Probleme in $\mathcal{P}$ sind natürlich in $\mathcal{NP}$ und in co-$\mathcal{NP}$. Für Probleme in $\mathcal{P}$ gibt es ja einen Algorithmus, der in polynomialer Laufzeit (nur mit den normalen Input-Daten und ohne Zertifikat) eine *Ja*- oder *Nein*-Antwort liefert. Damit haben wir folgende Erkenntnisse gewonnen.

Die Klasse $\mathcal{P}$ ist sowohl in $\mathcal{NP}$ als auch in co-$\mathcal{NP}$ enthalten. Niemand weiß jedoch, ob $\mathcal{P} = \mathcal{NP}$, ob $\mathcal{P} = \mathcal{NP} \cap$ co-$\mathcal{NP}$ oder ob $\mathcal{NP} =$ co-$\mathcal{P}$ ist. Als wichtigste Frage (unter vielen anderen offenen Problemen der Komplexitätstheorie) gilt das Problem

$$\text{»}\mathcal{P} = \mathcal{NP}?\text{«}$$

da sehr viele Aufgaben des täglichen Lebens (in ihrer Version als Entscheidungsproblem) zur Klasse $\mathcal{NP}$ gehören.

Diese Frage wird von vielen Mathematikern und Informatikern als eines der wichtigsten offenen Probleme betrachtet. Man kann mit der Lösung sogar viel Geld verdienen. »$\mathcal{P} = \mathcal{NP}$?« ist eines der sieben *Millenium Prize Problems*, die das Clay Mathematics Institute definiert hat und für deren korrekte Lösung es ein Preisgeld von jeweils 1 Million US-Dollar ausgesetzt hat, siehe `www.claymath.org/millenium`.

$\mathcal{NP}$-Vollständigkeit

Es gibt eine faszinierende Unterklasse der Probleme in $\mathcal{NP}$. Ein Entscheidungsproblem Π wird $\mathcal{NP}$-*vollständig* genannt, wenn es in $\mathcal{NP}$ ist und folgende Eigenschaft besitzt:

– Falls es einen polynomialen Algorithmus für Π gibt, dann ist $\mathcal{P} = \mathcal{NP}$.

Es ist kaum zu glauben, dass es $\mathcal{NP}$-vollständige Probleme gibt; aber in der Tat sind sehr viele Probleme $\mathcal{NP}$-vollständig, so zum Beispiel das Problem des hamiltonschen Weges und das Knotenfärbungsproblem. Auch das Problem der konsistenten Position beim Minesweeper-Spiel ist $\mathcal{NP}$-vollständig, und noch viel erstaunlicher, sogar das eigentlich trivial erscheinende Subset-Sum-Problem.

Die Aussicht, durch den Entwurf eines polynomialen Algorithmus für ein einziges $\mathcal{NP}$-vollständiges Problem nachweisen zu können, dass $\mathcal{P} = \mathcal{NP}$ ist, hat zu intensiver Beschäftigung mit diesem Thema eingeladen. Jede Menge falscher Beweise (nicht nur von Laien) pflastern diesen Weg: viel Schweiß und bisher kein Erfolg. Wird die Hoffnung auf ein Preisgeld von 1 Million Dollar die Kreativität beflügeln?

Diagonalisierung

Fast alle, die sich mit Komplexitätstheorie beschäftigen, sind der Überzeugung, dass $\mathcal{P} \neq \mathcal{NP}$ gilt. Zum Beweis müsste man z. B. ein Entscheidungsproblem finden, das nachweisbar nicht in polynomialer Zeit gelöst werden kann. Hierfür scheinen jedoch wirksame Beweistechniken zu fehlen. Man hat es u. a. mit Diagonalisierung (sie geht auf G. Cantor zurück) versucht. Dies ist die Methode, mit der man beweist, dass es mehr reelle als natürliche Zahlen gibt. Es konnte jedoch nachgewiesen werden, dass $\mathcal{P} \neq \mathcal{NP}$ damit nicht bewiesen werden kann, siehe [23]. Anderen Techniken ist es ähnlich ergangen.

Folgerungen aus der Problemlösung

Der Nachweis von $\mathcal{P} \neq \mathcal{NP}$ würde nach meiner Einschätzung dauerhafte Beschäftigung für Mathematiker und Informatiker garantieren. $\mathcal{NP}$-vollständige Probleme treten überall auf, sie müssen täglich gelöst werden. Ohne allgemeine Lösungsansätze muss man anwendungsspezifisch vorgehen und spezielle Problemtypen aus der Praxis untersuchen. So wird das heute bereits gemacht, und so kann man häufig schwierige industrielle Fragestellungen in akzeptabler Laufzeit und Qualität lösen (siehe Kapitel »Schnelle Rundreisen«).

$\mathcal{P} = \mathcal{NP}$ könnte durch nicht-konstruktive Argumente bewiesen werden. Das könnte beispielsweise heißen, dass man die Existenz eines polynomialen Algorithmus für ein $\mathcal{NP}$-vollständiges Problem nachweist, ohne einen polynomialen Algorithmus explizit anzugeben. Ein solches Ergebnis würde große Ratlosigkeit hinterlassen.

Über die Konsequenzen eines konstruktiven Beweises von $\mathcal{P} = \mathcal{NP}$ sind sich die Auguren nicht einig. Für die gegenwärtige Kryptographie wäre dies verheerend, da damit alle vorhandenen Verschlüsselungssysteme potentiell unsicher würden. Die Industrie würde profitieren. Wichtige Probleme der Praxis (Produktionsplanung, Chipdesign, Transport und Verkehr, Telekommunikation, . . .) wären dann in kurzer Zeit optimal lösbar. Ich persönlich glaube, dass in diesem Falle die Komplexitätstheorie revidiert werden muss. Ich »weiß aus Erfahrung«, dass Kürzeste-Wege-Probleme viel einfacher zu lösen sind als Hamiltonsche-Wege-Probleme. Wenn $\mathcal{P} = \mathcal{NP}$ gilt, dann ist die Theorie zu grob und muss so verfeinert werden, dass man die in Rechenexperimenten beobachteten Unterschiede auch theoretisch sauber auseinander halten kann. Das ist keine wissenschaftliche Aussage, sondern einzig ein »Glaubensbekenntnis«. Und dann könnte sich die Frage »$\mathcal{P} = \mathcal{NP}$?« als unabhängig von den Axiomen der Mengenlehre erweisen; sie könnte also eine Rolle wie die Kontinuumshypothese spielen. Aber darüber wollen wir hier nicht spekulieren.

Nichtdeterministisch?

Was hat es nun mit dem Wort *nichtdeterministisch*, von dem das $\mathcal{N}$ in $\mathcal{NP}$ kommt, auf sich? Für die Klasse $\mathcal{NP}$ gibt es verschiedene äquivalente Definitionen. Bei einigen wird das »Nichtdeterministische« sichtbarer als bei der von mir aus Gründen der einfachen Darstellbarkeit gewählten Definition. Hier ist ein Erklärungsversuch. Wir stellen uns ein Entscheidungsproblem vor. Wir lesen die normale Inputsequenz ein. Ein deterministischer Algorithmus würde nun »loslegen«. Ein nichtdeterministischer Algorithmus darf zuerst raten, und zwar alle möglichen Zertifikate, die zu einem Beweis der Korrektheit der *Ja*-Antwort führen könnten. Nach jedem Rateschritt läuft mit dem normalen Input und dem geratenen Zertifikat ein deterministischer Algorithmus ab, der überprüft, ob das Zertifikat die *Ja*-Antwort bestätigt. Einen solchen Algorithmus nennt man *nichtdeterministisch.* Ist die Antwort auf eine gegebene Inputsequenz *Ja* und führt nur ein einziges der möglichen Zertifikate in polynomialer Laufzeit zum Korrektheitsbeweis der *Ja*-Antwort, dann sagt man, dass der nichtdeterministische Algorithmus eine polynomiale Laufzeit hat. Die Klasse $\mathcal{NP}$ besteht aus allen Entscheidungsproblemen, die mit einem nichtdeterministischen Algorithmus in polynomialer Zeit gelöst werden können. Diese Interpretation der Klasse $\mathcal{NP}$ macht deutlich, warum kaum jemand an $\mathcal{P} = \mathcal{NP}$ glaubt. Es ist schwer vorstellbar, dass ein deterministischer Algorithmus genauso viel in polynomialer Zeit konstruieren kann (Klasse $\mathcal{P}$) wie ein durch (ganz schön mächtig erscheinende) Raterei »aufgepeppter« nichtdeterministischer Algorithmus. Oder doch?

Schlussbemerkungen

Gute Bücher zum Thema sind [35], [53] und [56]. Sie erläutern präzise und ausführlicher, was in diesem Kapitel nur angedeutet wurde. Eine ausgezeichnete Übersicht gibt Stephen Cook [26]. Cook wurde dadurch berühmt, dass er als Erster die Existenz von $\mathcal{NP}$-vollständigen Problemen nachwies.

Teile dieses Kapitels sind dem Artikel $\mathcal{P} = \mathcal{NP}$? von Martin Grötschel in *Elemente der Mathematik*, Band 57 Nr. 3, 2002 entnommen. Wir danken dem Birkhäuser-Verlag für die freundliche Genehmigung des Abdrucks.

10
Von Ackerbau und polytopalen Halbnormen: Diskrete Optimierung für die Landwirtschaft

Andreas Brieden und Peter Gritzmann

1 Problem – Flurbereinigung

In vielen Regionen Deutschlands (und in vielen anderen Ländern) bearbeiten einzelne Landwirte eine größere Anzahl vergleichsweise kleiner und noch dazu innerhalb der Gemarkungen weit auseinanderliegender Flurstücke. (Eine Gemarkung ist eine aus einer größeren Zahl von Flurstücken bestehende Fläche des Katasters.) Beispielhaft zeigt Abbildung 1 (Seite 276) einen realen »Flickenteppich« aus Franken. Felder, die vom selben Landwirt bewirtschaftet werden, sind identisch eingefärbt.

Im Durchschnitt bewirtschaftet jeder der etwa 140.000 Landwirte in Bayern 12 Flurstücke mit einer durchschnittlichen Größe von 1,45 Hektar. Naturgemäß ergibt sich hieraus eine unvorteilhafte Kostenstruktur: In der Regel sind zwischen den Flurstücken nicht nur lange Fahrzeiten zurückzulegen, eine unproduktive Zeit für Arbeitskräfte und Maschinen; natürlich ist auf den kleinen Einzelflurstücken auch kein wirtschaftlicher Einsatz moderner Großmaschinen möglich. Nach einer Berechnung der Bayerischen Landesanstalt für Landwirtschaft liegt alleine der unproduktive Overhead der Fahrtkosten bereits in einer Größenordnung von mehr als 10 % des Nettoeinkommens der betroffenen Landwirte.

Diese ungünstige Kostenstruktur ist für die Landwirte insbesondere nach der EU-Osterweiterung ein entscheidender, zum Teil existenzbedrohender Wettbewerbsnachteil. Ziel von Flurbereinigungsmaßnahmen ist es daher, möglichst große zusammenhängende Flächen zu schaffen und die Distanzen zwischen den von einem Landwirt bewirtschafteten Flächen zu reduzieren.

In ihrer klassischen Form führt die Flurbereinigung zu einer vollständigen Flurneuordnung. Die Höfe werden nach entsprechender Vermessung neu »zuge-

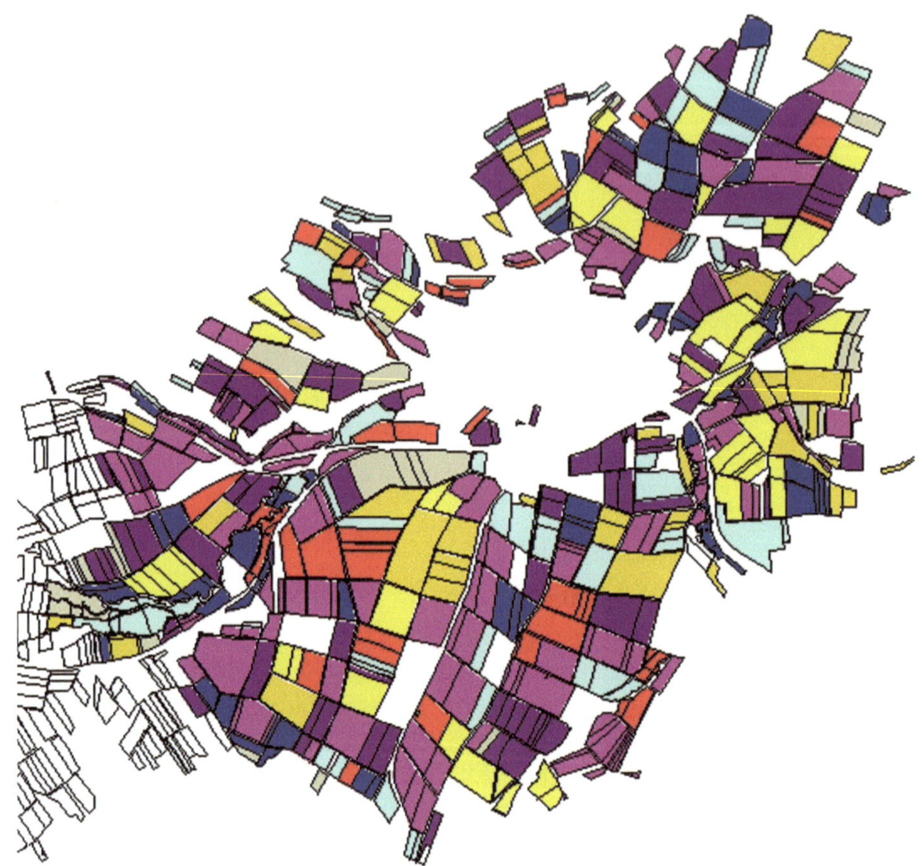

Abbildung 1. Fränkische Gemarkung 1: Bewirtschaftungsverhältnisse im Jahr 2004

schnitten«, die Eigentumsverhältnisse (in einem aufwändigen, oftmals mehr als zehn Jahre dauernden Prozess) umfassend verändert. Dabei besteht ein Teilnahmezwang für alle Landwirte der Gemarkung (bis hin zur gesetzlich geregelten Zwangsenteignung). Nicht zuletzt aufgrund begleitender Infrastrukturmaßnahmen belaufen sich die Kosten eines solchen Verfahrens auf durchschnittlich über 2.000 Euro/ha.

Die Probleme der klassischen Flurbereinigung liegen damit auf der Hand: es sind ihre Dauer, ihre Kosten und ihre fehlende Flexibilität. Negative Einzelbeispiele durchgeführter Verfahren verringern die Akzeptanz zusätzlich. Landwirtschaftliche Flächen, die zu Beginn eines Verfahrens einen geringen Wert hatten, können im Laufe der Jahre einen enormen Wertzuwachs erfahren, etwa durch Umwidmung in Bauland. Somit können sich ex-post betrachtet signifikante finanzielle Nachteile für einen Landwirt ergeben, die nicht mehr revidiert werden können.

Abbildung 2. Fränkische Gemarkung 2: Zersplitterte Bewirtschaftung trotz klassischer Flurbereinigung

Ein weiteres Problem ist zunächst nicht ersichtlich, tritt aber bei einem Vergleich zwischen Eigentums- und Bewirtschaftungsverhältnissen schnell zu Tage. Die klassische Flurbereinigung regelt ausschließlich Eigentumsverhältnisse. Nach Abschluss eines Verfahrens verfügen die Eigentümer daher zwar über günstigere Strukturen; diese werden aber oft im Rahmen von Verpachtungen wieder aufgeteilt. Folglich können trotz erfolgter Flurbereinigung die Bewirtschaftungs- und somit die Kostenstrukturen der aktiven Landwirte ungünstig bleiben. Dieses Phänomen ist in der Praxis durchaus häufiger zu beobachten, jedenfalls bei einem hohen Pachtanteil an den bewirtschafteten Flächen. (In Franken sind über 60 Prozent Pachtanteil keineswegs unüblich.) Abbildung 2 zeigt das Ergebnis eines vor einigen Jahren abgeschlossenen, fast 30 Jahre dauernden klassischen Flurbereinigungsverfahrens.

Der hohe Pachtanteil bringt jedoch auch einen Vorteil mit sich. Landwirte, die nicht ihr Eigentum sondern gepachtete Flächen bewirtschaften, sind tendenziell eher zu einem »Tausch« bereit, da es sich nicht um möglicherweise seit Generationen im Familienbesitz befindliches Eigentum handelt. Ein solcher Tausch, der die Nachteile des klassischen Verfahrens zur Flurneuordnung vermeidet, steht im Mittelpunkt eines Förderprogramms des Bayerischen Staatsministeriums für Landwirtschaft und Forsten. (Ähnliche Programme gibt es aber auch in anderen Bundesländern.) Im Rahmen des so genannten »freiwilligen Pacht- und Nutzungstausches« werden die vorhandenen Flurstücke beibehalten und lediglich ihre landwirtschaftliche Nutzung auf freiwilliger Basis durch Pachtverträge neu geordnet. Dabei kann jeder Landwirt der Gemarkung selbst entscheiden, ob er am Verfahren überhaupt, und wenn ja, mit welchen Flurstücken er teilnehmen möchte. Bei verpachteter Fläche ist selbstverständlich das Einverständnis der Verpächter erforderlich.

Natürlich unterliegt dieser Tausch verschiedenen Nebenbedingungen. So muss etwa die Gesamtnutzfläche eines jeden Landwirts vor und nach dem Tausch nicht nur der Größe nach in etwa übereinstimmen. Vielmehr müssen auch Informationen über die Bodenqualität der bewirtschafteten Flächen sowie über an diese gebundene EU-Subventionen und andere Faktoren mit berücksichtigt werden.

2　Lösung durch computergestütze Enumeration?

Da die Flurstücke nicht in ihrer Form verändert, sondern nur als Ganze getauscht werden, gibt es nur endlich viele Möglichkeiten, die Flurstücke den Landwirten neu zuzuteilen. Diese müssten also »lediglich« rechnergestützt aufgelistet, bezüglich der Einhaltung der Nebenbedingungen überprüft und bezüglich ihrer Güte beurteilt werden. Am Ende wird die (oder eine) beste Möglichkeit genommen, und der Algorithmus liefert somit in endlicher Zeit eine optimale Neuverteilung der Flurstücke. Verfahren dieser Art nennt man *enumerativ*, da prinzipiell alle Möglichkeiten durchprobiert werden.

Bevor ein derartiger Algorithmus implementiert und gestartet wird, sollte eine ungefähre Abschätzung über seine Laufzeit erfolgen. Nehmen wir an, unser Rechner könnte pro Sekunde etwa 1.000.000.000.000.000 Möglichkeiten überprüfen. (So gut sind heutige Computer bei weitem nicht, aber wer weiß schon, was die nächste Generation bringt?)

- Wie lange braucht ein enumerativer Algorithmus bei der Flur aus Abbildung 2 mit »lediglich« 13 Landwirten und 861 Feldern?

Die Antwort liefert eine einfache Rechnung. Insgesamt gibt es 13^{861} viele mögliche Zuordnungen von Flurstücken zu Landwirten; somit benötigt unser Rechner $13^{861}/10^{15}$ Sekunden. Großzügig nach unten abgeschätzt sind dieses mindestens 10^{846} Sekunden.

Nun hat eine Stunde 3.600 Sekunden, ein Tag 86.400 Sekunden und ein Jahr somit nicht einmal 32 Millionen Sekunden. Der Urknall vor etwa 14 Milliarden Jahren liegt also weniger als gerade einmal 10^{18} Sekunden zurück, im Vergleich zu den benötigten 10^{846} Sekunden ein »Wimpernschlag der Zeit«. Und selbst, wenn sich die Rechenleistung noch einmal vermilliardenfachte, benötigte das Verfahren immer noch 10^{837} Sekunden.

Selbstverständlich sind viele der theoretisch möglichen Tausche auf den ersten Blick (... was immer das für einen Rechner heißt ...) als »unzulässig« klassifizierbar, etwa wenn einzelne Landwirte gar kein Flurstück bekommen. Auch können unter den bezüglich der Nebenbedingungen zulässigen Möglichkeiten viele unmittelbar verworfen werden, weil etwa Felder eines Landwirtes weit auseinander liegen. Also müssen bei einer »händischen« Lösungssuche, gezielt nur »sinnvolle« Lösungen verglichen werden. Doch auch deren Anzahl ist bei gängigen Fluren so gigantisch, dass kein Computer und schon gar kein Mensch sie je alle durchprobieren kann. Der Engpass bei der Umsetzung des freiwilligen Pacht- und Nutzungstausches liegt also in den fehlenden mathematischen Techniken zur Bestimmung optimaler Tauschpläne.

3 Modellierung

Nachdem das Problem mit seinen vielen praktischen Facetten vom Anwender geschildert wurde, beginnt die Arbeit der Mathematiker. Zunächst ist ein geeignetes Modell zu entwerfen. Dieses besteht im wesentlichen aus zwei Komponenten. Zum einen müssen die notwendigen Voraussetzungen an einen Lösungsvorschlag, die so genannten Nebenbedingungen, mathematisch beschrieben werden, im vorliegenden Fall also die Einhaltung der Vorgaben bezüglich Betriebsgrößen, Bodenqualitäten, etc. Aus allen theoretisch denkbaren Möglichkeiten entsteht so die Menge der »zulässigen Möglichkeiten«. Zur Beurteilung der Güte jeder einzelnen Lösung bedarf es aber ferner der Quantifizierung der Qualität einer Zuteilung von Flurstücken, also einer geeigneten Zielfunktion, die je nach Ausgestaltung maximiert oder minimiert wird. Wird die die Güte der Zuordnung beschreibende, also zu maximierende Zielfunktion mit g und die Menge der zulässigen Lösungen mit Z bezeichnet, so ergibt sich in Kurzschreibweise formal das restringierte Optimierungsproblem $\max_{x \in Z} g(x)$.

▌▌ *Das Optimierungsproblem*
Suche unter allen zulässigen Lösungen aus Z eine heraus, die für die gewählte Zielfunktion g optimal ist: $\max_{x \in Z} g(x)$.

Die Nebenbedingungen

Die Menge der zulässigen Lösungen Z ist bislang noch ein eher theoretisches Objekt, und was genau soll eigentlich optimiert werden? Wir befassen uns zunächst mit der genauen Beschreibung der Nebenbedingungen, also der Anforderungen, die ein Tausch erfüllen muss.

- Wie kann man die Menge Z aller zulässigen Tauschmöglichkeiten mathematisch präzise beschreiben?

Um die von jedem Tausch zu erfüllenden Nebenbedingungen formal zu beschreiben, führen wir zunächst einige Abkürzungen ein. Es bezeichne f^* die Anzahl der zu einer konkret gegebenen Gemarkung gehörenden Flurstücke. In der Flur aus Abbildung 2 ist also $f^* = 861$. Die Flurstücke selbst werden dann $F_1, \ldots, F_{f^*}$ genannt. Auf ein allgemeines Flurstück kann dann mittels der Bezeichnung F_f Bezug genommen werden, wobei f ein beliebiger Index der Indexmenge $\{1, \ldots, f^*\}$ ist. Jedes einzelne Flurstück F_f hat nun eine gewisse Größe sowie eine bestimmte Bodenqualität. Aber natürlich können ihm auch andere Ertragsparameter zugewiesen sein. Wenn insgesamt $r + 1$ Qualitätsmerkmale berücksichtigt werden sollen, so können die Werte aller Flurstücke bezüglich aller dieser Kategorien durch $r + 1$ Funktionen $\omega_0, \omega_1, \ldots, \omega_r : \{F_1, \ldots, F_{f^*}\} \to [0, \infty[$ beschrieben werden. Neben den direkten Erträgen können so auch EU-Subventionen oder andere indirekte Erwerbsquellen berücksichtigt werden. In jedem Fall ist aber die Gesamtgröße der von jedem Landwirt bewirtschafteten Fläche relevant. Daher vereinbaren wir, dass diese durch ω_0 beschrieben wird, d.h. die Funktion ω_0 ordnet jedem Flurstück seine Größe zu.

▌▌ Qualitätsmerkmale der Flurstücke

Die *Größe* der Flurstücke sowie r weitere *Qualitätsmerkmale* werden F_1 bis F_{f^*} mittels der Funktionen

$$\omega_0, \omega_1, \ldots, \omega_r : \{F_1, \ldots, F_{f^*}\} \to [0, \infty[$$

zugeordnet; für jedes $f = 1, \ldots, f^*$ ist speziell $\omega_0(F_f)$ die Größe des Flurstücks F_f.

Die Anzahl der beteiligten Landwirte wird mit l^* bezeichnet; nennen wir sie im Folgenden $L_1, \ldots, L_{l^*}$. Die Zuordnung der Flurstücke zu den Landwirten wird so modelliert, dass jedem Landwirt L_l (das ist der l-te Landwirt) eine Indexmenge I_l zugeordnet wird, in der die Nummern der ihm zur Bearbeitung zur Verfügung stehenden Flurstücke stehen. Ziel des Pacht- und Nutzungstauschs ist es somit, eine »bestmögliche« Indexmenge zu bestimmen. Natürlich lässt sich auch die aktuelle Zuordnung der Flurstücke auf diese Weise beschreiben. Die entsprechende Indexmenge I_l^{Ist} ist also nichts weiter als die Liste der Nummern der Flurstücke, die der Landwirt L_l vor dem Tausch bestellt. Sein aktueller landwirtschaftlicher Betrieb umfasst somit genau die Flurstücke $\{F_f : f \in I_l^{\text{Ist}}\}$.

Um die späteren Abweichungen zu quantifizieren, muss man zunächst einmal wissen, welchen Gesamtwert die Flurstücke jedes einzelnen Landwirtes in Bezug auf jede der $r + 1$ Kategorien vor der Umverteilung haben. Das lässt sich mit den eingeführten Funktionen aber leicht fassen. Man braucht dazu nur die Funktionen $\omega_0, \omega_1, \ldots, \omega_r$ auf die Flurstücke jedes einzelnen Landwirts anzuwenden. Für die i-te Funktion ω_i und den l-ten Landwirt L_l ist der zugehörige i-te Gesamtwert seiner aktuellen landwirtschaftlichen Fläche $\beta_{l,i} = \sum_{f \in I_l^{\mathrm{Ist}}} \omega_i(F_f)$. Insbesondere ist $\beta_{l,0}$ somit die aktuelle Betriebsgröße des l-ten Landwirts L_l.

▮▮ *Gesamtwert der Flächen eines Landwirtes*
Gesamtwert aller vom l-ten Landwirt aktuell bestellten Flächen für das Qualitätsmerkmal i:

$$\beta_{l,i} = \sum_{f \in I_l^{\mathrm{Ist}}} \omega_i(F_f).$$

Gesamtwert aller zum l-ten Landwirt nach einem Tausch, d. h. nach der Neuzuordnung der Indexmenge I_l, gehörenden Flächen für das Qualitätsmerkmal i:

$$\beta_{l,i} = \sum_{f \in I_l} \omega_i(F_f).$$

Die Neuzuordnung von Flurstücken wird nun mit Hilfe von Variablen ξ_{fl} modelliert. Genauer besteht zwischen der Partition $(I_1, \ldots, I_{l*})$ und den entsprechenden Variablen ξ_{fl} der Zusammenhang

$$\xi_{fl} = \begin{cases} 1 & , \text{ falls } f \in I_l, \\ 0 & , \text{ falls } f \notin I_l, \end{cases}$$

d. h. das Flurstück F_f wird nach dem Tausch genau dann vom Landwirt L_l bestellt, wenn $\xi_{fl} = 1$ ist, ansonsten ist $\xi_{fl} = 0$.

▮▮ *Zuordung nach dem Tausch*
Die Variablen ξ_{fl} können nur die Werte 0 oder 1 annehmen. ξ_{fl} wird genau dann 1, falls das Feld mit der Nummer f von Landwirt L_l bestellt werden soll:

$$\xi_{fl} = \begin{cases} 1 & , \text{ falls } f \in I_l, \\ 0 & , \text{ falls } f \notin I_l. \end{cases}$$

Die Forderung nach der (zunächst exakten) Werterhaltung lässt sich dann mit Hilfe linearer Gleichungen in den Variablen ξ_{fl} beschreiben.

▮▮ *Werterhaltung*
Werterhaltung für jeden einzelnen Landwirt $l = 1, \ldots, l^*$ bezüglich jedes der

Qualitätsmerkmale $i = 0, \ldots, r$:

$$\sum_{f=1}^{f^*} \omega_i(F_f)\xi_{fl} = \beta_{l,i}, \qquad l = 1, \ldots, l^*; \, i = 0, \ldots, r.$$

In der praktischen Anwendung wird natürlich eine geringe Abweichung von der genauen Werterhaltung erlaubt, um die nötige Flexibilität zu gewährleisten, die zu besseren Optimierungsergebnissen, das heißt zu einer besseren Kostenstruktur der neuen Lösung führt. Die tolerierbaren Abweichungen können für jeden Landwirt individuell (absolut oder relativ, symmetrisch oder asymmetrisch) modelliert werden. So führt etwa die Beschreibung der erlaubten Toleranz mittels positiver relativer Fehlerparameter $\epsilon_{l,i}, \, l = 1, \ldots, l^*, \, i = 0, \ldots, r$, auf folgende Ungleichungen:

■ *Abweichungstoleranz*
Individuell abgestimmte *Abweichungstoleranz* bei der Werterhaltung:

$$\sum_{f=1}^{f^*} \omega_i(F_f)\xi_{fl} \leq (1 + \epsilon_{l,i})\beta_{l,i} \quad , \quad l = 1, \ldots, l^*; \, i = 0, \ldots, r.$$
$$\sum_{f=1}^{f^*} \omega_i(F_f)\xi_{fl} \geq (1 - \epsilon_{l,i})\beta_{l,i} \quad , \quad l = 1, \ldots, l^*; \, i = 0, \ldots, r.$$

Diese Ungleichungen besagen schlicht, dass der Wert der nach dem Tausch zu bestellenden Flurstücke um einen für jede der Funktionen ω_i individuell mit jedem Landwirt l vereinbarten Anteil $\epsilon_{l,i}$ abweichen kann. (Tatsächlich zeigen die Erfahrungen bei der praktischen Umsetzung, dass selbst ohne Ausgleichszahlungen verschiedene Landwirte je nach ihrer Ertragsstruktur durchaus verschiedene Toleranzen akzeptieren.)

Als nächstes wird die Tatsache modelliert, dass jedes Feld genau einem Landwirt zugeordnet werden soll:

■ *Eindeutigkeit der Zuordnung*
Jedes der Felder wird von genau einem Landwirt bestellt:

$$\sum_{l=1}^{l^*} \xi_{fl} = 1 \quad , \quad f = 1, \ldots, f^*.$$

Insgesamt erhalten wir somit das Problem, das noch zu bestimmende »Gütefunktional« g bezüglich der folgenden Nebenbedingungen zu maximieren:

$$\sum_{f=1}^{f^*} \omega_i(F_f)\xi_{fl} \leq (1 + \epsilon_{l,i})\beta_{l,i} \quad , \quad l = 1, \ldots, l^*; \, i = 0, \ldots, r$$
$$\sum_{f=1}^{f^*} \omega_i(F_f)\xi_{fl} \geq (1 - \epsilon_{l,i})\beta_{l,i} \quad , \quad l = 1, \ldots, l^*; \, i = 0, \ldots, r$$
$$\sum_{l=1}^{l^*} \xi_{fl} = 1 \quad , \quad f = 1, \ldots, f^*$$
$$\xi_{fl} \in \{0, 1\} \quad , \quad l = 1, \ldots, l^*; \, f = 1, \ldots, f^*.$$

Die Menge Z aller zulässigen Pacht- und Nutzungstausche ist somit die Menge aller Vektoren

$$(\xi_{1,1}, \ldots, \xi_{f^*,1}, \xi_{1,2}, \ldots, \xi_{f^*,2}, \ldots, \xi_{1,l^*}, \ldots, \xi_{f^*,l^*}),$$

die sämtliche der aufgelisteten Nebenbedingungen erfüllen.

Obige Modellierung kann problemlos erweitert werden, um verschiedenste individuelle Wünsche zu berücksichtigen. Wollen etwa einzelne Landwirte einige ihrer Flurstücke vom Tausch ausschließen, so sind lediglich entsprechende Variablen auf 1 zu setzen. Ferner ist es denkbar, dass Landwirte zwar prinzipiell bereit sind, ein Feld zu tauschen, dieses aber bestimmten Tauschpartnern nicht überlassen wollen. In diesen Fällen werden die zugehörigen Variablen auf 0 gesetzt.

Geometrisch/zahlentheoretische Interpretation der zulässigen Menge

Die Menge Z hat eine spezielle Struktur, die für die konkrete praktische Lösung der Flurbereinigungsaufgaben von zentraler Bedeutung ist. Wie diese aussieht, soll im Folgenden studiert werden.

■ Kann man die Menge Z »anschaulich« interpretieren?

Da die Dimension, in der Z »lebt« $l^* \cdot f^*$ ist, also für das Beispiel aus Abbildung 2 immerhin $13 \cdot 861 = 11.193$ ist, und es den meisten Menschen schwer fällt, sich einen 11.193-dimensionalen Raum vorzustellen, muss sich die konkrete Anschauung natürlich auf entsprechend niedrig-dimensionale Analoga beschränken. Tatsächlich geben diese aber bereits wesentliche »Geheimnisse« auch der hochdimensionalen Struktur preis.

Die Nebenbedingungen zerfallen in zwei verschiedene Kategorien, eine geometrische und eine zahlentheoretische. Einen zahlentheoretischen Charakter haben die 0-1-Bedingungen, die gewährleisten, dass in jeder zulässigen Lösung alle Variablen nur die Werte 0 oder 1 haben dürfen. Schließlich sollen die Flurstücke ja als Ganze getauscht und nicht zergliedert werden. Schreiben wir

$$\xi_{fl} \in \{0, 1\}, \quad l = 1, \ldots, l^*; \; f = 1, \ldots, f^*$$

als

$$0 \le \xi_{fl} \le 1 \quad, \quad l = 1, \ldots, l^*; \; f = 1, \ldots, f^*$$
$$\xi_{fl} \in \mathbb{Z} \quad , \quad l = 1, \ldots, l^*; \; f = 1, \ldots, f^*,$$

so wird jede 0-1-Bedingung zu einer Ganzzahligkeitsbedingung und zwei Ungleichungsbedingungen vom Typ der anderen Restriktionen. Natürlich werden die Bedingungen

$$\xi_{fl} \le 1, \quad l = 1, \ldots, l^*; \; f = 1, \ldots, f^*$$

bereits durch die Restriktionen

$$\sum_{l=1}^{l^*} \xi_{fl} \;=\; 1 \;,\qquad f = 1,\dots,f^*$$
$$\xi_{fl} \;\geq\; 0 \;,\qquad l = 1,\dots,l^*;\; f = 1,\dots,f^*.$$

erzwungen. Wir können somit die Nebenbedingungen auch in der Form

$$\sum_{f=1}^{f^*} \omega_i(F_f)\xi_{fl} \;\leq\; (1+\epsilon_{l,i})\beta_{l,i} \;,\qquad l = 1,\dots,l^*;\; i = 0,\dots,r$$
$$\sum_{f=1}^{f^*} \omega_i(F_f)\xi_{fl} \;\geq\; (1-\epsilon_{l,i})\beta_{l,i} \;,\qquad l = 1,\dots,l^*;\; i = 0,\dots,r$$
$$\sum_{l=1}^{l^*} \xi_{fl} \;=\; 1 \;,\qquad f = 1,\dots,f^*$$
$$\xi_{fl} \;\geq\; 0 \;,\qquad l = 1,\dots,l^*;\; f = 1,\dots,f^*.$$

und

$$\xi_{fl} \in \mathbb{Z}, \quad l = 1,\dots,l^*;\; f = 1,\dots,f^*.$$

schreiben. Der erste Block der Bedingungen lässt sich nun »leicht« (wenn man hochdimensionale Räume mag) geometrisch interpretieren. Um es nicht zu kompliziert zu machen, betrachten wir zur Veranschaulichung ein anderes, viel einfacheres, aber konzeptionell doch sehr ähnliches Beispiel, das im Anschauungsraum $\mathbb{R}^3$ darstellbar ist:

$$
\begin{array}{rcrcrcl}
\xi_1 & & & & & \leq & 1\\
& & \xi_2 & & & \leq & 1\\
& & & & \xi_3 & \leq & 1\\
\xi_1 & & & & & \geq & 0\\
& & \xi_2 & & & \geq & 0\\
& & & & \xi_3 & \geq & 0\\
\xi_1 & + & \xi_2 & + & \xi_3 & \leq & 2\\
\xi_1 & - & \xi_2 & & & = & 0.
\end{array}
$$

Das System besteht aus sieben Ungleichungen und einer Gleichung. (Man beachte, dass keine Ganzzahligkeitsbedingung vorhanden ist, denn wir wollen uns jetzt auf den geometrischen Teil unseres Flurbereinigungsproblems konzentrieren.) Die Ungleichungen lassen sich als Halbräume, die Gleichung als eine Hyperebene interpretieren. Die ersten sechs Ungleichungen beschreiben insgesamt den dreidimensionalen Einheitswürfel (vgl. Abb. 3).

Die Begrenzungsebene der siebten Ungleichung ist in Abbildung 4 links dargestellt; rechts erkennt man, wie sie vom ursprünglichen Würfel der ersten sechs Ungleichungen ein Tetraeder abschneidet.

Die Gleichung ist in Abbildung 5 links angegeben (genauer, ihr Schnitt mit den Würfelungleichungen). Rechts sieht man den durch das Gesamtsystem beschriebenen zulässigen Bereich: ein spezielles 2-dimensionales Viereck im $\mathbb{R}^3$.

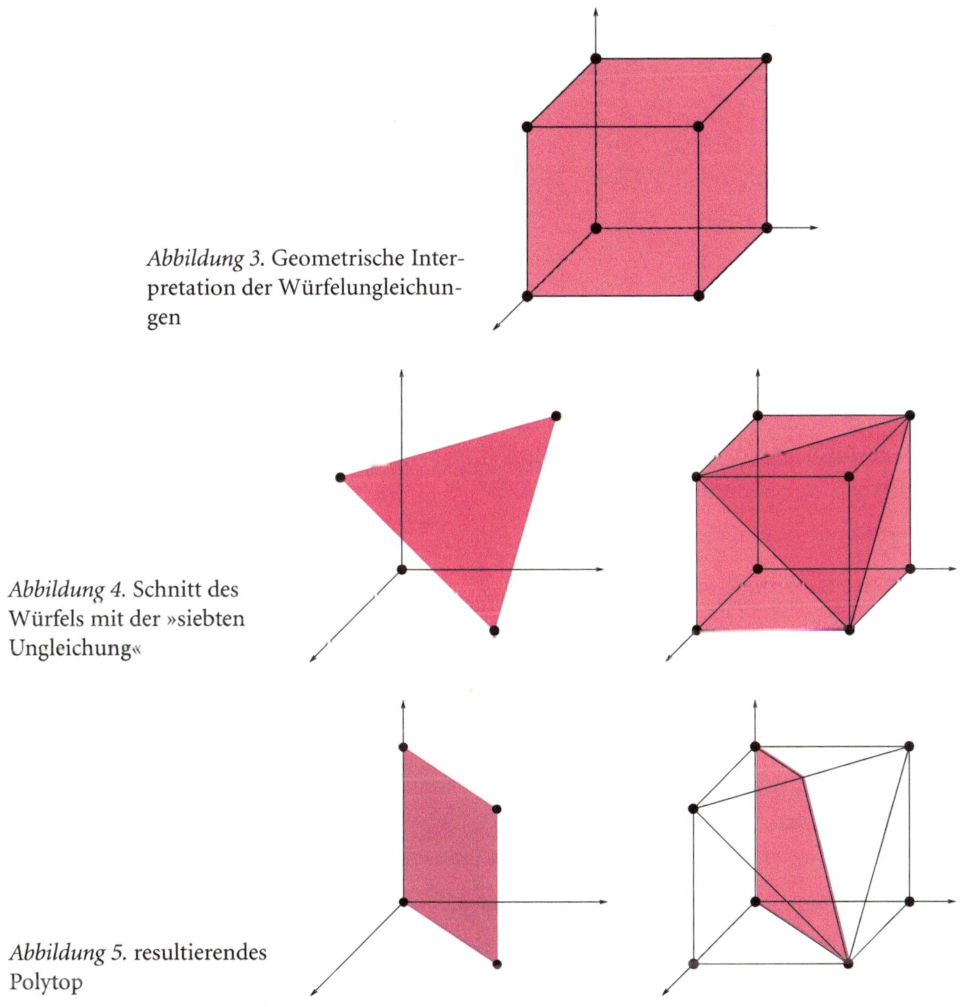

Abbildung 3. Geometrische Interpretation der Würfelungleichungen

Abbildung 4. Schnitt des Würfels mit der »siebten Ungleichung«

Abbildung 5. resultierendes Polytop

Jedes durch eine endliche Anzahl von linearen Gleichungen und Ungleichungen beschriebene geometrische Objekt heißt *Polyeder*. Ist es beschränkt, so nennt man es auch genauer *Polytop*, vergleiche Abbildung 6.

Der zulässige Bereich unseres Flurbereinigungsproblems besteht also aus allen ganzzahligen Punkten des durch die linearen Gleichungen und Ungleichungen beschriebenen Polytops im Raum $\mathbb{R}^{l^* \cdot f^*}$. Im Folgenden nennen wir das einer konkreten Flurbereinigungsaufgabe zugeordnete Polytop einfach *Flurbereinigungspolytop*. Für die Flur von Abbildung 2 sind alle zulässigen Tauschmöglichkeiten somit in den ganzzahligen Punkten des zugehörigen Flurbereinigungspolytops im $\mathbb{R}^{11.193}$ kodiert.

Wir konzentrieren uns im Folgenden auf diese Polytope und ignorieren die Ganzzahligkeitsbedingung. Es zeigt sich, dass das Flurbereinigungsproblem (ob-

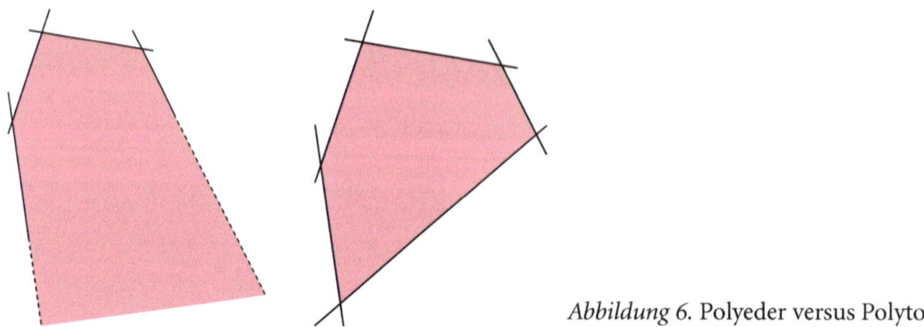

Abbildung 6. Polyeder versus Polytop

wohl es zu den schwierigsten der Kombinatorischen Optimierung gehört; vgl. Kapitel 9 über NP-Vollständigkeit) doch vergleichsweise »gutartig« ist, da »sehr viel Ganzzahligkeit« der Lösungen bereits »automatisch« durch die Flurbereinigungsnebenbedingungen erzwungen wird.

Wahl der Zielfunktion

Unter Erfüllung aller Nebenbedingungen soll nun eine optimale Flurzuordnung erfolgen. Das »wirkliche« Optimierungsziel, die Kostenstruktur der landwirtschaftlichen Produktion nach dem Pacht- und Nutzungstausch zu optimieren, kann im Allgemeinen nicht exakt abgebildet werden, da die genauen Nutzenabhängigkeiten verschiedener Flurstücke untereinander gar nicht bekannt sind. Man versucht daher »operationale« Zielfunktionen zu verwenden, die die wesentlichen Einflussfaktoren der Kostenstruktur berücksichtigen.

- Welche Zielfunktionen beschreiben die Güte von Zuordnungen adäquat und sind gleichzeitig mathematisch »handhabbar«?

Die Modellierung der Zielvorstellung kann auf verschiedene Weisen erfolgen; im Folgenden wird ein Ansatz vorgestellt, der auf dem Konzept der *virtuellen Schwerpunkte* der Flächen der Landwirte basiert, und selbst wieder (mit den schon vorher gemachten Einschränkungen über die Höhe der relevanten Dimensionen) »anschaulich« ist, da er auf ganz natürliche Weise geometrisch interpretiert werden kann.

Intuitiv erscheint eine Zuteilung für einen Landwirt günstig, falls der paarweise Abstand zwischen seinen Feldern möglichst gering ist, bzw. der Abstand zwischen Feldern, die von unterschiedlichen Landwirten bewirtschaftet werden, in der Summe groß ist. Folglich sind prinzipiell alle Paare von Feldern zu berücksichtigen: bei typischen Fluren zwischen 100.000 und 1.000.000 Paaren. Im Vergleich dazu ist die Anzahl der Paare von Landwirten typischerweise in einer Größenordnung von unter 200. Die Reduktion der Komplexität unserer Zielfunktion gelingt durch Betrachtung der virtuellen Schwerpunkte, die jeweils als ein einziger

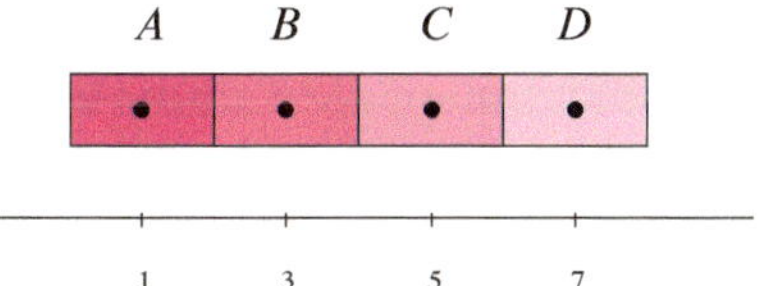

Abbildung 7. Gemarkung vier gleichgroßer Flurstücke
(mit virtuellen Mittelpunkten)

Referenzpunkt für alle Felder eines Landwirts interpretiert werden können. Zur genauen Definition dieses Punktes wird zunächst für jedes Flurstück F_f ein einzelner, zweidimensionaler Referenzpunkt als Schwerpunkt seiner Ecken berechnet und mit g_f bezeichnet. Der Referenzpunkt s_l des gesamten Clusters ist dann wie folgt definiert und kann als virtueller Schwerpunkt interpretiert werden.

▌▌ *Virtueller Schwerpunkt*
Virtueller Schwerpunkt aller dem l-ten Landwirt zugeordneten Felder:

$$s_l = \frac{1}{\beta_{l,0}} \sum_{f-1}^{f^*} \omega_0(F_f) g_f \xi_{fl},$$

Zur Erinnerung, $\omega_0(F_f)$ weist jedem Feld F_f seine Größe zu, und $\beta_{l,0}$ gibt die ursprüngliche Betriebsgröße des Landwirts L_l an. Die Variablen ξ_{fl} sorgen wieder dafür, dass nur die Felder in die Rechnung einbezogen werden, die dem Landwirt tatsächlich zugeteilt werden sollen. Der virtuelle Schwerpunkt ist folglich nichts anderes als ein gewichtetes arithmetisches Mittel der »virtuellen Mittelpunkte« aller Felder eines Landwirtes.

Betrachten wir hierzu als einfaches Beispiel die Flurstücke in Abbildung 7. Offenbar liegen die Mittelpunkte der vier gleichgroßen Flurstücke in diesem Beispiel auf einer Geraden, so dass wir sie mit einer einzigen Koordinate beschreiben können. Die Flurstücke sollen von zwei Landwirten bewirtschaftet werden, wobei jeder die gleiche Hofgröße besitzt, also zwei Flurstücke bewirtschaften soll. Wie wirken sich die verschiedenen Zuordnungen auf die virtuellen Schwerpunkte aus? Bezeichnen wir die Flurstücke mit den Buchstaben A, B, C, D, so kann Landwirt L_1 die folgenden Paare von Flurstücken bewirtschaften: (A, B), (A, C), (A, D), (B, C), (B, D), (C, D). Die zugehörigen virtuellen Schwerpunkte sind: 2,3,4,4,5,6. Analog ergeben sich für Landwirt L_2 die folgenden komplementären Paare von Flurstücken (C, D), (B, D), (B, C), (A, D), (A, C), (A, B) mit den virtuellen Schwerpunkten: 6,5,4,4,3,2. Die Beträge der Differenzen ergeben sich somit zu 4,2,0,0,2,4, d. h. das Maximum des Betrages der Differenz zwischen zwei virtuellen Schwerpunkten wird bei der ersten und letzten Zuordnung erreicht, also genau dann, wenn die beiden Felder jedes Landwirts nebeneinander liegen.

Die resultierende konzeptionelle Zielfunktion lautet daher im Allgemeinen:

▮▮ *Zielfunktion – zum ersten*

Maximiere die Summe aller paarweisen Abstände zwischen den virtuellen Schwerpunkten der Landwirte.

Bevor wir mit der Zielfunktion wirklich arbeiten können, muss sie präzisiert und mathematisch operational gefasst werden.

Abstandsmessung

Für die genaue Umsetzung der Zielfunktion stellt sich eine ganz grundlegende Frage (vgl. auch Kapitel 4 über das TSP):

- Wie wird der »Abstand« zwischen Punkten eigentlich gemessen?

Diese Frage ist tatsächlich in zweierlei Hinsicht relevant. Einmal muss der Abstand der Schwerpunkte im 2-dimensionalen Raum bestimmt werden. Zum anderen erweist sich die Interpretation der Zielfunktion selbst als Abstandsmaß in einem geeigneten hochdimensionalen Raum als Schlüssel zur effizienten Lösbarkeit des Flurbereinigungsproblems.

Betrachten wir dazu den (euklidischen) Abstand eines Punktes $a = (\alpha_1, \ldots, \alpha_n)^T$ zum Ursprung 0 des Koordinatensystems, d. h. die »Länge« von a. Im zweidimensionalen Fall liefert der Satz des Pythagoras unmittelbar

$$\sqrt{\alpha_1^2 + \alpha_2^2}\,.$$

Für einen n-dimensionalen Vektor $a = (\alpha_1, \ldots, \alpha_n)^T$ ist die *euklidische Norm* ganz analog definiert durch

$$\|a\|_2 = \sqrt{\sum_{i=1}^{n} \alpha_i^2}\,.$$

Benutzen wir zur Messung der Abstände zwischen den virtuellen Schwerpunkten s_l unserer Flurbereinigungsaufgabe nun die euklidische Norm $\|\ \|_2$, so »übersetzt« sich unsere Zielvorstellung, die Summe aller paarweisen euklidischen Abstände zwischen den virtuellen Schwerpunkten der den Landwirten zugeordneten Flurstücke zu maximieren in:

▮▮ *Zielfunktion – zum zweiten*

$$\text{maximiere} \quad \sum_{l_1=1}^{l^*-1} \sum_{l_2=l_1+1}^{l^*} \|s_{l_1} - s_{l_2}\|_2\,.$$

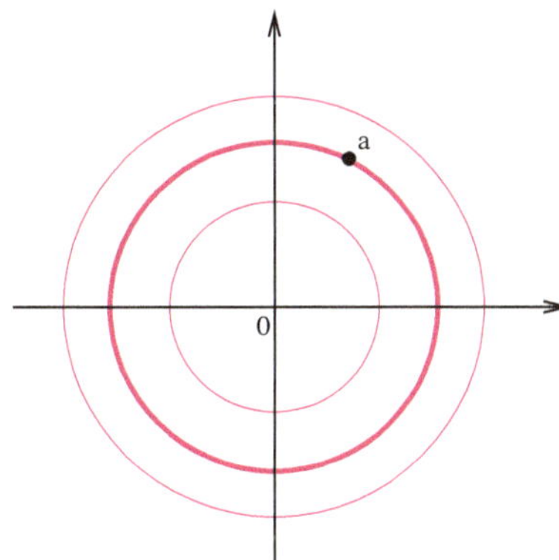

Abbildung 8. Berechnung der euklidischen Norm durch
Skalierung der Einheitskugel

Damit ist der erste Aspekt der Abstandsmessung befriedigend geklärt, und man
könnte versuchen, tatsächlich mit dieser Zielfunktion zu arbeiten. Praktisch stößt
man jedoch schnell an Grenzen, die man nur überwinden kann, wenn man die
Zielfunktion noch genauer untersucht.

Gehen wir aber zunächst noch einmal einen Schritt zurück. Im $\mathbb{R}^2$ bilden
Punkte gleicher euklidischer Norm, also gleichen Abstands von 0, einen Kreis mit
Mittelpunkt 0; in höheren Dimensionen spricht man von einer Kugel. Entspre-
chend ist

$$\mathbb{B}_2^n := \{x \in \mathbb{R}^n : \|x\|_2 \le 1\}$$

die *n-dimensionale euklidische Einheitskugel,* d. h. die Kugel mit Mittelpunkt 0 und
Radius 1. Skaliert man die Kugel $\mathbb{B}_2^n$ mit dem Faktor $\lambda > 0$, so erhält man die
Kugel

$$\lambda\mathbb{B}_2^n := \{\lambda x : x \in \mathbb{B}_2^n\} = \{y : \|y\|_2 = \|\lambda x\|_2 = \lambda\|x\|_2 \le \lambda\}$$

mit Radius λ. Folglich ist die Norm eines Punktes y der Radius einer kleinsten
Kugel mit Mittelpunkt 0, die y enthält, also

$$\|y\|_2 = \min\{\lambda \ge 0 : y \in \lambda\mathbb{B}_2^n\}.$$

Abbildung 8 zeigt den »Bingo«-Effekt der Kugel mit dem *richtigen* Radius an einem
2-dimensionalen Beispiel: Ist der Radius zu klein, so ist der Punkt a noch nicht in
der entsprechenden Kugel enthalten, ist er zu groß, so liegt er in ihrem Inneren.
Nur wenn er mit der Norm $\|a\|_2$ übereinstimmt, liegt a auf dem Rand der Kugel,
d. h. die kleinste Kugel mit Mittelpunkt 0, die a enthält hat Radius $\|a\|_2$.

Es ist nun sicherlich nicht überraschend, dass man auch mit anderen Körpern
als Kugeln Abstände messen kann. Ist der Körper etwa der *Einheitswürfel*

$$\mathbb{B}_\infty^n := \bigcap_{i=1}^n \{x = (\xi_1, \dots, \xi_n)^T \in \mathbb{R}^n : -1 \le \xi_i \le 1\}$$

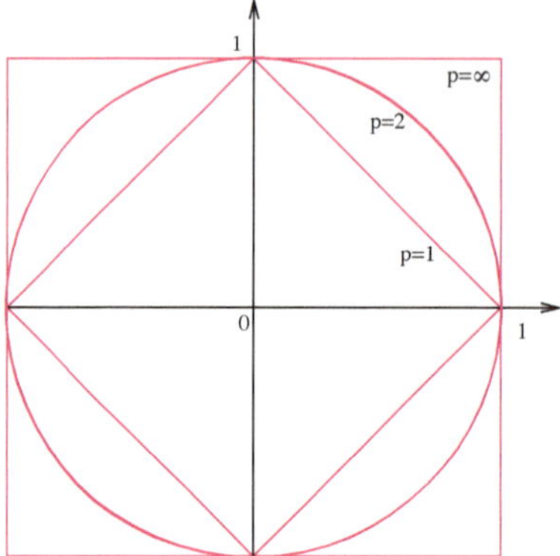

Abbildung 9. Einheitskugeln $\mathbb{B}_p^2$, $p = 1, 2, \infty$

oder das *Einheitskreuzpolytop*

$$\mathbb{B}_1^n := \bigcap_{c \in \{-1,1\}^n} \{x \in \mathbb{R}^n : c^T x \leq 1\},$$

so erhält man die bekannte *Maximumnorm* bzw. die *Betragssummennorm*

$$\|a\|_\infty := \max_{1 \leq i \leq n} |a_i|$$

bzw.

$$\|a\|_1 := \sum_{i=1}^{n} |\alpha_i|.$$

Abbildung 9 zeigt zum Vergleich die zweidimensionalen Einheitskugeln $\mathbb{B}_\infty^2$, $\mathbb{B}_2^2$ und $\mathbb{B}_1^2$.

Diese Normen sind keineswegs »exotisch«. Begeben wir uns etwa gedanklich an eine Straßenkreuzung in Manhattan. Um von dort an einen beliebigen anderen Punkt über das schachbrettmusterartig angelegte Straßensystem zu gelangen, ist es in der Regel natürlich nicht möglich, den direkten Weg entlang der »Luftlinie« zu gehen, siehe Abbildung 10. Nichts anderes als diesen »Luftlinienabstand« misst aber die euklidische Norm der Differenz von Start- und Zielpunkt. Die kürzesten Wege verlaufen aber tatsächlich auf Strecken parallel zu den (richtig platzierten) »Koordinatenachsen«. D. h. diese Strecken haben entweder die gleiche erste oder gleiche zweite Koordinate, »leben« also in gewissem Sinne auf (einer Parallelen zu) einer eindimensionalen Koordinatenachse.

Da 1-dimensionale Längen gerade mit dem Betrag gemessen werden, ergibt sich tatsächlich für $a \in \mathbb{R}^2$

$$\|a\|_1 := |\alpha_1| + |\alpha_2|.$$

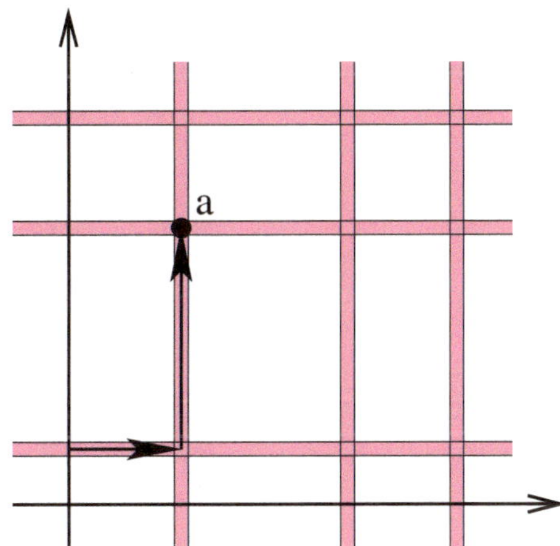

Abbildung 10. Abstände in Manhattan

Im Gegensatz zur »Manhattan-Norm« $\| \ \|_1$ wird die Maximumnorm $\|a\|_\infty$ eines Vektors a durch dessen betragsgrößte Komponente bestimmt (vgl. Kapitel 4).

Die Normen $\| \ \|_1$ und $\| \ \|_\infty$ unterscheiden sich von der euklidischen Norm in einem wesentlichen Punkt. Die euklidische Einheitskugel ist »rund«, die Einheitskugeln $\mathbb{B}_1^n$ und $\mathbb{B}_\infty^n$ sind, wie Abbildung 9 für den Fall der Ebene zeigt, Polytope. Man nennt die Normen $\| \ \|_1$ und $\| \ \|_\infty$ daher *polytopal*. Tatsächlich sind die oben angegebenen Definitionen von $\mathbb{B}_1^n$ und $\mathbb{B}_\infty^n$ explizite Darstellungen als Durchschnitt von endlich vielen Halbräumen. Für $\| \ \|_\infty$ etwa ist der Durchschnitt aller Halbräume zu bilden, die eine Koordinate durch 1 nach oben bzw. durch -1 nach unten beschränken. Hiervon gibt es insgesamt $2n$ Stück; $\mathbb{B}_\infty^n$ ist also der Durchschnitt von $2n$ Halbräumen, deren Begrenzungshyperebenen parallel zu und im Abstand 1 von den Koordinatenhyperebenen verlaufen (wie das für einen Würfel auch sein sollte).

Diese Eigenschaft einer Norm, polytopal zu sein, hat große Konsequenz für das Optimierungsproblem, einen am weitesten vom Ursprung entfernten Punkt eines Polytops zu finden. Es zeigt sich, dass in unserer Zielfunktion, die ja eigentlich nur die Summe euklidischer Abstände, also »runder Komponenten« ist, eine »große Portion Polytopalität« steckt, die man zur Optimierung, also zur Abstandsmaximierung verwenden kann.

Abstandsmaximierung

Wir befassen uns nun kurz mit der Frage, wie man am weitesten vom Ursprung entfernte Punkte eines Polytops finden kann.

- Sei $\| \ \|$ eine polytopale Norm im $\mathbb{R}^n$. Wie kann für durch endlich viele lineare Ungleichungen gegebene Polytope P jeweils ein bezüglich $\| \ \|$ am weitesten vom Ursprung entfernter Punkt von P bestimmt, insbesondere also $\max_{x \in P} \|x\|$ berechnet werden?

Wir behandeln diese Frage jetzt für allgemeine polytopale Normen $\| \ \|$. Als konkretes Beispiel mag jedoch die Maximumnorm $\| \ \|_\infty$ dienen mit dem Würfel

$$\mathbb{B}^n_\infty := \bigcap_{i=1}^{n} \{x = (\xi_1, \ldots, \xi_n)^T \in \mathbb{R}^n : -1 \leq \xi_i \leq 1\}$$

als Einheitskugel. Allgemein bezeichne $\mathbb{B}^n$ die zu $\| \ \|$ gehörige Einheitskugel, d. h.

$$\mathbb{B}^n = \{x \in \mathbb{R}^n : \|x\| \leq 1\}.$$

Die Aufgabe, einen bezüglich $\| \ \|$ am weitesten vom Ursprung entfernten Punkt des Polytops P zu finden, lässt sich mit Hilfe der geometrischen Interpretation des vorherigen Abschnitts umformen zu

$$\max_{x \in P} \|x\| = \min\{\lambda \geq 0 : P \subseteq \lambda \mathbb{B}^n\}.$$

Da die Norm polytopal ist, besitzt $\mathbb{B}^n$ eine explizite Darstellung mit Hilfe von endlich vielen linearen Ungleichungen, sagen wir m Stück, mit Koeffizientenvektoren $c_1, \ldots, c_m$, also (ganz analog zum Würfel)

$$\mathbb{B}^n = \bigcap_{i=1}^{m} \{x \in \mathbb{R}^n : c_i^T x \leq 1\}.$$

Hieraus folgt natürlich, dass auch $\lambda \mathbb{B}^n$ eine explizite Darstellung besitzt, genauer

$$\lambda \mathbb{B}^n \ = \ \{\lambda x \mid x \in \mathbb{B}^n\} = \bigcap_{i=1}^{m} \{\lambda x \in \mathbb{R}^n : c_i^T(\lambda x) = \lambda c_i^T x \leq \lambda \cdot 1 = \lambda\}$$

$$= \ \bigcap_{i=1}^{m} \{y \in \mathbb{R}^n : c_i^T y \leq \lambda\}.$$

Somit gilt $P \subseteq \lambda \mathbb{B}^n$ genau dann, wenn für jedes i mit $1 \leq i \leq m$ und für jedes $y \in P$ die Ungleichung $c_i^T y \leq \lambda$ erfüllt ist. Was ist nun das minimale λ, das die Inklusion $P \subseteq \lambda \mathbb{B}^n$ sicherstellt? Bezüglich jeder Ungleichung ist der minimale, die Ungleichung für alle $x \in P$ erfüllende Wert $\lambda_i := \max_{x \in P} c_i^T x$. Da aber alle Ungleichungen gleichzeitig erfüllt sein müssen, ist der gesuchte, minimale Skalierungsfaktor gerade

$$\lambda^* := \max_{1 \leq i \leq m} \lambda_i = \max_{1 \leq i \leq m} \max_{x \in P} c_i^T x.$$

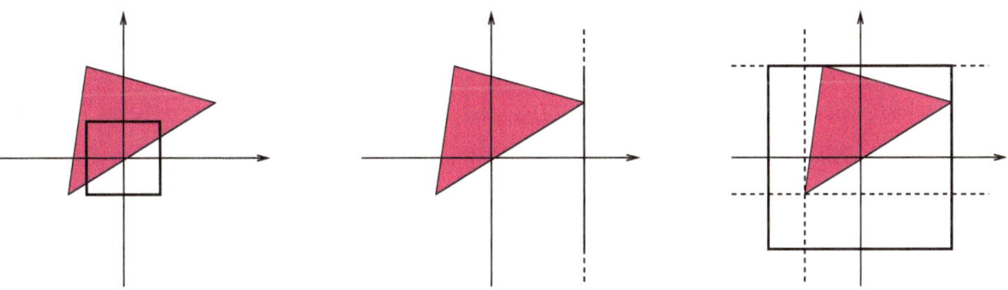

Abbildung 11. Kleinstes Quadrat mit Mittelpunkt 0, das das gegebene Dreieck enthält

Betrachten wir hierzu $\mathbb{B}^2_\infty$ als Beispiel in der Ebene. Wie findet man mit dem soeben beschriebenen Ansatz einen bezüglich $\|\ \|_\infty$ weitest von 0 entfernten Punkt des in Abbildung 11 links gegebenen Dreiecks D? Der Würfel $\mathbb{B}^2_\infty$ ist jetzt einfach das Einheitsquadrat im $\mathbb{R}^2$ mit Mittelpunkt 0. Als erstes schieben wir die durch $\xi_1 = 1$ gegebene Gerade gerade so weit nach rechts, bis kein Punkt von D mehr rechts von ihr liegt. Diese Position ist in Abbildung 11 (Mitte) gezeigt. Der so gefundene Wert der ξ_1-Koordinate ist λ_1. Machen wir das gleiche mit den drei anderen das Einheitsquadrat begrenzenden Geraden, so erhalten wir die Werte $\lambda_2, \lambda_3, \lambda_4$. Ihr Maximum λ^* – in diesem Falle gleich λ_1 und λ_2 – gibt nun die Lösung unserer Abstandsmaximierungsaufgabe an (vgl. Abb. 11 rechts).

Man erkennt, dass λ^* tatsächlich den Radius der kleinsten Einheitskugel bezüglich $\|\ \|_\infty$ angibt, die D enthält.

Der allgemeine Fall, d. h. die Abstandsmaximierung bezüglich $\|\ \|$, verläuft ganz analog, wobei im Allgemeinen jedoch mehr Begrenzungshyperebenen (nämlich alle von $\mathbb{B}^n$) verschoben werden müssen, und natürlich die Dimension sehr viel größer sein kann (aber das sollte mittlerweile niemanden mehr schrecken).

Es reicht also im allgemeinen Fall, die m durch $x \mapsto c^T x$ für $c \in \{c_1, \ldots, c_m\}$ gegebenen linearen Funktionale jeweils über P zu maximieren und dann den größten der gefundenen m Werte (und einen zugehörigen Punkt von P) zu bestimmen. Die zentrale Frage ist also jetzt:

■ Kann $\max_{x \in P} c^T x$ effizient berechnet werden?

Das ist die Frage nach der effizienten Lösbarkeit so genannter *Linearer Optimierungsprobleme*. Eigentlich haben wir sie ja schon in Abbildung 11 illustriert. Wegen ihrer Wichtigkeit stellen wir sie aber jetzt noch einmal gezielt anhand eines einfachen Beispiels aus der Produktionsplanung im $\mathbb{R}^2$ dar.

Für die Herstellung der Produkte $P1$ und $P2$ werden nacheinander zwei Maschinen $M1$ und $M2$ benötigt, von denen jeweils drei Stunden Fertigungskapazität zur Verfügung steht. Für die Bearbeitung von je 1000 Litern von $P1$ benötigt $M1$ jeweils eine und $M2$ jeweils drei Stunden. Bezüglich $P2$ sind die Zahlen genau umgekehrt. Der erzielbare Gewinn beträgt einen Euro pro Liter $P1$ oder $P2$. Das Ziel des Produzenten lautet Gewinnmaximierung, wobei zur Mindestauslastung der Maschinen aber noch verlangt wird, dass in Summe mindestens 250 Liter produziert werden. Gesucht ist ein optimaler Produktionsplan.

Wir formulieren die Nebenbedingungen mit Hilfe linearer Ungleichungen. Bezeichnen wir mit ξ_1 und ξ_2 die produzierten Mengen von $P1$ bzw. $P2$ (in 1000 Litern), so lassen sich die Kapazitätsrestriktionen der Maschinen $M1$ und $M2$ formulieren als

$$\xi_1 + 3\xi_2 \leq 3 \text{ und } 3\xi_1 + \xi_2 \leq 3.$$

Die geforderte Mindestauslastung wird durch

$$\xi_1 + \xi_2 \geq 1/4$$

ausgedrückt, und ferner darf keine der beiden produzierten Mengen negativ sein, d. h. es muss $\xi_1, \xi_2 \geq 0$ gelten. Das sich aus diesen vier Bedingungen ergebende Polytop P der zulässigen Produktionskombinationen ist in der ersten Graphik von Abbildung 12 dargestellt. Der aus der Realisierung durch die Produktion des Tupels (ξ_1, ξ_2) resultierende Gewinn $G(\xi_1, \xi_2)$ beträgt $G(\xi_1, \xi_2) = 1000\xi_1 + 1000\xi_2$. Für einen gegebenes Gewinnniveau G^* liegen somit alle Punkte (ξ_1, ξ_2) mit $G(\xi_1, \xi_2) = G^*$ auf der Geraden $1000\xi_1 + 1000\xi_2 = G^*$. Geraden, die zu unterschiedlichen Gewinnhöhen gehören, sind parallel. Die Gerade zum Gewinnniveau 500 ist in der zweiten Graphik von Abbildung 12 dargestellt. Der rote Pfeil symbolisiert dabei, dass eine Parallelverschiebung in Pfeilrichtung zu einer Erhöhung des Gewinnniveaus gehört. Folglich ist derjenige Eckpunkt gesucht, der zur in Pfeilrichtung am weitesten verschobenen Gerade gehört, die die zulässige Menge P trifft. Diese Situation ist in der letzten Graphik von Abbildung 12 dargestellt; der maximale Gewinn beträgt 1.500 Euro bei $\xi_1 = \xi_2 = 3/4$.

Obiges Problem lässt sich nicht nur graphisch im $\mathbb{R}^2$ lösen, sondern sehr effizient auch in sehr hohen Dimensionen. Durch Lösung von m linearen Optimierungsaufgaben lässt sich somit auch $\max_{x \in P} \|x\|$ bestimmen. Die gefundene zugehörige Ecke des Polytops der Nebenbedingungen ist dann ein bezüglich $\| \ \|$ am weitesten vom Ursprung 0 entfernter Punkt von P.

Polytopale Halbnormen

Während in unserem Flurbereinigungsmodell die Abstände der virtuellen Schwerpunkte mittels der euklidischen Norm in der Ebene gemessen werden, tritt bei der Zielfunktion eine noch etwas allgemeinere Struktur auf, eine so genannte *Halbnorm*. Wir beschränken uns im Folgenden auf die für uns zentralen polytopalen Halbnormen. Sie unterscheiden sich von polytopalen Normen nur dadurch, dass

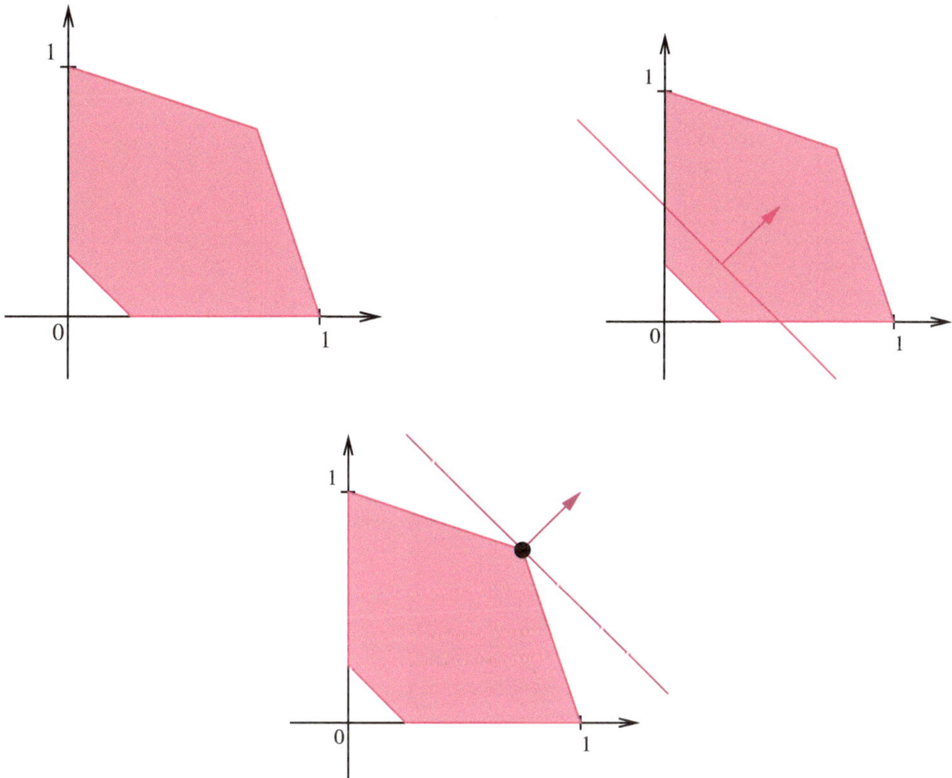

Abbildung 12. Lineare Optimierung über einem Polytop

von der zugrunde liegenden »Einheitskugel« nicht mehr gefordert wird, dass sie ein Polytop ist. Es reicht, wenn hier ein möglicherweise unbeschränktes Polyeder vorliegt.

Betrachten wir auch hier wieder ein einfaches 2-dimensionales Beispiel. Ein Marktforschungsunternehmen studiert die Abhängigkeit von zwei Marktgrößen ξ_1 und ξ_2. Die Prognose lautet $2\xi_1 - \xi_2 = 0$. Die Messwerte $(\xi_1^{(1)}, \xi_2^{(1)}), \dots,$ $(\xi_1^{(n)}, \xi_2^{(n)})$ werden als Punkte im Koordinatensystem abgetragen. Die Abweichung der Messwerte von der Prognose ergibt sich dann als Breite des kleinsten symmetrischen Parallelstreifens um die durch $2\xi_1 - \xi_2 = 0$ gegebene Gerade, der alle Messpunkte enthält; vgl. Abbildung 13.

Der Unterschied zwischen Normen und Halbnormen liegt also darin, dass eine Halbnorm einen Abstand 0 auch für von 0 verschiedene Vektoren haben kann. In unserem Beispiel ist dieses für alle Punkte auf der Geraden $\xi_2 = 2\xi_1$ der Fall.

Der Schlüssel zu einem praktisch sehr effizienten Algorithmus für unser Flurbereinigungsproblem besteht in der richtigen Betrachtung der Zielfunktion als

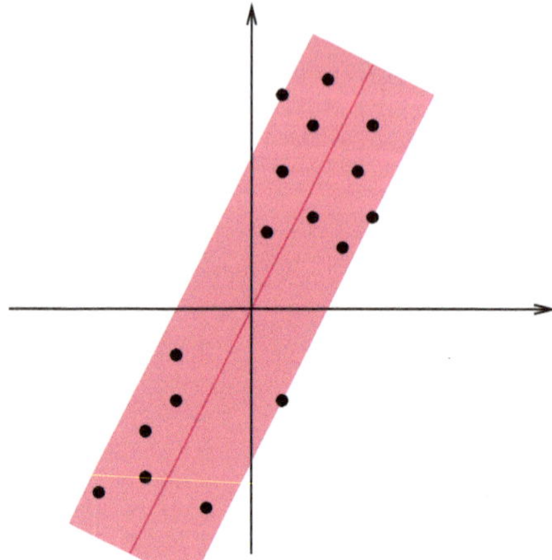

Abbildung 13. Prognose und Halbnorm

agrarökonomische polytopale Halbnorm. Wir untersuchen daher jetzt das »Flur-bereinigungsfunktional«

$$\sum_{l_1=1}^{l^*-1} \sum_{l_2=l_1+1}^{l^*} \|s_{l_1} - s_{l_2}\|_2$$

der Summe der euklidischen Abstände der virtuellen Schwerpunkte aus der »land-wirtschaftlichen Ebene« zunächst losgelöst von den Nebenbedingungen und be-rücksichtigen zunächst auch nicht, wie sich die virtuellen Schwerpunkte aus den Zuteilungen der Flurstücke an die einzelnen Landwirte ergeben. Das bedeutet, wir betrachten die Zielfunktion allein im $2 \cdot l^*$-dimensionalen Raum der l^* virtuellen Schwerpunkte in $\mathbb{R}^2$.

Um technische Probleme zu vermeiden, beschränken wir uns auf den einfachs-ten Fall, der die wesentliche Struktur dieses Funktionals aufdeckt, den eindimen-sionalen Fall, dass alle l^* virtuellen Schwerpunkte auf einer Koordinatenachse lie-gen.

Bezogen auf die (eindimensionalen) Schwerpunkte lautet unsere Zielfunktion dann

$$\sum_{l_1=1}^{l^*-1} \sum_{l_2=l_1+1}^{l^*} \|s_{l_1} - s_{l_2}\|_2 = \sum_{l_1=1}^{l^*-1} \sum_{l_2=l_1+1}^{l^*} |s_{l_1} - s_{l_2}|.$$

Im $\mathbb{R}^{l^*}$ der virtuellen Schwerpunkte liegt nur noch eine Halbnorm, aber keine Norm mehr vor, denn Addition desselben Vektors zu allen Schwerpunkten ändert den Wert der Zielfunktion nicht. Die »Einheitskugel«

$$\mathbb{B}^{l^*} := \{x := (s_1, \ldots, s_{l^*})^T \in \mathbb{R}^{l^*} : \sum_{l_1=1}^{l^*-1} \sum_{l_2=l_1+1}^{l^*} |s_{l_1} - s_{l_2}| \leq 1\}$$

dieser Halbnorm ist polytopal und lässt sich mit $2^{l^* (l^*-1)/2}$ linearen Ungleichungen der Form

$$\sum_{l_1=1}^{l^*-1} \sum_{l_2=l_1+1}^{l^*} \pm(s_{l_1} - s_{l_2}) \leq 1$$

beschreiben. Aber eigentlich bezieht sich die hier gegebene Darstellung auf den Raum $\mathbb{R}^{l^* \cdot (l^*-1)/2}$ der paarweisen Abstände der virtuellen Schwerpunkte und nicht auf den Raum $\mathbb{R}^{l^*}$ der Schwerpunkte selbst. Ist es aber wirklich notwendig, eine quadratische Dimension zu akzeptieren, bei 13 Landwirten also intern im $13 \cdot 6 = 78$-dimensionalen Raum zu arbeiten, wo doch die Schwerpunkte selbst nur einen 13-dimensionalen Raum bilden? Da die algorithmischen Eigenschaften exponentiell von der Dimension abhängen können, und auch hier entsprechende Effekte der »kombinatorischen Explosion« auftreten, wäre es algorithmisch »mehr als leichtfertig«, ohne Not in quadratisch-dimensionalen Räumen zu rechnen.

Unser Ziel ist es also, $\mathbb{B}^{l^*}$ effizienter zu beschreiben. Zentral ist dabei im Folgenden die Frage, wie man die Beträge möglichst elegant »loswerden« kann. Natürlich ist

$$|s_{l_1} - s_{l_2}| = +(s_{l_1} - s_{l_2}) \quad \text{oder} \quad |s_{l_1} - s_{l_2}| = -(s_{l_1} - s_{l_2}),$$

aber wann gilt was? Zur adäquaten Behandlung dieser Frage benötigen wir die Menge $\Pi(l^*)$ aller Permutation der Zahlen von 1 bis l^*. Eine Permutation vertauscht lediglich die Reihenfolge der Zahlen, lässt aber keine weg und führt auch keine doppelt auf. Etwas formaler ist also $\pi \in \Pi(l^*)$ eine Permutation der Zahlen von 1 bis l^*, falls $\pi \colon \{1, \ldots, l^*\} \to \{1, \ldots, l^*\}$ mit $\pi(i) \neq \pi(j)$ für $1 \leq i < j \leq l^*$ gilt. Folglich enthält $\Pi(l^*)$ exakt $l^*!$ Elemente.

Mit Hilfe der Menge $\Pi(l^*)$ aller »Permutationen aller Landwirte« kann man folgende Darstellung unserer agrarökonomischen Halbnorm durch ein System von $l^*!$ linearen Ungleichungen für $\mathbb{B}^{l^*}$ herleiten:

▌▎ *Agrarökonomische polytopale Halbnorm (1-dimensionaler Fall)*

$$\mathbb{B}^{l^*} = \bigcap_{\pi \in \Pi(l^*)} \left\{ s = (s_1, \ldots, s_{l^*})^T \in \mathbb{R}^{l^*} : \sum_{i=1}^{l^*} (l^* + 1 - 2i) s_{\pi(i)} \leq 1 \right\}$$

Wir zeigen jetzt, wie sich diese Darstellung durch elementare Rechnungen ergibt. (Wer den Beweis überspringen möchte, kann auch ohne weiteres beim nächsten Paragraphen dieses Abschnitts weitermachen, S. 299.)

Seien $(s_1, \ldots, s_{l^*})^T \in \mathbb{B}^{l^*}$ und $\pi \in \Pi(l^*)$ eine beliebige Permutation. Dann folgt

$$\sum_{i=1}^{l^*}(l^*+1-2i)s_{\pi(i)} = \sum_{l_1=1}^{l^*-1}\sum_{l_2=l_1+1}^{l^*}(s_{\pi(l_1)}-s_{\pi(l_2)})$$

$$\leq \sum_{l_1=1}^{l^*-1}\sum_{l_2=l_1+1}^{l^*}|s_{\pi(l_1)}-s_{\pi(l_2)}|$$

$$= \sum_{l_1=1}^{l^*-1}\sum_{l_2=l_1+1}^{l^*}|s_{l_1}-s_{l_2}|$$

$$\leq 1.$$

Somit gilt

$$\mathbb{B}^{l^*} \subset \bigcap_{\pi\in\Pi(l^*)}\left\{s=(s_1,\ldots,s_{l^*})^T\in\mathbb{R}^{l^*}: \sum_{i=1}^{l^*}(l^*+1-2i)s_{\pi(i)}\leq 1\right\}.$$

Zum Beweis der Umkehrung gelte jetzt

$$\sum_{i=1}^{l^*}(l^*+1-2i)s_{\pi(i)}\leq 1$$

für jede beliebige Permutation $\pi\in\Pi(l^*)$. Unter allen Permutationen in $\Pi(l^*)$ gibt es aber auch eine, nennen wir sie π^*, die die Schwerpunkte gerade so sortiert, dass

$$s_{\pi^*(1)}\geq\cdots\geq s_{\pi^*(l^*)}$$

gilt. Da ja obige Ungleichung insbesondere auch für π^* erfüllt ist, gilt speziell

$$\sum_{i=1}^{l^*}(l^*+1-2i)s_{\pi^*(i)}\leq 1.$$

Damit nun $s\in\mathbb{B}^{l^*}$ gilt, muss die Gültigkeit der Ungleichung

$$\sum_{l_1=1}^{l^*-1}\sum_{l_2=l_1+1}^{l^*}|s_{l_1}-s_{l_2}|\leq 1$$

nachgewiesen werden. Diese folgt aber mit

$$
\begin{aligned}
\sum_{l_1=1}^{l^*-1} \sum_{l_2=l_1+1}^{l^*} |s_{l_1} - s_{l_2}| &= \sum_{l_1=1}^{l^*-1} \sum_{l_2=l_1+1}^{l^*} |s_{\pi^*(l_1)} - s_{\pi^*(l_2)}| \\
&= \sum_{l_1=1}^{l^*-1} \sum_{l_2=l_1+1}^{l^*} (s_{\pi^*(l_1)} - s_{\pi^*(l_2)}) \\
&= \sum_{i=1}^{l^*} (l^* + 1 - 2i) s_{\pi^*(i)} \\
&\leq 1
\end{aligned}
$$

Insgesamt erhalten wir so tatsächlich die behauptete Darstellung unserer agrarökonomischen Halbnorm $\mathbb{B}^{l^*}$ durch ein System von $l^*!$ linearen Ungleichungen. Das mag immer noch viel erscheinen, ist aber wenig im Vergleich mit der $2^{l^* \cdot (l^*-1)/2}$ Ungleichungen enthaltenden Darstellung, von der wir ausgegangen sind. Für das Beispiel aus Abbildung 2 etwa gilt

$$13! = 6.227.020.800, \quad \text{aber} \quad 2^{13 \cdot 6} = 302.231.454.903.657.293.676.544.$$

Natürlich muss man diese Überlegungen noch geeignet auf den allgemeinen Fall übertragen. Ferner ist klar, dass man bei großen Fluren $\mathbb{B}^{l^*}$ durch ein Polyeder mit vergleichsweise wenigen Ungleichungen approximieren wird. Tatsächlich kann man bereits bei Verwendung von nur $2l^*$ Ungleichungen eine sowohl theoretisch als auch praktisch gute Approximation herleiten. Auf alle diese zum Teil technischen Details soll im Folgenden aber nicht mehr eingegangen werden.

Zusammenfassung des Algorithmus

Wir haben gesehen, dass sich unser mathematisches Modell aus zwei Komponenten zusammensetzt. Zum einen müssen wir die Nebenbedingungen des Problems geeignet modellieren. Mit Hilfe von Gleichungen und Ungleichungen können wir das Flurbereinigungspolyeder definieren. Mit jedem Punkt dieses Polyeders sind die virtuellen Schwerpunkte der Landwirte verbunden, und gesucht ist ein Punkt des Flurbereinigungspolytops, dessen zugehörige Schwerpunkte in der Summe ihrer euklidischen Abstände maximal werden. Dieses Funktional entspricht einer Halbnorm im $\mathbb{R}^{2 \cdot l^*}$, dessen Einheitskugel sich durch (von Permutationen erzeugten) lineare Ungleichungen beschreiben lässt, also insbesondere polytopal ist. Damit brauchen wir prinzipiell also nur für jede Ungleichung das mit ihr assoziierte lineare Optimierungsproblem zu lösen. Der größte der dabei auftretenden Maximalwerte gibt dann unseren Optimalwert an. Die gefundene zugehörige Ecke des

Polytops der Nebenbedingungen entspricht dabei einer im Sinne unseren Optimierung optimalen Zuteilung von Flurstücken an die Landwirte, wenn sie ganzzahlig ist. Eine genauere Analyse zeigt, dass bei jeder zu einer optimalen Ecke gehörenden Zuteilung tatsächlich höchstens $(r + 1) \cdot l^*$ Felder nicht eindeutig zugeteilt sind, da die zugehörigen Variablen nicht ganzzahlig sind. In der Anwendung ist aber $r + 1 \in \{1, 2, 3\}$, und die Anzahl l^* der Landwirte ist klein gegenüber der Anzahl f^* der Felder; im Beispiel von Abbildung 2 also bei einer Werterhaltungsbedingung 13 gegenüber 861. Somit ist in der Praxis lediglich ein geringer Anteil von Flurstücken mittels geeigneter Verfahren der Post-Optimierung nachzuverteilen.

Zum Abschluss der Beschreibung unseres Algorithmus soll noch einmal auf die Problematik der hohen Anzahl an Ungleichungen, die unsere Einheitskugel $\mathbb{B}^{l^*}$ beschreiben, hingewiesen werden. Zwar kann für jede einzelne Ungleichung effizient das Maximum berechnet werden; müssen wir dieses aber zu oft durchführen, wird der Algorithmus insgesamt wieder ineffizient. Abhilfe schafft eine geeignete Approximation der Einheitskugel der zugrunde liegenden Halbnorm durch ein Polyeder, das nur durch wenige Ungleichungen beschrieben wird. Dadurch wird der Algorithmus sehr schnell und liefert immer noch eine sehr gute Lösung.

4 Umsetzung in der Praxis

Optimierungsvorschlag

Wird etwa für die in Abbildung 2 angegebene Gemarkung in Unterfranken die (annähernde) Erhaltung der Betriebsgrößen gefordert und werden alle Flurstücke zum Tausch zugelassen, so liefert (eine geeignete Variante und Implementierung) der hier beschriebenen Methode die in Abbildung 14 dargestellte Lösung.

Nach Berechnungen der Bayerischen Landesanstalt für Landwirtschaft hat diese Lösung gegenüber der ursprünglichen Verteilung einen Bewirtschaftungskostenvorteil von mehr als 35 Euro/ha jährlich, also immerhin ca. 18 % des Nettoertrages.

Aus theoretischer Sicht könnte damit das Problem als gelöst betrachtet werden. In der Praxis kristallisieren sich jedoch neben den naheliegenden Restriktionen bezüglich Betriebsgrößen, Bodenqualität, etc. im Projektverlauf noch zahlreiche weitere Restriktionen heraus, von denen einige gar nicht explizit zu fassen sind. Unproblematisch ist es natürlich, den von Seiten der Teilnehmer häufig bestehenden Wunsch nach Fixierung einer nicht unerheblichen Anzahl von Flurstücken (bis zu 30 Prozent und zum Teil sogar mehr) zu berücksichtigen. Der hohe Grad an gewünschter Fixierung hängt zum einen damit zusammen, dass die Verpächter (als »beteiligte/unbeteiligte Dritte«) einer Einbeziehung ihrer Flächen

Abbildung 14. Optimierter Tauschvorschlag für die Gemarkung 2

in das Verfahren zustimmen müssen. Zum anderen werden naturgemäß »Filetstücke« nur ungern hergegeben. Um diese besonders ertragreichen Flurstücke herum sollen dann vorzugsweise große zusammenhängende Flächen für einen Landwirt entstehen (so genannte Antauschfelder). Eine (umfangreiche) geeignete Modifikation des Optimierungsmodells, die hier nicht näher erläutert werden soll, zielt dann auf eine Konzentrierung der Flächen eines Landwirts um seine Antauschfelder ab.

Die Abbildungen 15 bis 17 zeigen den realen Stand der Bewirtschaftung einer Gemarkung in 2004, die Vorgaben der Landwirte bezüglich tauschbarer Flächen (grau), fixierter Flächen (rot) und der ebenfalls fixierten Antauschfelder (gelb) und den resultierenden Optimierungsvorschlag.

Postoptimierung vor Ort

Vor Ort, d. h. in entsprechenden Versammlungen aller beteiligten Landwirte, treten nun noch vorab nicht wirklich modellierbare spieltheoretische Effekte ein. Wird das Potential der Methode und der damit verbundene Vorteil erkannt, so werden von einigen Verfahrensbeteiligten nachträglich Flächen, die vorher fixiert waren, doch noch zum Tausch freigegeben. Es beginnt ein reger Tauschhandel, der

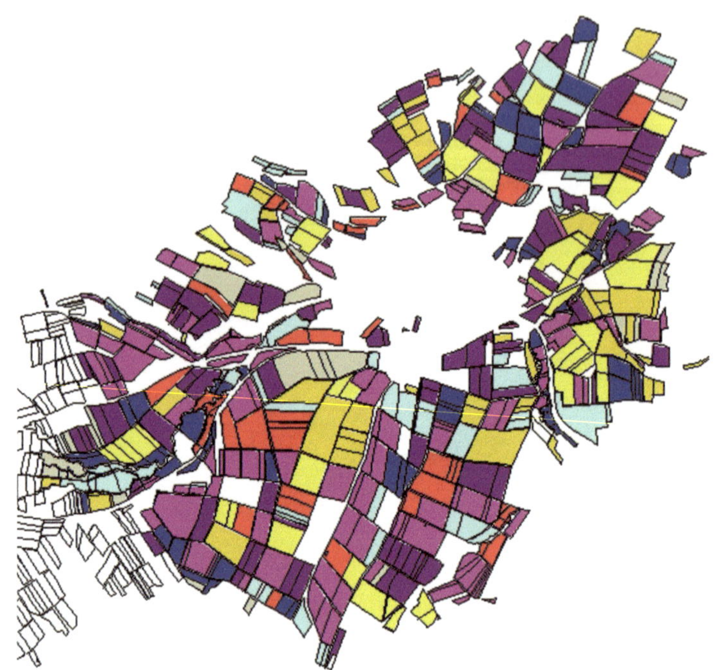

Abbildung 15. Gemarkung 1: Reale Bewirtschaftung im Jahr 2004

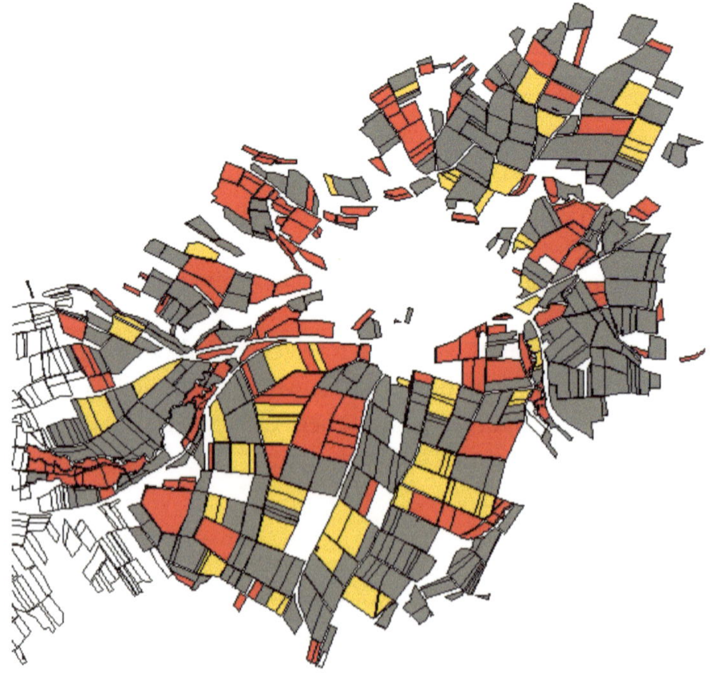

Abbildung 16. Gemarkung 1: Vorgaben bezüglich Tauschbarkeit

Abbildung 17. Optimierter Tauschvorschlag für die Gemarkung 1

im Sinne der Zielerreichung softwaretechnisch mit einem entsprechenden praxistauglichen Tauschtool begleitet werden muss. Von zentraler Bedeutung ist hierbei die Transparenz der Aktionen, da der freiwillige Pacht- und Nutzungstausch nur in gemeinsamen Einvernehmen durchgeführt werden kann. Die Tauschsoftware ermöglicht den (virtuellen) Nachtausch per Mausklick. Die sich ergebenden Veränderungen werden unmittelbar in einem Datenfenster angezeigt; jeder Tausch kann – ebenfalls per Mausklick – natürlich auch wieder rückgängig gemacht werden. Außerdem werden die Auswirkungen eines Tauschs in Bezug auf die verschiedenen Kriterien wie Betriebsgröße, Ertragsmeßzahl, Kennzahlen der Kostenstruktur etc. direkt berechnet und ausgewiesen. Damit jeder Landwirt jederzeit über den aktuellen Stand des Tauschs informiert ist, wird in den Versammlungen vor Ort die Ausgabe mit Hilfe von Laptop und Beamer an die Wand projiziert. Auf Zuruf kann nun nachgetauscht werden. Nachtausche sind einfach und schnell durchführbar, und ihre Auswirkungen auf die Betriebsgrößen und Bonitäten unmittelbar erkennbar. Hierdurch ergibt sich vor Ort eine positive Dynamik, die zum bereits erwähnten nachträglichen Einbringen vormalig gesperrter Flurstücke, zur Beteiligung zunächst zögerlicher Landwirte, insgesamt zu einer hohen Akzeptanz und Zufriedenheit führt.

5　Fazit

Das hier beschriebende Projekt verdeutlicht, wie Theorie und Praxis zusammenwirken. Das »bodenständige Problem« der zersplitterten Fluren in der Landwirtschaft führt plötzlich auf für sich relevante Fragestellungen im Bereich der Kombinatorik, Geometrie und Algebra. Erst wenn diese theoretisch-strukturellen Fragen hinreichend gut verstanden sind, gelingt es, praxisnahe Lösungen zu finden.

Ausgewählte Aufgaben

Knotengrade, Isomorphie, Darstellungsarten von Graphen

Aufgabe 1

Geben Sie für den nachfolgenden Graphen an: alle Knotengrade, alle Wege, alle geschlossenen Kantenzüge.

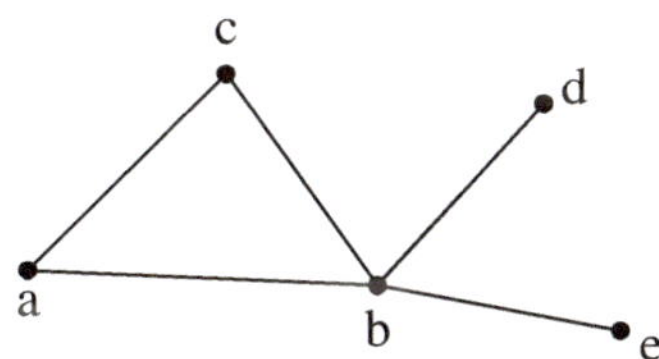

Aufgabe 2

Zunächst zwei Definitionen:
a. Wir nennen einen Graphen zusammenhängend, falls je zwei Knoten des Graphen durch einen Weg verbunden sind.
b. Sei $G = (V, E)$ ein Graph. Dann ist der komplementäre Graph $\overline{G}$ der Graph, der dieselbe Knotenmenge wie G hat und bei dem zwei Knoten genau dann durch eine Kante verbunden sind, wenn sie in G nicht durch eine Kante verbunden sind.

Zeigen Sie: Ist G nicht zusammenhängend, dann ist $\overline{G}$ zusammenhängend. Gilt die Umkehrung auch? Beweisen oder widerlegen Sie die Umkehraussage.

Aufgabe 3

Geben Sie zu der Adjazenzmatrix den Graphen in grafischer Darstellung an.

$$
\begin{array}{c|ccccc}
  & a & b & c & d & e \\
a & 0 & 1 & 1 & 0 & 0 \\
b & 1 & 0 & 1 & 1 & 1 \\
c & 1 & 1 & 0 & 0 & 0 \\
d & 0 & 1 & 0 & 0 & 0 \\
e & 0 & 1 & 0 & 0 & 0
\end{array}
$$

Aufgabe 4

Untersuchen Sie die Graphen auf Isomorphie. Begründen Sie Ihre Entscheidung.

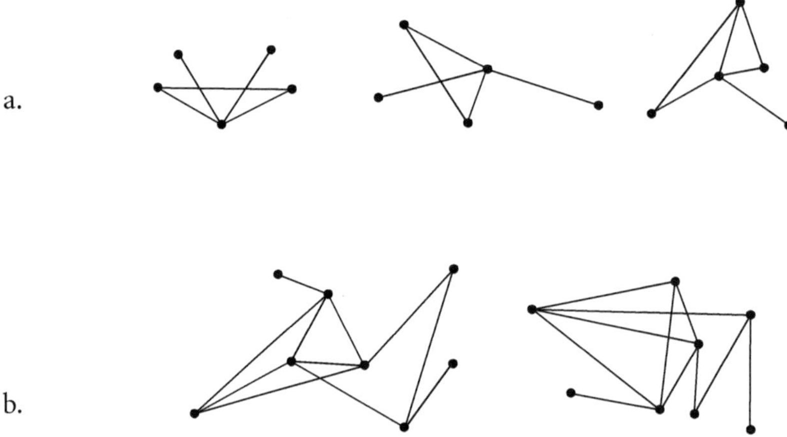

a.

b.

Aufgabe 5

Durch Umbenennung der Knoten können neue Adjazenzmatrizen entstehen, obwohl der Graph isomorph bleibt.
a. Wie ändert sich die Adjazenzmatrix, wenn Knoten umbenannt werden?
b. Führen Sie in der Matrix aus 3 die Umbenennung $b \leftrightarrow d$ durch.

Aufgabe 6

Geben Sie alle nichtisomorphen, einfachen Graphen auf sechs Knoten mit genau vier Kanten an.

Aufgabe 7

Zeigen Sie (mittels der Adjazenzmatrix) oder widerlegen Sie: Die Graphen A und B sind isomorph.

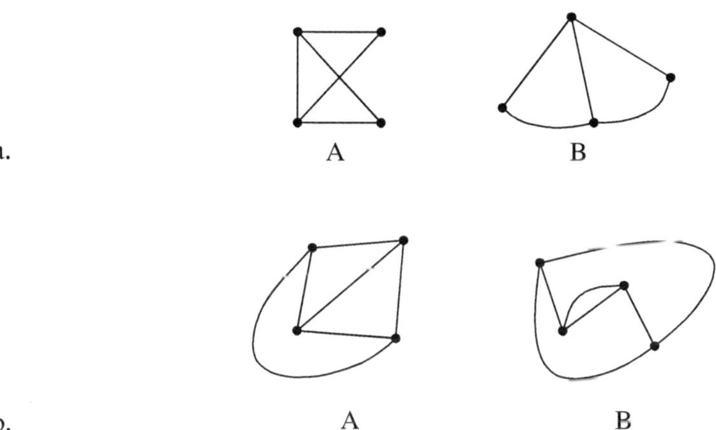

a. A   B

b. A   B

Aufgabe 8

a. Gegeben sind die Adjazenzmatrizen von zwei unterschiedlichen Graphen. Geben Sie die beiden Graphen in ihrer grafischen Darstellung an. Welcher der beiden Graphen ist planar?
b. Wie können Sie allein an der Adjazenzmatrix den nicht planaren Graphen identifizieren? Begründen Sie.

	1	2	3	4	5	6	7
1	0	1	0	0	0	0	1
2	1	0	1	0	0	0	1
3	0	1	0	1	0	0	0
4	0	0	1	0	1	1	1
5	0	0	0	1	0	1	1
6	0	0	0	1	1	0	1
7	1	1	0	1	1	1	0

	1	2	3	4	5	6	7
1	0	1	1	1	1	1	0
2	1	0	1	1	1	0	0
3	1	1	0	1	1	0	1
4	1	1	1	0	1	0	1
5	1	1	1	1	0	0	0
6	1	0	0	0	0	0	1
7	0	0	1	1	0	1	0

Ausgewählte Aufgaben zu kürzesten Wegen

Aufgabe 9

a. S ist Startknoten, Z ist Zielknoten. Bestimmen Sie den kürzesten Weg von S nach Z.

b. Erläutern Sie die Funktionsweise des Algorithmus, den Sie verwendet haben.

c. Gibt es Graphen, bei denen dieser Algorithmus nicht verwendet werden darf? Erläutern Sie dies an einem selbst gewählten Beispiel.

d. Ändern Sie die Kantengewichte so ab, dass Sie mit dem Dijkstra-Algorithmus einen kürzesten Weg mit sechs Knoten erzeugen.

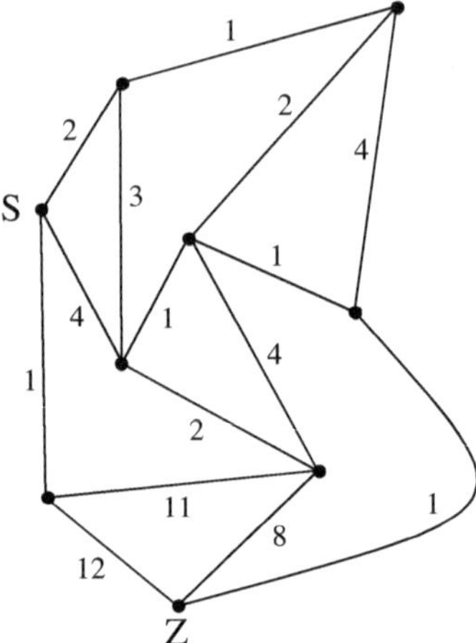

Aufgabe 10

Finden Sie den kürzesten Weg zwischen Oberhausen Hbf und E-Steele Ost. Gehen Sie einmal mit der Breitensuche vor und einmal mit dem Dijkstra-Algorithmus. Modellieren Sie den Linienplan so mit einem Graphen, dass die Algorithmen anwendbar sind.

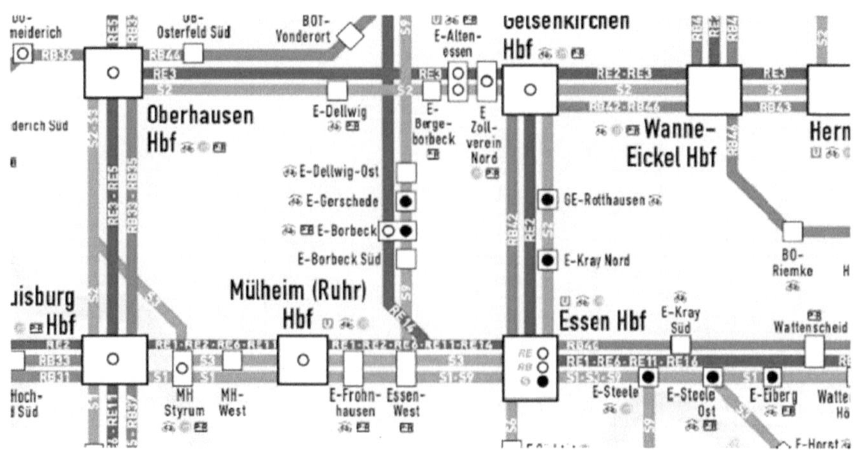

Aufgabe 11

Suchen Sie in den folgenden Graphen mit dem Algorithmus von Dijkstra jeweils einen kürzesten Weg vom Startknoten zum Zielknoten.

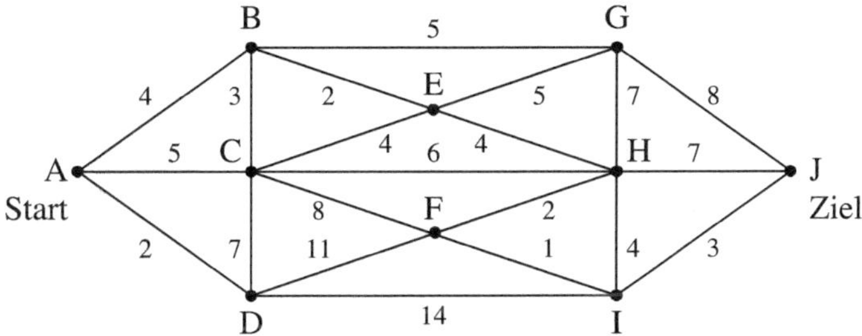

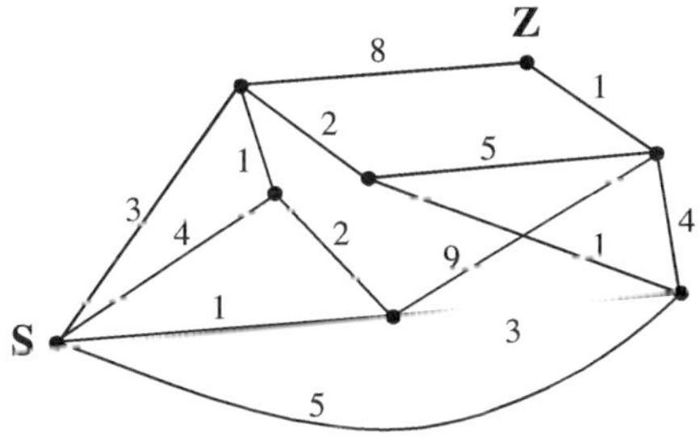

Aufgabe 12

Suchen Sie in den folgenden Graphen mit der Breitensuche jeweils einen kürzesten Weg von S nach Z.

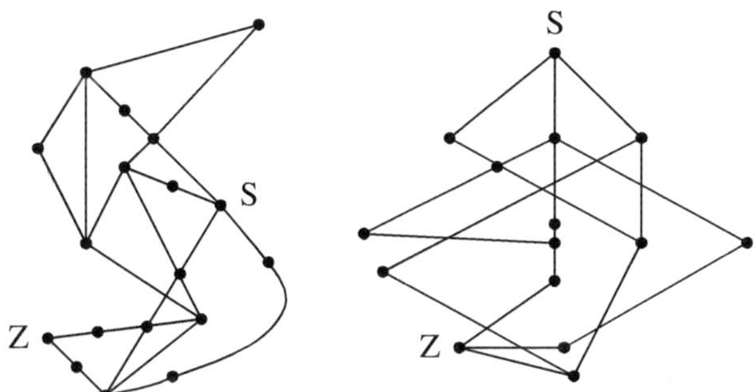

Aufgabe 13

Entwerfen Sie ein U-Bahnnetz, in dem gilt: Der Luftlinienweg zwischen zwei ausgewählten Bahnhöfen A und B ist der ungünstigste bezüglich der Anzahl der Stationen.

Aufgabe 14

Ergänzen Sie im folgenden Graphen positive, ganzzahlige Kantengewichte so, dass
der Weg

a. s, b, c, d, e, g, i, z der eindeutige (einzige), kürzeste Weg von s nach z ist. Verwenden Sie dabei mindestens 4 verschiedene Kantengewichte von denen keines
   größer als 8 ist.

b. Bestätigen Sie ihr Ergebnis, indem Sie mit dem Algorithmus von Dijkstra, in
   dem von Ihnen gewichteten Graphen aus a), den kürzesten Weg von s nach z
   bestimmen. Beschreiben Sie kurz, wie der Algorithmus vorgeht und stellen Sie
   Ihre Umsetzung nachvollziehbar dar.

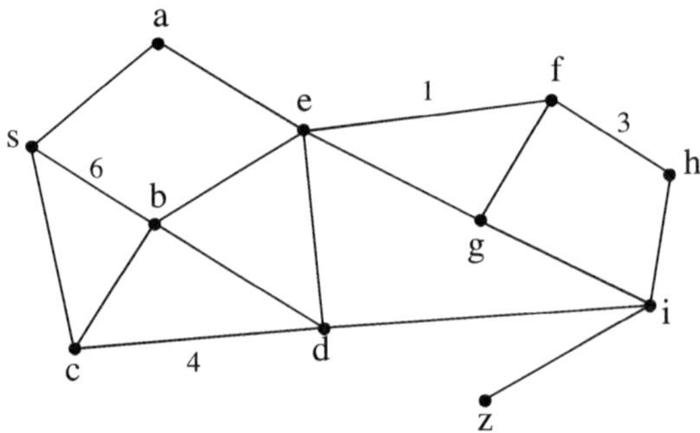

Aufgabe 15

Es wurde folgender Algorithmus zur Suche von kürzesten Wegen auf gewichteten
Graphen formuliert. Hierbei hat sich allerdings ein Fehler eingeschlichen.

Eingabe: ein gewichteter Graph mit nicht-negativen Gewichten
Ausgabe: kürzeste Wege vom Startknoten zu allen anderen Knoten

   1. Zu Beginn bekommen alle Knoten die Distanz unendlich.
   2. Wähle einen Startknoten. Der Startknoten bekommt die permanente Distanz 0. Er ist nun der aktive Knoten.
   3. Berechne die Distanz (temporäre Distanzen) der Nachbarknoten des aktiven Knotens: Kantengewicht der anliegenden Kante(n).
   4. Wähle den Knoten mit der kleinsten temporären Distanz. Er ist nun der aktive Knoten. Seine Distanz wird unveränderlich festgeschrieben (permanente Distanz).
   5. Wiederhole 3 bis 4 so lange, bis es keinen Knoten mit permanenter Distanz mehr gibt, dessen Nachbarn noch temporäre Distanzen haben.

a. Geben Sie einen Graphen an, in dem der angegebene Algorithmus zu (mindestens) einem Knoten *nicht* den kürzesten Weg ausgibt. Markieren Sie den
   ausgegebenen Weg im Graphen.

b. Begründen Sie kurz in eigenen Worten, warum der angegebene Algorithmus im Allgemeinen *nicht* den kürzesten Weg ausgibt. Wie könnte man den Algorithmus verändern, damit er funktioniert?

Aufgabe 16

a. Bestimmen Sie mit dem Algorithmus von Dijkstra im untenstehenden Graphen den kürzesten Weg von S nach Z. Beschreiben Sie kurz die Funktionsweise des Algorithmus und stellen Sie Ihre Umsetzung nachvollziehbar dar.
b. Warum ist für die Breitensuche kein „Update-Schritt" nötig, für den Algorithmus von Dijkstra hingegen schon?

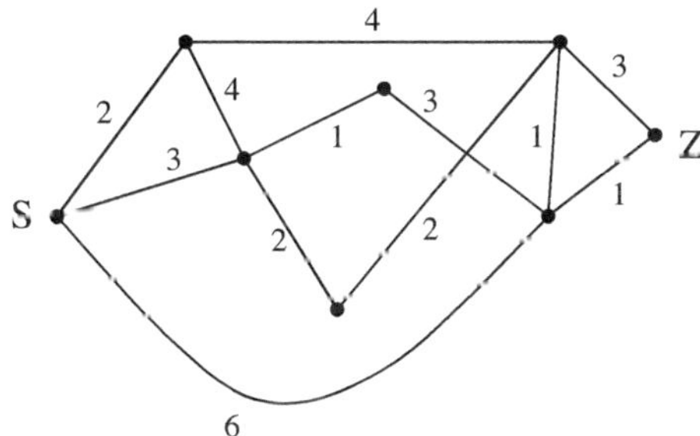

Ausgewählte Aufgaben zu Bäumen

Aufgabe 17

Beweisen oder widerlegen Sie:
a. Es gibt fünf nicht-isomorphe Graphen mit vier Knoten.
b. Ein Baum mit k Blättern hat auch mindestens einen Knoten vom Grad k.
c. Ein Baum mit einem Knoten vom Grad k, hat mindestens k Blätter.
d. Die Summe aller Knotengrade eines Graphen ist gleich der doppelten Anzahl der Kanten.
e. Es gibt jeweils einen einfachen Graphen mit 4, 5, 6 Knoten, so dass jeder Knoten den Grad 2 besitzt.
f. Es gibt jeweils einen einfachen Graphen mit 4, 5, 6 Knoten, so dass jeder Knoten den Grad 3 besitzt.

Aufgabe 18

Versehen Sie die Kanten im Graphen so mit Gewichten und gegebenenfalls weiteren Angaben, dass die Algorithmen von Kruskal und Prim dasselbe Ergebnis (Summe und Kantenfolge) produzieren. Wiederholen Sie das Ganze, so dass so dass Sie dieses Mal mit den beiden Algorithmen zu vollkommen unterschiedlichen Ergebnissen gelangen.

Erläutern Sie Ihr Vorgehen und die verwendeten Algorithmen.

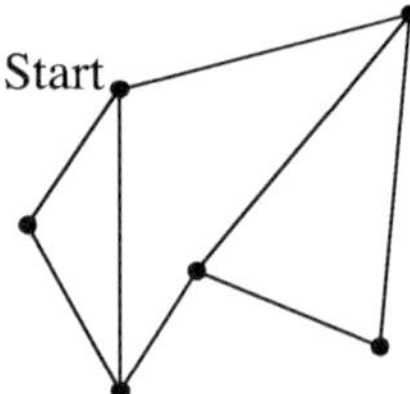

Aufgabe 19

Wie viele unterschiedliche aufspannende Bäume gibt es in einem vollständigen Graphen?
a. Formulieren Sie den Zusammenhang als mathematisch exakte Aussage.
b. Führen Sie den Beweis zu diesem Ansatz und veranschaulichen Sie ihn an einem Beispiel.

Aufgabe 20

Geben Sie mindestens drei mögliche Definitionen für einen Baum an.

Aufgabe 21

Definieren Sie in eigenen Worten den Begriff „Blatt" und formulieren Sie Zusammenhänge zwischen einem Baum und seinen Blättern.

Aufgabe 22

Konstruieren Sie mit der Tiefensuche einen aufspannenden Baum.

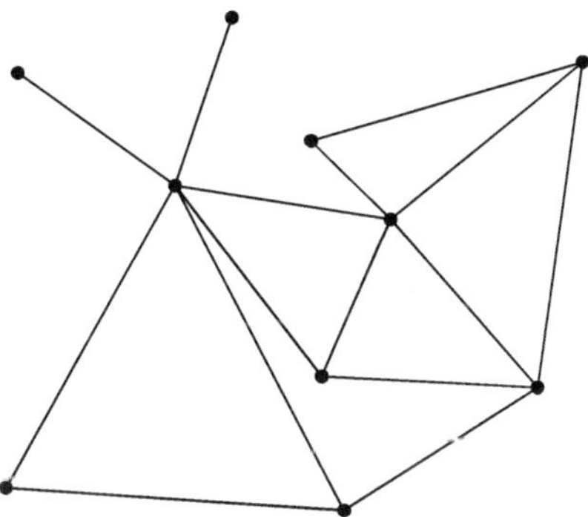

Aufgabe 23

Konstruieren Sie mit dem Algorithmus
a. von Kruskal einen minimal aufspannenden Baum.
b. von Prim einen minimal aufspannenden Baum (Startknoten links unten).
c. Vergleichen Sie die Ergebnisse. Kommen beide Algorithmen immer zu denselben Resultaten? Erläutern Sie Ihre Vermutung.

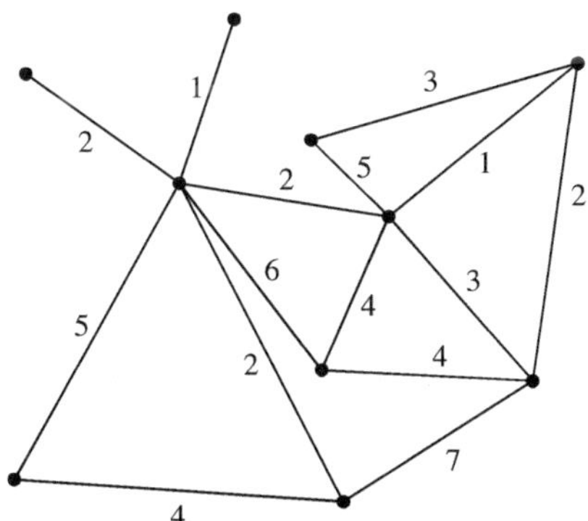

Aufgabe 24

a. Bestimmen Sie den Baum zu folgendem Prüfercode (3, 3, 4, 5, 1, 1).

b. Bestimmen Sie den Prüfercode zu folgendem Baum:

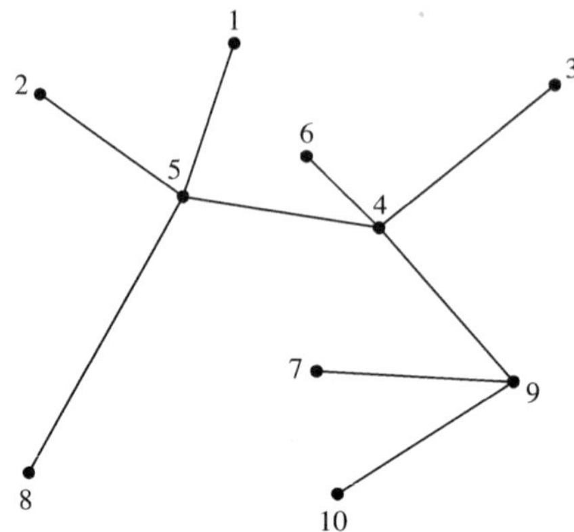

c. Geben Sie den Baum zu folgendem Prüfercode an: (1, 3, 4, 4, 5, 2).

Aufgabe 25

a. Versehen Sie die Kanten im nachfolgenden Graphen so mit Gewichten, dass die Algorithmen von Kruskal und Prim dasselbe Ergebnis liefern müssen.

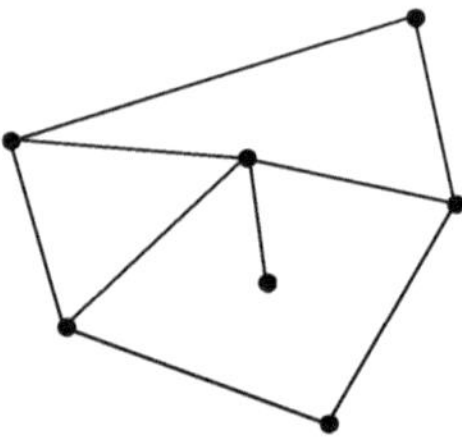

b. Gewichten Sie die Kanten nun so, dass die beiden Algorithmen unterschiedliche Ergebnisse liefern können und führen Sie die Algorithmen nachvollziehbar aus (denken Sie z. B. – falls erforderlich – an die Angabe eines Startknotens und weitere Kennzeichnungen).

Aufgabe 26

Zeigen oder widerlegen Sie:
a. In einem gewichteten, zusammenhängenden Graphen mit nicht-negativen Kantengewichten liefert der Algorithmus von Dijkstra einen aufspannenden Baum.
b. In einem gewichteten, zusammenhängenden Graphen mit nicht-negativen Kantengewichten liefert der Algorithmus von Dijkstra einen minimal aufspannenden Baum.

c. In einem ungewichteten zusammenhängenden Graphen konstruiert die Tiefensuche (auch) kürzeste Wege von einem Startknoten zu allen anderen Knoten.

d. In einem ungewichteten zusammenhängenden Graphen konstruiert die Breitensuche (auch) aufspannende Bäume.

Aufgabe 27

a. Geben Sie zwei mögliche Definitionen für aufspannende Bäume an.

b. Was versteht man unter einem minimal aufspannenden Baum? Geben Sie im Graphen einen aufspannenden Baum an, der kein minimal aufspannender Baum ist.

c. Erzeugen Sie im gleichen Graphen mit einem Algorithmus Ihrer Wahl einen minimal aufspannenden Baum. Stellen Sie dabei ihr Vorgehen nachvollziehbar dar.

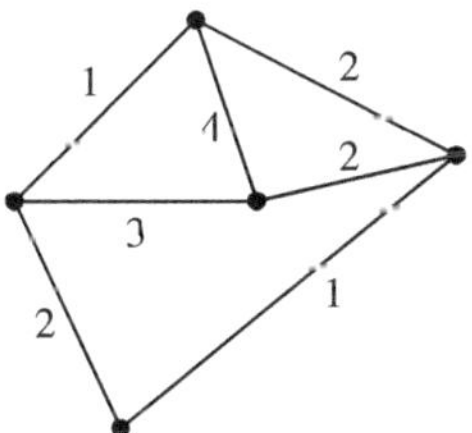

Aufgabe 28

Zeigen oder widerlegen Sie: Für jeden Graphen mit n Knoten ist die Anzahl der aufspannenden Bäume n^{n-2}.

Ausgewählte Aufgaben zu Matchings

Aufgabe 29

Gegeben sei der bipartite Graph $G = (V_1 + V_2, E)$, $V_1 = \{1, 2, 3, 4, 5, 6\}$, $V_2 = \{8, 15, 16, 28, 30, 32\}$ und $E = \{\{u, v\} | u \in V_1, v \in V_2, u$ ist Teiler von $v\}$.

a. Skizzieren Sie den Graphen G und geben Sie ein maximales Matching M in G an.

b. Begründen Sie, warum dieses Matching maximal ist.

c. Geben Sie einen minimalen Kantenträger an.

d. Erklären Sie in eigenen Worten die Hauptmerkmale der Funktionsweise des „Alternierenden Wege-Algorithmus in bipartiten Graphen" zum Finden eines maximalen Matchings.

Aufgabe 30

a. Welcher der Graphen ist bipartit? Begründen Sie.

 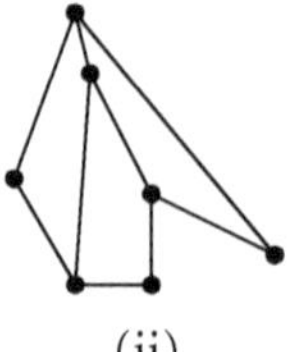 

(i) (ii) (iii)

b. Versuchen Sie nun den Begriff bipartit zu verallgemeinern und eine Definition für ,tripartit' zu formulieren.
c. Welche der Graphen i, ii, iii sind tripartit? Begründen Sie.

Aufgabe 31

Zeigen oder widerlegen Sie, dass die Graphen bipartit sind.

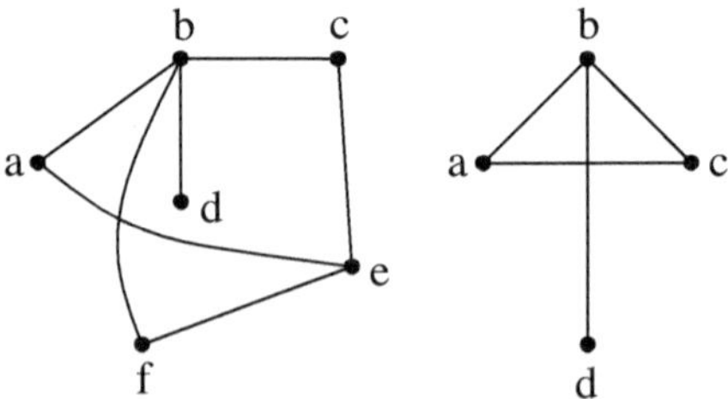

Aufgabe 32

a. Zeigen Sie, dass es in jedem vollständigen, bipartiten Graphen ein perfektes Matching gibt. Erläutern Sie alle verwendeten Bedingungen und Kriterien in eigenen Worten. Zeigen Sie den Zusammenhang auch an einem Beispiel.

Aufgabe 33

Formulieren Sie eine Bedingung für die Existenz eines perfekten Matchings und untersuchen sie, ob es im folgenden Graphen ein perfektes Matching geben kann.

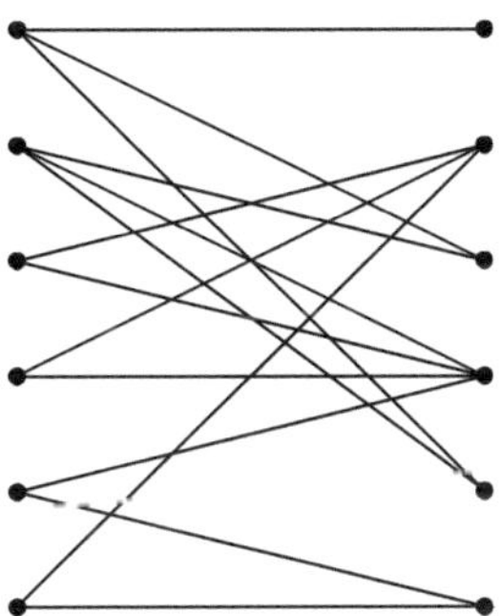

Aufgabe 34

Auf einem Kongress über Graphentheorie soll ein Vortragsprogramm aufgestellt werden. Leider sind nicht alle Vortragenden zu jeder Zeit frei. Der nachfolgende Graph zeigt ihre Verfügbarkeit.
a. Lässt sich unter diesen Bedingungen ein Programm aufstellen?
b. Konstruieren Sie ein maximales Matching in dem Graphen.

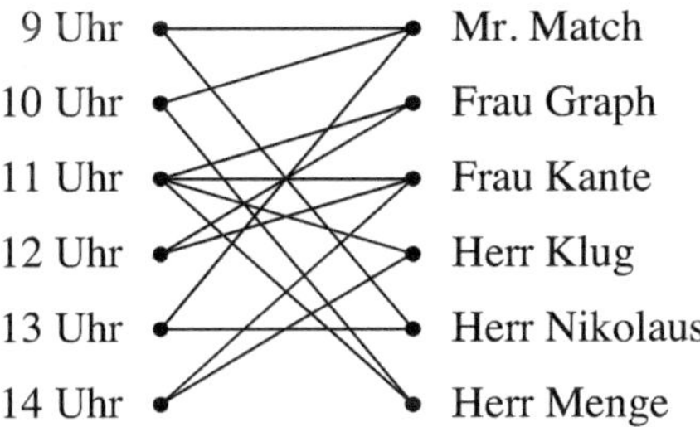

Aufgabe 35

Wie würden Sie vorgehen, um die Kantenanzahl eines maximalen Matchings auf einem bipartiten Graphen zu bestimmen? Formulieren Sie eine Strategie.

Aufgabe 36

Geben Sie auf dem folgenden Graphen ein maximales Matching an und begründen Sie, warum das angegebene Matching maximal ist.

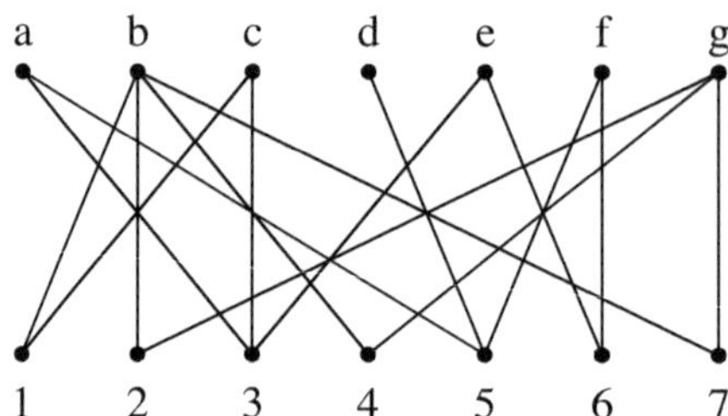

Aufgabe 37

Erklären Sie, was man unter einem M-alternierenden Weg versteht und warum man ein schon gefundenes Matching auf einem bipartiten Graphen entlang eines solches Weges vergrößern kann. Geben Sie hierzu auch ein Beispiel an.

Ausgewählte Aufgaben zu Euler-Graphen

Aufgabe 38

a. Finden Sie eine Euler-Tour mit dem Algorithmus von Fleury. Dokumentieren Sie die einzelnen Schritte des Algorithmus, indem Sie die ausgewählten Kanten für die Eulertour in dem Graphen mit 1, 2, 3, … bezeichnen.
b. Nun wiederholen Sie Ihre Suche mit Hilfe des Zwiebelschalen-Algorithmus. Kennzeichnen Sie die einzelnen Kreise mit verschiedenen Farben und markieren Sie die Eulertour wiederum durch eine Nummerierung der Kanten.
c. Hängt die Suche nach der Eulertour von dem Startknoten ab? Begründen Sie Ihre Antwort.
d. Fügen Sie möglichst wenige Kanten ein, so dass keine Eulertour mehr existiert. Begründen Sie Ihre Entscheidung.

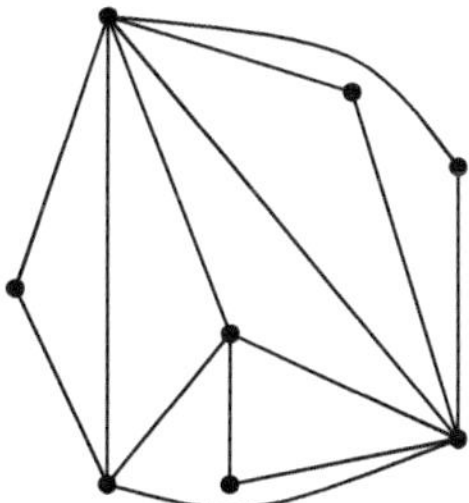

Aufgabe 39

a. Zeichnen Sie zu dem Stadtplan den entsprechenden Graphen und führen Sie entsprechende Bezeichnungen ein.
b. Begründen Sie, warum es in der vorgegebenen Stadt möglich ist, einen Spaziergang zu machen, der über alle Brücken genau einmal führt, aber keinen Rundgang. Beschreiben Sie einen möglichen Verlauf des Spaziergangs.
c. Bauen Sie einen oder mehrere Brücken, so dass eine Eulertour möglich ist.
d. Beschreiben Sie einen möglichen Verlauf der Eulertour.

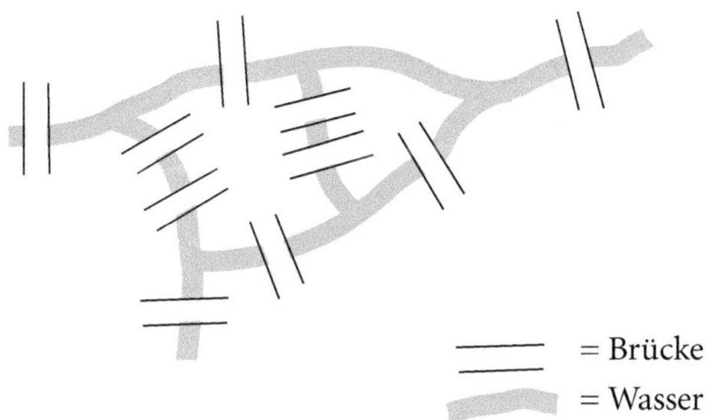

Aufgabe 40

Konstruieren Sie eine Eulertour durch die vorgegebenen Graphen
a. mit dem Zwiebelschalenalgorithmus,

b. mit dem Algorithmus von Fleury.

Aufgabe 41

a. Zeigen Sie, dass es keinen Graphen auf 8 Knoten mit den Knotengraden 2,2,3,4,4,5,5,6 gibt.
b. Wie viele Kanten hat der Graph mit den Knotengraden 3,3,5,5,5,7,6,8?
c. Zeigen Sie, dass ein Baum, der einen Knoten mit dem Grad 5 hat, mindestens 5 Blätter haben muss.

Aufgabe 42

Welche der folgenden dreidimensionalen Figuren lassen sich als Kantenmodelle aus einem Stück Draht herstellen? Begründen Sie.

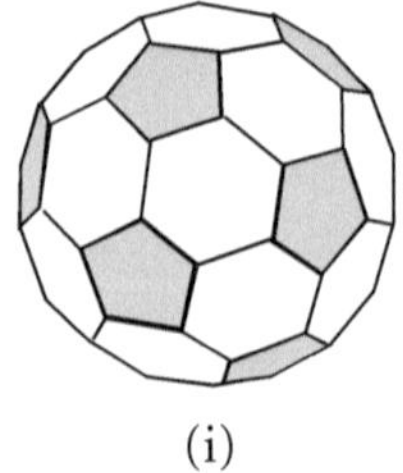

(i)

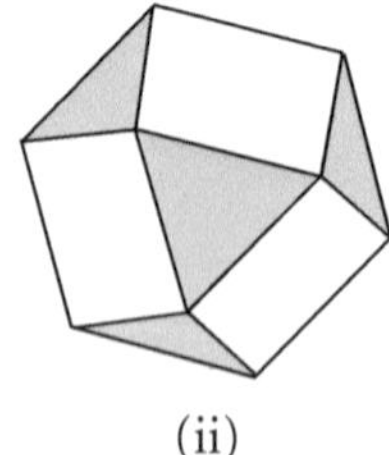

(ii)

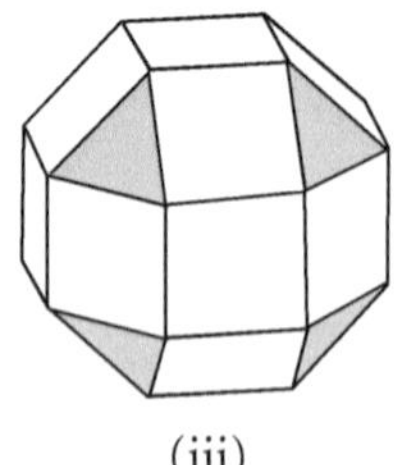

(iii)

Aufgabe 43

Enthält der folgende Graph einen Eulerweg, eine Eulertour oder keines von beiden? Begründen Sie und ergänzen Sie ggf. Kanten, so dass eine Eulertour möglich ist.

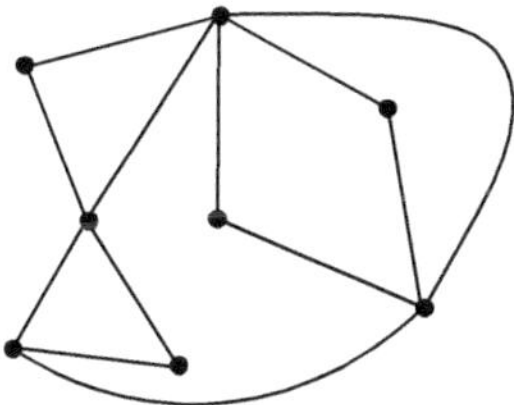

Aufgabe 44

a. Lassen sich die Figuren auf einem Nagelbrett mit einer einzigen Schnur spannen? Benutzen Sie die minimale Anzahl an notwendigen Nägeln. Begründen Sie Ihre Entscheidung.
b. Welche der Ihnen bekannten Algorithmen kann man nutzen, um herauszufinden, wie die Schnur gespannt werden kann? Nennen Sie alle Möglichkeiten und erläutern Sie für einen Algorithmus genauer, wie Sie zu einer Lösung kommen.

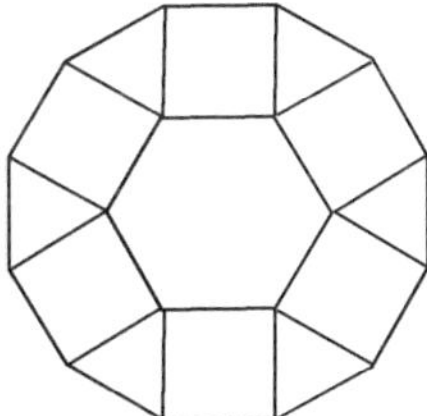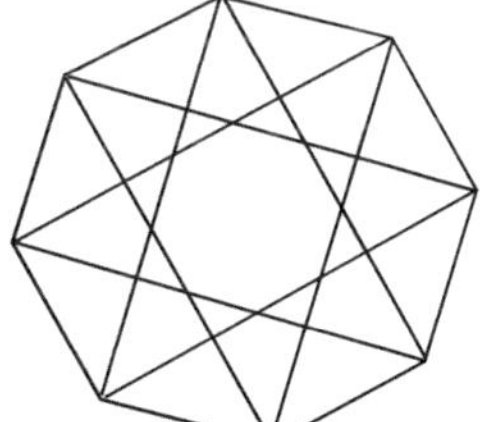

Ausgewählte Aufgaben zu Färbungen

Aufgabe 45

Sei eine Fläche von n Geraden durchteilt, z. B. wie in der Abbildung.
a. Wie viele Farben benötigt man, um alle Flächen so zu färben, dass keine gleichfarbigen direkt aneinandergrenzen? Formulieren Sie eine Vermutung und beweisen Sie sie.

b. Angenommen Sie hätten keine Geraden sondern beliebig verlaufene Linien von einer Seite zu einer anderen. Müssen Sie dann mehr Farben verwenden? Begründen Sie.

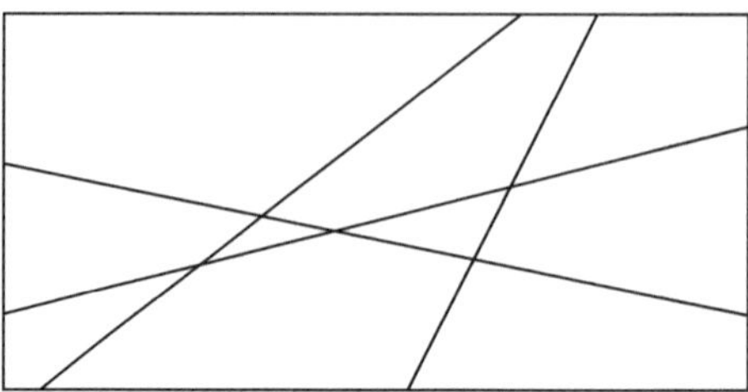

Aufgabe 46

Untersuchen Sie, wie Graphen und duale Graphen zueinander in Beziehung stehen.

a. Können Sie zu einem Graphen den Ursprungsgraphen zeichnen, zu dem er dual war? Wie muss man vorgehen? Geht das immer?
b. Zeichnen sie zu einem dualen Graphen wiederum dessen dualen Graphen. Kommt in jedem Fall wieder der ursprüngliche Graph heraus?
c. Untersuchen Sie die dualen Graphen zu den Netzen der regelmäßigen Polyeder. Was fällt auf?

Aufgabe 47

In welcher Beziehung stehen die beiden Eigenschaften „braucht mindestens n Farben" und „enthält einen K_n"?

a. Finden Sie einen Graphen, der mindestens 3 Farben benötigt, aber keinen K_3 enthält. Finden Sie weitere.
b. Finden Sie einen Graphen, der mindestens 4 Farben benötigt, aber keinen K_4 enthält. Finden Sie weitere.
c. Können Sie das für höhere n fortsetzen?

Aufgabe 48

Die Eulerformel wendet man bei konvexen Polyedern oder bei ebenen Graphen an. Aber sie funktioniert nicht immer.

a. Bei welchen ebenen Graphen gilt die Eulerformel nicht? Finden Sie Beispiele. Können Sie die Eulerformel „reparieren"?
b. Wie könnte man Polyeder verändern, so dass er immer noch als Polyeder durchgeht, aber die Eulerformel nicht mehr erfüllt?

c. Bauen Sie ein „eckiges" Modell für einen Torus (Schwimmreifen) und untersuchen Sie, was sich für die Eulerformel ergibt. Verfeinern Sie das Torusmodell um weitere Kanten und Flächen. Was geschieht mit dem Wert der Eulerformel? Wenn Sie den historischen Weg des „Reparierens der Eulerformel" nachvollziehen wollen, so finden Sie ihn als Gespräch zwischen Schülern und Lehrern aufbereitet in dem sehr schönen Text: Imre Lakatos (1979). *Beweise und Widerlegungen*. Braunschweig: Vieweg.

Aufgabe 49

a. Wenn man aus dem K_5 eine Kante entfernt, ist er dann plättbar?
b. Wenn man aus dem K_6 eine Kante entfernt, ist er dann plättbar?
c. Wenn man aus dem K_6 zwei Kanten entfernt, ist er dann plättbar? Ist es relevant, welche Kanten man entfernt?

Argumentieren Sie mit Beispielen.

Aufgabe 50

Kinder zeichnen gerne Bilder, bei denen eine Linie das Papier und sich selbst durchkreuzt und dabei wieder in sich geschlossen zurückkehrt. Mit wie vielen Farben kann man solche „Landkarten" immer färben? Beweisen Sie es!

Wie hängt dieses Beispiel mit den Eulertouren aus Kapitel 3 zusammen?

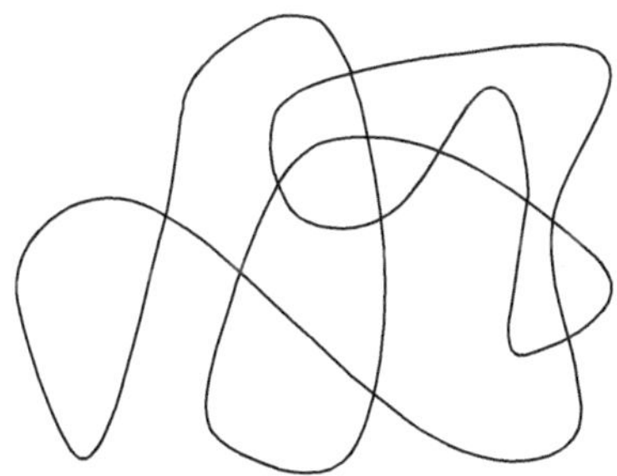

Aufgabe 51

Begründen Sie inhaltlich, warum ein Graph genau dann die chromatische Zahl 2 hat, wenn er bipartit ist.

Aufgabe 52

Kann man vier Häuser einzeln an Strom und Wasser anschließen, ohne dass sich ihre Leitungen überkreuzen? Zeigen oder widerlegen Sie.

Aufgabe 53

Ein Chemielabor wird geplant. Von den benötigten Chemikalien müssen einige in besonderen Schränken aufbewahrt werden. Damit Verunreinigungen der Stoffe und vor allem gefährliche Reaktionen ausgeschlossen sind, dürfen einige Substanzen nicht zusammen mit anderen im Schrank gelagert werden.

Eine Laborantin erstellt für diese Chemikalien die folgende „Unverträglichkeitsliste", um eine unsachgemäße Lagerung zu vermeiden.

– Chemikalie A darf nicht zusammen gelagert werden mit: B, C, D
– Chemikalie B darf nicht zusammen gelagert werden mit: A, C, D
– Chemikalie C darf nicht zusammen gelagert werden mit: A, B, D, E
– Chemikalie D darf nicht zusammen gelagert werden mit: A, B, C, E, F
– Chemikalie E darf nicht zusammen gelagert werden mit: C, D, F
– Chemikalie F darf nicht zusammen gelagert werden mit: D, E

a. Stellen Sie die Situation als Graph dar und beschreiben Sie, wofür die Knoten und die Kanten im Kontext stehen.
b. Wie viele Schränke müssen mindestens angeschafft werden, damit alle Stoffe gefahrlos und fachgerecht aufbewahrt werden können? Begründen Sie.
c. Denken Sie sich eine „Unverträglichkeitsliste" von 6 Chemikalien aus, für deren Aufbewahrung man genau 5 Schränke braucht. Geben Sie auch hierzu einen Graphen an.

Aufgabe 54

Zeigen oder widerlegen Sie: Der Graph ist bipartit.

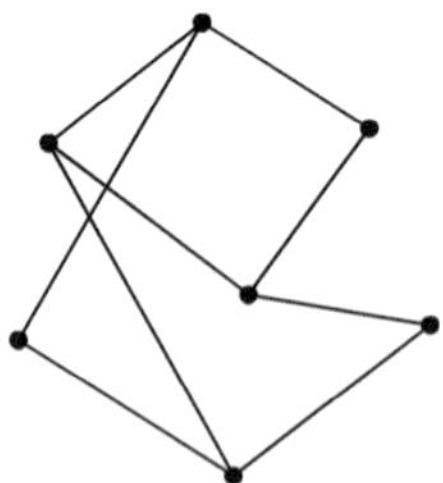

Lösungshinweise

Diese Lösungshinweise sind keine vollständigen Lösungen und werden nur für ausgewählte Aufgaben und Teilaufgaben gegeben.

Knotengrade, Isomorphie, Darstellungsarten von Graphen

Aufgabe 1

Knoten und Gradzahl: a → 2 b → 4 c → 2 d → 1 e → 1
Wege mit Kantenlänge 1: ac, ab, cb, bd, be (alle Kanten)
Wege mit Kantenlänge 2: acb, abd, abe, bac, cbe, cbd, cba, dbe
Wege mit der Kantenlänge 3: acbd oder acbe
Wege mit der Kantenlänge 4 gibt es nicht, da sich immer ein Kreis bilden würde
Geschlossener Kantenzug: abca

Aufgabe 2

Wir starten mit der linken Aussage: G ist nicht zusammenhängend. Also besteht G aus mindestens zwei zusammenhängenden Teilgraphen A, B, (C, …), die untereinander nicht miteinander verbunden sind. Jeder Knoten (jede Ecke) aus A ist im komplementären Graphen mit jedem Knoten aus B, (C, …) verbunden, weil dies gerade die Kanten sind, die in G nicht existieren und somit in $\overline{G}$ existieren müssen (siehe 2). Es muss „nur" noch untersucht werden, ob auch die Knoten in A im komplementären Graphen miteinander verbunden sind. Sie sind über jeden Knoten in B, (C, …) miteinander verbunden.

   Die Umkehrung gilt nicht. Das kann man mit einem einzigen Gegenbeispiel zeigen: Vier Knoten, die in Form eines N miteinander verbunden sind, sind auch im komplementären Graphen miteinander verbunden, denn der hat die Gestalt Z.

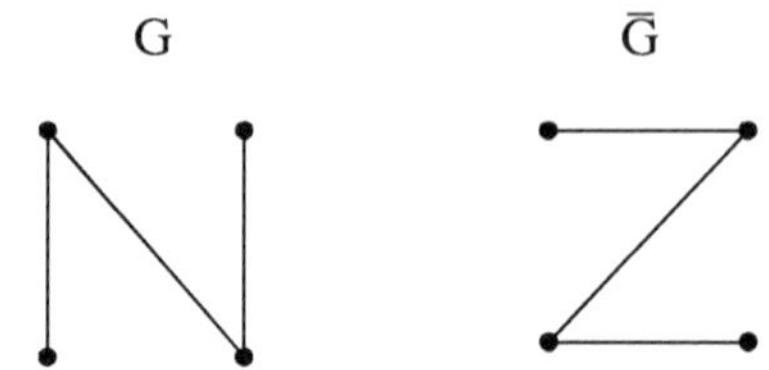

Aufgabe 3

Mögliche Lösung:

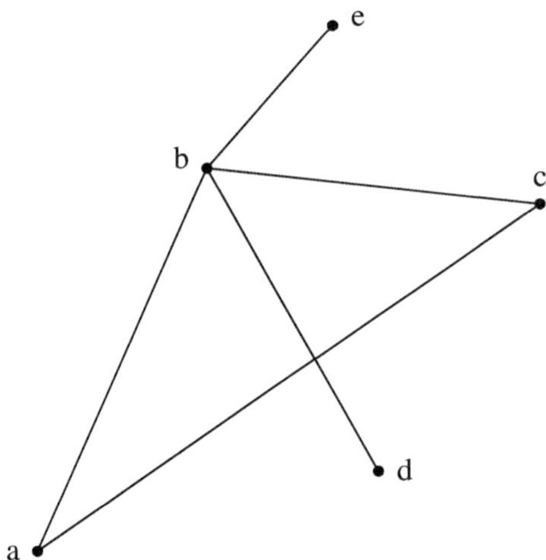

Aufgabe 4

a. Kriterien
   - Anzahl der Knoten: jeweils 5
   - Anzahl der Kanten: Linker Graph: 5; mittlerer Graph: 5; rechter Graph: 6. Damit ist der rechte Graph nicht isomorph zu den ersten beiden.
   - Knotengrade: 1,1,2,2,4 (jeweils gleich bei Graph 1 und 2)
   - Gradfolge: Nachbarschaftskriterium: der Knoten mit dem Grad 4 ist mit den Knoten vom Grad 1 verbunden. Die beiden Zweierknoten sind untereinander und mit dem Viererknoten verbunden (jeweils gleich).

Vermutung: Graph 1 und Graph 2 isomorph.

Zu zeigen: Die beiden Graphen lassen sich so durchnummerieren, dass sie die gleiche Adjazenzmatrix haben.

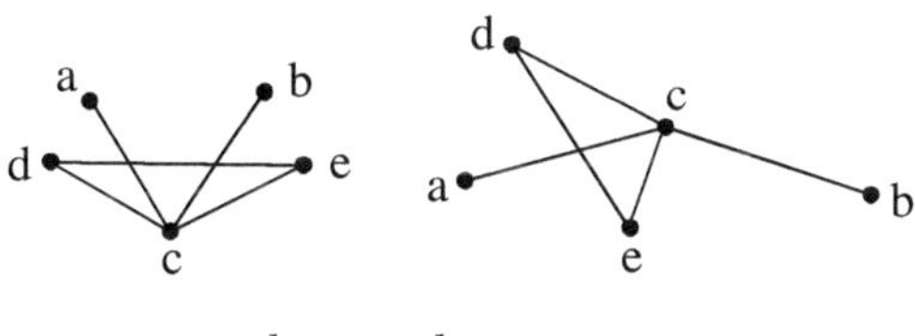

Adjazenzmatrix:

	a	b	c	d	e
a	0	0	1	0	0
b	0	0	1	0	0
c	1	1	0	1	1
d	0	0	1	0	1
e	0	0	1	1	0

b. Die beiden Graphen erfüllen die gleichen Kriterien wie oben. Mögliche Lösung:

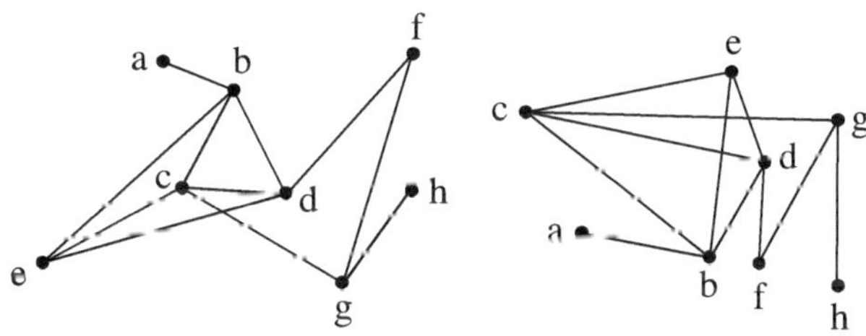

	a	b	c	d	e	f	g	h
a	0	1	0	0	0	0	0	0
b	1	0	1	1	1	0	0	0
c	0	1	0	1	1	0	1	0
d	0	1	1	0	1	1	0	0
e	0	1	1	1	0	0	0	0
f	0	0	0	1	0	0	1	0
g	0	0	1	0	0	1	0	1
h	0	0	0	0	0	0	1	0

Aufgabe 5

b. Bei der Umbenennung von $b \leftrightarrow d$ werden sowohl die Spalten b und d und auch die Zeilen b und d vertauscht.

	a	b	c	d	e
a	0	0	1	1	0
b	0	0	0	1	0
c	1	0	0	1	0
d	1	1	1	0	1
e	0	0	0	1	0

Aufgabe 6

Bedingungen: Summe der Knotengrade muss 8 ergeben. Alle Knotengrade dürfen höchstens 4 sein. Es dürfen keine Schlingen und Doppelkanten entstehen.

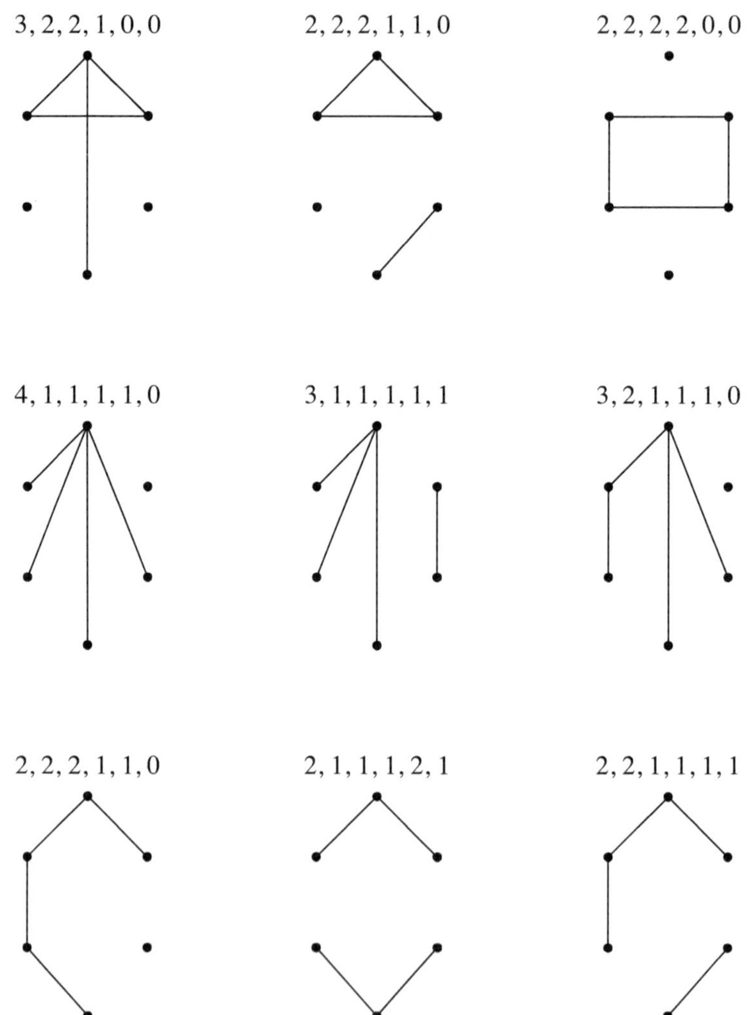

Aufgabe 7

a. Die Graphen A und B sind isomorph. Benennung der Knoten z. B. wie folgt, damit die Adjazenzmatrix gleich ist.

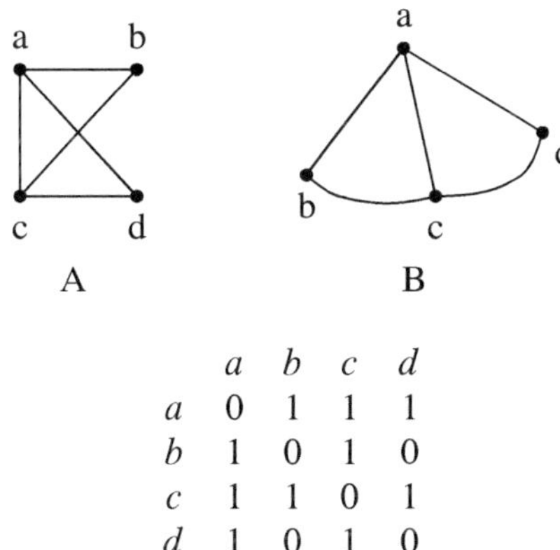

	a	b	c	d
a	0	1	1	1
b	1	0	1	0
c	1	1	0	1
d	1	0	1	0

b. Die Graphen sind nicht isomorph. Sie haben zwar die gleiche Anzahl an Knoten, an Kanten, gleiche Knotengrade, gleiche Gradfolgen, aber in B gibt es Doppelkanten, sodass die Länge des kleinsten Kreises in A drei ist und in B zwei.

Aufgabe 8

a. Der erste Graph enthält einen K_5 und kann somit nicht planar sein, der zweite Graph ist planar.

b. Man erkennt den K_5 in der Matrix, wenn man fünf Punkte findet, bei denen alle Zellen von unterschiedlichen Knoten mit 1 belegt sind, das gilt hier für Knoten 1–5.

Kürzeste Wege

Aufgabe 9

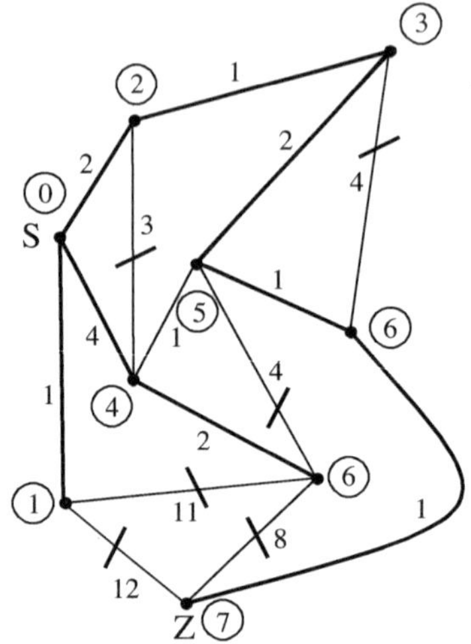

Aufgabe 10

Nicht gewichteter Graph: Optimierungskriterium ist die Anzahl der Haltestellen.
Mögliche Lösung:

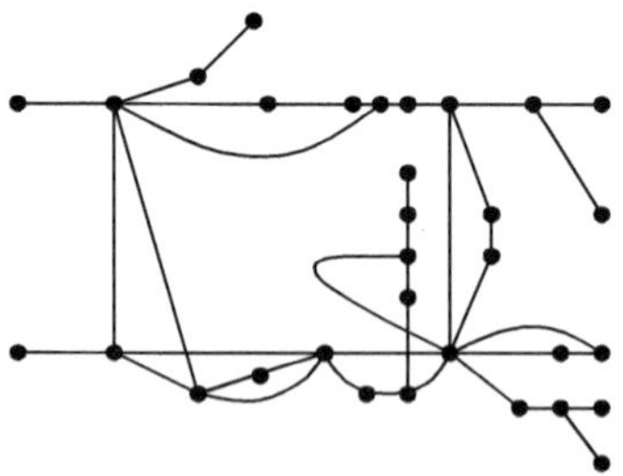

Gewichteter Graph: Die Gewichtung entspricht Anzahl der Zwischenhalte zwischen „Knotenpunkt-Haltestellen":

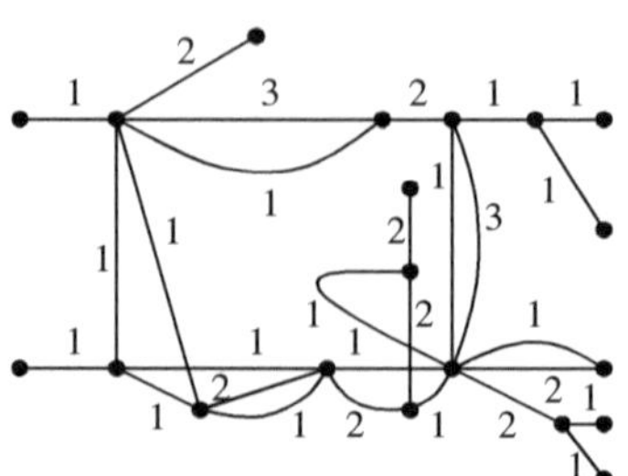

Finden kürzester Wege im ungewichteten Graphen mit der Breitensuche und im gewichteten Graphen mit dem Algorithmus von Dijkstra (Funktionsweise siehe Buch).

Aufgabe 13

Mögliche Lösung:

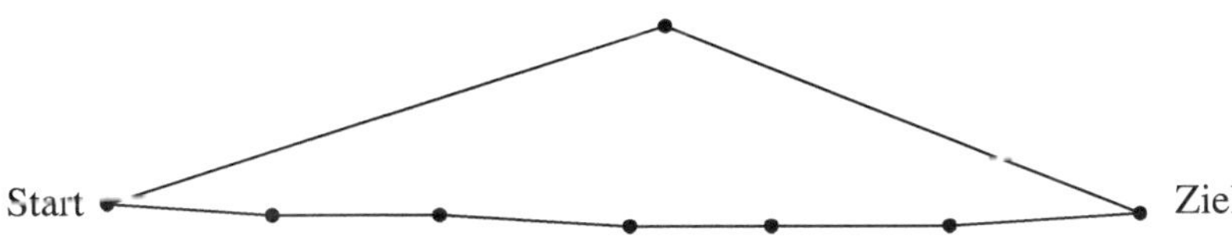

Aufgabe 14

Mögliche Lösung zu a:

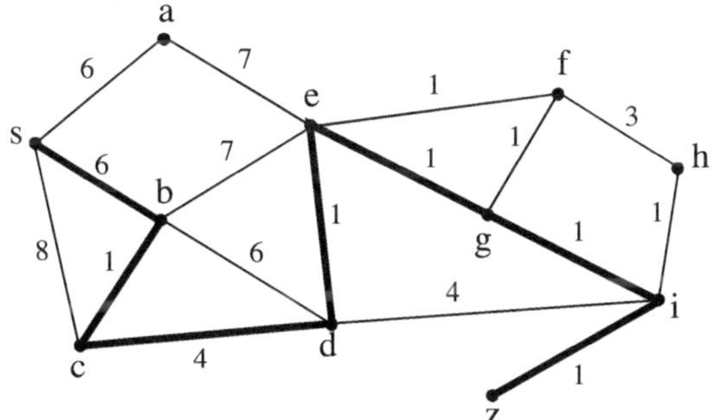

Aufgabe 15

Fehlerhafter Algorithmus. Mögliches Beispiel:

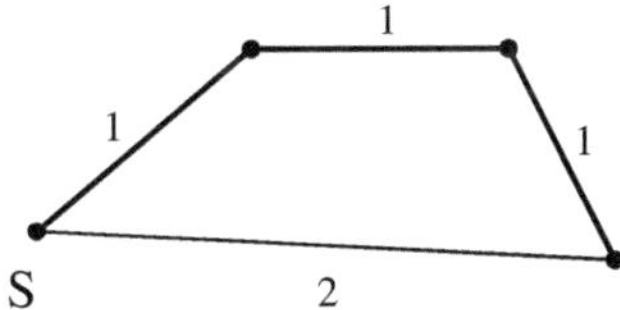

Aufgabe 16

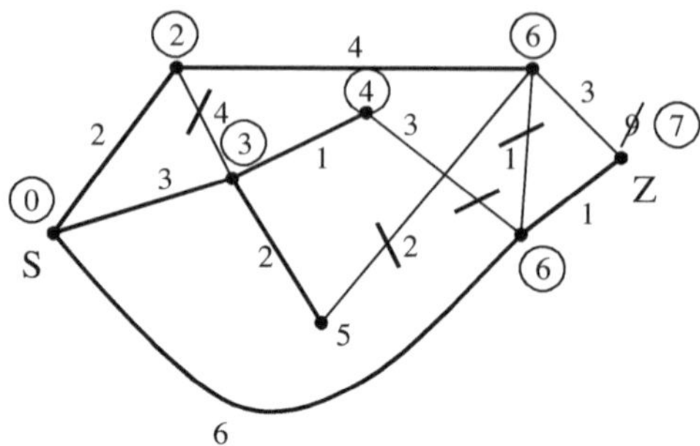

Ausgewählte Aufgaben zu Bäumen

Aufgabe 23

a.

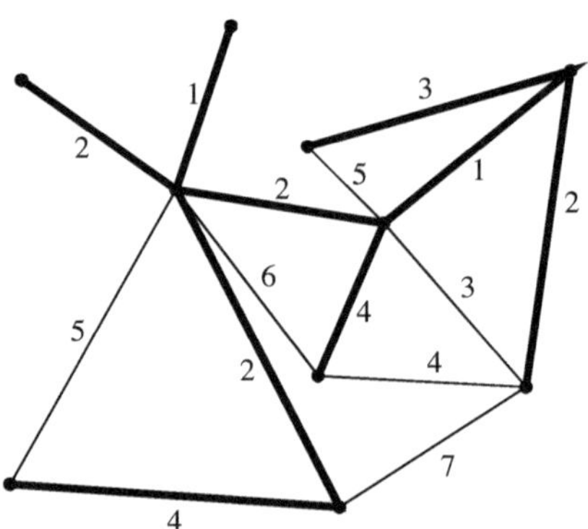

b. Die fett markierten Zahlen geben die Reihenfolge der ausgewählten Kanten an.

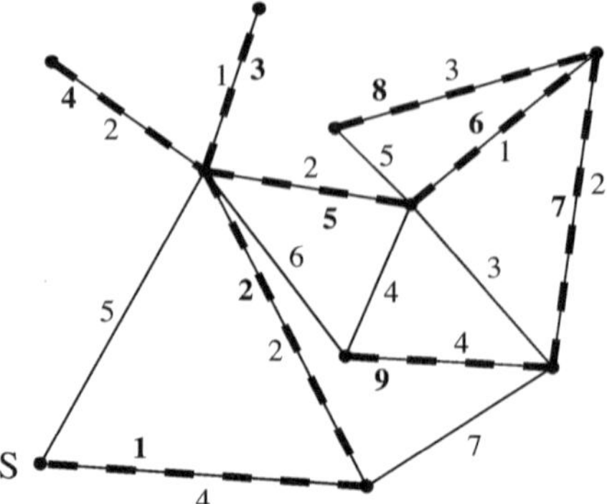

Aufgabe 25

a. Alle Gewichtungen, die einen eindeutigen minimal spannenden Baum zur Folge haben, sind Lösungen.

b. Alle Gewichtungen, bei denen es mehr als einen minimal aufspannenden Baum gibt, sind Lösungen. Z. B.

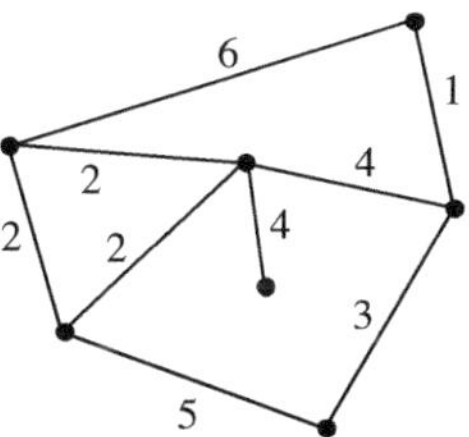

Prim:

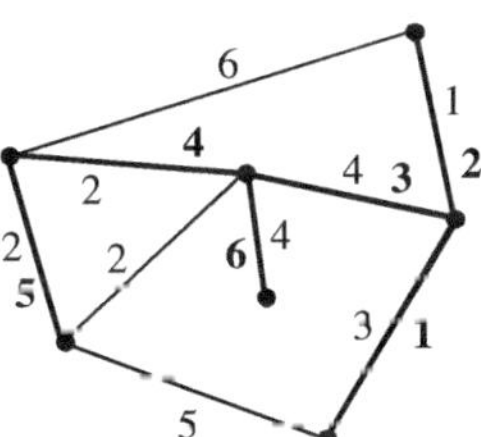

Kruskal:

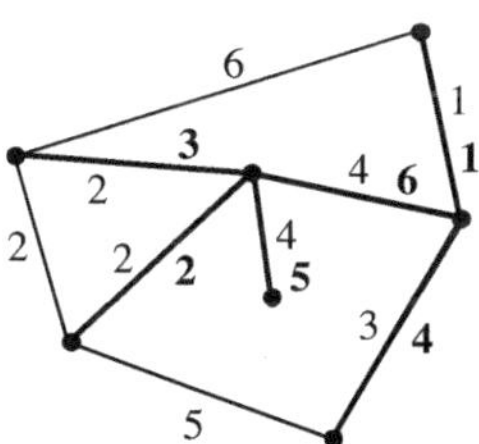

Aufgabe 26

a. Diese Aussage ist wahr.

b. Diese Aussage ist falsch. Mögliches Gegenbeispiel:

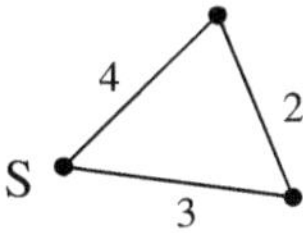

c. Diese Aussage ist falsch.

d. Die Aussage ist wahr.

Aufgabe 28

Diese Aussage gilt nur für vollständige Graphen mit n Knoten.

Beispiel: Der Graph hat 4 Knoten und es existieren 4 aufspannende Bäume (und nicht 4^2).

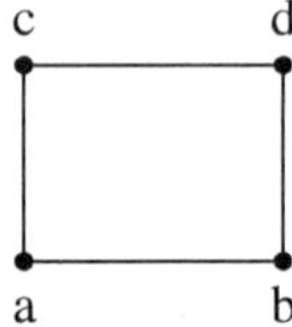

Matchings

Aufgabe 30

a. (i) und (iii) sind nicht bipartit, (ii) ist bipartit.
b. Tripartit = ein Graph ist tripartit, wenn sich seine Knotenmenge in drei disjunkte Teilmengen V_1, V_2 und V_3 zerlegen lässt und innerhalb der drei Mengen keine Kanten zwischen den Knoten existieren.
c. (i) und (ii) sind tripartit (jeder bipartite Graph ist auch tripartit), (iii) ist nicht tripartit.

Aufgabe 31

Der linke Graph ist bipartit, der rechte Graph nicht. Beim rechten Graphen wären zwei Knoten derselben Menge miteinander verbunden.

Aufgabe 33

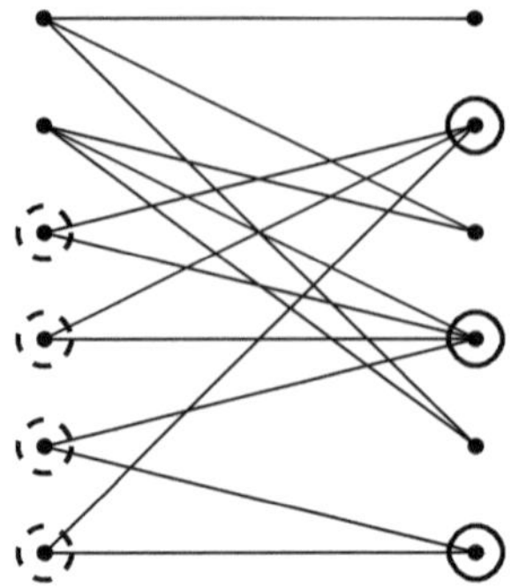

Aufgabe 34

Ein perfektes Matching lautet z. B.:

9 Uhr Mr. Match   10 Uhr Herr Menge   11 Uhr Frau Graph
12 Uhr Frau Kante   13 Uhr Herr Nikolaus   14 Uhr Herr Klug

Aufgabe 36

Mögliche Lösung:

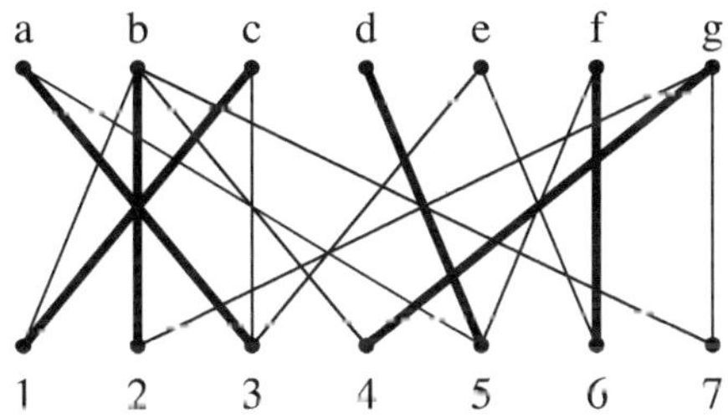

Euler-Graphen

Aufgabe 39

a. Als Graph kann man die Situation folgendermaßen darstellen:

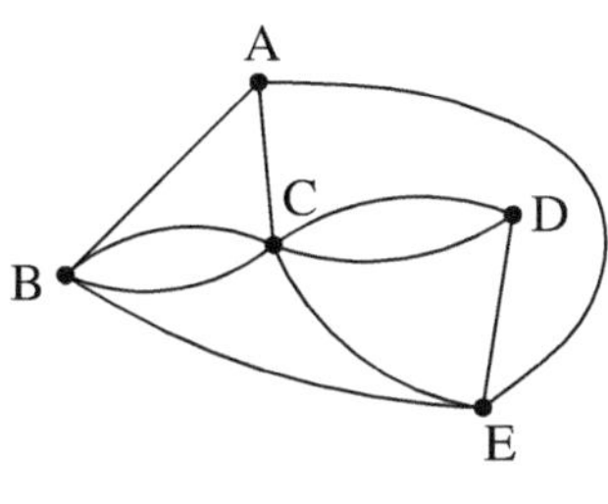

b. Da der Knotengrad von A und von D gleich 3 ist, kann aber keine Eulertour gebildet werden, wohl aber ein Eulerweg, z. B. DEACDCEBCBA.

c. Baut man eine zusätzliche Brücke von A nach D, so lässt sich der Eulerweg zu einer Tour schließen.

d. Mögliche Lösung: BAEBCADECDCB

Aufgabe 40

a. Mögliche Lösung für den Zwiebelschalenalgorithmus:

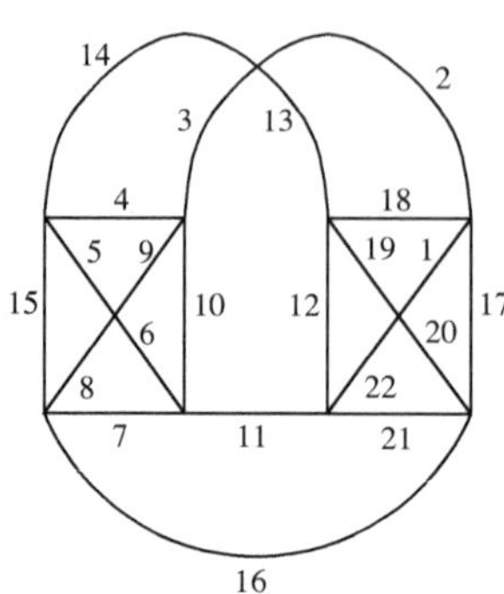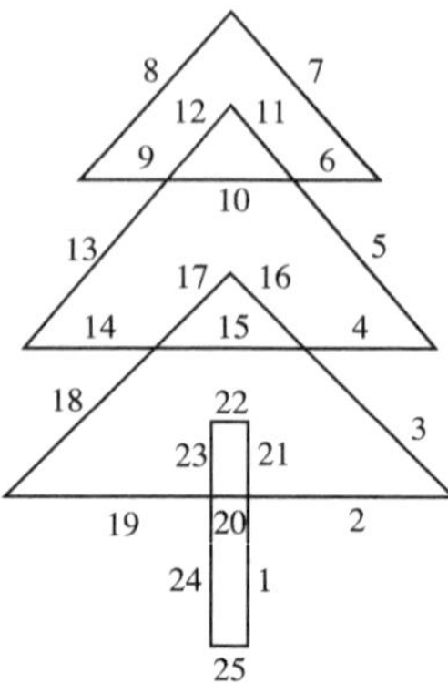

b. Mögliche Lösung für den Algorithmus von Fleury:

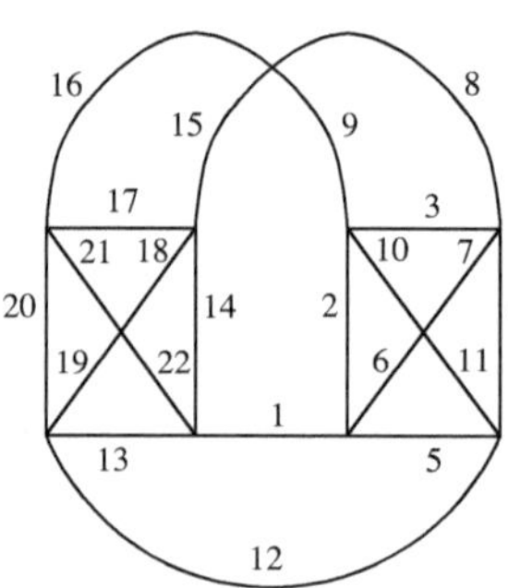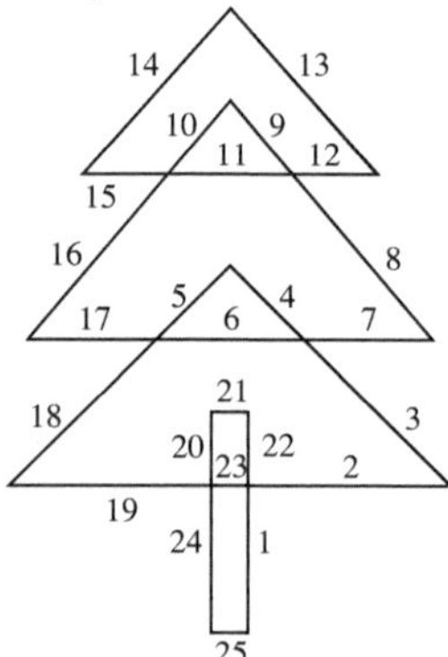

Aufgabe 41

a. In jedem Graphen ist die Anzahl der Knoten mit ungeradem Grad gerade. Da hier aber drei Knoten mit ungeradem Grad vorliegen, kann es einen solchen Graphen nicht geben.

b. Die Gesamtsumme der Knotengrade ist 42. Da jede Kante des Graphen genau 2 Knotengrade zur Gesamtsumme beiträgt, muss der Graph 21 Kanten haben.

Aufgabe 42

Es müsste eine Eulertour für den entsprechenden Graphen geben:

  (i) Lässt sich *nicht* aus einem Stück Draht biegen, da in jeder Ecke (eine identifizierte reicht) eine ungerade Anzahl (3) an Kanten zusammenstößt. (kein Eulergraph)

(ii) Lässt sich aus einem Stück Draht biegen, da in *jeder* Ecke eine gerade Anzahl (4) an Kanten zusammenstößt. (Eulergraph)

(iii) Lässt sich aus einem Stück Draht biegen, da in *jeder* Ecke eine gerade Anzahl (4) an Kanten zusammenstößt. (Eulergraph)

Aufgabe 43

Es gibt keine Eulertour, da es (zwei) Knoten mit ungeraden Knotengraden gibt, aber einen Eulerweg (Startpunkt in einem Knoten ungeraden Grades, Endpunkt im anderen Punkt).

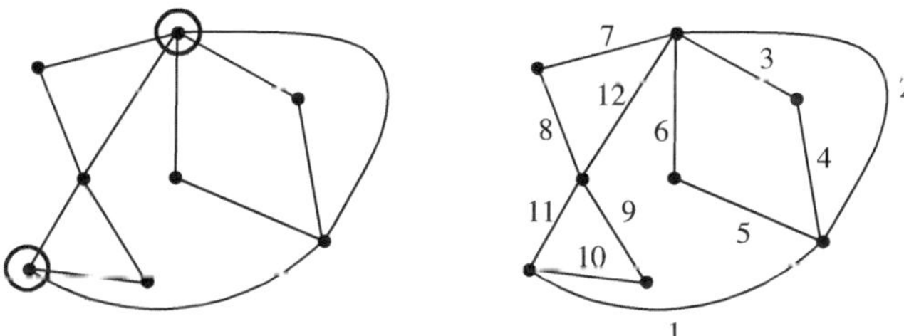

Kantenergänzung, damit Eulertour möglich ist:

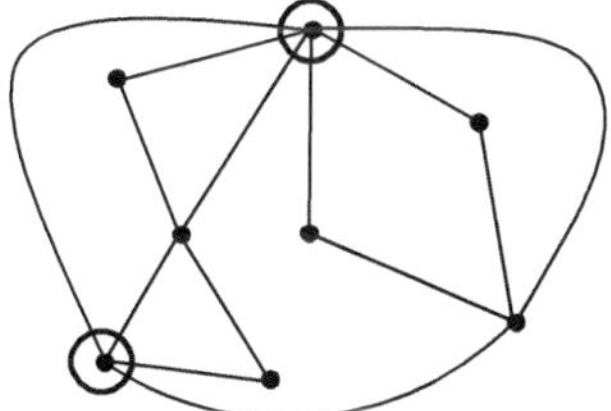

Färbungen

Aufgabe 51

Zu zeigen: Ein Graph hat genau dann die chromatische Zahl 2, wenn er bipartit ist. (Bei einer „genau dann"-Aussage sind beide Richtungen zu zeigen.)

1. Richtung: Annahme: Man hat einen bipartiten Graph.
Zu zeigen: Der Graph hat die chromatische Zahl 2.

Die Knotenmenge eines bipartiten Graphen lässt sich so in zwei disjunkte Teilmengen zerlegen, dass jede Kante des Graphen ein Ende in der einen Menge und ein Ende in der anderen Menge hat. Da es innerhalb einer solchen Teilmenge demnach keine benachbarten Knoten geben kann, dürfen alle Knoten einer Teilmenge mit der gleichen Farbe eingefärbt werden, ohne dass die Bedingung verletzt wird, dass zwei Knoten mit einer gemeinsamen Kante nicht die gleiche Farbe tragen dürfen.

Der bipartite Graph hat demnach zwei Mengen, die jeweils in einer Farbe gefärbt werden können. Da es aber zwischen den beiden Knotenmengen Kanten gibt, kommt man nicht mit weniger als zwei Farben aus. Die chromatische Zahl ist demnach 2.

2. Richtung: Annahme: Der Graph hat die chromatische Zahl 2.
Zu zeigen: Der Graph ist bipartit.

Da der Graph die chromatische Zahl 2 hat, ist er mit genau zwei Farben eingefärbt geworden, wobei nach der Definition einer zulässigen Färbung benachbarte Knoten nicht mit der gleichen Farbe eingefärbt sind. Also hat jeder Knoten mit der Farbe F1 ausschließlich Nachbarn, die die Farbe F2 tragen und umgekehrt. Nachbarn mit der gleichen Farbe sind ausgeschlossen. Die Knotenmenge des Graphen lässt sich demnach so in zwei disjunkte Teilmengen zerlegen, dass es innerhalb einer Menge keine Nachbarknoten gibt (die Knoten der einen Menge tragen die Farbe F1, die der anderen die Farbe F2) und somit jede Kante des Graphen ein Ende in der einen und ein Ende in der anderen Menge hat.

Aufgabe 52

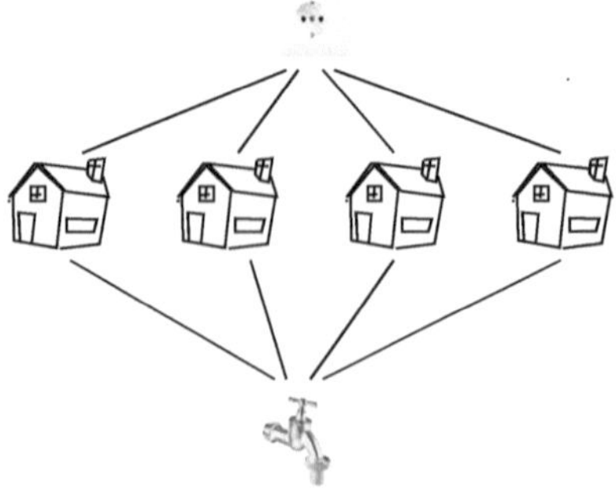

Dieser Graph ist überschneidungsfrei darstellbar. Er hat 4 Flächen (die Umgebung außenherum ist auch eine Fläche), 8 Kanten und 6 Knoten (Ecken) und es gilt $E - K + F = 6 - 8 + 4 = 2$.

Aufgabe 53

Chemielabor

a. Möglicher Graph: (oder direkt in ebener Darstellung:)

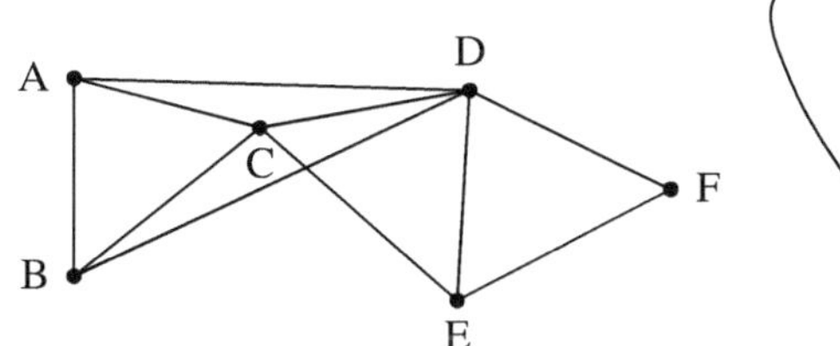 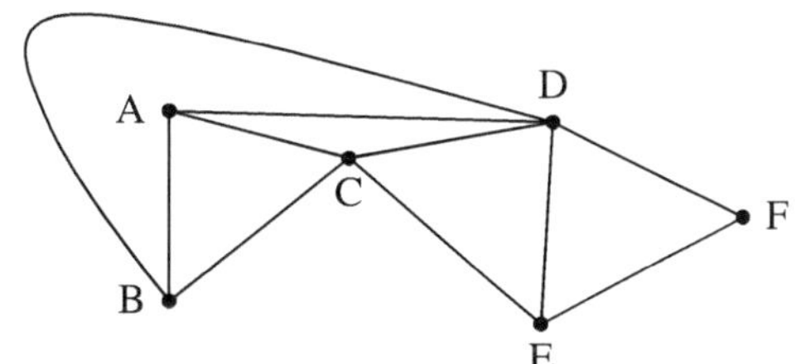

Die Knoten stellen hier die verschiedenen Chemikalien dar und die Kanten stehen für die „Unverträglichkeiten" zwischen den Chemikalien.

b. Mögliche Lösung: Da sich die Situation als ebener Graph darstellen lässt (siehe 1), werden für eine Färbung nicht mehr als 4 Farben (was im Kontext der Anzahl an benötigten Schränken entspricht) benötigt (Vierfarbensatz). Da der Graph den K_4 als Teilgraphen beinhaltet, braucht man hier immer 4 Farben für eine zulässige Färbung. Man muss also mindestens 4 Schränke anschaffen, um alle Chemikalien gefahrlos lagern zu können.

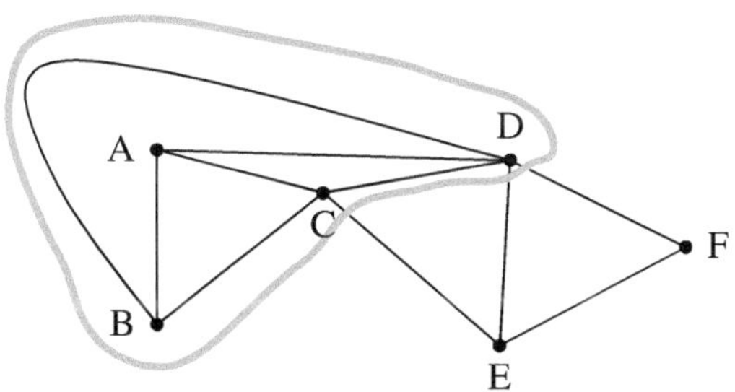

c. Mögliche Lösung:
    Liste z. B.:

    – A nicht mit: B,C,D,E,F
    – B nicht mit: A,C,D,E,F
    – C nicht mit: A,B,D,E,F
    – D nicht mit: A,B,C,E,F
    – E nicht mit: A,B,C,D,F
    – F nicht mit: A

(Es gibt eine Gruppe von 5 Chemikalien, von der jede zu jeder anderen unverträglich ist; 6. Chemikalie muss zu mindestens einer weiteren verträglich sein.) Graph dann entsprechend, z. B.:

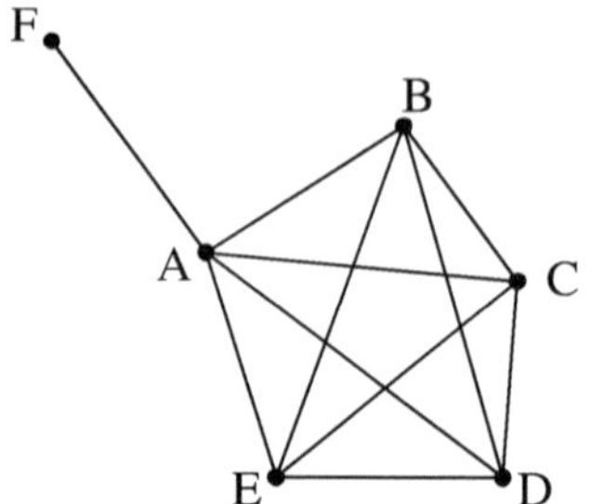

Aufgabe 54

Die Aussage ist richtig, z. B. belegbar durch Färbung. Der Graph ist zweifärbbar und damit bipartit.

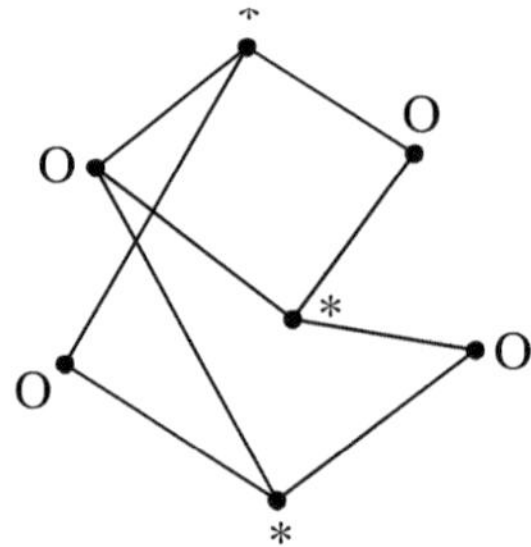

Literatur

Literatur zum Einstieg

[1] Martin Aigner. *Graphentheorie. Eine Entwicklung aus dem 4-Farben-Problem.* Teubner, Wiesbaden, 1984.

[2] Martin Aigner. *Diskrete Mathematik.* Vieweg, Braunschweig, Wiesbaden, 6. Auflage, 2006.

[3] Ian Anderson. *A First Course in Discrete Mathematics.* Springer, London, Berlin, Heidelberg, 2001.

[4] Arithmeum. Old problems in Discrete Mathematics and its modern applications – Klassische Probleme in der Diskreten Mathematik und deren modernen Anwendungen. CD-ROM, 2002.

[5] Armin P. Barth. *Algorithmik für Einsteiger.* Springer Spektrum, Wiesbaden, 2. Auflage, 2014.

[6] Albrecht Beutelspacher und Marc-Alexander Zschiegner. *Diskrete Mathematik für Einsteiger.* Springer Spektrum, Wiesbaden, 5. Auflage, 2014.

[7] Norman L. Biggs. *Discrete Mathematics.* Oxford University Press, Oxford, 4. Auflage, 2002.

[8] J. Adrian Bondy und U.S.R. Murty. *Graph Theory with Applications.* American Elsevier, New York, 1976.

[9] Thomas H. Cormen, Charles E. Leiserson, und Ronald R. Rivest. *Introduction to Algorithms.* The MIT Press, Cambridge, Massachusetts, 1990.

[10] Peter Gritzmann und René Brandenberg. *Das Geheimnis des kürzesten Weges. Ein mathematisches Abenteuer.* Springer, Berlin, Heidelberg, 3. Auflage, 2005.

[11] Martin Grötschel und Manfred Padberg. Die optimierte Odyssee. *Spektrum der Wissenschaft*, 4:76–85, 1999. auch veröffentlicht in [12].

[12] Martin Grötschel und Manfred Padberg. Die optimierte Odyssee. *Spektrum der Wissenschaft, Digest*, 2:32–41, 1999.

[13] Volker Heun. *Grundlegende Algorithmen. Einführung in den Entwurf und die Analyse effizienter Algorithmen*. Vieweg, Braunschweig/Wiesbaden, 2. Auflage, 2003.

[14] Lásló Lovász, József Pelikán, und Katalin L. Vesztergombi. *Diskrete Mathematik*. Springer, Berlin, 2005.

[15] Jiří Matoušek und Jaroslav Nešetřil. *Diskrete Mathematik. Eine Entdeckungsreise*. Springer, Berlin, Heidelberg, 2. Auflage, 2007.

[16] Manfred Nitzsche. *Graphen für Einsteiger*. Vieweg+Teubner, Wiesbaden, 3. Auflage, 2009.

[17] Volker Turau. *Algorithmische Graphentheorie*. Oldenbourg, München, 2. Auflage, 2004.

[18] Robin J. Wilson. *Introduction to Graph Theory*. Longman Scientific and Technical, Essex, 3. Auflage, 1985.

[19] Robin J. Wilson. *Four Colors Suffice*. Princeton University Press, Princeton, 2002.

Weiterführende Literatur

[20] David Applegate, Robert Bixby, Vasek Chvátal, und William Cook. On the Solution of Traveling Salesman Problems. *Documenta Mathematica, Extra Vol. ICM Berlin 1998*, III:645–656, 1998.

[21] David Applegate, Robert Bixby, Vasek Chvátal, und William Cook. Implementing the Dantzig-Fulkerson-Johnson algorithm for large traveling salesman problems. *Mathematical Programming, Series B*, 97(1-2):91–153, 2003.

[22] Sanjeev Arora. Approximation Algorithms for Geometric TSP. In Gregory Gutin und Abraham P. Punnen, Hg., *The Traveling Salesman Problem and Its Variations*, 207–221. Kluwer, Dordrecht, 2002.

[23] Theodore P. Baker, John Gill, und Robert Solovay. Relativizations of the P =? NP question. *SIAM Journal on Computing*, 4:431–442, 1975.

[24] Tim Bell, Ian H. Witten, und Mike Fellows. *Computer Science Unplugged. Offline activities and games for all ages*. Victoria University of Wellington, `http://unplugged.canterbury.ac.nz`, 1999.

[25] Cameron Browne. *Hex Strategy. Making the Right Connections*. AK Peters, Ltd., Natick, MA, 2000.

[26] Stephen Cook. The P versus NP problem. `http://www.claymath.org/prizeproblems/pvsnp.htm`.

[27] William J. Cook, William H. Cunningham, William R. Pulleyblank, und Alexander Schrijver. *Combinatorial Optimization*. Wiley-Interscience, New York, 1998.

[28] George Dantzig, Ray Fulkerson, und Selmer Johnson. Solution of a Large-Scale Traveling Salesman Problem. *Operations Research*, 2:393–410, 1954.

[29] Reinhard Diestel. *Graphentheorie*. Springer, Heidelberg, 4. Auflage, 2010.

[30] Guenter Dueck. *Das Sintflutprinzip. Ein Mathematik-Roman.* Springer, Berlin, Heidelberg, 2. Auflage, 2006.

[31] Matteo Fischetti, Andrea Lodi, und Paolo Toth. Exact Methods for the Asymmetric Traveling Salesman Problem. In Gregory Gutin und Abraham P. Punnen, Hg., *The Traveling Salesman Problems and Its Variations*, 169–205. Kluwer, Dordrecht, 2002.

[32] Alan Frieze. On Random Symmetric Travelling Salesman Problems. *Mathematics of Operations Research*, 29(4):878–890, 2004.

[33] Martin Gardner. *The Scientific American Book of Math. Puzzles and Diversions*, chapter The Games of Hex, 73–83. Scientific American, 1959.

[34] Martin Gardner. Martin gardner's mathematical games. CD-ROM, 2005.

[35] Michael R. Garey und David S. Johnson. *Computers and Intractibility, a Guide to the Theory of NP-Completeness.* Freeman, San Francisco, 1979.

[36] Ronald L. Graham, Donald E. Knuth, und Oren Patashnik. *Concrete Mathematics. A Foundation for Computer Science.* Addison-Wesley, Reading, Massachusetts, 2. Auflage, 1994.

[37] Martin Grötschel. *Polyedrische Charakterisierungen kombinatorischer Optimierungsprobleme.* Anton Hain, Meisenheim am Glan, 1977.

[38] Martin Grötschel, Michael Jünger, und Gerhard Reinelt. Via Minimization with Pin Preassignments and Layer Preference. *ZAMM – Zeitschrift für Angewandte Mathematik und Mechanik*, 69(11):393–399, 1989.

[39] Martin Grötschel, Michael Jünger, und Gerhard Reinelt. Optimal Control of Plotting and Drilling Machines: A Case Study. *Zeitschrift für Operations Research*, 35(1):61–84, 1991.

[40] Martin Grötschel und Manfred Padberg. Polyhedral theory. In E. L. Lawler, J. K. Lenstra, A. H. G. Rinnooy Kan, und D. B. Shmoys, Hg., *The Traveling Salesman Problem. A Guided Tour of Combinatorial Optimization*, 251–305. Wiley, Chichester, 1985.

[41] Martin Grötschel und Yoshiko Wakabayashi. Hypohamiltonian Digraphs. *Methods of Operations Research*, 36:99–119, 1980.

[42] Martin Grötschel, László Lovász, und Alexander Schrijver. *Geometric Algorithms and Combinatorial Optimization.* Springer, Berlin, Heidelberg, 2. Auflage, 1993.

[43] Gregory Gutin und Abraham P. Punnen, Hg. *The Traveling Salesman Problem and Its Variations.* Kluwer, Dordrecht, 2002.

[44] Davd S. Johnson, Lyle A. McGeoch, und Edward E. Rothberg. Asymptotic Experimental Analysis for the Held-Karp Traveling Salesman Bound. In *Proceedings of the 7th Annual ACM-SIAM Symposium on Discrete Algorithms*, 341–350, 1996.

[45] Michael Jünger, Gerhard Reinelt, und Giovanni Rinaldi. The Traveling Salesman Problem. In M. O. Ball, T. L. Magnanti, C. L. Monma, und G. L. Nemhauser, Hg., *Network Models*, 225–330. North-Holland, Amsterdam, 1995.

[46] Bernhard Korte und Jens Vygen. *Combinatorial Optimization. Theory and Algorithms.* Springer, Heidelberg, New York, 5. Auflage, 2012.

[47] Imre Lakatos. *Beweise und Widerlegungen. Die Logik mathematischer Entdeckungen.* Vieweg, Braunschweig/Wiesbaden, 1979.

[48] Eugene L. Lawler, Jan Karel Lenstra, A. H. G. Rinnooy Kan, und David B. Shmoys, Hg. *The traveling salesman problem. A guided tour of combinatorial optimization. Reprint.* Wiley, Chichester, 1985.

[49] Lásló Lovász und Michael D. Plummer. *Matching Theory*, Band 29 der *Annals of Discrete Mathematics*. North-Holland, Amsterdam, 1986.

[50] Denis Naddef. Polyhedral Theory and Branch-and-Cut Algorithms for the Symmetric TSP. In Gregory Gutin und Abraham P. Punnen, Hg., *The Traveling Salesman Problems and Its Variations*, 29–116. Kluwer, Dordrecht, 2002.

[51] Manfred Padberg und Martin Grötschel. Polyhedral computations. In E. L. Lawler, J. K. Lenstra, A. H. G. Rinnooy Kan, und D. B. Shmoys, Hg., *The Traveling Salesman Problem. A Guided Tour of Combinatorial Optimization*, 307–360. Wiley, Chichester, 1985.

[52] Manfred Padberg und G. Rinaldi. A branch-and-cut algorithm for the resolution of large-scale symmetric traveling salesman problems. *SIAM Rev.*, 33(1):60–100, 1991.

[53] Christos H. Papadimitriou. *Computational Complexity*. Addison-Wesley, Amsterdam, 1994.

[54] Christos H. Papadimitriou und Kenneth Steiglitz. *Combinatorial Optimization. Algorithms and Complexity*. Dover, New York, 1998.

[55] Alexander Schrijver. *Combinatorial Optimization*. Springer, Berlin, Heidelberg, New York, 2003.

[56] Michael Sipser. *Introduction to the Theory of Computation*. PWS, Boston, 1997.

[57] Angelika Steger. *Diskrete Strukturen 1. Kombinatorik, Graphentheorie, Algebra.* Springer, Berlin, Heidelberg, 2. Auflage, 2007.